同济大学本科教材出版专项基金资助出版

城市排水管渠系统

（第二版）

李树平　刘遂庆　编著

中国建筑工业出版社

图书在版编目（CIP）数据

城市 排水 管渠 系统/李树平，刘遂庆编著. —2
版. —北京：中国建筑工业出版社，2016.5
ISBN 978-7-112-19258-8

Ⅰ. ①城… Ⅱ. ①李… ②刘… Ⅲ. ①市政工
程-排水管道②市政工程-排水沟渠 Ⅳ.①TU992.23

中国版本图书馆 CIP 数据核字（2016）第 059068 号

　　本书是城市排水管渠系统规划、设计、施工、运行和管理方面的理论著作，
内容包括绪论、排水体制、水质、城市污水、降水资料收集与整理、雨水径流分
析、城市排水系统组成和布置、水力学基础、污水管道系统设计、城市路面排水、
雨水管渠系统设计、雨水管理、合流制管渠系统、排水泵站、优化设计计算、排
水管渠施工、沉积物、管渠内硫循环、养护和管理、模拟模型、地理信息系统、
测控技术、基础设施不完善地区的排水方式等 23 章。本书较详尽地阐述了城市排
水管渠系统理论和方法，反映了近年国内外有关的研究成果。

　　本书可作为给水排水工程（给水排水科学与工程）、环境工程、城市规划等有
关工程技术人员设计、施工和管理的参考用书，也可作为高等院校给水排水工程
专业、环境工程专业和有关专业研究生和本科生的教学参考书。

＊　　　＊　　　＊

责任编辑：于　莉　田启铭
责任校对：陈晶晶　张　颖

同济大学本科教材出版专项基金资助出版

城市排水管渠系统
（第二版）

李树平　刘遂庆　编著

＊

中国建筑工业出版社出版、发行（北京西郊百万庄）
各地新华书店、建筑书店经销
霸州市顺浩图文科技发展有限公司制版
北京富生印刷厂印刷

＊

开本：787×1092 毫米　1/16　印张：25　字数：621 千字
2016 年 6 月第二版　　2016 年 6 月第二次印刷
定价：**78.00** 元
ISBN 978-7-112-19258-8
（28439）

第二版前言

尽管排水管渠系统是较为传统的学科，它也在随着社会和科技的发展而逐步发展，同样对学科内涵的认识也在发展，因此作为从事该专业的人员，一直在不断地总结、完善和深化学科内容。

为反映学科进展，本版修订由原来的20章编排为23章，增加了雨水管理、合流制管渠系统、管渠内硫循环和地理信息系统四章内容，同时将原来雨水调蓄池和倒虹管内容分解到了污水管道系统设计和雨水管理两章内阐述。其他各章也进行了不同程度的修改和补充。

本次改版获得同济大学本科教材出版资助基金资助。同时感谢同济大学陆志波老师、上海市政工程设计研究院陈鄞高级工程师、福州市规划设计院梁小光工程师和同济大学狄婉茵博士生对部分内容的编写和建议。感谢同济大学市政工程系师生们的帮助，以及家人的支持。

总体而言，本书以阐述城市排水管渠系统规划、设计、运行和管理的基本知识和原理为目标，一直致力于理论方面的系统性，力求增加更多案例，增强工程应用性。但由于内容涉及面广，加之作者水平有限，本书一定存在大量不足之处，热忱欢迎读者批评指正。

第一版前言

　　城市排水系统目的在于把排水对人类生活环境带来的危害降低到最小，保护环境免受污染，促进工农业生产和保障人民健康和正常生活。因此它具有保护环境和城市减灾双重功能。建设完善的城市排水系统并进行科学的管理，是创造现代化城市良好的生存环境，保证其可持续发展的必要条件。与环境保护的其他领域一样，排水工程方面的建设不仅仅是某位专家的责任，管理决策者、工程技术人员和每位公民也具有一定的责任，这些责任者需在实践中相互合作。

　　近年来，由于对于排水水质的关注、施工技术的发展、维护管理方面的重视，尤其在可持续排水和雨水管理方面的进展，需要及时总结城市排水管渠系统理论与技术的研究发展和目前工程建设的需求。在多年从事城市排水管渠系统教学、科学研究和工程实践的基础上，参考了国内外最新的学术成就，完成了这部有关城市排水管渠系统规划、设计、施工、运行和管理方面的理论著作，以满足给水排水工程、环境工程和其他读者在教学、科研和工程实践方面的需要。

　　第1章　介绍了城市化对排水的影响，城市排水与公共卫生的关系，进而提出了城市排水在社会变化中的目标，并介绍了可持续排水的目标和策略。

　　第2章　阐述了城市排水系统的体制类型及其选择，并对雨水管理进行了论述。

　　第3章　介绍了常用排水水质参数的检测要求和检测方式，探讨了城市排水对受纳水体的影响，并总结了目前我国存在的水环境法规与标准情况。

　　第4章　从水量的构成和变化，以及水质方面介绍了城市污水的特性。

　　第5章　从水文循环和雨水管渠设计角度，说明了降水资料的收集与整理方法。

　　第6章　从径流损失、地表漫流计算模型和雨水水质方面探讨了雨水径流特性。

　　第7章　介绍了建筑内部排水系统和室外排水管道系统的构成，对排水系统的建设程序和规划设计原则进行了论述。

　　第8章　介绍了城市排水管渠系统水力学理论基础，包括有压管流、非满管道流和明渠流水力学。

　　第9章　对雨水调蓄池和倒虹管这两种水力设施的设计计算进行了论述。

　　第10章　叙述了污水管道系统设计与计算的基本理论和基本方法。

　　第11章　介绍了雨水管渠系统设计与计算的基本理论和方法，并简要介绍了国外设计方法。

　　第12章　从水泵的水力设计、吸水管路、压水管路、常用排水泵等方面介绍了排水泵站的设计方法。

第13章　将城市路面排水分为地表漫流、边沟流、雨水口截流三部分进行设计计算，然后确定雨水口的间距，并介绍了桥面排水、立交道路排水、广场和停车场地面水排除的情况。

第14章　对排水管渠中沉积物的来源、效应、运动及其特征进行了阐述。

第15章　介绍了常规排水管渠系统优化设计的目标函数、约束条件和求解方法，重点介绍了进化算法（包括遗传算法）的应用。

第16章　阐述了排水管渠系统水文水力和水质模拟的物理、化学和微生物反应过程。

第17章　介绍了常见排水管渠施工方法，施工准备和验收程序。

第18章　叙述了排水管渠系统养护和修复技术，包括排水管道的定位和检查、管道清通，以及管道腐蚀机理及其控制方法。

第19章　从排水监测和实时控制方面论述了排水管渠测试和控制技术。

第20章　简要介绍了基础设施不完善地区的排水方式。

本书为水质科学与工程领域的理论著作，各章内容在总体上互相联系，构成了较为完整的城市排水管渠系统理论体系。可作为给水排水工程（水质科学与工程）、环境工程、城市规划、道路工程等有关工程技术人员设计、施工和管理的参考用书，也可作为高等院校给水排水工程专业、环境工程专业和有关专业研究生和本科生的教学参考书。

在本书编写过程中，得到了李风亭教授、高乃云教授的热情关心和大力支持，并得到了同济大学市政工程系师生们的帮助，以及家人的支持，在此一并表示感谢。

由于内容涉及面广、时间仓促，加之水平有限，本书一定存在很多不足之处，热忱欢迎读者批评指正。

目　录

第1章　绪论 ··· 1

1.1　什么是城市排水 ·· 1

1.2　城市化对排水的影响 ·· 1

　　1.2.1　城市气候对降水的影响 ··· 2

　　1.2.2　城市建设对降雨径流的影响 ·· 3

1.3　城市排水管渠系统目标 ··· 3

　　1.3.1　保护公共健康和安全 ·· 4

　　1.3.2　重视职业健康和安全 ·· 5

　　1.3.3　保护环境 ·· 5

　　1.3.4　可持续发展 ·· 5

1.4　城市排水发展 ·· 6

　　1.4.1　早期历史 ·· 6

　　1.4.2　现代城市排水工程 ·· 7

第2章　排水体制 ··· 9

2.1　排水系统体制类型 ··· 9

2.2　合流制排水系统 ·· 10

2.3　分流制排水系统 ·· 12

2.4　城市排水体制选择 ··· 13

第3章　水质 ··· 16

3.1　浓度基本知识 ·· 16

　　3.1.1　浓度 ··· 16

　　3.1.2　当量浓度 ·· 17

3.2　水质参数 ·· 17

　　3.2.1　采样和分析 ·· 17

　　3.2.2　固体 ··· 18

　　3.2.3　溶解氧 ··· 19

　　3.2.4　有机物 ··· 20

　　3.2.5　氮及其化合物 ··· 22

　　3.2.6　磷及其化合物 ··· 23

　　3.2.7　硫及其化合物 ··· 23

　　3.2.8　油和脂 ··· 24
　　3.2.9　重金属和合成化合物 ··· 24
　　3.2.10　微生物 ·· 24
　3.3　城市排水对受纳水体的影响 ··· 25
　　3.3.1　城市排水的排放方式 ··· 25
　　3.3.2　排水与受纳水体相互作用的过程 ·· 25
　　3.3.3　排水对受纳水体的影响 ··· 26
　3.4　我国水环境法规与标准 ·· 28
　　3.4.1　法律法规 ·· 28
　　3.4.2　水环境标准体系 ··· 28

第 4 章　城市污水 ·· 30
　4.1　生活水量 ·· 31
　　4.1.1　用水 ··· 31
　　4.1.2　用水与污水的关系 ·· 32
　　4.1.3　水量变化情况 ·· 32
　　4.1.4　用水设施 ·· 33
　4.2　工业用水 ·· 33
　4.3　渗入和进流 ·· 34
　4.4　污水水质 ·· 35

第 5 章　降水资料收集与整理 ·· 38
　5.1　降水观测方式 ··· 38
　　5.1.1　雨量计 ··· 38
　　5.1.2　降水量遥测 ··· 41
　　5.1.3　数据需求情况 ·· 42
　5.2　雨量分析 ·· 43
　　5.2.1　雨量分析中的几个要素 ·· 43
　　5.2.2　取样方法 ·· 44
　　5.2.3　暴雨强度、降雨历时和重现期之间的关系表和关系图 ····················· 46
　5.3　暴雨强度公式 ··· 49
　　5.3.1　暴雨强度公式的形式 ··· 49
　　5.3.2　应用非线性最小二乘法推求暴雨强度公式参数 ······························ 50
　　5.3.3　应用遗传算法推求暴雨强度公式参数 ·· 53
　　5.3.4　暴雨公式的其他形式 ··· 56
　　5.3.5　面降雨强度的修正 ·· 56
　5.4　合成雨量图 ·· 59
　　5.4.1　均匀降雨雨量图 ··· 59
　　5.4.2　芝加哥雨量图 ·· 60
　　5.4.3　Huff 降雨分布曲线 ··· 60
　　5.4.4　SCS 暴雨分布 ·· 62
　　5.4.5　历史时间序列 ·· 63

第 6 章　雨水径流分析 ··· 64
　6.1　汇水面积 ·· 64

6.2 降雨损失 ··· 65
　　6.2.1 植物截留 ··· 65
　　6.2.2 洼地蓄水 ··· 65
　　6.2.3 下渗 ··· 68
　　6.2.4 SCS 模型 ·· 74
6.3 城市高峰径流量估计 ·· 79
　　6.3.1 推理公式法 ·· 79
　　6.3.2 参数估计 ··· 81
　　6.3.3 洪峰流量计算步骤 ·· 83
6.4 单位流量过程线 ·· 83
　　6.4.1 Espey10min 单位流量过程线 ····································· 84
　　6.4.2 SCS 单位流量过程线 ··· 88
　　6.4.3 单位流量过程线方法的应用 ·· 91
6.5 雨水水质 ·· 93
　　6.5.1 污染源 ··· 94
　　6.5.2 表达方式 ··· 96
　　6.5.3 初期冲刷效应 ·· 98

第7章　城市排水系统组成和布置 ·· 101
7.1 建筑内部排水系统 ··· 101
　　7.1.1 污废水排水系统的组成 ·· 101
　　7.1.2 建筑雨水排水系统 ·· 102
7.2 室外排水管道系统的构成 ··· 103
　　7.2.1 排水管渠 ·· 104
　　7.2.2 检查井 ·· 107
　　7.2.3 跌水井 ·· 109
　　7.2.4 水封井 ·· 112
　　7.2.5 换气井 ·· 112
　　7.2.6 冲洗井 ·· 113
　　7.2.7 防潮门和鸭嘴阀 ·· 113
　　7.2.8 出水口 ·· 115
7.3 排水系统的布置形式 ··· 117
7.4 排水系统的建设程序和规划设计 ·· 119
　　7.4.1 基本建设程序 ·· 119
　　7.4.2 设计内容 ·· 121
　　7.4.3 排水工程规划与设计的原则 ·· 121

第8章　水力学基础 ·· 123
8.1 基本原理 ··· 123
　　8.1.1 压强的计量和表示 ·· 123
　　8.1.2 流量的连续性 ·· 124
　　8.1.3 流体运动的分类 ·· 125
　　8.1.4 层流和紊流 ·· 126
　　8.1.5 能量和水头 ·· 126

8.2　有压管流 ·· 127
　8.2.1　水头（能量）损失 ··· 127
　8.2.2　沿程损失 ··· 128
　8.2.3　沿程阻力系数 ··· 128
　8.2.4　粗糙度 ··· 130
　8.2.5　局部损失 ··· 130
8.3　非满管道流 ·· 132
　8.3.1　一些几何和水力要素 ··· 132
　8.3.2　超载 ··· 136
　8.3.3　流速剖面图 ··· 137
　8.3.4　切应力 ··· 137
8.4　明渠流 ·· 137
　8.4.1　断面单位能量 ··· 137
　8.4.2　临界流、缓流和急流 ··· 138
　8.4.3　渐变流 ··· 139
　8.4.4　急变流 ··· 140

第9章　污水管道系统设计 ·· 141
9.1　设计资料调查 ·· 142
9.2　污水设计总流量确定 ·· 143
　9.2.1　设计年限的选择 ··· 143
　9.2.2　生活污水设计流量 ··· 144
　9.2.3　工业废水设计流量 ··· 147
　9.2.4　地下水渗入量 ··· 148
　9.2.5　城市污水设计总流量计算 ··· 148
　9.2.6　欧洲旱流污水流量和高峰污水流量的计算方法 ······································· 150
9.3　污水管道设计计算 ·· 151
　9.3.1　水力计算基本公式 ··· 151
　9.3.2　污水管道水力计算设计数据 ··· 152
　9.3.3　最小管径和最小设计坡度 ··· 154
　9.3.4　污水管道埋设深度 ··· 154
　9.3.5　污水管道水力计算方法 ··· 157
9.4　倒虹管 ·· 161
9.5　真空式和压力式排水管道系统 ·· 163

第10章　城市路面排水 ·· 165
10.1　边沟流 ··· 165
　10.1.1　设计重现期和允许排水漫幅 ··· 165
　10.1.2　边沟水力特性 ··· 166
　10.1.3　边沟内流行时间 ··· 172
　10.1.4　雨水口的集流时间 ··· 173
10.2　雨水口 ··· 175
　10.2.1　雨水口的类型和构造 ··· 175
　10.2.2　泄水能力和效率 ··· 178

　　　10.2.3　边沟平算雨水口 ·· 178
　　　10.2.4　侧石雨水口 ·· 180
　　　10.2.5　联合式雨水口 ·· 182
　　　10.2.6　槽式雨水口 ·· 183
　　　10.2.7　低洼位置处的雨水口 ·· 183
　　　10.2.8　雨水口的堵塞 ·· 186
　　10.3　雨水口位置的设计 ··· 187
　　　10.3.1　雨水口的设置位置 ·· 188
　　　10.3.2　连续坡面上雨水口的距离 ······································ 188
　　10.4　桥面和隧道排水 ··· 190
　　10.5　立交道路排水 ··· 191
　　10.6　广场、停车场地面水排除 ··· 192

第 11 章　雨水管渠系统设计 ··· 193
　　11.1　雨水管渠设计流量计算公式 ··· 193
　　　11.1.1　集水时间 ·· 193
　　　11.1.2　雨水管渠设计重现期 ·· 194
　　　11.1.3　风险计算 ·· 195
　　　11.1.4　改进推理公式法 ·· 196
　　11.2　雨水管渠水力计算设计数据 ··· 198
　　11.3　雨水管渠水力计算方法 ··· 199
　　11.4　设计计算步骤 ··· 202

第 12 章　雨水管理 ·· 205
　　12.1　就地排除 ··· 206
　　　12.1.1　渗透设施 ·· 206
　　　12.1.2　植草洼地 ·· 207
　　　12.1.3　透水路面 ·· 209
　　12.2　进水口控制 ··· 210
　　　12.2.1　屋顶水池 ·· 210
　　　12.2.2　落水管 ·· 210
　　　12.2.3　铺砌区域蓄水 ·· 210
　　12.3　就地蓄水 ··· 210
　　　12.3.1　调节水池 ·· 211
　　　12.3.2　水塘 ·· 212
　　12.4　其他设施 ··· 213
　　　12.4.1　隔油池 ·· 213
　　　12.4.2　人工湿地 ·· 213
　　12.5　非结构性措施 ··· 214
　　　12.5.1　城市环境管理 ·· 214
　　　12.5.2　路面清扫 ·· 214
　　　12.5.3　雨水沉泥井清理 ·· 215
　　　12.5.4　其他措施 ·· 215

12.6 雨水调蓄池的流量演算 ┄┄┄┄┄┄┄┄┄┄┄┄┄┄┄┄┄┄ 215
　12.6.1 基本原理及计算步骤 ┄┄┄┄┄┄┄┄┄┄┄┄┄┄┄ 216
　12.6.2 计算示例 ┄┄┄┄┄┄┄┄┄┄┄┄┄┄┄┄┄┄┄┄┄ 217

第13章　合流制管渠系统 ┄┄┄┄┄┄┄┄┄┄┄┄┄┄┄┄┄┄ 220
13.1 引言 ┄┄┄┄┄┄┄┄┄┄┄┄┄┄┄┄┄┄┄┄┄┄┄┄┄┄ 220
13.2 合流制排水管渠设计计算 ┄┄┄┄┄┄┄┄┄┄┄┄┄┄┄┄ 222
　13.2.1 设计流量 ┄┄┄┄┄┄┄┄┄┄┄┄┄┄┄┄┄┄┄┄┄ 222
　13.2.2 水力计算 ┄┄┄┄┄┄┄┄┄┄┄┄┄┄┄┄┄┄┄┄┄ 223
13.3 合流制排水管网改造 ┄┄┄┄┄┄┄┄┄┄┄┄┄┄┄┄┄┄ 224
　13.3.1 溢流井改造 ┄┄┄┄┄┄┄┄┄┄┄┄┄┄┄┄┄┄┄┄ 224
　13.3.2 适当处理混合污水 ┄┄┄┄┄┄┄┄┄┄┄┄┄┄┄┄ 226
　13.3.3 改为分流制 ┄┄┄┄┄┄┄┄┄┄┄┄┄┄┄┄┄┄┄┄ 228
　13.3.4 控制溢流混合污水量 ┄┄┄┄┄┄┄┄┄┄┄┄┄┄┄ 228

第14章　排水泵站 ┄┄┄┄┄┄┄┄┄┄┄┄┄┄┄┄┄┄┄┄┄ 229
14.1 排水泵站的通用特性 ┄┄┄┄┄┄┄┄┄┄┄┄┄┄┄┄┄┄ 229
　14.1.1 排水泵站的工作特点 ┄┄┄┄┄┄┄┄┄┄┄┄┄┄┄ 229
　14.1.2 排水泵站的组成 ┄┄┄┄┄┄┄┄┄┄┄┄┄┄┄┄┄ 229
　14.1.3 排水泵站的分类 ┄┄┄┄┄┄┄┄┄┄┄┄┄┄┄┄┄ 230
14.2 水泵的水力设计 ┄┄┄┄┄┄┄┄┄┄┄┄┄┄┄┄┄┄┄┄ 230
　14.2.1 水泵特性曲线 ┄┄┄┄┄┄┄┄┄┄┄┄┄┄┄┄┄┄ 230
　14.2.2 管道系统特性曲线 ┄┄┄┄┄┄┄┄┄┄┄┄┄┄┄┄ 231
　14.2.3 图解法求水泵的工况点 ┄┄┄┄┄┄┄┄┄┄┄┄┄ 231
　14.2.4 水泵的功率 ┄┄┄┄┄┄┄┄┄┄┄┄┄┄┄┄┄┄┄ 231
　14.2.5 水泵的并联 ┄┄┄┄┄┄┄┄┄┄┄┄┄┄┄┄┄┄┄ 233
　14.2.6 定速和变速水泵 ┄┄┄┄┄┄┄┄┄┄┄┄┄┄┄┄┄ 234
　14.2.7 吸水管路 ┄┄┄┄┄┄┄┄┄┄┄┄┄┄┄┄┄┄┄┄ 234
14.3 压水管路 ┄┄┄┄┄┄┄┄┄┄┄┄┄┄┄┄┄┄┄┄┄┄┄ 234
　14.3.1 压水管路与重力流排水管道的区别 ┄┄┄┄┄┄┄ 234
　14.3.2 设计特性 ┄┄┄┄┄┄┄┄┄┄┄┄┄┄┄┄┄┄┄┄┄ 235
　14.3.3 水击 ┄┄┄┄┄┄┄┄┄┄┄┄┄┄┄┄┄┄┄┄┄┄┄ 236
14.4 常用排水泵 ┄┄┄┄┄┄┄┄┄┄┄┄┄┄┄┄┄┄┄┄┄┄ 236
　14.4.1 离心泵 ┄┄┄┄┄┄┄┄┄┄┄┄┄┄┄┄┄┄┄┄┄┄ 236
　14.4.2 轴流泵和混流泵 ┄┄┄┄┄┄┄┄┄┄┄┄┄┄┄┄┄ 237
　14.4.3 潜水泵 ┄┄┄┄┄┄┄┄┄┄┄┄┄┄┄┄┄┄┄┄┄┄ 238
　14.4.4 变频调速泵 ┄┄┄┄┄┄┄┄┄┄┄┄┄┄┄┄┄┄┄ 238
　14.4.5 其他污水泵 ┄┄┄┄┄┄┄┄┄┄┄┄┄┄┄┄┄┄┄ 238
14.5 排水泵站的设计 ┄┄┄┄┄┄┄┄┄┄┄┄┄┄┄┄┄┄┄┄ 238
　14.5.1 设计流量 ┄┄┄┄┄┄┄┄┄┄┄┄┄┄┄┄┄┄┄┄┄ 239
　14.5.2 水泵的数量 ┄┄┄┄┄┄┄┄┄┄┄┄┄┄┄┄┄┄┄┄ 239
　14.5.3 水泵控制 ┄┄┄┄┄┄┄┄┄┄┄┄┄┄┄┄┄┄┄┄┄ 239
　14.5.4 集水池的设计 ┄┄┄┄┄┄┄┄┄┄┄┄┄┄┄┄┄┄ 240
　14.5.5 维护 ┄┄┄┄┄┄┄┄┄┄┄┄┄┄┄┄┄┄┄┄┄┄┄ 242

14.5.6 泵站的建筑要求 ･･ 242

第15章 优化设计计算 ･････････････････････････････････････ 243

15.1 排水管网优化设计数学模型 ･･････････････････････ 244

  15.1.1 目标函数 ･･ 244

  15.1.2 约束条件 ･･ 245

15.2 排水管渠系统优化设计计算方法 ･･････････ 245

  15.2.1 已定管线下的优化设计 ･･･････････････････ 245

  15.2.2 管线的平面优化布置 ･････････････････････ 246

15.3 遗传算法的应用 ･････････････････････････････････････ 246

  15.3.1 优化设计计算特点 ･････････････････････････ 246

  15.3.2 优化设计计算步骤示例 ･･･････････････････ 247

  15.3.3 可行管径集和编码映射技巧 ･････････ 249

15.4 进化算法在排水管渠系统平面布置优化中的应用 ･･･ 254

  15.4.1 进化算法的计算步骤 ･････････････････････ 254

  15.4.2 使用过程中的处理技巧 ･･･････････････････ 255

  15.4.3 算例分析 ･･ 258

  15.4.4 多出水口排水管网问题 ･･･････････････････ 261

第16章 排水管渠施工 ････････････････････････････････ 265

16.1 排水管渠 ･･･ 265

  16.1.1 管渠断面形式 ･･････････････････････････････････ 265

  16.1.2 管渠材料要求 ･･････････････････････････････････ 266

  16.1.3 常用排水管渠 ･･････････････････････････････････ 267

  16.1.4 管道接口 ･･ 271

  16.1.5 排水管道基础 ･･････････････････････････････････ 272

16.2 荷载计算 ･･･ 274

  16.2.1 装配系数 ･･ 274

  16.2.2 管道荷载 ･･ 274

16.3 开槽施工 ･･･ 278

  16.3.1 沟槽开挖 ･･ 278

  16.3.2 管道铺设 ･･ 282

16.4 不开槽施工 ･･･ 284

  16.4.1 盾构法施工 ･･･････････････････････････････････････ 285

  16.4.2 掘进顶管 ･･ 287

  16.4.3 微型顶管 ･･ 287

  16.4.4 螺旋钻掘进 ･･･････････････････････････････････････ 288

  16.4.5 挤密土层顶管 ･･････････････････････････････････ 289

16.5 施工准备和施工验收 ･･････････････････････････････ 289

  16.5.1 施工准备 ･･ 289

  16.5.2 竣工验收 ･･ 290

第17章 沉积物 ･･ 292

17.1 沉积物的来源 ･･･ 293

17.2 沉积物的效应 ･･･ 293

17.2.1　水力效应 ·································· 294

17.2.2　污染效应 ·································· 295

17.3　沉积物的运动 ······························ 295

17.3.1　挟带 ·· 296

17.3.2　迁移 ·· 296

17.3.3　沉淀 ·· 297

17.4　沉积物的特征 ······························ 297

17.4.1　淤积的沉积物 ··························· 297

17.4.2　可移动沉积物 ··························· 299

第 18 章　管渠内硫循环 ··························· 301

18.1　硫化物形成 ································· 301

18.1.1　生物膜层 ·································· 302

18.1.2　污水中硫化物的平衡 ·················· 304

18.1.3　硫化物生成潜在趋势 ·················· 305

18.2　硫化氢释放的影响因素 ·················· 306

18.3　硫酸生成 ··································· 307

18.4　排水设施腐蚀 ····························· 307

18.4.1　混凝土腐蚀 ······························ 307

18.4.2　金属腐蚀 ·································· 308

18.4.3　管道腐蚀潜在性估算 ·················· 308

18.5　硫化氢控制技术 ·························· 309

第 19 章　养护和管理 ······························ 311

19.1　排水管渠系统综合管理过程 ············· 311

19.1.1　调查 ·· 312

19.1.2　评价 ·· 314

19.1.3　建立计划 ·································· 315

19.1.4　计划执行 ·································· 316

19.2　健康和安全 ································· 316

19.3　检查 ·· 317

19.3.1　日常巡查 ·································· 318

19.3.2　管网普查 ·································· 318

19.3.3　技术调查 ·································· 320

19.3.4　数据存储与管理 ························ 322

19.4　排水管道清通技术 ························ 322

19.5　排水管渠的修复 ·························· 325

19.5.1　可进入的排水管道 ····················· 326

19.5.2　难以进入的排水管道 ·················· 326

第 20 章　模拟模型 ································· 330

20.1　模型目标和分类 ·························· 330

20.1.1　模型目标 ·································· 330

20.1.2　模型类型 ·································· 330

20.2 流量模型中的物理过程 ·································· 331

20.3 非恒定流的模拟 ······································· 332

   20.3.1 圣—维南方程组 ································· 332

   20.3.2 水力初始条件和边界条件 ······················ 335

   20.3.3 求解方程及设计模型 ··························· 337

   20.3.4 过载 ··· 339

20.4 水质模拟过程 ··· 339

20.5 污染物迁移的模拟 ····································· 340

   20.5.1 移流扩散 ····································· 340

   20.5.2 完全混合池 ··································· 341

   20.5.3 沉积物的迁移 ································· 341

20.6 污染物转化的模拟 ····································· 342

   20.6.1 持恒污染物 ··································· 343

   20.6.2 简单的衰减表达式 ····························· 343

   20.6.3 河流模拟方法 ································· 343

   20.6.4 WTP 模拟方法 ································· 344

20.7 雨水管理模型 ··· 345

   20.7.1 软件特征 ····································· 345

   20.7.2 图形用户界面 ································· 346

   20.7.3 计算器模块 ··································· 347

   20.7.4 程序员工具箱 ································· 348

第 21 章 地理信息系统 ····································· 350

21.1 地理信息系统基础 ····································· 350

   21.1.1 数据管理 ····································· 351

   21.1.2 地理数据表示 ································· 352

21.2 建立企业 GIS ··· 353

   20.2.1 考虑的关键点 ································· 353

   20.2.2 需求评估 ····································· 354

   21.2.3 设计 ··· 354

   21.2.4 试验研究 ····································· 355

   21.2.5 生产 ··· 355

   21.2.6 展示 ··· 355

21.3 基于 GIS 的模型构建 ··································· 355

第 22 章 测控技术 ··· 357

22.1 城市排水监测 ··· 357

   22.1.1 监测目的 ····································· 357

   22.1.2 连续在线监测 ································· 357

22.2 在线监测系统的组成 ··································· 358

   22.2.1 现场数据接口设备 ····························· 358

   22.2.2 现场数据通信系统 ····························· 360

   22.2.3 中央主站 ····································· 361

   22.2.4 分区工作站通信系统 ··························· 362

22.2.5　软件系统 ··· 363
22.2.6　现场数据的处理 ·· 364
22.3　误差分析 ··· 364
22.3.1　定义 ·· 364
22.3.2　不确定性的传递 ·· 365
22.3.3　取样理论 ·· 365
22.4　城市排水过程的测试 ··· 366
22.4.1　监测仪表 ·· 366
22.4.2　降雨测试 ·· 367
22.4.3　水位测试 ·· 367
22.4.4　流量测试 ·· 368
22.4.5　污染物测试 ··· 368
22.4.6　其他监测事项 ·· 369
22.5　实时控制 ··· 370
22.5.1　设备 ·· 370
22.5.2　控制 ·· 371
22.5.3　优缺点 ··· 372

第 23 章　基础设施不完善地区的排水方式 ··································· 374
23.1　污水系统 ··· 374
23.1.1　老式马桶 ·· 374
23.1.2　茅房 ·· 374
23.1.3　通风改良坑式厕所 ··· 374
23.1.4　化粪池系统 ··· 376
23.1.5　粪便污水预处理站 ··· 376
23.2　雨水系统 ··· 377

参考文献 ··· 378

第 1 章 绪 论

1.1 什么是城市排水

人们在日常生活和生产过程中与自然界水循环的相互作用，产生了给水和排水。其中排水可以分为生活污水、工业废水和降水三种形式。

生活污水是指人们日常生活中使用过并被生活废料污染的水，包括从厕所、厨房、浴室、洗衣房等处排出的水。它来自住宅、公共场所、机关、学校、医院、商店以及工厂中的生活间部分。生活污水含有大量腐败性的有机物，如蛋白质、动植物脂肪、碳水化合物、尿素等，还含有许多人工合成的有机物如各种肥皂和洗涤剂等，以及常在粪便中出现的病原微生物，如寄生虫卵和肠系传染病菌等。此外，生活污水中也含有为植物生长所需要的氮、磷、钾等肥分。这类污水需要经过处理后才能排入水体、灌溉农田或再利用。

工业废水是指工业生产中排出的废水，来自车间或矿场。几乎没有一种工业不使用水。水经生产过程使用后，绝大部分成为废水。工业废水有的被热污染，有的则携带着大量的杂质，如酚、氰、砷、有机农药、各种重金属盐、放射性元素和某些生物难降解的有机合成化学物质，甚至还可能含有某些致癌物质。这些成分多数既是有害或有毒的，又是有用的，必须妥善处理或者回收利用。

降水即大气降水，包括液态降水（如雨露）和固态降水（如雪、冰雹、霜等）。降水一般比较清洁，但其形成的径流量大，若不适当排除，将会积水为害，妨碍交通，危及人们日常的生活和生产。

城市排水系统是重要的城市基础设施，它由收集、输送和处理以上排水的管道和构筑物构成，并根据人们生活和生产需要有组织建设而成。这样，城市排水并非简单地把污废水和雨水从一个地方输送到另一个地方，在此过程中将涉及许多水力学、水文学、化学和微生物学方面的知识。

总之，城市排水系统目的在于把排水对人类生活环境带来的危害降低到最小，保护环境免受污染，促进工农业生产和保障人民健康和正常生活。因此它具有保护环境和城市减灾双重功能。建设完善的城市排水系统并进行科学的管理，是创造现代化城市良好的生存环境，保证其可持续发展的必要条件。与环境保护的其他领域一样，排水工程方面的建设不仅仅是某位专家的责任，管理决策者、工程技术人员和每位公民均具有一定的责任，这些责任者需在实践中相互合作。工程技术人员应该理解大量的标准、规范、规程和法规，而标准、规范、规程和法规制定者也需要相关技术支撑。

1.2 城市化对排水的影响

水的自然循环中，雨水降落到地面，一部分雨水通过蒸发或植物的呼吸作用转移到大气中，另一部分渗透到地下形成地下水，还有一部分形成地表径流。这几部分雨水所占比例依赖于地面的自然状况，而且在暴雨过程中也随时间而变化。地下水和地表水均有可能流到河流中。地下水形成河流的基流，而地表径流会造成雨季河流径流量的增加。

　　城市化改变了自然的地貌情况，使一部分降雨径流被人工系统取代，造成城市暴雨径流流量和水质方面的变化，同时城市化也增加了生活污水和工业废水的排放量（图1.1）。

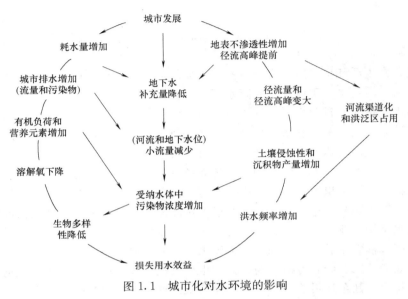

图1.1　城市化对水环境的影响

1.2.1　城市气候对降水的影响

　　城市化对降水的影响主要是由城市气候变化造成的。目前，人们已经认识到大型城市区域对当地微气候的影响。由建筑物、土地转换或者温室气体引起的能量机制、空气污染，以及空气循环模式变化等因素，贡献于辐射平衡、降水和蒸发量的改变，结果改变了水文循环。城市建设过程中地表的改变，使地表上的辐射平衡发生变化，空气动力糙率的改变影响了空气的运动。工业和民用供热以及机动车量的尾气，增加了大气中的热量，而且燃烧把水汽连同各种各样的化学物质送入大气层中。建筑物能够引起机械湍流，同时城市作为热源可导致热湍流。因此，城市建筑对空气运动能产生相当大的影响。一般来说，强风在市区减弱而微风可得到加强。城市上空形成的凝结核、热湍流以及机械湍流可以影响当地的云量和降雨量。1981年兰茨伯格（Landsberg）综合了多位学者关于城市与郊区气候的对比，发现在主要气候要素上的差别见表1.1。

　　1984～1988年，上海市水文总站在上海老市区（不含宝山、闵行区）149km²内设置的13个雨量点和原有分布在郊县的55个雨量站平行观测，以考察城市化对上海市区降雨影响的程度和范围。该项研究主要的结论包括：①市区降雨量大于近郊雨量，平均增雨6%；②市区和其下风向的降雨强度要比郊区为大；③降水时空分布趋势明显，降雨以市区为中心向外依次减小；④城市化对不同量级降雨雨日发生频次具有影响：城市化使暴雨

城市化带来的气候变化

表 1.1

要　素	与农村环境比较	要　素	与农村环境比较
污染物		温度	
凝结核	多 15 倍	年平均	高 0.5～3℃
尘粒	多 10 倍	冬季最低	高 1～2℃
二氧化硫	多 5 倍		
二氧化碳	多 10 倍		
一氧化碳	多 25 倍		
日照总量	少 15%～20%	相对湿度	
冬季紫外线	少 30%	年平均	少 6%
夏季紫外线	少 5%	冬季	少 2%
		夏季	少 8%
云		风速	
云	多 5%～10%	年平均	少 20%～30%
雾(冬季)	多 100%	狂风	少 10%～20%
雾(夏季)	多 30%	无风	多 5%～20%
降雨			
雨量	多 5%～10%	—	—
小于 50mm 降雨日数	多 10%	—	—

雨日增多，由于大暴雨、特大暴雨时，城市化影响较弱，当雨量达暴雨级后，市区雨日不再增加。

1.2.2　城市建设对降雨径流的影响

随着城市化的发展，树木、农作物、草地等面积逐步减小，工业区、商业区和居民区规模、面积不断增加，城市化以下面三种方式影响了地表径流。

（1）增加径流量：城市化过程使相当部分的流域被不透水表面所覆盖，减少了蓄水洼地。由于不透水地表的入渗量几乎为零，使径流总量增大；地区的入渗量减小，地下水补给量相应减小，干旱期河流基流量也相应减小。

（2）增加径流速度：排水系统的完善，如设置道路边沟、密布雨水管网和排洪沟等，增加了汇流的水力效率。城市中的天然河道被裁弯取直、疏浚和整治，使河槽流速增大，导致径流量和洪峰流量加大。

（3）降低汇水区域响应时间：不透水地表的高径流系数使得雨水汇流速度大大提高，从而使洪峰出现时间提前。

雨水导致径流量增加的程度取决于暴雨的频率、当地气候和汇水区域地形状况（土壤、不渗透程度等）。图 1.2 说明了相同汇水区域在城市开发以前和以后的径流状况。

1.3　城市排水管渠系统目标

有效、安全、经济和可持续的城市排水管渠系统，在规划、设计、建设、运行和管理中的目标可归纳为四个方面，即保护公共健康和安全、重视职业健康和安全、保护环境并可持续发展。

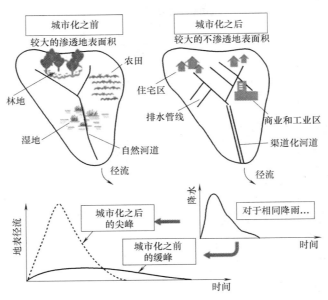

图 1.2 城市化前后的径流过程分析

1.3.1 保护公共健康和安全

从卫生角度上讲,排水工程的兴建对保障人民的健康具有深远的意义,尤其在防止疾病的蔓延上。通常,污水污染对人类健康的危害有两种方式:一种是污染后,水中含有致病微生物而引起传染病的蔓延。最早（19世纪中叶）引起重视的是粪便对饮用水水源的污染,人类排泄物（尤其粪便）是主要的传染病带菌媒介,有多种传染病的病原体（病毒、病菌、寄生虫）随病人和病菌携带者的粪便污染环境。危害最大的水传染病是肠道传染病,如霍乱、伤寒、痢疾等。

虽然现在由城市排水引起的各种疾病已基本绝迹,但如果排水工程设施不完善,水质受到污染,仍会有传染的危险。此外尤其在热带地区,有效的排水可避免暴雨过后带来的滞水,将会减少蚊蝇的孳生,避免疟疾和其他疾病的蔓延。

另一种对人类健康的危害,是污水中所含的有毒物质会引起人们急性或慢性中毒,甚至引起癌症或"公害病"。某些引起慢性中毒的毒物对人类的危害甚大,它们常常通过食物链而逐渐在人体内富集,致使在人体内形成潜在危害,不易发现。这些毒物一旦爆发,不仅危及一代人,而且影响子孙后代。

由于城市化的发展,地表不渗透面积的增大,导致暴雨时径流量和洪峰流量加大,可能超过排水明沟、雨水箅、暗沟和桥涵过水能力,以致引起城市部分区域积水,造成交通中断、地下通道淹没、房屋和财产破坏和损失;甚至引起城市下游地区洪水泛滥。

因此城市排水管渠系统应能够将与排水输送相关的公共健康和安全风险降到最低,防止疾病通过接触粪便和其他水介废物的扩散;防止饮用水源通过水介废物的污染;安全输送生活污水、工业废水和雨水,降低对公众的危害。

1.3.2　重视职业健康和安全

排水管道中的环境对人身安全具有潜在危害。排水管道中可能存在爆炸性气体或可燃性气体。污水的厌氧生物分解能析出甲烷和硫化氢。甲烷的密度比空气小；污水中析出的石油类（汽油或苯）气体的密度比空气大。这些气体与空气中的氮混合能形成爆炸性气体。煤气管道失修、渗漏也能导致煤气逸入管渠中造成危险。对于有些工业废水的排放，应由工厂提供危害化学物质的排放情况报告，但是这些报告并不代表允许意外或故意疏忽排放的行为。

在排水管道中最常见的有毒有害气体是硫化氢。它是一种可燃、有异味的气体。由于人体对气味的嗅觉灵敏度随着暴露在其中的时间以及气味的浓度增加而降低，所以对于操作人员是非常不利的。排水管道中由于具有密度较大的有害气体，使密度较轻的可呼吸性氧气减少，甚至消失。如果排水管道中没有氧气，人在其中的平均存活时间将仅有 3min。

工作人员在排水管道内工作时，也会碰到检查井和排水管道顶部的掉落物、设备的跌落和误操作。不管是排水管道中的残余流量，还是暴雨后的突发洪水流量，都不可低估溺水事故风险。如果排水管道内的污水酸性过高，防护靴子和手套是必不可少的。

污水中破伤风、乙型肝炎或细螺旋体病菌的感染也是潜在的危害，排水管道中应避免有废弃的针管；污水管道中生活的老鼠、昆虫等也会对人的健康造成危害。

因此在城市排水管渠系统的安装、运行、维护和修复过程中，应充分重视可能出现的职业健康和安全风险，包括安全出入排水管渠系统的布局、提供排水管渠系统内的充分工作看护。同时应注意对工作人员在安全和健康方面的指导、培训和监督。

1.3.3　保护环境

城市排水的受纳水体包括天然江、河、湖泊、海洋和人工水库、运河等地面水体，以及由于管道破损、接口开裂而渗漏的地下水体。城市排水进入受纳水体时，对受纳水体的水量和水质均有较大的影响。若污染物数量超过水体的自净能力，就会导致水体污染，危害水生生态，限制潜在的水利用（例如供水、娱乐、渔业等）。

城市排水内还存在检查井、交汇井和透气井处出现异味气体释放，管道和构筑物内底泥处置，以及泵站运行噪声等问题。

因此城市排水管渠系统的设计、建设、运行和维护，应严格遵从国家和当地的环境法规，最小化对环境的影响，降低对环境（水、土壤、大气等）的恶化和污染。

1.3.4　可持续发展

《我们共同的未来》是这样定义可持续发展的："既满足当代人的需求，又不对后代人满足其自身需求的能力构成危害的发展"。这一概念在 1989 年联合国环境规划署（UNEP）第 15 届理事会通过的《关于可持续发展的声明》中得到接受和认同。即可持续发展系指满足当前需要，而又不削弱子孙后代满足其需要之能力的发展，而且绝不包含侵犯国家主权的含义。可持续发展意味着国家内和国际间的公平，涉及国内合作和跨越国界的合作。它意味着要有支援性的国际经济环境，从而实现各国持续的经济增长与发展，这对于环境的良好管理也具有很重要的意义。可持续发展还意味着维护、合理使用并且加强自然资源基础，这种基础支撑着生态环境的良性循环及经济增长。此外，可持续发展表明在发展计划和政策中纳入对环境的关注与考虑，而不代表在援助或发展资助方面新的附加条件。

因此在城市排水管渠系统设计、建设、运行、维护和修复中，应最小化利用有限的自然资源（水、能量和材料等），考虑长期的可靠性和对未来（未知）需求的适应性，兼顾社会的可支付能力和可接受能力。

1.4　城市排水发展

1.4.1　早期历史

城市排水可以追溯到公元前几千年。可以想象，当时在一些地区人们群居在一起，他们对周围环境带来的影响很小，雨水依据自然水文过程生成地表径流、蒸发或下渗。只有在极端情况下才会出现洪水，但洪水的流量和洪峰的高度并不比现在城市内出现的洪水量大、洪峰高。人类产生的生活废水被自然过程处理。

当人类开始试图控制所生存的环境时，人工排水系统就发展起来了。史书记载和考古证据表明，在许多古代文明的城市中已经出现了排水系统。例如公元前 3000 年欧洲克里特文明时期的排水遗址，至今仍然能在希腊的克里特岛上寻找到，其中的排水设施输送了降雨径流和沐浴用水，也可能输送了宫殿中的其他废物。公元前 2500 年埃及也建设了排水沟渠，当时古希腊的城市出现了石砌或砖砌形式的管渠系统。在伊拉克巴格达郊区的考古发掘中，发现了约在公元前 2500 年前建造的砖砌排水管，并有支管和住房水冲厕所连接，这是在古代排水管中流入生活污水的极少例子。公元前 6 世纪为罗马广场排水建造的，称为"大沟渠"（Cloaca Maxima）的拱形渠道，高 4.2m，宽 3.6m，为了将罗马的污水和雨水输送到台伯河。

排水工程的建设在我国同样有着悠久的历史。新石器时代后期至夏商阶段，是城市产生并开始发展的初级阶段，城邑规模由小逐渐变大，城市排水管道业已具备。在河南省淮阳挖掘出了龙山文化时期（公元前 2800～前 2300 年）的平粮台古城下所埋的陶质排水管。这条管道由三条陶管组成，其断面呈倒"品"字形，每条管道又有许多个陶管扣合而成。陶管一头略粗，一头细，细头有榫口，可以衔接。陶水管为轮制，装入直筒，小口直径为 0.23～0.26m，大口直径为 0.27～0.33m，每节长 0.35～0.45m 不等，其上外表拍印篮纹、方格纹、绳纹、弦纹，个别为素面。每节小口朝南，套入另一节的大口内，如此节节套扣。

西周至春秋战国，是古城的大发展时期，齐临淄、吴阖闾大城、赵邯郸、楚郢、燕下都等，规模相当宏大，人口都达数 10 万人以上。这一时期古城的排水系统已逐渐完善。

城市排水系统由下水管道、城内沟渠和城壕组成，把城内的水排到城外的河、湖中。河北易县燕下都遗址的发掘表明，战国时期（公元前475～前221年）已有建筑在夯土高台的台榭建筑，夯土台上设置有陶制的排水管道，还使用了铺地的平砖和非承重的空心砖等。

秦汉至五代，城市排水系统进一步发展。据记载，汉朝长安的安门内大街，长达5.5km，街宽50m，中央是皇帝专用的驰道，宽20m，两侧有排水沟。唐朝长安城的规模尤为宏大，有南北并列的14条大街（最宽的街道达150m）和东西平行的11条小街，将全城分成103个矩形的里坊，每个里坊面积25～40hm²。大街的两侧有宽、深各两米多的排水沟。其中朱雀街两侧水沟，上口宽3.3m，底宽2.34m，深1.7～2.11m。

宋元明清期间为城市排水系统基本定型时期。江西赣州在北宋（公元960～1297年）期间，由著名的水利专家刘彝在这里主持修筑了罕见的城内排水系统——福寿沟。虽然经历了千年风雨，福寿沟至今仍完好畅通，并继续成为赣州居民日常排放污水的主要通道。

在苏州古城城内的明清旧宅，大多为多进建筑，房屋地面高于天井两、三个台阶，贴地多用方砖或地板。陪弄地砖下有阴（暗）沟。天井有钱眼，用暗沟（穿过厢房）接通弄沟。弄沟直通河浜或街沟。雨天时，钱眼进水缓慢，天井常积水，有时通行不便（可走陪弄），但积水不会入室。天井有延滞和下渗雨水径流的作用。平时盥漱洗涤废水都倾倒在地面。粪便用桶收集。街道一般为石板路，石板为条石，既做路面又做街沟的盖板。宅内暗沟，除厨房院子一段有时需淘淤疏通外，无淤塞情况。街道暗沟则需维护。

元明清的京都北京，内城基本上每街有沟，沟道用城砖石灰砌筑，断面400mm×400mm～2.5m（宽）×3.5m（深），另有两条纵向明渠（东边为御河，西边为南北沟沿），自北向南注入前三门护城河。内城沟道尾闾除护城河外，尚有中南海、北海、什刹海等湖塘，排水效果良好。清光绪年间（1875～1908年）曾对北京的皇城雨水道系统进行疏浚，共费时三年，耗银20多万两，可见规模之大。

我国古代的排水系统，在长期的自给自足、以农业生产为主的封建社会，粪便作为农作物的良好肥料，受到欢迎；通常排入厕所坑内，依靠周期性排空；而淘米洗菜、盥漱洗涤等日常生活污水，水量一般很小，可以直接倾倒在地面，或排入雨水沟渠。这样极少在家庭或建筑内设置污水管道系统。一般只有明渠与暗渠相结合的雨水管渠系统。其材料包括砖石砌块和陶土管道，沟渠主要作用是防洪排涝。大多城镇水量充沛，城内有天然河道和池塘，城外有护城河，雨水就近排放，管道长度较短。

1.4.2 现代城市排水工程

17世纪初，流体力学和水文学的理论知识开始迅速建立，到19世纪中期，理论已充分进步，允许排水管渠系统根据合理的理论建设。当时，随着产业革命后工业的发展和人口的集中，一些西方国家的城市开始建造了现代排水系统（见表1.2）。现代排水系统是从大量的生活污水和工业废水泄入排水管道后开始的。由于这些污废水如果不去除，将会污染环境和引发各种疾病。排水系统最初是合流制排水系统，即将生活污水、工业废水和雨水混合在同一个管渠内排除的系统（例如英国早期的排水工艺只建造管渠工程而无处理设施，将污废水及雨水直排水体）。这种排水系统一直持续到20世纪，在这个阶段，排水管道系统在逐步扩大，出水口的污染物浓度大量增加，固体沉积，臭气熏天。于是出现了分流制排水系统，即将生活污水、工业废水和雨水分别在两个或两个以上各自独立的管渠内排除。其中生活污水和工业废水为了达标排放，必须先进入污水处理厂（站）处理，然后排除。

一些国家现代城市排水工程开始建造的年代　　　　　　　　　　　　表 1.2

国家	英国	法国	德国	美国	日本
开始建造年代（年）	1732	1833	1842	1857	1872

理解污水会污染饮用水源的主要案例发生在 1848 年。当时英格兰医生约翰·斯龙（John Snow），观测了伦敦出现的霍乱暴发，在集中居住区，人们从同一水井供水。然后得出结论，一种物质 "materia morbus" 通过霍乱感染人们的排泄，并在饮用水系统中传播的。可是当时，他的考虑总体上被医生拒绝，他们坚持认为疾病例如霍乱和 "黑死病" 是通过污浊空气传播的。1854 年伦敦 Soho 地区的霍乱流行过程中，约翰·斯龙继续他的研究，并确定疾病暴发来自 Broad Street（现在的 Broadwick Street）的公共水井，由于该饮水井受到了污水的污染。约翰·斯龙的研究成果以统计事实作为可靠依据，确定了霍乱感染与利用人类排泄物污染水质之间的联系，即他将污染水作为霍乱疾病的原因。可是一直到 1883 年，由德国医生罗伯特·科赫（Robert Koch）分离出霍乱弧菌，疾病的微生物原因才最终确定。

基本污水处理从 1900 年进展到 1970 年。处理系统注重于去除悬浮和漂浮物质，处理生物可降解有机物，以及消除致病生物。1970 年之后，人们主要为了保护湖泊和内陆河流，标准得到提升，引入氮和磷的处理。1980 年之后，人们更多关注于公共健康，以及有毒药剂和可能具有长期健康后果的痕量物质去除。

通常认识到，排水管渠系统是重要的卫生设施，有效阻止了污水成为发散感染性疾病的一种途径，最小化了人们与含有可能传播疾病的液体废弃物之间的接触风险。排水管渠系统在保持生活环境干燥中也起到重要作用，因为潮湿的环境对公共健康（真菌、哮喘、风湿性关节炎等）具有有害影响。英国医学杂志（BMJ）在 2007 年 1 月 5 日和 2 月 14 日期间，通过采访它的读者（主要为世界各国的医生），投票得出自从 1840 年以来最显著的医学进步，其中卫生工程居首，位于抗生素、麻醉、疫苗和 DNA 结构之前。

第 2 章 排 水 体 制

2.1 排水系统体制类型

在第1章提到，城市排水系统处理三种形式的排水：生活污水、工业废水和雨水。在排水系统中，污水和雨水的输送方式复杂，很少有简单理想的系统。城市和工业企业中的生活污水、工业废水和降水的收集与排除方式称为排水系统的体制。

常规排水系统主要有合流制和分流制两种体制（见图2.1）。合流制排水系统是将生

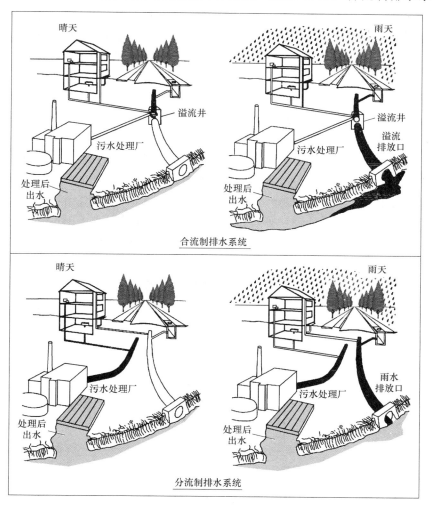

图 2.1 排水体制

活污水、工业废水和雨水混合在同一个管渠内排除的系统；分流制排水系统是将生活污水、工业废水和雨水分别在两个或两个以上各自独立的管渠内排除的系统。

一座城市有时采取的是混合系统，即既有合流制又有分流制的排水系统。混合排水系统通常是在具有合流制排水系统的城市中，扩建部分采用了分流制而出现的。在大城市中，因各区域的自然条件以及修建情况可能相差较大，因地制宜地在各区域采用不同的排水体制也是合理的。如美国的纽约以及我国的上海等城市便是这样形成的混合制排水系统。

可持续排水系统的趋势是利用自然方式排除雨水而不是依靠管道排除，以此缓解雨天时过大的地表径流量和洪峰流量。有些方案在实施过程中也包括废水的局部收集和处理。该方向的发展目前处于初始阶段。

2.2　合流制排水系统

实践中合流制排水系统有两种类型：①全部污水不经处理直接排入水体，称直流式合流制排水系统（图 2.2）；②临河岸边具有截流管道，在截流管道上设溢流井，当水量超过截流能力时，超出水量通过溢流井泄入水体，被截流的水予以处理，称截流式合流制排水系统（图 2.3）。

直流式合流制排水系统由于其中的混合污水未经无害化处理就被排放，在环境保护上已不容许采用。截流式合流制排水系统是在直流式合流制排水系统的基础上发展而成。由于城市的发展通常是逐步形成的，开始时城市人口与工业规模不大，合流管道收集着各种雨污水，直接排入就近水体，这时污染负荷也不大，水体还能承担。随着城市发展，人口增多，工业生产扩大，污染负荷增加，超出了水体自净能力，这时水体出现不洁，人们开始认识到应对污水适当处理，于是修建截流管道，把晴天时的污水（这部分污水称作旱流流量）全部截流，送入污水处理厂处理；暴雨时，雨水流量很大，可达到旱流流量的 50 倍甚至超过 100 倍，一般只能截流部分雨污混合水送入污水厂处理，超量混合污水由溢流井溢入水体。截流式合流制排水系统因与城市的逐步发展密切相关，因而它是迄今国内外现有排水体制中用得最多的一种，部分欧洲国家的合流制管渠系统占城市面积的比例见表 2.1。

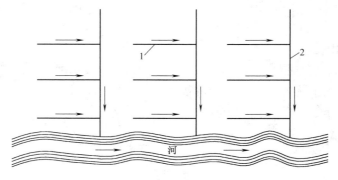

图 2.2　直流式合流制排水系统

1—合流支管；2—合流干管

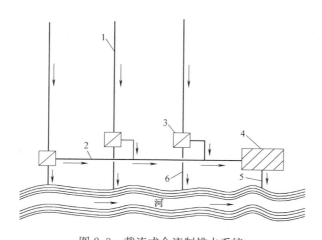

图 2.3　截流式合流制排水系统

1—合流干管；2—截流主干管；3—溢流井；4—污水处理厂；5—出水口；6—溢流出水口

部分欧洲国家合流制管渠系统占城市面积的比例　　　　　　　　　表 2.1

国家	合流制下水道百分比	国家	合流制下水道百分比
比利时	70%	意大利	60%～70%
丹麦	45%～50%	荷兰	74%
法国	70%～80%	西班牙	70%
德国	67%	英国	70%
爱尔兰	60%～80%		

　　与分流制排水系统相比，截流式合流制排水系统是一种简单而不经济的排水系统。合流制管渠系统因在同一管渠内排除所有的污水，管线单一，管渠的总长度较短，不存在雨水管道与污水管道混接的问题。但合流制截流管、提升泵站以及污水厂都较分流制大；截流管的埋深也因同时排除生活污水和工业废水而要求比单设的雨水管渠埋深大；通常在大部分无雨期，只使用了管道输水能力的一小部分输送污水。

　　溢流井是截流干管上最重要的构筑物，图 2.4 是它的功能示意图。降雨过程中，它接受上游来的雨水和污水混合流量。其中一部分流量沿着下游排水管线，继续流向处理厂，这部分流量称作截流量，它在合流制排水管道系统的设计和运行当中很重要。其余部分由溢流井泄出，经排放渠道排入水体，这部分流量称作溢流量。

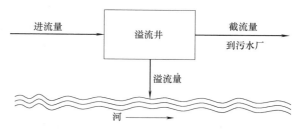

图 2.4　溢流井的进流和出流功能示意图

　　未从溢流井泄出的截流量，通常按旱流流量的指定倍数计算，该指定倍数称为截流倍数。对溢流井的设计考虑适当的截流倍数是很重要的。假定在暴雨时，上游雨水流量为旱流流量 Q_f 的 50 倍，溢流井的截流倍数为 3（我国多数城市采用的数字）。这样上游进水量为 $51Q_f$（包括 $50Q_f$ 的雨水和 Q_f 的旱流流量），此时在溢流井的设计溢流量将为（51-3）

$Q_f = 48Q_f$。

一般溢流井都具有拦截固体颗粒的作用，而且溢流量是经高度稀释的雨污混合水（在上例中，浓度稀释比为 50：1），因此认为这些未经处理的溢流量对环境的影响不会太大。可是在暴雨径流之初，原沉积在合流管渠内的污泥被大量冲起，将经溢流井泄入水体，即所谓的"初期冲刷"。此外，在暴雨中绝大部分混合污水进入水体而非处理厂。实践证明，采用截流式合流制的城市，水体仍然遭受污染，甚至达到不能容忍的程度。因此，溢流对受纳水体产生污染，这是合流制排水系统的严重缺陷。

由于截流式合流制对水体可能造成污染，危害环境，我国《室外排水设计规范》GB 50014—2006（2014 年版）规定，除降雨量少的干旱地区外，新建地区的排水系统宜采用分流制。旧建成区由于历史原因，一般已采用合流制，要改造为分流制难度较大，故规定同一城镇可采用不同的排水制度。同时规定合流制排水系统应设置污水截流设施，以消除污水和初期雨水对水体的污染。

2.3 分流制排水系统

由于城市排水对下游水体造成的污染和破坏与排水体制有关，为了更好地保护环境，一般新建的排水系统均应考虑采用分流制系统。其中收集和输送生活污水和工业废水（或生产污水）的系统称污水排水系统；收集和输送雨水、融雪水的系统称雨水排水系统；只排除工业废水的称工业废水排水系统。

分流制排水系统按照排除雨水方式的不同，又分为不完全分流制、完全分流制和改进分流制三种排水系统。不完全分流制排水系统只具有污水排水系统，未建雨水排水系统，雨水沿天然地面、街道边沟、水渠等原有渠道系统排泄，或者为了补充原有渠道系统输水能力的不足而修建部分雨水管道，待城市进一步发展再修建雨水排水系统，转变成完全分流制排水系统（图 2.5）。完全分流制排水系统既有污水排水系统，又有雨水排水系统，故环保效益较好（图 2.6）。新建的城市及重要的工矿企业，一般采用完全分流制排水系统。工厂的排水系统，一般采用完全分流制。性质特殊的生产废水，还应在车间单独处理后再排入污水管道。改进分流制排水系统正如完全分流制系统，包含了两个明确的排水管网，一个排除污水，另一个排除雨水；可是改进分流制排水系统，为了防止污染较严重的初期雨水直接排放到环境，采取适当工程措施，使这部分雨水引入污水截流干管，与污水一起输送到污水处理厂处理，故环境效益较好（图 2.7）。

分流制的缺点是很难达到完全的分流，主要受到以下几方面的影响。

（1）建筑排水系统的影响

当城市为分流制排水系统时，正常的建筑排水设计为粪便污水和生活废水合流接入市政

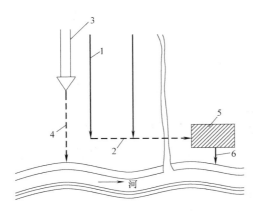

图 2.5 不完全分流制排水系统
1—污水干管；2—污水主干管；3—原有管渠；
4—雨水管渠；5—污水处理厂；6—出水口

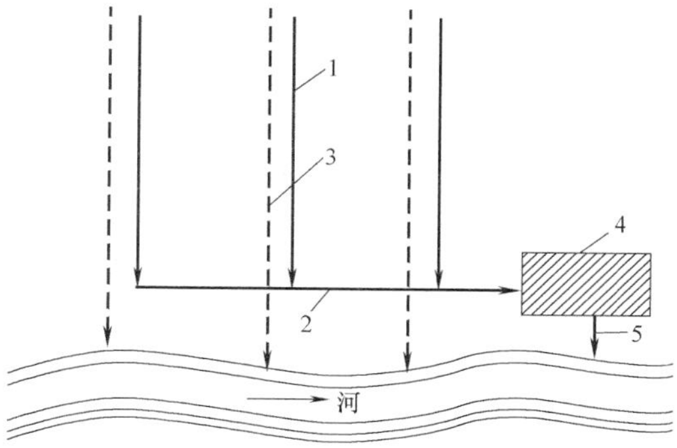

图 2.6　完全分流制排水系统

1—污水干管；2—污水主干管；3—雨水干管；
4—污水处理厂；5—出水口

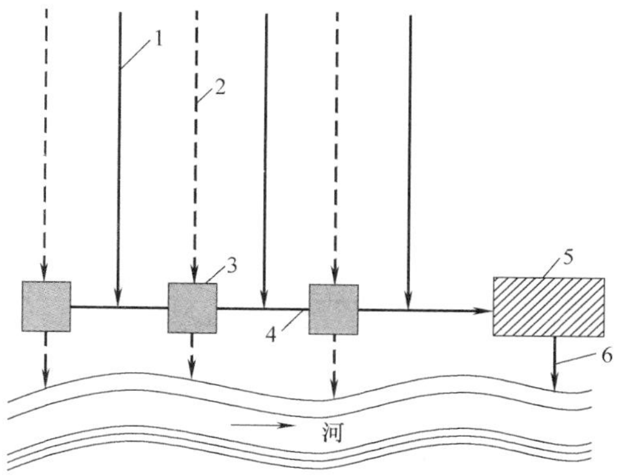

图 2.7　改进分流制排水系统

1—污水干管；2—雨水干管；3—雨水截流井；
4—截流干管；5—污水处理厂；6—出水口

污水系统，雨水接入市政雨水系统。然而，随着住宅区的扩建、改建和居民生活水平的提高，原有排水系统已不能满足收集和输送污水的要求，又未同期相应扩建、改建排水系统，而是采取下列权宜做法：①新建污水管接不进原有污水系统，只能就近接入市政雨水系统；②有的地区为了解决污水的排放，甚至将雨污水系统局部连通；③由于城市发展不均衡，一些区域的污水管网建设落后于开发建设的速度，造成由于污水没有出路而临时接入雨水系统的状况。

（2）建筑功能改变的影响

在民用建筑内部装修过程中，经常出现改变建筑功能的状况。例如原办公建筑改成餐饮业或娱乐业，原有排水系统被打乱。较普通的是将阳台改成厨房，甚至改成厕所，以致原设计的阳台雨水落水管成为生活污水管，露天洗车场的洗车废水就近直接排水，其出水接入雨水系统。在工厂车间中，由于技术改造、产品结构调整等原因，导致车间设备重新布置，原有排水系统的功能相应改变：原污水管成为废水管，将生产废水收集入污水系统；原废水管成为污水管，将生产污水收集入雨水系统。

（3）人为疏忽或故意造成雨污水管道交叉连接的影响

由于排水系统一般是无压流，很难阻止人们对排水管道的随意接入和改造。例如，在未经许可情况下直接把建筑排水接入任意的市政排水管道（不管是雨水管道还是污水管道），或者由于设计和施工时，对现场地下管线未作充分调查，使雨污水管道发生交叉连接。文献指出，在深圳为期 1 年的排水管网普查结果表明，约有 35％的污水没有进入污水干管，而是随雨水系统排入了河流。

分流制的另一缺点是其造价相当高。但雨水与污水的分流管线造价并不是合流制一条管线的两倍。雨水管道的尺寸可能略小于合流制排水管道，污水管道的尺寸更小。分流制比合流制造价高的部分主要在于略微增加的埋设费用和附加了一条管径较小的管道费用。

2.4　城市排水体制选择

合理选择排水系统的体制，是城市和工业企业排水系统规划和设计的重要问题。它不仅决定排水系统的设计、施工和维护管理，而且对城市和工业企业的规划和环境保护影响深远；同时也影响排水系统工程的总投资和初期投资以及维护管理费用。通常排水系统体制的选择，应当在满足环境保护需要的前提下，根据当地的具体条件，通过技术经济比较决定。合流制系统与分流制系统各有优缺点，总结见表2.2。下面从不同角度进一步分析各种体制的使用情况。

分流制排水系统和合流制排水系统的优缺点 表 2.2

分流制	合流制

优点：
  1. 不存在溢流井，减少了对受纳水体的污染；
  2. 污水处理设施规模较小；
  3. 雨水泵站只在需要时启动；
  4. 污水和雨水管道铺设路线和位置、埋深可不相同（例如雨水就近排入水体）；
  5. 污水流量小，且较小流量时也能保持较高的流速；
  6. 污水流量和强度变化小；
  7. 污水管道中一般无道路砂砾；
  8. 洪水仅在雨水管道中产生
	缺点：
	  1. 必要的溢流井决定了截流干管的尺寸和污水处理厂的规模，可能加重水体污染；
	  2. 需要规模较大的污水处理厂；
	  3. 泵站平时也在运行，运行费用较高；
	  4. 管线必须同时考虑雨水和污水的接入，可能有较长的支管接入；
	  5. 旱季时，合流管道内的流量较小，流速较慢，易产生固体的沉积；
	  6. 雨天和晴天时，进入泵站和污水厂的流量、强度变化大；
	  7. 必要时需清通砂砾；
	  8. 易产生洪流，溢流井的溢流含污水成分，带来水体污染

缺点：
  1. 需铺设两种类型的管道，造价高；
  2. 在已建成的狭窄街道内铺设，占用额外空间；
  3. 房屋外接管道多，易出现管道混接；
  4. 污水管道内的沉积物得不到冲刷；
  5. 雨水得不到处理
	优点：
	  1. 较低的管线造价；
	  2. 占用空间较小；
	  3. 建筑外排管简单；
	  4. 雨天时，污水固体沉积物可被冲刷；
	  5. 部分雨水被处理

（1）环境保护方面

如果采用全处理式合流制，将城市生活污水、工业废水和雨水全部截流送往污水厂进行处理，然后再排放，从控制和防止水体的污染来看，是较好的；但这时截流主干管尺寸很大，污水厂容量也增加很多，建设费用也相应地增高。由于合流管渠平时输送的旱流污水量与雨季输送的合流污水量相差悬殊，因此合流管渠内易发生沉积。采用截流式合流制时，在暴雨径流之初，原沉淀在合流管渠的污泥被大量冲起，经溢流井溢入水体，即所谓的"初期污物冲刷"。同时，雨天时有部分混合污水经溢流井溢入水体。实践证明，采用截流式合流制的城市，水体仍然遭受污染，甚至达到不能容忍的程度。近年来，国内外对雨水径流的水质调查发现，雨水径流特别是初降雨水径流对水体的污染相当严重。分流制可以将城市污水全部送至污水厂进行处理，同时如果能将初期雨水径流收集起来，适应社会发展的需要，满足城市卫生的需求，将是城市排水系统体制发展的方向。

（2）造价方面

合流制排水只需要一套管渠系统，大大减少了管渠的总长度。据资料统计，一般合流制管渠的长度比分流制的长度减少30%～40%，而断面尺寸和分流制雨水管渠基本相同，因此合流制排水管渠造价一般要比分流制低20%～40%。虽然合流制泵站和污水厂的造价通常比分流制高，但由于管渠造价在排水系统总造价中占70%～80%，所以分流制的总造价一般比合流制高。

（3）维护管理方面

晴天时污水在合流制管道中处于充满度较小的非满管流动，雨天时才达满管流，因而晴天时合流制管内流速较低，易于产生沉淀。但据经验，管中的沉积物易被暴雨水流冲走，这样，合流管道的维护管理费用可以降低。但是，晴天和雨天时流入污水厂的水量变化很大，增加了合流制排水系统污水厂运行管理中的复杂性。而分流制系统可以保持管内的流速，不致发生沉淀，同时，流入污水厂的水量和水质比合流制变化小得多，污水厂的运行易于控制。

混合制排水系统的优缺点，介于合流制和分流制排水系统两者之间。

总之，排水系统体制的选择是一项很复杂、很重要的工作，应根据国家和当地水管理法规、城镇及工业企业的规划、污水利用情况、原有排水设施、地形、气候和水体等条件，从全局出发，在满足环境保护的前提下，通过技术经济比较，综合考虑确定。通常同一城镇的不同地区可采用不同的排水体制。除降雨量少的干旱地区外，新建地区的排水系统应采用分流制。暂时不具备雨污分流条件的地区，应采取截流、调蓄和处理相结合的措施，提高截流倍数，加强降雨初期的污染防治。

第3章 水 质

排水管渠系统设计和运行过程中，主要基于以下几个原因应对输送废水（或雨水）的水质进行深入分析：

① 排水管渠系统中水质变化显著；

② 排水管渠系统的运行管理决策将对污水处理效果产生很大影响；

③ 由排水管渠系统直接排放（例如溢流井、雨水排放口）可能会严重污染受纳水体。

本章讨论描述废水和雨水特征的基本方法，城市排水管渠系统的水质影响，水环境的相关法规和标准等内容。

3.1 浓度基本知识

3.1.1 浓度

水有时被称作"通用溶剂（universal solvent）"，因为它具有对大量物质的溶解能力。术语"水质"与水中的成分有关，包括被溶解物质以及被水输送的物质。

污染物质的浓度用 $c = M/V$ 表示，它是包含组成成分的质量 M（mg）和水的体积 V（L）的比值。城市排水中浓度单位一般采用 mg/L，假设混合液的密度与水密度（1000 kg/m³）相等，则 mg/L 在数量上与百万分之一（ppm）相当。浓度 c 与时间 t 的函数关系图称作污染过程图。污染物的质量流量或通量用负荷速率表示 $L = M/t = cQ$，式中 Q 为水的流量。

【例 3.1】 在实验室测得 2L 污水样本中含杂质为 0.75g。请问它的浓度（c）是多少（用 mg/L 和 ppm 表示）？如果污水流速为 600L/s，那么污染物负荷速率（L）是多少？

解：

$$c = \frac{M}{V} = \frac{750}{2} = 375\text{mg/L} = 375\text{ppm}$$

$$L = cQ = 0.375 \times 600 = 225\text{g/s}$$

每日污水的平均浓度或降雨事件中雨水的平均浓度，即事件平均浓度（EMC）c_{av} 由流量浓度的加权值计算：

$$c_{av} = \frac{\sum Q_i c_i}{\sum Q_i} \tag{3.1}$$

式中 c_i——每一样本 i 的浓度（mg/L）；

Q_i——取样时样本 i 的流量（L/s）。

3.1.2 当量浓度

当量浓度是利用所包含的元素（Y）表示污染物（X）的浓度。如下：

$$污染物\,X\,相对于元素\,Y\,的浓度＝污染物\,X\,的浓度\times\frac{元素\,Y\,的原子量}{化合物\,X\,的分子量} \quad (3.2)$$

浓度转换的基础是化合物的摩尔质量和元素的摩尔质量。用这种方式表示物质浓度，易于对含有同种元素的化合物进行比较，可更直观地计算物质总量。当然，这意味着必须注意是哪种元素形成的化合物。

【例 3.2】 试验测得在 1L 雨水样本中磷酸根（PO_4^{3-}）为 56mg。用磷（P）表示磷酸根的当量浓度。

解：

P 原子当量为 31.0g

O 原子当量为 16.0g

磷酸根的分子当量为 $31＋(4\times16)＝95$g

根据式（3.2）：

$$56mgPO_4^{3-}/L＝56mg\times\frac{31gP}{95gPO_4^{3-}}\approx18.3mgP/L$$

3.2 水质参数

描述水质的大量参数可以分为两类，一类仅表示水中一种成分的浓度；另一类则表示水中一组成分的浓度，称为水质的替代参数。对这些参数以及测量方式的详细描述可见其他相关参考书籍。

实际考察某水样的水质时，选用的分析和检测项目，视考察目的和检测条件而定。考察是为了确定它是否满足使用要求，由各用水有关的主管部门制定各种用水标准以管理生产。为保护环境质量和国家资源，环境保护部对天然水体和排放废水在不同情况下的水质标准作了规定。

3.2.1 采样和分析

水样的采集是进行水质分析的重要环节。采样的原则是使水样具有代表性，同时要使水样在保存时不受污染。通常具有三种采样方式：

① 在某一指定时间或地点采集"瞬时水样"；

② 采集在相同时间间隔取等量水量混合而成的"等时混合水样（平均混合水样）"；

③ 根据流量大小，按与流量成正比关系采集水样，混合后配成"等比例混合水样（平均比例混合水样）"。

对于水样的采集，可利用满足高采样密度和长期连续不断采样需求的自动采集装置。

在排水管道中，水流流速呈层状分布，如果要获得更加真实的数据，取样需要沿水流深度获取。平均浓度通过局部流速和过水断面积加权计算获得。

污水水质特性试验中，必须区分精密度和准确度。精密度（precision）是指在相同的条件下用同一方法对样品进行重复测试，获得几组测定结果之间相互接近的程度。准确度（accuracy）指测定结果与真实值接近的程度。测试技术同时需要精密度和准确度，这样才能证明采样程序是有效的。

3.2.2 固体

污水和雨水中的固体由漂浮物、可沉降物、胶体物和溶解状态的物质构成。其重要物理特性有颗粒大小分布、浊度、色度、投射率、温度、电导率以及密度、相对密度、重度等。按存在形态可分为四类：大颗粒物质（gross）、小颗粒砂砾（grit）、悬浮固体（suspended）和溶解物质（dissolved）（表3.1）。根据它们的来源是污水还是雨水，需再对大颗粒物质和悬浮物质进行分类。

固体的基本分类　　　　　　　　表 3.1

固体类型	尺寸（μm）	相对密度	固体类型	尺寸（μm）	相对密度
大颗粒物质	＞6000	0.9～1.2	悬浮固体	≥0.45	1.4～2.0
小颗粒砂砾	＞150	2.6	溶解物质	＜0.45	—

（1）大颗粒物质

污水和雨水中的大颗粒固体没有标准的测试方法，它们通常定义为能够通过6mm筛子（即二维尺寸＞6mm）的固体［相对密度（SG）＝0.9～1.2］。排水中的大颗粒固体包括粪便、卫生纸或"卫生垃圾"（如卫生巾、卫生套、浴室垃圾）等。粪便和卫生纸可轻易降解，在排水系统中不会存在很长时间。大颗粒雨水固体包括砖头、木块、罐头瓶（盖）、玻璃、纸张碎片等。

当这些固体排到水中时，通常关心的是它们的"感官影响"，在河岸和海滩上常能见到它们的踪迹。大颗粒物质的沉淀和阻塞，能够使泵站和污水处理厂的格栅失去作用（尤其有雨水流入时），造成日常维护问题。

（2）小颗粒砂砾

同样也没有标准方法检验砂砾，它们一般定义为能保留在150μm筛网上惰性的、小颗粒的物质（SG≈2.6）。砂砾是排水管道沉积物的主要成分。

（3）悬浮固体（SS）

水样用滤纸（孔径0.45μm）过滤后，被滤纸截留的滤渣，在105～110℃烘箱中烘干至恒重，所得质量称为悬浮固体（SS）。滤液中存在的固体物质即为溶解固体。悬浮固体用浓度表示，一般SS试验的精度约为±15％。

较小的悬浮固体（＜63μm）是污染物的高效载体，可以携带大于自身体积的污染物。高浓度的悬浮固体对受纳水体产生负面影响，包括：浊度的增加、透光度的减弱；其中可沉固体沉积于河底，造成底泥积累与腐化；可能堵塞鱼鳃，导致鱼类窒息死亡；影响水中无脊椎动物的生存等。

悬浮固体由有机物和无机物组成，故又可分为挥发性悬浮固体（VSS）或称为灼烧减

重；非挥发性悬浮固体（NVSS）或称为灰分两种。当悬浮固体在马福炉（muffle fur-
nace）中灼烧（温度为600℃），所失去的质量称为挥发性悬浮固体；残留的质量称为非
挥发性悬浮固体。生活污水中，前者约占70%，后者约占30%。

【例3.3】 标准试验中，烘干后坩埚和滤板的质量为64.592g。在真空状态下，
250mL废水样本通过滤板过滤。然后滤板和残留物放在坩埚上用火炉加热到104℃烘干。
总质量为64.673g。坩埚及残留物在烘炉上加热至550℃，经冷却后测得质量为64.631g。
试计算：（1）样本中悬浮固体的浓度，（2）悬浮固体中挥发成分的比率。

解：

（1）样本中悬浮固体的质量：

初始时刻： 坩埚＋滤板＋固体 ＝64.673g

加热至104℃时：坩埚＋滤板 ＝64.592g

悬浮固体质量： ＝0.081g

SS的浓度：

81（mg）/0.250（L） ＝324mg/L

（2）去除的挥发性悬浮固体质量：

初始时刻： 坩埚＋滤板＋固体 ＝64.673g

加热至550℃时：坩埚＋滤板＋固体 ＝64.631g

挥发性固体质量： ＝0.042g

悬浮固体中挥发成分的比率：

42（mg）/81（mg） ＝0.52

3.2.3 溶解氧

理解城市排水系统中所发生的化学反应，关键因素之一是测试和预测水中的含氧量。
溶解氧水平（DO）依赖于系统的物理、化学和生化过程的活跃性。

氧在水中溶解度很低。根据空气的平衡，水中DO的溶解能力称作它的饱和值。它随
温度和洁净度（盐分、固体含量）的增加、大气压力的降低而降低（表3.2）。因此，水
温升高（即使无杂质）也是一种水体污染。

水中溶解氧与温度的关系（在标准状况下）　　　　　表3.2

温度（℃）	DO（mg/L）	温度（℃）	DO（mg/L）	温度（℃）	DO（mg/L）
0	14.62				
1	14.23	11	11.08	21	8.99
2	13.84	12	10.83	22	8.83
3	13.48	13	10.60	23	8.63
4	13.13	14	10.37	24	8.53
5	12.80	15	10.15	25	8.38
6	12.48	16	9.95	26	8.22
7	12.17	17	9.74	27	8.07
8	11.87	18	9.54	28	7.92
9	11.59	19	9.35	29	7.77
10	11.33	20	9.17	30	7.63

溶解氧（DO）可用碘量法分析，其原理是：在水中加入硫酸锰和碱性碘化钾，生成白色氢氧化亚锰沉淀，迅速被溶解氧化成四价锰的棕色沉淀，加酸后，四价锰的棕色沉淀溶解并与 I⁻ 反应而析出游离 I_2，以淀粉为指示剂，用硫代硫酸钠标准溶液滴定游离 I_2，可计算出溶解氧的含量。在没有干扰的情况下，此方法适用于各种溶解氧浓度大于 0.2mg/L 和小于氧的饱和浓度两倍（约 20mg/L）的水样。

溶解氧含量是使水体生态系统保持平衡的主要因素之一。在河流中的所有高等生物都需要氧气。氧的急剧降低甚至消失，会对水体生态系统产生巨大影响。当 DO<1mg/L 时，大多数鱼类便窒息而死。没有毒性物质时，DO 与生物多样性关系密切。

3.2.4　有机物

有机化合物通常由碳、氢、氧、氮等元素组成。污水和雨水中含有大量以微粒和溶解方式存在的有机物。水中有机物状态不稳定，能通过生物和化学过程氧化为稳定的、相对惰性的最终产物，如二氧化碳、硝酸盐、硫酸盐和水。可生物降解有机物分为以下三大类：

1）碳水化合物，包括糖、淀粉、纤维素和木质素等；

2）蛋白质与尿素，蛋白质由多种氨基酸化合或结合而成，分子量可达 2 万～2000 万；

3）脂肪和油类。

微生物对有机物的降解需要消耗 DO。在城市排水系统中对氧的损耗主要为：

1）排水管道，结果导致厌氧环境；

2）受纳水体。

由于有机物种类繁多，组成复杂，化学结构和性质千差万别，现有的分析技术难以区别并定量。但根据有机物可被氧化的共同特性，用氧化过程所消耗的氧量作为有机物总量的综合指标进行定量。常用的综合指标包括生物化学需氧量（或生化需氧量，BOD）、化学需氧量（COD）、总有机碳（TOC）等。

（1）生化需氧量（BOD_5）

对于污水和地表径流，使用最广的有机物污染物参数是五日生化需氧量（BOD_5）。该项检测是测量微生物在有机物的生化氧化作用中，溶解氧的消耗量。测定方法用稀释与接种法。测试在特定潜伏期（通常是 5 日，暗处，20℃的条件），300 mL 瓶中样本稀释液消耗的 DO。DO 在微生物分解有机物和某些无机物时被消耗。这样：

$$BOD_5 = (c_{DOI} - c_{DOF})/p \tag{3.3}$$

式中　p——样本稀释度，=样本容积/采样瓶容积；

c_{DOI}——初始溶解氧浓度（mg/L）；

c_{DOF}——最终溶解氧浓度（mg/L）。

待测水样事先加入营养和溶解氧后进行稀释。如果在样本中微生物量不足，则加入微生物。如果不使用抑制剂［如烯丙基硫脲（ATU）］，试验也可测得氮氧化物减少时的氧量（含氮量——N_{BOD}）。BOD 随时间的变化过程见图 3.1。

因为水中许多含碳物质对生物氧化起阻碍作用，试验难以测出总的氧化有机物。在 5

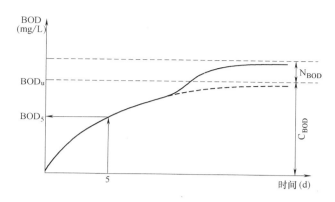

图 3.1　生化需氧量与时间关系曲线

日内仅有容易生物降解部分被分解。试验可延长到 $10\sim20d$，达到最终含碳的 $C_{BOD}\approx$ $1.5BOD_5$。如果废水中含有有毒成分，BOD 试验将被抑制（例如径流中的痕量金属），这时它被看作是一种指标而不是精确测试。

【例 3.4】　在试验中为测试 BOD_5，把 5 mL 的样本与蒸馏水混合，倒入 300mL 的瓶子。试验前混合物的 DO 浓度为 7.45mg/L，5d 后降低到 1.40mg/L。问样本中的 BOD_5 浓度是多少？

解：

稀释度：$p=5/300=0.0167$

代入式（3.3），得：

$$BOD_5=(7.45-1.40)/0.0167=363mg/L$$

（2）化学需氧量（COD）

COD 的测定原理是使用强氧化剂（我国法定用重铬酸钾），在酸性条件下将有机物氧化成 CO_2 与 H_2O 所消耗的氧量，即称为化学需氧量，用 COD_{Cr} 表示，一般简写为 COD。由于重铬酸钾的氧化能力极强，可较完全地氧化水中各种性质的有机物，如对低直链化合物的氧化率可达 $80\%\sim90\%$。此外，也可用高锰酸钾作为氧化剂，但其氧化能力较重铬酸钾弱，测出的耗氧量也较低，故称为耗氧量，用 COD_{Mn} 或 OC 表示。

化学需氧量 COD 的优点是较精确地表示污水中有机物的含量，测定时间仅需数小时，且不受水质的限制。缺点是不能像 BOD 那样反映出微生物氧化有机物的程度，以及直接从卫生学角度阐明被污染的程度；此外，污水中存在的还原性无机物（如硫化物）被氧化也常消耗氧，所以 COD 值也存在一定误差。如果有充足的资料可以利用，可以得出 COD 与 BOD 的关系式，例如：

$$c_{BOD}\approx a\times c_{COD} \tag{3.4}$$

式中　c_{BOD}——生化需氧量浓度（mg/L）；

　　　c_{COD}——化学需氧量浓度（mg/L）；

　　　a——0.4～0.8。

可是必须强调，"a"值随污水的不同而异，对 c_{BOD} 和 c_{COD} 这两个参数的相关关系并没有明确。但这是污水处理率的一种良好的指示参数。

样本的 COD 能够进一步区分为几类。第一大类是惰性材料（悬浮的或溶解的），它在城市排水系统中认为是非生物降解的。第二类是可生物降解物质,依次分为容易降解和难降解物质。前者可被微生物立即降解,后者降解过程较慢。BOD 与 COD 的关系总结见图 3.2。目前对各种 COD 特征的描述方法仍在发展。

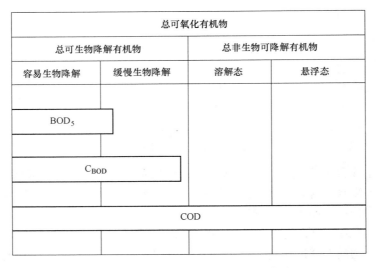

图 3.2 有机物的 BOD 与 COD 的关系

（3）总有机碳（TOC）

总有机碳 TOC 是另一个表示有机物浓度的综合指标。不像 BOD 和 COD 试验,TOC 试验直接测量样本中的总有机碳。TOC 的测定原理是将一定数量的水样经过酸化,用压缩空气吹脱其中的无机碳酸盐,排除干扰,然后注入含氧量已知的氧气流中,在通过以铂钢为触媒的燃烧管,在 900℃ 高温下燃烧,把有机碳所含的碳氧化成 CO_2,用红外气体分析仪记录 CO_2 的数量并折算成含碳量,即等于总有机碳 TOC 值。测定时间仅为几分钟,尤其适用于低浓度有机物的分析。

COD 与 TOC 的近似关系为:

$$COD \approx 2.5 \times TOC \tag{3.5}$$

难生物降解有机物不能用 BOD 作指标,只能用 COD 或 TOC 等作指标。

3.2.5 氮及其化合物

水中含氮化合物有四种:有机氮、氨氮、亚硝酸盐氮和硝酸盐氮。四种含氮化合物的总量称为总氮（TN）。在污水和雨水中有机氮和氨氮占大部分。生活污水中氮的浓度常与 BOD_5 有关。

排入受纳水体的过量氮会促进藻类和浮游类等水生植物生长。严重情况下水体富营养化,水体变色、变臭和溶解氧降低。

（1）有机氮

有机氮并不全部是有机的氮化合物,其包括蛋白质、缩氨酸、核酸和尿素等天然物质,以及其他合成有机物质。尿素能迅速分解,因而除了非常新鲜的污水外,极难见到。

有机氮和氨一起用凯氏法（Kjeldahl method）分析，给出了微生物可用氮的计量。测试中液体样本煮沸，去除一些已存在的氨；然后进行硝化，在硝化过程中有机氮转化为氨。

（2）氨氮（NH_3-N）

水中氨氮的来源主要有生活污水中含氮有机物受微生物作用的分解产物，以焦化、合成氨为代表的某些工业废水以及农田排水中也含有氨氮。根据污水的 pH 值和温度，氨氮存在形式有游离氨（NH_3）与离子状态铵盐（NH_4^+）两种，故氨氮等于两者之和。二者的组成比取决于水的 pH 值，NH_3 与 NH_4^+ 在一定条件下能够相互转化：

$$NH_3+H^+\Leftrightarrow NH_4^+ \tag{3.6}$$

在 pH 值≤7 时，以氨离子存在；在 pH 值为 9 时，35% 以 NH_3 存在。

氨氮定量分析用蒸馏法，最终测定采用滴定或比色法。有时有机氮和氨氮一起用总凯氏氮测试法（TKN），该方法除了保留已存在的氮外，与基本凯氏法类似。

排放的污水中未电离的氨（NH_3）对鱼类尤其有毒害作用，这取决于受纳水体的溶解氧。因为氨在向亚硝酸盐和随后的硝酸盐转化过程中要消耗氧。

（3）亚硝酸盐和硝酸盐（NO_2^--N，NO_3^--N）

亚硝酸盐是氮的中间氧化产物，它相当不稳定、易于氧化，污水中很少超过 1mg/L，它的存在说明含氮物质开始氧化。尽管亚硝酸盐存在浓度极低，但对大多数鱼类和其他一些水生物种具有很强的毒性。污水中硝酸盐是氮的高度氧化状态，定量分析通常用比色法或离子选择电极法。硝酸盐存在于肥料、人类粪便和动物排泄物中。地下水中硝酸盐可能会导致饮用水污染。

3.2.6 磷及其化合物

磷可用总磷、有机磷或无机磷表示。污水和雨水中有机磷的成分很小，大部分磷以无机形式存在。生活污水中有机磷含量约为 3mg/L，无机磷含量约为 7mg/L。多磷酸盐由磷、氧和氢原子组成。正磷酸盐（如 PO_4^{3-}、HPO_4^{2-}、$H_2PO_4^-$、H_3PO_4）是较简单的化合物，以溶液或吸附于颗粒的形式存在。正磷酸盐的测定是通过加入钼酸铵等物质，使其与磷酸盐形成有颜色的配合物。而多磷酸盐和有机磷酸盐在定量分析之前，必须首先转化为正磷酸盐，然后再用相同的方法测定。

含磷化合物意味着受纳水体的富营养化。通常，磷是城市水体控制营养物质。适合于鲑鱼生活的河流最高限磷浓度是 0.065mg/L。

3.2.7 硫及其化合物

污水中含硫化合物通常以有机化合物和硫酸根（SO_4^{2-}）形式存在。在厌氧条件下，由于硫酸盐还原菌、反硫化菌的作用，这些物质还原成硫化物（S^{2-}）、硫醇和某些其他化合物。

污水中的产物硫化氢，是易燃有毒的气体，排到大气中会产生臭味公害。它能使水生生物剧烈中毒，它是溢流井附近水域鱼类死亡的重要因素。在潮湿环境中，排水管道内释

放出的 H_2S 与管顶内壁的水珠接触，在噬硫细菌的作用下形成 H_2SO_4，其浓度可达 7%，对管壁（尤其对混凝土管道）有严重的腐蚀作用，可能造成管壁塌陷。

3.2.8 油和脂

工业污水所含的油大多为石油或其组分；含动植物油脂的污水主要产生于人的生活过程和食品工业。油和脂的化学性质非常相似，它们都是乙醇或甘油（丙三醇）和脂肪酸的化合物（酯）。污水中的油脂可用三氯三氟乙烷萃取污水水样确定。

生活污水中的奶油、猪油、代黄油以及植物脂和油是形成油脂的原因。在肉类、谷类的胚盘、种子、坚果和某种水果中也常可见到脂肪。脂和油的溶解度低，因此降低了微生物对其降解的速率。不过，矿物质可以破坏它们，并使其形成甘油和脂肪酸。在有碱存在时，比如氢氧化钠，则可析出甘油，并形成脂肪酸的碱性盐。这类碱性盐称作皂。它们可溶于水，但有硬度组分存在时，钠盐将变成脂肪酸的钙盐和镁盐，或通常所说的矿物皂，它们是不溶于水的可沉淀物。

煤油、润滑油和铺路沥青是从石油、煤焦油中获得的，主要含有碳和氢。有时，这些油类大量从车间、车库和街道进入下水道。它们大部分漂浮于污水表面上，而一部分则进入污泥和沉降的固体中。矿物油覆盖于表面上的范围，甚至比油、脂和皂类的范围更大。它们的微粒对生物作用有影响，并会引起一些维护问题。

3.2.9 重金属和合成化合物

污水和雨水中具有相当一部分重金属离子和合成化合物。在这些成分中的金属种类有砷、氰化物、铅、镉、铁、铜、锌和汞等。金属的存在形式根据氧化还原作用和 pH 值条件，表现为颗粒、胶体和溶液（易变的）。尽管较先进的多元素仪器（如 ICP）逐渐在推广，单种金属的定量分析仍主要采用原子吸收分光光度法。

雨水中的金属特点是以颗粒相存在。这一点很重要，因为金属环境迁移率和生物利用度与它们的溶解浓度紧密相关。在微量浓度时，上述重金属离子有益于微生物、动植物及人类；但当浓度超过一定值后，即会产生毒害作用，特别是汞、镉、铅、铬、砷以及它们的化合物，称为"五毒"。

有机农药有两大类，即有机氯农药与有机磷农药。有机氯农药（如 DDT、六六六等）毒性极大且难分解，会在自然界不断累积，造成二次污染，所以我国从 20 世纪 70 年代起，禁止生产和使用。现在普遍采用有机磷农药（含杀虫剂和除草剂），约占农药总量的 80% 以上，种类有敌百虫、乐果、敌敌畏、甲基对硫磷、马拉酸磷及对硫磷等，其毒性大，属于难生物降解有机物，并对微生物有毒害与抑制作用。

3.2.10 微生物

城市排水系统的一个重要目的是维护公共卫生，尤其是减少排泄物污染对人类的危害。污水和雨水中的微生物以细菌与病毒为主，它们以水中的有机物为食。直接测定水中微生物，并以之作为水质分析的例行项目还不能做到。但是测定水中细菌总数和大肠菌群比较方便，并可反映水体受到污染的程度及水处理的效率。因为大肠菌群多半来源于人类粪便的污染，它们本身虽非致病菌，但数量大，生存条件与肠道病原菌比较接近，容易培养检验。故此，常采用大肠菌群作为卫生指标。水中存在大肠菌，就表明受到粪便的污染，并可能存在病原菌。

3.3 城市排水对受纳水体的影响

受纳水体包括天然江、河、湖泊、海洋和人工水库、运河等地面水体。在城市排水进入受纳水体时，对受纳水体的水量和水质均有较大的影响。所有受纳水体在一定程度上都对污染物具有富集作用，这主要取决于它们的自净能力。若污染物数量超过水体的自净能力，就会导致水体污染，危害水生生态，限制潜在的水利用（例如供水、娱乐、渔业等）。城市地区的排水是连续排放还是间歇排放，主要与它们的产生源和输送方式有关。例如经污水处理厂处理后的污水被连续排放，而来源于雨水管道的雨水或者合流制管道溢流井处的溢流量被间歇排放。如果从减轻污染来看，城市排水工程设计和建造的目的是寻求受纳水体由排水造成的不良影响与其自净能力之间的平衡，以此来改善水质，并达到排水收集、处理和排放费用最小化。

3.3.1 城市排水的排放方式

城市排水排向受纳水体的方式包括直接排放和间接排放两类。

（1）从排水管道系统直接排放

1）合流制管渠溢流井处溢流的间歇流量，它是雨水、生活污水和工业废水的混合污水；

2）分流制雨水管道排放口的间歇流量，主要是汇水区域输送来的地表径流。

（2）通过污水处理厂间接排放

1）平时旱流流量经污水处理厂处理后的连续低浓度出水；

2）雨天受雨水影响后，从污水处理厂出来的间歇冲击负荷。

间歇流量的排放对水体的影响表面上看是短期的，但其长期影响（远期）很难与受纳水体的本底污染相分开。

3.3.2 排水与受纳水体相互作用的过程

当排水排放到受纳水体后，受纳水体与排水发生以下反应过程：

1）物理过程：混合、稀释、输送、絮凝、冲刷、沉淀、热效应和复氧等；

2）生化过程：好氧和厌氧氧化作用、硝化作用、对金属和其他有毒化合物的吸附和解吸附作用等；

3）微生物过程：微生物的繁殖、成长和死亡，有毒物质在微生物体内的富集等。

水体中发生的物理、生化和微生物过程的迁移和转化，受到水体本身的复杂运动（水体变迁、形状、流速与流量、河岸性质、自然条件等）的影响。例如河流受到间歇流量的作用，其污染冲击负荷会流向下游，排放口只受到短期内的污染。另一方面，当排水排放到较为平静的湖泊内时，污染负荷扩散较慢，将长时间影响排放口的水质（图 3.3）。

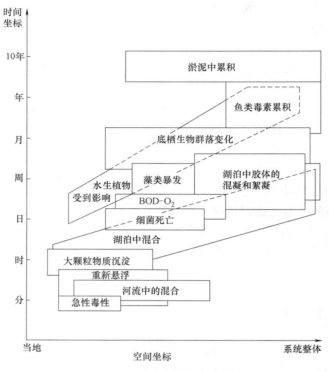

图 3.3 受纳水体时空影响尺度

3.3.3 排水对受纳水体的影响

水体污染是指排入水体的污染物在数量上超过该物质在水体中的本底含量和水体的环境容量，从而导致水的物理、化学及微生物性质发生变化，使水体固有的生态系统和功能受到破坏。排水对受纳水体的影响可分为直接水质（DO 消耗、富营养化、毒性）影响、公共卫生影响和美学影响等。

（1）DO 消耗

由于间歇排水（尤其是溢流井处）产生的重要影响如下：

1）低 DO 值的排水溢流到受纳水体；

2）排水（溶解的和颗粒状的）有机物降解耗尽受纳水体的含氧量。在河流中，这像塞子一样流到下游。

这些影响的相对重要性依赖于特定的排水和受纳水体环境。在大河流中，瞬间耗氧占优势；而在流速小于 0.5m³/s 的小河流中，延缓耗氧占优势。

溶解氧含量是使水体生态系统保持平衡的主要因素之一。降低 DO 水平的最显著后果是鱼类死亡。另外也会因为厌氧反应带来臭气问题。

（2）富营养化作用

富营养化是指生物所需的氮、磷等营养物质大量进入湖泊、河口、海湾等缓流水体，引起藻类及其他浮游生物迅速繁殖，水体溶解氧量下降，鱼类及其他生物大量死亡的现象。通常认为富营养化的临界浓度是：磷为 $0.02\sim0.03mg/L$，氮为 $0.15\sim0.30mg/L$。我国《污水综合排放标准》GB 8978—1996 中规定的最高允许排放浓度（一级标准）磷为 $0.1mg/L$，氮为 $15mg/L$，远远大于富营养化的临界浓度，因此仍会对受纳水体造成富营养化影响。富营养化的影响主要有以下几点：

1）使湖泊产生水华，促使河流附着藻类的增长，降低水体的观赏价值；

2）表层密集的藻类是阳光难以投射入水体的深层，限制了下层水中的光合作用，减少了溶解氧的来源；

3）由于水生植物茂盛和水华发生，影响水体通航；

4）用作饮用水水源时，容易使滤池堵塞和产生异臭味；而且在给水处理上需要高度处理技术；

5）使鲑鱼和鳟鱼等高级鱼类消失而经济价值低的鱼类增多；

6）当大量的藻类和水生植物枯死时，迅速分解而产生恶臭并消耗大量的溶解氧；

7）增长起来的藻类，在水中产生代谢物质以及其他对生物有影响的有机物质，随着藻类的增长，水质也在恶化；

8）死亡的藻类与鱼类不断沉积于水体底部，逐渐累积，使水体底部处于厌氧状态；

9）腐泥在底部积累，使湖底或河底变浅。

对于浅的、静止的水体如湖泊、河口和沿海地区，富营养化将是一个长期问题。

（3）毒性作用

间歇性排水是提高受纳水体中氨、氯化物、碳氢化合物和微量有机物水平的重要来源。根据特定的环境，作用表现为急性的或慢性的毒性作用。

有毒物质的毒性有一个量的概念，即只有在达到某一浓度时，毒性与抑制作用才显露出来。这一浓度称之为有毒物质的临界允许浓度。

（4）公共卫生

在合流管道溢流井处和雨水排放口具有较高浓度的病原菌。细菌性污染具有长期效应，但它对于溢流口和排放口又是相对短期的问题，通常在几天之后细菌消失。此外，细菌易于粘附于悬浮固体，随着固体的沉淀，细菌栖居到水底，将显著延长存活时间。

公共卫生的危险与潜在人群的暴露量有关，如果受纳水体用于接触性娱乐目的，风险将会增高。所以游泳受到危害机会最大。

（5）美学

达标排放的污水在城市环境允许的条件下可排入平常水量不足的季节性河流，作为景观水体。但是除了化学和生物影响，对水质的公众感觉的影响也很重要。公众使用视觉和嗅觉判断水体的污染。雨水是可漂浮物的主要源头，包括纸张、塑料袋、瓶子、罐头、树木以及包装材料。如果水体混浊、颜色反常，或者悬浮物质过多、具有异臭等，公众将认为受纳水体受到了严重污染。研究发现，公众对河流污染具有明确的概念，但对干净的河流判定条件可能不明确，因为公众可能被高的化学和生物性水质河流所蒙蔽。

3.4　我国水环境法规与标准

城市水设施从业人员在规划、设计、建设和运行系统时，需要了解并遵从现行法律法规、标准、规范和规程，这些是基础设施完整性评价的重要因子。基础设施寿命周期的各阶段均需要依据相关的法律法规和标准操作。例如在规划阶段，需要参照土地利用、城镇规划方面的法规；设计过程中，需要参照给水排水设计规范；建设过程中需要依据建设规程；运行中需要满足饮用水卫生标准和污染物排放标准；人力资源管理中需要依据合同法进行人事聘用等。

3.4.1　法律法规

法律法规指现行有效的法律、行政法规、司法解释、地方法规、地方规章、部门规章及其他规范性文件，以及对于法律法规的及时修改和补充。我国最高权力机关全国人民代表大会和全国人民代表大会常务委员会行使国家立法权，立法通过后，由国家主席签署主席令予以公布。因而法律的级别是最高的。地方性法规大部分称作条例，有的为法律在地方的实施细节，部分具有法规属性的文件，如决议、决定等。

与排水系统相关的法律法规有《中华人民共和国环境保护法》、《中华人民共和国水法》、《中华人民共和国水污染防治法》、《中华人民共和国海洋环境保护法》、《中华人民共和国水土保持法》、《中华人民共和国环境影响评价法》、《中华人民共和国防洪法》、《中华人民共和国安全生产法》、《中华人民共和国城乡规划法》、《中华人民共和国建筑法》等。

与排水系统相关的行政法规及法规性文件有《中华人民共和国水污染防治法实施细则》、《中华人民共和国水土保持法实施条例》、《取水许可证和水资源费征收管理条例》、《建设项目环境保护管理条例》、《淮河流域水污染防治暂行条例》、《中华人民共和国河道管理条例》、《长江河道采砂管理条例》、《排污费征收使用管理条例》、《中华人民共和国水文条例》、《中华人民共和国城市供水条例》、《建设工程质量管理条例》等。

3.4.2　水环境标准体系

水环境标准体系是对水环境标准工作全面规划、统筹协调相互关系，明确其作用、功能、适用范围而逐步形成的管理体系。我国水环境标准体系可概括为"六类三级"，即水环境质量标准、水污染物排放标准、水环境卫生标准、水环境基础标准、水监测分析方法标准和水环境标准样品标准六类，与国家级标准、行业标准和地方标准三级（表3.3）。水环境标准的主体是水环境质量标准、水污染物排放标准和水卫生标准三种，其支持系统和配套标准有：水环境基础标准（含环境保护仪器设备标准）、水质分析方法标准、水环境标准样品标准三种，共计六种。另外，与其相关的标准还有排污收费标准、监测测试收费标准等。

国家标准具有普遍性，可在各地区使用；行业标准是根据行业生产实际情况制定的标准；地方性标准是根据本地区的实际情况制定的标准。通常行业标准和地方标准要严于国家标准。标准与法律法规一样，均具有时效性。随着经济发展、技术进步和认识深入，标准也会不断改进。一般来讲，标准会越来越严格。

水环境标准体系结构

表 3.3

作用	类别		标准	水污染控制环节
目标	水环境质量标准	按水体类型划分	地表水环境质量标准 GB 3838—2002	全国江、河、湖、库等地表水域
			海水水质标准 GB 3097—1997	管辖的海域水质
			地下水质量标准 GB/T 14848—1993	地下水域水质
		按水资源用途划分	生活饮用水卫生标准 GB 5749—2006	集中式饮用水水源区水质
			渔业水质标准 GB 11607—1989	渔业用水区水质
			农田灌溉水质标准 GB 5084—2005	农业用水区水质
			各种工业用水水质标准	各种工业用水供水区水质
			城市污水再生利用系列标准,如: 分类 GB/T 18919—2002 城市杂用水水质 GB/T 18920—2002 景观环境用水水质 GB/T 18921—2002 地下水回灌水质 GB/T 19772—2005 工业用水水质 GB/T 19923—2005 农田灌溉水质 GB 20922—2007 绿地灌溉水质 GB/T 25499—2010	不同污水再生水用途水质
措施	水污染物排放标准	综合	污水综合排放标准 GB 8978—1996	除各行业制定的标准外全国所有污染源
		按行业划分	如:制浆造纸工业水污染物排放标准 GB 3544—2008	造纸工业污染源
			如:钢铁工业水污染物排放标准 GB 13456—2012	钢铁工业污染源
			如:柠檬酸工业水污染物排放标准 GB 19430—2013	柠檬酸工业污染源
		行业标准	如:城镇污水处理厂污染物排放标准 GB 18918—2002	城镇污水处理厂污染源
		地方标准	如:城镇污水处理厂水污染物排放标准 DB11/890—2012	适用于北京市
实施手段和方法等		分析方法标准	水质采样、样品保存和管理技术、实验方法等标准,如:水质 采样技术指导 HJ 494—2009	保证水样采集的可代表性
			水质分析方法标准,如:水质 pH 值的测定 玻璃电极法 GB 6920—1986 等	统一全国的分析方法
		标准样品标准	水质标准样品标准和标准参考物质标准 如:水质 pH 标准样品 GSBZ 50017—1990	保证监测数据的可靠性
		基础标准	词汇、术语等,如:水质 词汇 第一和第二部分 HJ 596.1—2010,HJ 596.2—2010	统一名词术语、标志 统一评价方法、规范 统一标准制定的方法 保证水环境保护工作用仪器设备的质量
			导则、规范等,如:环境影响评价技术导则 地面水环境 HJ/T 2.3—1993	
			图式、标志等,如:环境保护图形标志 排放口(源)GB 15562.1—1995	
			仪器、设备等,如:超声波明渠污水流量计 HJ/T 15—2007	
		收费标准	排污收费标准	用经济手段实施措施和目标

第4章 城市污水

　　水在使用过程中受到不同程度的污染，改变了原有的物理性质和化学组成，这些水称作污水或废水。由于污水中具有高水平的潜在致病微生物，并含有大量耗氧有机物和其他污染物，因此安全有效地排放污水对于保持公共卫生和保护受纳水体环境是非常重要的（表4.1）。

　　污水的组成包括：生活污水、工业废水、渗入和直接进流等。通常各组成部分的相对重要性与以下因素有关：

　　1）污水产生的位置（气象条件、可用供水、个人家庭耗水量等）；

　　2）人们的生活习惯；

　　3）收集类型（分流制或合流制）及其状况。

典型生活污水水质　　　　　　　　　　　　　　　　　　　　　　　表 4.1

序号	指标	单位	浓度		
			低强度	中等强度	高强度
1	总固体(TS)	mg/L	350	720	1200
2	溶解性固体(DS)	mg/L	250	500	850
3	非挥发性	mg/L	145	300	525
4	挥发性	mg/L	105	200	325
5	悬浮固体(SS)	mg/L	100	220	350
6	非挥发性	mg/L	20	55	75
7	挥发性	mg/L	80	165	275
8	生化需氧量(BOD_5,20℃)	mg/L	100	200	400
9	总有机碳(TOC)	mg/L	80	160	290
10	化学需氧量(COD)	mg/L	250	400	1000
11	总氮(N)	mg/L	20	40	85
12	有机氮	mg/L	8	15	35
13	游离氨	mg/L	12	25	50
14	总磷(P)	mg/L	4	8	15
15	有机磷	mg/L	1	3	5
16	无机磷	mg/L	3	5	10
17	硫酸盐	mg/L	30	50	90
18	大肠菌总数	个数/100mL	10^7	10^8	10^9
19	粪大肠菌总数	个数/100mL	10^5	10^6	10^7

4.1　生　活　水　量

生活污水是城市污水重要的组成部分。生活污水是指由居住区、商业设施、共用设施及其他类似设施排出的污水。生活污水水量和水质的变化，与人们的生活习惯紧密相关。在给水水量中只有很小一部分被消耗或从系统中漏失，其余部分经过使用（致使水质变差）然后作为污水排除。

4.1.1　用水

生活用水量的多少随当地的气候、生活习惯、房屋卫生设备条件、供水压力、水费标准和收费方式、供水可用性（连续或间歇供水）等而有所不同。

（1）气候

温度和降雨等气候因素严重影响着用水量。南方城市因气候炎热，用水量一般比北方城市大；即使同一地区，用水量也随季节而异，夏季大于冬季。在炎热和干旱天气的用水量是很大的，主要原因是增加了洒水、喷灌和景观灌溉。

（2）人口

有证据表明家庭人口数量很重要，人数较多的家庭具有较低的人均日用水量（澳大利亚和美国的生活用水量分别见表 4.2 和表 4.3）。另外居民中退休人员的用水量比其他人要高。

澳大利亚堪培拉的生活用水量统计（1992～1995 年）(L/d)　　　表 4.2

家庭人数	厨房	淋浴	洗衣	冲厕
1	25	76	32	67
2	40	123	59	110
3	51	167	102	144
4	59	197	128	176
5	63	217	147	196
6	76	246	168	221
7	89	275	189	246

美国居民区的典型污水量（L/(人・d)）　　　表 4.3

家庭人数	范围	典型值	家庭人数	范围	典型值
1	285～490	365	5	150～260	193
2	225～385	288	6	147～253	189
3	194～335	250	7	140～244	182
4	155～268	200	8	135～233	174

（3）社会经济影响

居住区越富裕或经济条件越好，其用水量越大；居民用水从集中给水龙头取用时，用水量往往较少。当房屋卫生设备渐趋完善时，用水量会逐渐提高，这可能因为具有了较大的家庭用水设备，如洗衣机、洗碗机和淋浴器等。

（4）住宅类型

居住类型也很重要。尤其有花园的别墅住宅用水量要高于公寓或单元房。

（5）计量和节水措施

理论上来说，计量设施将限制用户浪费水源，减少实际用水量，因此也会减少废水流量。诸如低流量水龙头/淋浴器、低流量冲刷便器和循环用水/回用水系统等节水措施也将减少用水量。

（6）供水压力

给水管网的水压对用水量也有影响，一般水压高则用水量大，漏水量也较多。

4.1.2　用水与污水的关系

生活污水量的多少取决于生活用水量的多少，用水量与污水排放之间具有很强的关系。在城市生活中，绝大多数用过的水成为污水流入污水管道。其中一小部分供水被"消耗"或离开系统，包括配水系统的漏损、浇洒用水，以及水量蒸发等。每日用水和污水的关系可表示为：

$$G' = xG \tag{4.1}$$

式中　G——每人每日用水量（L/(人・d)）；

G'——每人每日产生的污水量（L/(人・d)）；

x——污水排放系数（表4.4），是在一定计量时间（年）内的污水排放量与用水排放量（平均日）的比值。

<table>
<tr><td colspan="2" align="right">污水排放系数　　　　　　　　　　　　　　　　　　　表4.4</td></tr>
<tr><td>国家和地区</td><td>$x(\%)$</td></tr>
<tr><td>中国</td><td>80～90</td></tr>
<tr><td>英国</td><td>95</td></tr>
<tr><td>中东</td><td></td></tr>
<tr><td>　简陋房屋</td><td>85</td></tr>
<tr><td>　豪华建筑</td><td>75</td></tr>
<tr><td>美国</td><td>60～90</td></tr>
</table>

我国居民生活污水定额和综合生活污水定额应根据当地采用的用水定额，结合建筑内部给水排水设施水平和排水系统普及程度等因素确定，可按当地相关用水定额的80%～90%采用。排水系统完善的地区可按用水定额的90%计，一般地区可按用水定额的80%计。

在美国，用水中60%～90%变成废水排放，其中较高百分比适用于北部各州寒冷季节，较低百分比一般适用于美国西南部园林浇灌用水量极高的半干旱地区。

4.1.3　水量变化情况

无论从远期还是在近期，污水水量和水质变化都很大。

（1）远期变化

主要的远期预测是以年为计算，使用每人用水量的稳定增长值，它反映了用水设施的变化。

（2）年变化

一年内由于季节的影响，用水量也是变化的。在休闲游乐区、校园集中的小型城镇和从事季节性商业及工业生产活动的城镇，都会观测到生活污水流量的季节性变化。证据表明在夏季冲洗厕所的水量减少（可能由于体内蒸发量的增加），而洗澡/淋浴水量增加。

（3）周变化

一周之内每日的用水量和污水产生量也是不同的。周末可能由于厕所冲洗和洗浴，用水量增加。

（4）日变化

一天内废水每个小时都在变化。最小流量发生在凌晨，此时人的活动最小。第一个峰值发生在早晨，时间在 6：00～8：00。第二个峰值发生在傍晚 17：00～20：00 之间。在一天中的详细时限也受到它在一周内的位置有关，在周末与平时工作日不同。

4.1.4 用水设施

污水产生量与家庭设施的类型有关，同时每一种设施的用水量与一次使用时的水量和它的使用频率有关。表 4.5 说明了六种不同用水设备的一次用水量。尤其是淋浴和洗衣时用水量很大，洗脸盆用水较少。

家庭器具排水量　　　　　　　　　　　　　表 4.5

器具	用水量(L/次)	器具	用水量(L/次)
抽水马桶	8.8	脸盆	3.7
浴缸	74	厨房水槽	6.5
淋浴器	36	洗衣机	116

4.2 工业用水

在特定情况下，由工业过程产生的废水也是城市污水的重要组成部分。工业废水指以工业废物为主要污染组分的废水。工矿企业部门很多，生产工艺多种多样，而且工艺的改革、生产技术的发展等都会使生产用水量发生变化。工厂内部生产工艺的改变会使废水量减少，而工厂扩建或增加产量时可能使废水量增加。因此生产用水的水量、水质和水压要求，应视具体生产条件确定。用水量常用单位质量产品的用水量来表示。比如，造纸用水 $50\sim150m^3/t$，奶产品用水 $3\sim35m^3/t$。一般工业用水也可按每台设备每天用水量计算，或按照万元产值用水量计算。

生产的工作周期和其他因素决定了工业出水变化（包括水质和水量）。周末变化更大。工业排水量较大，每日的变化形式相对稳定。在季节上，工业用水量也是变化的。

其他影响因素还包括企业的规模、水的价格和取水方式、水循环利用程度等。

为防止工业废水对城镇排水系统的水质冲击，必要的是在接入之前，进行适当有效的预处理。工业废水接入城镇排水系统的水质，不应影响城镇排水管渠和污水厂等的正常运行；不应对养护管理人员造成危害；不应影响处理后出水和污泥的排放和利用，且其水质应按有关标准执行。

4.3　渗入和进流

与其他污水源不同，渗入和进流不是有意排放的，它是排水管网铺设的结果。渗入是外来地下水或从其他管道破裂处进入排水系统的水，包括有缺陷的排水干管和支管、管道接口和检查井。接口（尤其小口径污水管）往往为水泥砂浆刚性接口，易产生裂缝、漏水；污水管易受损伤。进流指由于非法或错误连接，例如在分流制系统中，从庭院檐槽、建筑排水立管或检查井盖处流进污水管道的雨水（见图 4.1）。日本神户的调查表明，雨污管道混接造成的雨水进流量占整个雨水进流量的 17%。

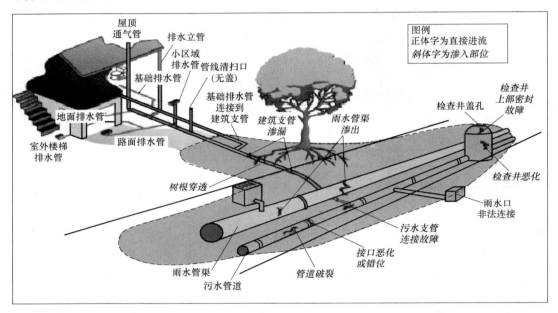

图 4.1　渗入和进流源头

额外渗入可能会带来以下一种或多种问题：造成水量过载和/或积水，降低有效排水能力；泵站和污水处理厂的超负荷运行；旱季地下水位较高时，溢流井需高频率运行；通过河床或其他水体的地下渗入使地下水位发生明显变化，甚至引起地下水位连续不断地上升或下降；增加固体进入管道的机会，导致较高的维护费用。

由于不良设计和施工，渗入的程度是特定的，但是渗入过量将会恶化系统性能。进流因素包括：系统的使用寿命；建设材料和施工方法的标准；管道铺设质量标准；地面沉降；地下水位高度（随季节而变）；土壤类型；地表侵蚀性物质；降雨特性；管网范围——管道总长、接口类型、连接管道数量和尺寸、检查井的数目和尺寸等。与水泥砂浆或热沥青复合材料接口、砖砌检查井相比，采用壁面致密的优质管道、预制钢筋混凝土检查井构件、橡胶圈管道接口及合成材料垫圈，可大大减少进入污水收集系统的渗入和进流量。

地下水的存在往往会导致一部分水量渗入到排水管渠系统，引起污水量的增加。进入污水收集系统的地下水水量或渗入量可能会达到 $0.01 \sim 10 \text{m}^3/(\text{d} \cdot \text{mm-km})$。渗入量也可根据污水收集系统的服务面积计算，一般可达 $0.2\sim28m^3/(hm^2\cdot d)$。水的渗流量往往处于变化之中。大雨期间，当通过检查井盖发生漏水或流入时，渗流量可能会超过 $500m^3/(hm^2\cdot d)$。

渗入和进流并非一朝一夕可以解决的问题。正确的调查和改良作业的积累是必要的。渗入和进流控制对策有如下三种情况：管渠铺设时，提高管道接口、污水口的水密性；注重雨水渗入的现状原因调查，对出现问题的场所及时修补；进行针对雨水渗入量对应的管渠、泵站、调节池等设施的改造。

特定条件下污水（或雨水）能够从管道渗出到附近土壤和地下水，造成地下水的潜在污染。如果管道及其接口质量太差，将会由大量废水通过管道系统的垫层渗入地下，极端情况下甚至会溢出地面。在靠近地表水体的污水收集系统发生向外部渗漏时，会在附近水体出现大量难以去除的大肠菌。例如在美国加利福尼亚州，曾出现某取水井周围 300 m 范围内的污水收集系统引起井水污染问题。环保部门禁止在地下水源保护区内建造新的排水系统。影响渗出的可能因素与前面讨论的渗入类似。

【例 4.1】 确定污水收集系统渗出对附近水体的污染影响。未经处理的污水由一遭受损坏的收集系统管线中渗出至附近的湖泊中，根据估算，其渗出量为 10000L/d。如果污水中初始大肠菌计数为 10^7 个有机体/100mL，污水的稀释比为 1000:1，假定稀释水中大肠菌数为 0，试预测有机体会增加到多少？

解：

（1）为求解此问题，作下列浓度平衡：

混合液有机体总数＝渗出污水中有机体总数＋稀释水中有机体总数

$$Q_M C_M = Q_L C_L + Q_{DW} C_{DW}$$

式中　　Q_M——混合液体积；

　　　　C_M——混合液中有机体浓度，有机体个数/100mL；

　　　　Q_L——渗出污水体积；

　　　　C_L——渗出污水有机体浓度，有机体个数/100mL；

　　　　Q_{DW}——稀释水体积；

　　　　C_{DW}——稀释水中有机体浓度，有机体个数/100mL。

（2）将各参数值代入上式，求混合液中有机体的个数

$$\left[10^4L+10^3(10^4L)\right]\left(\frac{C_M}{100mL}\right)=10^4L\left(\frac{10^7}{100mL}\right)+10^3(10^4L)\left(\frac{0}{100mL}\right)$$

$$(10^4L+10^7L)\left(\frac{C_M}{100mL}\right)=10^4L\left(\frac{10^7}{100mL}\right)$$

$$C_M\approx\frac{10^4}{100mL}$$

4.4 污水水质

污水是水与各种有机成分和无机成分的复杂混合物，它们以大颗粒固体、小型悬浮固体、胶体和溶液形式存在。

污水通常含有 99.9% 的水。尽管其他物质仅占 0.1%，但当它们进入环境时，其影响

是非常显著的（图4.2）。新鲜的生活污水呈浅灰色，明显含有大量固体，具有发霉的/肥皂质的味道。随着在收集系统中时间的推移（根据周围的条件，一般在2~6 h），由于化学和生化过程厌氧条件加剧，污水的颜色逐渐由灰色变为深灰，最终成为黑灰色或黑色的，这时具有较小和较少的可辨固体。有些工业废水还可能改变生活污水的颜色。老的、腐败污水具有更大刺鼻性，硫化氢和硫醇的臭鸡蛋味道特征为腐败污水的指示。污水温度通常处于10℃和20℃范围内。污水温度一般高于供水温度，这是因为从家庭加入了温水，以及在建（构）筑物管路系统内的加热。

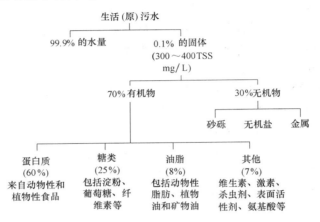

图4.2　生活污水组成

影响污水水质的污染物主要来自个人、家庭和工业活动；饮用水或地下水的渗入也具有一定程度的影响。

（1）排泄物

排泄物（包括粪便和尿液）是污水中污染物的主要组成部分。成人每日产生200 ~ 300g粪便和1~3 kg尿液。BOD在粪便中为25~30g/（人·d），在尿液中为10g/（人·d），它们占污水中60%的有机化合物。然而，排泄物对废水中的脂类贡献很小。

排泄物是污水中营养物质的重要来源。污水中大部分的有机氮（94%）来源于排泄物，新鲜污水中50%来自尿液。在有氧和无氧条件下，有机氮很快转化为氨。管道中将近50%的磷来源于排泄物。排泄物中也包含了1g/（人·d）的硫。

污水中的大部分微生物由粪便产生，尿液中基本不含微生物。病原有机体的排放总数主要取决于住宅内是否有患病人员以及病原体是否被排泄。如果某一家庭有一位或者数位成员患病且有病原体释放出来，污水中所测定的有机体则会增加若干个数量级。

（2）厕所卫生用品

厕所卫生用品［约7g/（人·d）排除］被大量使用。它们在管道紊流作用下很快破碎，但由于纤维素的存在，生物降解很慢。厕所卫生用品中大部分变成悬浮固体。厕所卫生用品大体可分为以下几类：

1）卫生纸；

2）卫生巾；

3）卫生套；

4）一次性尿布；

5）其他卫生用品。

总体上，每天排除 0.15 件卫生用品/人。

不只是在国内，厕所马桶常常作为垃圾桶的功能，许多清扫物品、消毒和除垢化学药品也常通过厕所进入排水系统。

（3）食物残余物

食物处理中的残余物将是脂肪的主要来源，包括植物油、肉类、谷物和坚果；它也是许多有机氮和磷、氯化钠的来源。

（4）洗刷/洗衣

洗刷活动向污水中加入了肥皂和洗涤剂。在合成洗涤剂中的多磷酸盐增效剂将近占 50% 的磷负荷。在清洁剂生产中，有些国家已立法强迫减少磷使用量，使磷的浓度明显降低。

（5）工业

工业废水中的主要成分也是水，其中杂质表现为悬浮状、胶体状和溶解状。但是，工业废水的污染物类型很多，可能包括：

1）额外的有机物含量；

2）不足的营养物质（氮、磷）；

3）抑制性化学物质（酸、毒素、杀菌剂）；

4）难降解有机物；

5）重金属和富集的稳定有机物。

工业污水污染程度较强，而冷凝废水较弱。在流量和强度上，工业污（废）水具有季节性和日变化性。

（6）饮用水和地下水

污水中的硫酸盐主要来源于市政给水中的矿物含量或来自于含盐地下水的渗入（见表4.6）。

在硬水地区，软化剂的使用严重导致废水中氯化物浓度的增加。咸水的渗入（如果有）也会造成同样的结果。

生活用水过程中矿物质增加的典型数据　　　　　　　　　　　　表 4.6

组分	浓度增加范围/(mg/L[①][②])	组分	浓度增加范围/(mg/L[①][②])
阴离子：		其他组分	
重碳酸盐（HCO_3^-）	50～100	铝（Al）	0.1～0.2
碳酸盐（CO_3^{2-}）	0～10	硼（B）	0.1～0.2
氯化物（Cl^-）	20～50	氟（F）	0.2～0.4
硫酸盐（SO_4^{2-}）	15～30	锰（Mn）	0.2～0.4
阳离子：		硅（SiO_2）	2～10
钙（Ca^{2+}）	6～16	总碱度（以 $CaCO_3$ 计）	60～120
镁（Mg^{2+}）	4～10	总溶解固体（TDS）	150～380
钾（K^+）	7～15		
钠（Na^+）	40～70[③]		

① 污水流量基于 460 L/(人·d)；

② 所有数值中均不包括商业和工业活动增加量；

③ 不包括生活用水软化设备增加量。

第5章 降水资料收集与整理

降水是水文循环的重要环节，也是人类用水的基本来源。降水是液态或固态水自空中降落到地面的现象，包括雨、雪、雨夹雪、霰、冰雹、冰粒和冰针等降水形式。我国大部分地区属季风区，夏季风从太平洋和印度洋带来暖湿的气团，使降雨成为主要的降水形式，北方地区在冬季则以降雪为主。在城市及厂矿的雨水排除系统和防洪工程设计中，都需要收集降水资料，据以建立模拟模型，推算设计流量和设计洪水，并探索降水量在地区和时间上的分布规律。

5.1 降水观测方式

5.1.1 雨量计

在一定时段内，从云中降落到水平地面上的液态或固态（经融化后）降水，在无渗透、无蒸发、无流失情况下积聚的水层深度，称为该地该时段内的降水量，单位为 mm。最常用的降雨分类方法是按降水量的多少，划分降雨的等级。根据国家气象部门规定的降水量标准，降雨可分为小雨、中雨、大雨、暴雨、大暴雨和特大暴雨六种（表 5.1）。

各类雨的降水量标准　　　　　　　　　　　　　　　　　　　　　　　表 5.1

种类	24 h 降水量(mm)	12 h 降水量(mm)	现象描述
小雨	<10.0	<5.0	地面潮湿,但不泥泞
中雨	10.0～24.9	5.0～14.9	屋顶上有声,凹地积水
大雨	25.0～49.9	15.0～29.9	如倾盆,落地四溅,平地积水
暴雨	50.0～99.9	30.0～69.9	比大雨猛,可造成山洪暴发
大暴雨	100.0～249.0	70.0～139.9	比暴雨大或时间长,能造成灾害
特大暴雨	≥250.0	≥140.0	比大暴雨还大,成灾害

同样，降雪的强度也可按每 12 h 或每 24 h 的降水量划分为小雪（包括阵雪）、中雪、大雪和暴雪几个等级，具体见表 5.2。

降雪等级划分表（降水量，mm）　　　　　　　　　　　　　　　　　　表 5.2

降雪强度 划分方法	小雪	中雪	大雪	暴雪
按每 12 h 划分 按每 24 h 划分	0.1～0.9 0.1～2.4	1.0～2.9 2.5～4.9	3.0～5.9 5.0～9.9	≥6.0 ≥10.0

测定降水量的仪器，有雨量器和雨量计两种。

雨量器是用于测量一段时间内累积降水量的仪器（图 5.1）。它是一个圆柱形金属筒，由承雨器、漏斗、储水瓶和雨量杯组成。金属圆筒外壳分上下两节。上节作承雨用，是一个口径为 20cm 的盛水漏斗；为防止雨水溅湿、保持器口的面积和形状，筒口为铜制的内直外斜刀刃状。安装时器口一般距地面 70cm，筒口保持水平。下节筒口放一个储水瓶用来收集雨水。测量时，将雨水倒入特制的雨量杯内读取降水量毫米数。用于观测固态降水的雨量器，配有无漏斗的承雪器，或采用漏斗能与承雨口分开的雨量器。

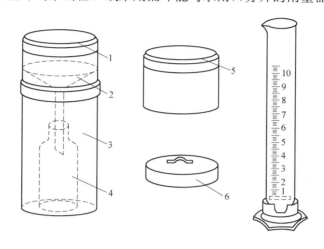

图 5.1　雨量器及量雨杯

1—承雨器；2—漏斗；3—储水筒；4—储水器；5—承雪器；6—器盖

用雨量器观测降水量的方法一般采用分段定时观测，即把一天分成几个等长度的时段，如分成 4 段（每段 6h）或分成 8 段（每段 3h）等，分段数目根据需要和可能而定。一般采用 2 段制观测，即每日 8：00 及 20：00 各观测一次；雨季增加观测段次，雨量大时还需加测。日雨量是以每天上午 8：00 作为分界，将本日 8：00 至次日 8：00 的降水量作为本日的降水量。

自记雨量计是观测降雨过程的自记仪器。常用的自记雨量计有三种类型：称重式、虹吸式（浮子式）和翻斗式。称重式能够测量各种类型的降水，其余两种基本上只限于观测降雨。按记录周期分，有日记、周记、月记和年记。在传递方式上，已研制出有线远传和无线远传（遥测）的雨量计。

（1）称重式：这种仪器可以连续记录接雨杯上以及储积在其内的降水重量。记录方式可以用机械发条装置或平衡锤系统，降水时全部降水量的重量如数记录下来。这种仪器的优点在于能够记录雪、冰雹及雨雪混合降水。

（2）虹吸式：自记型虹吸式雨量计的构造如图 5.2 所示。虹吸式雨量计由承雨器、浮子室、自记钟、外壳组成。承雨器的承水口直径为 200mm，降水由承水口进入经下部的漏斗汇集，注入小漏斗，导至浮子室。浮子室是由一个圆筒内装浮子组成，浮子随着注入雨水的增加而上升，并带动自记笔在附有时钟的转筒记录纸上画出曲线。记录纸上纵坐标记录雨量，横坐标由自记钟驱动，表示时间。当雨量达到 10mm 时，浮子室内水面上升到与浮子室连通的虹吸管顶端即自行虹吸，将浮子室内的雨水排入储水瓶，同时自记笔在记录纸上垂直下跌至零线位置，以后随雨水的增加而上升，如此往返持续记录降雨过程。

记录纸上记录下来的曲线是累积曲线，既表示雨量的大小，又表示降雨过程的变化情况，曲线的坡度表示降雨强度（图 5.4）。因此从自记雨量计的记录纸上，可以确定出降雨的起止时间、雨量大小、降雨量累积曲线、降雨强度变化过程等。虹吸式雨量计分辨率为 0.1mm，降雨强度适应范围 0.01～4.0mm/min。自记钟固定在座板上，自记钟筒由钟机推动作用回转运动，使记录笔在记录纸上作出降水记录。外壳是用来保护整个仪器的。另外在门上装有观测窗便于在记录降水过程中检查降水及记录情况。虹吸雨量计的缺点是有时由于机械故障带来错误的数据结果。

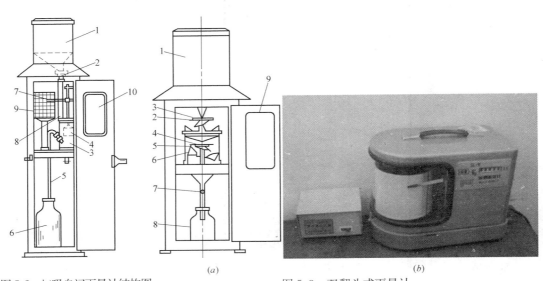

图 5.2　虹吸自记雨量计结构图
1—承雨器；2—小漏斗；3—浮子室；
4—浮子；5—虹吸管；6—储水瓶；
7—自记笔；8—笔档；
9—自记钟；10—观测窗

图 5.3　双翻斗式雨量计
（a）传感器；（b）数据记录器
1—承雨器；2，4—定位螺钉；3—上翻斗；
5—计量翻斗；6—计数翻斗；7—乳胶管；
8—储水器；9—外壳

翻斗式雨量记录是可连续记录降水量随时间变化和测量累积降水量的有线遥测仪器（图 5.3）。分感应器和记录器两部分，其间用电缆连接。感应器包括：承雨器、上翻斗、计量翻斗、计数翻斗和干簧开关等；记录器包括计数器、自计笔杆、自计钟和控制线路板等。感应器用翻斗测量，它是用中间隔板隔开的两个完全对称的三角形容器，中隔板可绕水平轴转动，从而使两侧容器轮流接水，当一侧容器装满一定量雨水时（0.1mm 或 0.2mm），由于重心外移而翻转，将水倒出，随着降雨持续，将使翻斗左右翻转，接触开关将翻斗翻转次数变成电信号，送到记录器，在累积计数器和自计钟上读出降水资料（图 5.4）。由于翻斗式雨量计是在控制室内记录，它可以设置在人们难以接近的地方。它的缺点包括：①将翻斗翻转时，瞬间降雨未被记录；②高强度降雨信号频繁，很难记录翻转次数；③由于平时易粘附灰尘，翻斗的记录数据将有偏差。

为了能够获得具有代表性的降雨数据，雨量计的安装应遵从以下原则：测量设备应放置在能代表该地区降雨的位置；应防止风力对测量设备的影响，要与障碍物（如树木、房屋等）保持一定的距离；雨量计的承雨器应高于地面1~1.5m；雨量计的承雨器应严格水平等。此外，在市区应根据城市的地面情况放置，可以把多个雨量计放置在不同的高度，甚至可以在宽阔的屋顶上放置雨量计。

如果在一个区域范围内放置了多个雨量计，则对它们的数据进行同步记录是很重要的。可以通过应用同一计时器校正每一个雨量计的时间。对时间的设置要定期检查，一般至少一周一次。

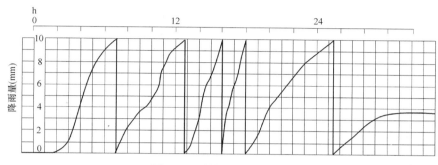

图 5.4　雨量记录曲线示意

5.1.2　降水量遥测

气象和水文部门广泛应用自记雨量计测量区域降水量，气象部门收集存档的日降水量、每小时降水量资料都是各个气象站自记雨量计的记录。目前雨量计的分布比较稀疏，我国雨量计的密度普遍是几十到上百公里。从经济和维修角度，布设稠密的雨量站是不可能的，因此，雨量计测量降雨的局地性十分突出，往往漏掉强降水、暴雨中心。当测定区域降水量时，雨量计的这种局地性带来的误差极大，只有当降水分布比较均匀时，这种方法才能保持一定的精度。

云雨是天气现象的重要角色，而天气现象是大气、海洋活动的结果。地球的大气层又是一个整体。要精确地预报天气，就必须在全球的范围内对大气和海洋的活动现象进行连续不断的监测，且要迅速、及时、精确地掌握全球地面到高空的所有不同时间天气变化情况。显然，要实现这种观测，仅仅依靠地面布设的气象台站是不够的。随着科学技术的发展，相继研究出具有快速、遥测、信息多、探测范围广等优点的新方法，它们包括卫星、飞机、各种雷达以及地面探测云雨的新装置，形成了地面上、飞机上、卫星上立体遥感系统，使云雨的研究进入了一个崭新的阶段。

地面上的气象雷达是利用无线电回波来探测降水状况的一种仪器。在降雨和降雪的地方，雨滴和雪粒反射雷达波的一部分。根据由雷达向某一方向发射的电磁波碰到雨滴再返回的时间，可以确定降雨区的方向和距离；而由被反射（后向散射）电波的强度推断降水强度；使抛物面天线旋转，或上下移动，向各个方向发射电波，可以观测降水的范围、形成以及降水的立体结构。一般雷达的观测范围是半径为 $300～400km$ 的圆形区域。

航空遥感即利用深入云内及环境云体周围作各种飞行的气象专用飞机，测出不同的云滴、雨滴和冰晶粒子及其分布的方法。同时，近代探测飞机采用计算机和各种资料处理系统，使飞机探测获得的大量云雨信息能自动收集、显示并记录下来。

气象卫星在地球上空不停地飞行，可以观测到地球上的每一个地区，昼夜不停地提供全球云图。利用这些云图可以对云的类型、发展以及所形成的天气系统进行分析，估算降水量。我国继风云一号极地轨道卫星和风云二号静止气象卫星上天后，现正在研制新的气象卫星。

需要指出的是，用常规方法仅是观测点上的降水量，而用遥感技术则是在平面上或立体空间上的降水状况（降水量及其地区分布）。显然，后者的观测成果更有实用价值。但是，常规方法是遥感技术的基础，也即遥感技术探测的降水状况要用常规观测的成果进行检验、更正。因此，常规方法和遥感技术相结合，取长补短，对探测降水量是非常必要的。

5.1.3　数据需求情况

雨水管理需要的初步数据是降雨的描述。多数情况中将为单事件暴雨，即持续的一段显著和连续降雨，然后在相当长的时间，其间不会发生降雨。连续降雨记录扩展数日或数周，有时可能用于系统的模拟，尤其受到关注的是水质而不是径流水量。

降雨观测的详细程度与使用中对数据的需求有关，通常可分为三大类。

1）规划和设计阶段，用于确定整个系统范围内雨水管道的洪峰流量或者雨水调蓄池的总容积。

2）检验和评价阶段，需要在极端情况或严重情况下分析评估设计系统的性能，它需要花费比设计还要多的精力，需要更详细的雨水资料。

3）分析和运行阶段，评价已存在的实际系统，包括根据实际流量数据与模拟模型之间的比较、实时系统运行中的校正等。这一阶段对降雨数据的要求最为严格。

表 5.3 列出了以上三个阶段所需的降雨数据。其中降水记录持续时间指在应用中所需记录的时间长度，单位以年计。这个数据应比系统设计中使用的暴雨重现期长。雨量计放置地点指工程范围内的理想地点，它在设计阶段的重要性没有在分析阶段高。时间分辨率指降雨观测中的期望时间间隔。空间分辨率指雨量计之间的期望距离。如果在工程范围内放置几个雨量计，将可以对数据检查，并观察降雨随空间的变化（包括暴雨的运动）。当使用多个雨量计观测时，最小同步误差的确定很重要。

城市排水工程中的降雨数据需求 表 5.3

工程任务	降雨记录 持续时间(a)	雨量计位置 （相对于工程范围）	时间分辨率 (min)	空间分辨率 (km^2/雨量计)	同步误差 (min)
规划/设计					
排水管道	>10	靠近(near vicinity)	连续时段	—	≤30
溢流井容积	>5	靠近(near vicinity)	≤15	—	≤30
检验/评价					
排水管道	>20	接近(adjacent)	1	—	≤10
溢流井容积	>10	接近(adjacent)	5	≤5	≤5
分析/运行					
校准/纠正	几次事件	工程范围内部	2	2*	0.25
实时控制	在线	工程范围内部	2	2*	0.25

＊总数不少于 3。

5.2　雨 量 分 析

5.2.1　雨量分析中的几个要素

（1）降雨量

降雨量是指降雨的绝对量，即降雨深度。用 H 表示，单位以 mm 计。也可用单位面积上的降雨体积（L/hm²）表示。在研究降雨量时，很少以一场降雨为对象，而常以单位时间表示，如

年平均降雨量：指多年观测所得各年降雨量的平均值。

月平均降雨量：指多年观测所得各月降雨量的平均值。

年最大日降雨量：指多年观测所得一年中降雨量最大一日的绝对量。

（2）降雨历时

降雨历时是指连续降雨时段内的平均降雨量，可以指全部降雨时间，也可以指其中个别的连续时段，用 t 表示。在城市暴雨强度公式推求中的降雨历时指的是后者，即 5min、10min、15min、20min、30min、45min、60min、90min、120min 等 9 个不同的历时，特大城市可以达到 180min。

（3）暴雨强度

暴雨强度是指某一时段内的平均降雨量，用 i（mm/min）表示，即

$$i = \frac{H}{t} \tag{5.1}$$

暴雨强度是描述暴雨的重要指标，强度越大，雨越猛烈。

在工程上，常用单位时间内单位面积上的降雨体积 q（L/(s·hm²)）表示。q 与 i 之间的换算关系是将每分钟的降雨深度换算成每公顷面积上每秒钟的降雨体积，即：

$$q = \frac{10000 \times 1000i}{1000 \times 60} = 167i$$

式中　q——暴雨强度（L/(s·hm²)）；

167——换算系数。

（4）暴雨强度的频率

某一暴雨强度出现的可能性和水文现象中的其他特征值一样，一般是不可预知的。因此，需通过对以往大量观测资料的统计分析，计算其发生的频率去推算今后发生的可能性。某特定值暴雨强度的频率是指等于或大于该值的暴雨强度出现的次数与观测资料总项数之比。

该定义的基础是假定降雨观测资料年限非常长，可代表降雨的整个历史过程。但实际上只能取得一定年限内有限的暴雨强度值。因此，在水文统计中，计算得到的暴雨强度频率又称作经验频率。一般观测资料的年限越长，则经验频率出现的误差就越小。

假定等于或大于某指定暴雨强度值的次数为 m，观测资料总项数为 n（n 为降雨观测资料的年数 N 与每年选入的平均雨样数 M 的乘积）。当每年只选一个雨样（年最大值法

选样），则 $n=N$。$P_n=\dfrac{m}{N+1}\times100\%$，称为年频率式。若平均每年选入 M 个雨样数（一年多次法选样），则 $n=NM$，$P_n=\dfrac{m}{NM}\times100\%$，称为次频率式。从公式可知，频率小的暴雨强度出现的可能性小，反之则大。

（5）暴雨强度重现期

暴雨强度重现期是指等于或超过特定暴雨强度出现一次的平均间隔时间，单位以年（a）表示，其数值根据长期降雨记录统计估计。定义中的"平均时间间隔"表明某重现期的暴雨强度真实出现的不确定性，例如一场 10 年重现期的暴雨过后，在未来 10 年内，一场等于或高于该强度的暴雨，不一定会发生，也许会出现多次（这种概率更小）。

暴雨重现期的估计可采用不同方式计算。一旦样本按照降序排列，重现期可根据 Weibull 公式估计，即若按年最大值法选样时，第 m 项暴雨强度组的重现期为其经验频率的倒数，即 $P=\dfrac{N+1}{m}$。若按一年多次法选择时，第 m 项暴雨强度组的重现期为 $P=\dfrac{NM+1}{mM}$。式中 N 为样本年数；M 为每年所选雨样数。估算暴雨重现期的其他公式见表 5.4。

暴雨重现期 T 的计算公式

表 5.4

公式	P	$N=50$，$m=1$ 时的 P 值
California（1923）	$\dfrac{N}{m}$	50
Hazen（1930）	$\dfrac{2N}{2m-1}$	100
Weibull（1939）	$\dfrac{N+1}{m}$	51
Chegodaev（1955）	$\dfrac{N+0.4}{m-0.3}$	72
Blom（1958）	$\dfrac{N+0.25}{m-0.375}$	80.4
Turkey（1962）	$\dfrac{3N+1}{3m-1}$	75.5
Gringorten（1963）	$\dfrac{N+0.12}{m-0.44}$	89.5

注：Gringorten 公式中的常量实际上略为变化，取决于记录长度。

5.2.2　取样方法

雨量分析所用的资料是具有自记雨量记录的气象站所积累的资料。雨量资料的选取必须符合规范的有关规定。

（1）取样的有关规定

根据《室外排水设计规范》GB 50014—2006（2014 年版），主要有以下规定：

1）资料年数应大于 10 年

各地降雨丰水年和枯水年的一个循环平均约是 10 年。雨量分析要求自记雨量资料能够反映当地的暴雨强度规律，10 年记录是最低要求，并且必须是连续 10 年。统计资料年限越长，雨量分析结果越能反映当地的暴雨强度规律。

2）选取站点的条件

记录最长的一个固定观测点，其位置接近城镇地理中心或略偏上游。

3）选取降雨子样的个数应根据计算重现期确定

最低计算重现期为 0.25 年时，则平均每年每个历时选取 4 个最大值。最低计算重现期为 0.33 年时，则平均每年每个历时选取 3 个最大值。由于任何一场被选取的降雨不一定是 9 个历时的强度值都被选取，因而实际选取的降雨场数总要多于平均每年 3～4 场。

4）取样方法的有关规定

由于我国目前多数城市的雨量资料年数不长，为了能够选得较多的雨样，又能体现一定的独立性以便于统计，规定采用多个子样法，每年每个历时选取 6～8 个最大值，每场雨取 9 个历时：5min、10min、15min、20min、30min、45min、60min、90min 和 120min，然后不论年次将每个历时的子样按大小次序排列，再从中选出资料的 3～4 倍的最大值，作为统计的基础资料。

（2）选样方法

自记雨量资料统计降雨强度的选样，在实用水文中常有以下三种方法：

1）年最大值法

从每年各历时的暴雨强度资料中选用最大的一组雨量，在 N 年资料中选用 N 组最大值。用这样的选样方法不论大雨或小雨年，每年都有一组资料被选入，它意味着一年发生一次的年频率。按极值理论，当资料年份很长时，它近似于全部资料系列，按此选出的资料独立性最强，资料的收集也较其他方法容易，对于推定高重现期的强度优点较多。

2）年超大值法

将全部资料（N 年）的降雨分别不同历时按大小顺序排列选出最大的 S 组雨量，平均每年可选用多组，但是大雨年选入资料较多，小雨年往往没有选入，该选样方法是从大量资料中考虑它的发生次数，它发生的机会是平均期望值。

3）超定量法

选取观测年限（N）中特定值以上的所有资料，资料个数与记录年数无关，它的资料序列前面最大的（3～4）N 个观测值，组成超定量法的样本。它适合于年资料不太长的情况，但统计工作量也较大。

综合比较传统的三种选样方法，年最大值是从每年实测最大雨量资料中取一个最大值组成样本序列。N 年实测资料可得 N 个最大值。而年超大值法是将 N 年实测最大值按大到小排列从首项开始取 S 个最大降雨量组成样本序列。若平均每年选 m 个子样，则样本总数 $S=mN$ 个。此法所取样本总数 S 视需要而定，一般取 $S=(3\sim5)N$，即 $m=3\sim5$。超定量法是先规定一个"标准值"，凡是实测降雨量超过标准值的实测资料都选入组成样本。选择标准值各地不同，这样 N 年实测降雨资料也可选得 S 个，若平均每年选得 m 个，则 N 年中的样本容量有 $S=mN$ 个。

显然，超定量法所得样本不会和年超大值法完全相同。同时，由于定量标准值影响，每年可能取得一定数量的样本也可能有些年份的最大降雨量因小于定量标准而未被选入。但是超定量法和超大值法的共同点都是取多个样本，独立性较差，所得累计频率为次频率。年最大值法选样资料独力性强，有条件时应推广使用（图 5.5）。

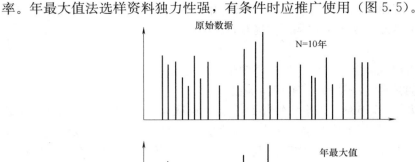

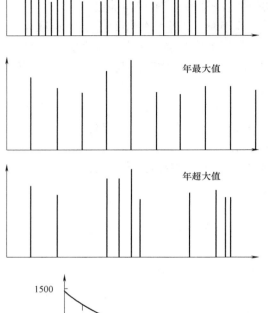

图 5.5　水文数据序列

　　例如，某市有 30 年自记雨量记录。每年选择了各历时的最大暴雨强度值 6~8 个，然后将历年各历时的暴雨强度不论年次而按大小排列，最后选取了资料年数 4 倍共 120 组各历时的暴雨强度排列成表 5.5。根据公式 $P_n = \dfrac{m}{NM+1} \times 100\%$ 计算各强度组的经验频率。本例中序号总数 NM 为 120。

　　按一年多次选样统计暴雨强度时，一般可根据所要求的重现期，按照 $P = \dfrac{NM+1}{mM}$ 算出该重现期的暴雨强度组的序号数 m。如表 5.5 所示的统计资料中，相应于重现期 30、15、10、5、3、2、1、0.5、0.33、0.25a 的暴雨强度组分别排列在表中的第 1、2、3、6、10、15、30、60、90、120 项。

5.2.3　暴雨强度、降雨历时和重现期之间的关系表和关系图

　　根据历年暴雨强度记录，按不同降雨历时，将历年暴雨强度不论年序的按大小顺序排

列，选择相当于年数 3～5 倍的最大数值约 40 个以上，作为统计的基础资料。一般要求按不同历时，计算重现期为 0.25a、0.33a、0.5a、1a、2a、3a、5a、10a、15a、30a 的暴雨强度，制成暴雨强度 i、降雨历时 t 和重现期 P 的关系表（表 5.6）。

某市 1953～1983 年各历时暴雨强度统计表 表 5.5

序号	i (mm) t (min)									经验频率 P_n (%)
	5	10	15	20	30	45	60	90	120	
1	3.82	2.82	2.28	2.18	1.71	1.48	1.38	1.08	0.97	0.83
2	3.60	2.80	2.18	2.11	1.67	1.38	1.37	1.08	0.97	1.65
3	3.40	2.66	2.04	1.80	1.64	1.36	1.30	1.07	0.91	2.48
4	3.20	2.50	1.95	1.75	1.62	1.33	1.24	1.06	0.86	3.31
5	3.02	2.21	1.93	1.75	1.55	1.29	1.23	0.93	0.79	4.13
6	2.92	2.19	1.93	1.65	1.45	1.25	1.18	0.92	0.78	4.96
7	2.80	2.17	1.88	1.65	1.45	1.22	1.05	0.90	0.77	5.79
8	2.60	2.12	1.87	1.63	1.43	1.18	1.01	0.80	0.75	6.61
9	2.60	2.11	1.85	1.63	1.43	1.14	1.00	0.77	0.73	7.44
10	2.60	2.09	1.83	1.61	1.43	1.11	0.99	0.76	0.72	8.26
11	2.58	2.08	1.80	1.60	1.33	1.11	0.99	0.76	0.61	9.09
12	2.56	2.00	1.76	1.60	1.32	1.10	0.99	0.76	0.61	9.92
13	2.56	1.96	1.73	1.53	1.31	1.08	0.98	0.74	0.60	10.74
14	2.54	1.96	1.71	1.52	1.27	1.07	0.98	0.71	0.59	11.57
15	2.50	1.95	1.65	1.48	1.26	1.02	0.96	0.70	0.58	12.40
16	2.40	1.94	1.60	1.47	1.25	1.02	0.95	0.69	0.58	13.22
17	2.40	1.94	1.60	1.45	1.23	1.02	0.95	0.69	0.57	14.05
18	2.34	1.92	1.58	1.44	1.23	0.99	0.91	0.67	0.57	14.88
19	2.26	1.92	1.56	1.43	1.22	0.97	0.89	0.67	0.57	15.70
20	2.20	1.90	1.53	1.40	1.20	0.96	0.89	0.66	0.54	16.53
21	2.12	1.90	1.53	1.38	1.17	0.96	0.88	0.64	0.53	17.36
22	2.06	1.83	1.51	1.38	1.15	0.95	0.86	0.64	0.53	18.18
23	2.04	1.81	1.51	1.36	1.15	0.94	0.85	0.63	0.53	19.00
24	2.02	1.79	1.50	1.36	1.15	0.94	0.83	0.63	0.53	19.83
25	2.02	1.79	1.50	1.36	1.15	0.93	0.83	0.63	0.53	20.66
26	2.00	1.78	1.49	1.35	1.12	0.92	0.83	0.61	0.53	21.49
27	2.00	1.74	1.47	1.34	1.12	0.91	0.81	0.61	0.52	22.31
28	2.00	1.67	1.45	1.31	1.11	0.91	0.80	0.61	0.52	23.14
29	2.00	1.66	1.43	1.31	1.11	0.90	0.78	0.60	0.51	23.97
30	2.00	1.65	1.40	1.27	1.11	0.90	0.78	0.59	0.50	24.79
31	2.00	1.60	1.38	1.26	1.10	0.90	0.77	0.59	0.50	25.62
……	……	……	……	……	……	……	……	……	……	……
58	1.60	1.35	1.13	0.99	0.88	0.70	0.61	0.48	0.40	47.93
59	1.60	1.32	1.13	0.99	0.86	0.70	0.60	0.47	0.40	48.76
60	1.60	1.30	1.13	0.99	0.85	0.68	0.60	0.47	0.40	49.59
……	……	……	……	……	……	……	……	……	……	……
90	1.24	1.06	0.92	0.84	0.70	0.58	0.51	0.40	0.34	74.38
91	1.24	1.05	0.90	0.83	0.69	0.58	0.50	0.40	0.34	75.21
……	……	……	……	……	……	……	……	……	……	……
118	1.10	0.95	0.77	0.71	0.61	0.50	0.44	0.33	0.28	97.52
119	1.08	0.95	0.77	0.70	0.60	0.50	0.44	0.33	0.28	98.35
120	1.08	0.94	0.76	0.70	0.60	0.50	0.44	0.33	0.27	99.17

根据表 5.6 中的数据在普通方格坐标上绘出图 5.6，它表示不同重现期在不同降雨历时下与暴雨强度（$i \sim t \sim P$）的关系。由图 5.6 可知，暴雨强度随历时的增加而递减，历时越长，强度越低。从中也可以看出暴雨强度与重现期之间的关系，给定的降雨历时条件下较罕见事件（重现期较大的降雨事件）具有较大的暴雨强度。

暴雨强度 i～降雨历时 t～重现期 P 关系表　　　　　　　　表 5.6

P(a)	t(min)								
	5	10	15	20	30	45	60	90	120
	i(mm/min)								
0.25	1.08	0.94	0.76	0.70	0.60	0.50	0.44	0.33	0.27
0.33	1.24	1.06	0.92	0.84	0.70	0.58	0.51	0.40	0.34
0.50	1.60	1.30	1.13	0.99	0.85	0.68	0.60	0.47	0.40
1	2.00	1.65	1.40	1.27	1.11	0.90	0.78	0.59	0.50
2	2.50	1.95	1.65	1.48	1.26	1.02	0.96	0.70	0.58
3	2.60	2.09	1.83	1.61	1.43	1.11	0.99	0.76	0.72
5	2.92	2.19	1.93	1.65	1.45	1.25	1.18	0.92	0.78
10	3.40	2.66	2.04	1.80	1.64	1.36	1.30	1.07	0.91
15	3.60	2.82	2.18	2.11	1.67	1.38	1.37	1.08	0.97
30	3.82	2.82	2.28	2.18	1.71	1.48	1.38	1.08	0.97

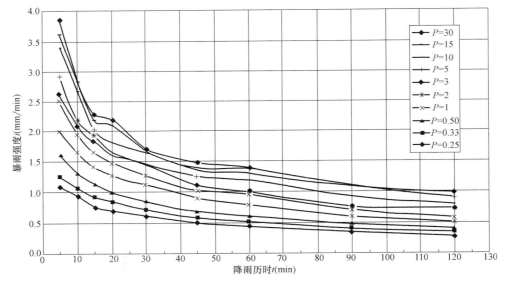

图 5.6　暴雨强度 i～暴雨历时 t～重现期 P 之间的关系曲线

当设计采用的重现期较高而大于资料记录年限时，需要借助理论频率曲线，应用适线法求出不同历时 t 的暴雨强度 i 和次频率的关系。此时，将不同历时已经适线好了的理论频率曲线用频率格纸综合成一张适线综合图，然后从各曲线求出不同重现期的暴雨强度，也可制成上述的关系表。

【例 5.1】　应用图 5.6 中的数据，确定具有 25min 降雨历时、1a 重现期降雨事件的降雨强度。并确定具有 25min 降雨历时，10 a 重现期降雨事件的降水深度。

解：对于 $P=1$ a，$t=25$min，由图 5.6 查得 $i=1.2$mm/min

对于 $P=10$ a，$t=25$min，由图 5.6 查得 $i=1.73$mm/min，所以降水深度约为 $d=1.73 \times 25 = 43.25$mm

5.3 暴雨强度公式

5.3.1 暴雨强度公式的形式

在实际应用中，为了方便，常根据暴雨强度 i（或 q）、降雨历时 t 和重现期 P 之间的关系表和关系图，推导出三者之间关系的数学表达式——暴雨强度公式。其中选用暴雨强度公式的数学形式是一个比较关键的问题。不同的地区，气候不同，降雨差异很大，降雨分布规律适合于哪一种曲线，需要在大量统计分析的基础上进行总结。许多学者对降雨强度公式的形式作了研究，各国都制定了适合于本国国情的公式形式，比如：

美国：
$$i = \frac{a}{(t+b)^n} \tag{5.2}$$

苏联：
$$i = \frac{a}{t^n} \tag{5.3}$$

日本和英国：
$$i = \frac{a}{(t+b)} \tag{5.4}$$

目前在雨水管渠设计中所用的暴雨强度公式，绝大多数是包含有频率参数（重现期）的公式。美国偏于使用

$$a = A_1 P^m \tag{5.5}$$

苏联和我国偏于使用

$$a = A_1 + B\lg P = A_1(1 + c\lg P) \tag{5.6}$$

我国的暴雨强度公式较多采用式（5.2）形式或

$$i = \frac{a}{(t+b)^n} = \frac{A_1(1 + c\lg P)}{(t+b)^n} \tag{5.7}$$

公式（5.7）中，若地方性参数 A_1、c、b、n 和降雨历时 t 保持不变，则不同重现期 P_1 和 P_2 下的降雨强度 i_1 和 i_2 的关系推导如下。

$$i_{P_1} = \frac{A_1(1 + c\lg P_1)}{(t+b)^n}$$

$$i_{P_2} = \frac{A_1(1 + c\lg P_2)}{(t+b)^n}$$

于是有

$$\frac{i_{P_1}}{i_{P_2}} = \frac{1 + c\lg P_1}{1 + c\lg P_2}$$

尤其当 $P_2 = 1$ a 时，有 $1 + c\lg P_2 = 1$。因此

$$\frac{i}{i\big|_{P=1a}} = 1 + c\lg P$$

对于不同重现期下降雨强度与重现期为 1a 的降雨强度比较见表 5.7。注意本表所对

应的暴雨重现期计算公式为 $i=\dfrac{A_1(1+c\lg P)}{(t+b)^n}$。如果采用其他形式的计算公式，可按照类似方式推导。

不同重现期下降雨强度与 1a 重现期降雨强度的关系　　　　　表 5.7

重现期 P	0.25	0.33	0.5	1	2	3	5	10	15	30
$i/(i_{p=1a})$	$1-0.602c$	$1-0.481c$	$1-0.301c$	1	$1+0.301c$	$1+0.478c$	$1+0.699c$	$1+c$	$1+1.176c$	$1+1.477c$

公式 (5.7) 对我国暴雨规律拟合较好，对于历时频率的适应范围也广泛。式中参数 a 随重现期增大而增大，参数 b 值在一定范围内变化对公式的精度影响不大，因此，有些学者推荐使用一种简化的方法，即令 b 固定为一个常数（通常 $b=10$），这样会使公式的 3 个参数 (c, a, b) 变为两个 (c, a)，从而使计算简化。但是因公式参数的减少会使公式的拟合程度变差，降低公式的拟合精度。这种方法在计算机未被广泛使用以前，是一种适合于手工计算的好方法。随着计算机的引入，使许多拟合精度更高的计算方法得以实现。以式 (5.7) 为例，以下介绍两种求解暴雨强度公式的方法。

5.3.2　应用非线性最小二乘法推求暴雨强度公式参数

从数学上讲，根据重现期 P～降雨强度 i～降雨历时 t 的关系表，推求暴雨强度公式中的 A_1、c、n、b 参数，是一个非线性已知关系式的参数估计问题。而最小非线性最小二乘法（也称作 Levenberg-Marquardt 法）是针对非线性已知关系式参数估计问题发展起来的一种数据拟合方法。该方法实用性强，拟合精度高。

（1）非线性最小二乘方法

非线性关系式的一般形式为：

$$y=f(x_1,x_2,\cdots,x_p;b_1,b_2,\cdots,b_m)+\varepsilon$$

其中 f 是已知非线性函数，x_1，x_2，$\cdots$，x_p 是 p 个自变量，b_1，b_2，$\cdots$，b_m 是 m 个待估未知参数；ε 是随机误差项。设对 y 和 x_1，x_2，$\cdots$，x_p 通过 N 次观测，得到 N 组数据

$$(x_{T_1},x_{T_2},\cdots,x_{Tp};y_T)\quad T=1,2,\cdots,N$$

将自变量的第 T 次观测值代入函数得：

$$f(x_{T_1},x_{T_2},\cdots,x_{Tp};b_1,b_2,\cdots,b_m)=f(\boldsymbol{x}_T,\boldsymbol{b})$$

因 x_{T1}，x_{T2}，$\cdots$，x_{Tp} 是已知数，故 $f(\boldsymbol{x}_T,\boldsymbol{b})$ 是 b_1，b_2，$\cdots$，b_m 的函数。先给 $\boldsymbol{b}$ 一个初始值 $\boldsymbol{b}^{(0)}=(b_1^{(0)},b_2^{(0)},\cdots,b_m^{(0)})$，将 $f(\boldsymbol{x}_T,\boldsymbol{b})$ 在 $\boldsymbol{b}^{(0)}$ 处按泰勒级数展开，并略去二次及二次以上的项，得：

$$f(\boldsymbol{x}_T,\boldsymbol{b})\approx f(\boldsymbol{x}_T,\boldsymbol{b}^{(0)})+\frac{\partial f(\boldsymbol{x}_T,\boldsymbol{b})}{\partial b_1}\Big|_{\boldsymbol{b}=\boldsymbol{b}^{(0)}}(b_1-b_1^{(0)})+\frac{\partial f(\boldsymbol{x}_T,\boldsymbol{b})}{\partial b_2}\Big|_{\boldsymbol{b}=\boldsymbol{b}^{(0)}}(b_2-b_2^{(0)})$$

$$+\cdots+\frac{\partial f(\boldsymbol{x}_T,\boldsymbol{b})}{\partial b_m}\Big|_{\boldsymbol{b}=\boldsymbol{b}^{(0)}}(b_m-b_m^{(0)})$$

$$(5.8)$$

这是关于 b_1，b_2，$\cdots$，b_m 的线性函数，上式中除 b_1，b_2，$\cdots$，b_m 之外皆为已知数，对此用最小二乘法原则，令：

$$Q = \sum_{T=1}^{N} \left\{ y_T - \left[f(\boldsymbol{x}_T, \boldsymbol{b}^{(0)}) + \sum_{i=1}^{m} \frac{\partial f(\boldsymbol{x}_T, \boldsymbol{b})}{\partial b_i} \Big|_{\boldsymbol{b}=\boldsymbol{b}^{(0)}} (b_i - b_i^{(0)}) \right] \right\}^2 + d \sum_{i=1}^{m} (b_i - b_i^{(0)})^2$$

其中 $d \geqslant 0$ 称为阻尼因子。

欲使 Q 值达到最小，令 Q 分别对 b_1，b_2，$\cdots$，b_m 的一阶偏导数等于零，于是得方程组：

$$0 = \frac{\partial Q}{\partial b_k} = 2 \sum_{T=1}^{N} \left[y_T - f(\boldsymbol{x}_T, \boldsymbol{b}^{(0)}) + \sum_{i=1}^{m} \frac{\partial f(\boldsymbol{x}_T, \boldsymbol{b}^{(0)})}{\partial b_i} \Big|_{\boldsymbol{b}=\boldsymbol{b}^{(0)}} (b_i - b_i^{(0)}) \right] \cdot$$

$$\frac{\partial f(\boldsymbol{x}_T, \boldsymbol{b}^{(0)})}{\partial b_k} \Big|_{\boldsymbol{b}=\boldsymbol{b}^{(0)}} + 2d(b_k - b_k^{(0)}) \quad k = 1, 2, \cdots, m$$

可化为以下形式

$$\begin{cases} (a_{11}+d)(b_1-b_1^{(0)}) + a_{12}(b_2-b_2^{(0)}) + \cdots + a_{1n}(b_m-b_m^{(0)}) = a_{1y} \\ a_{21}(b_1-b_1^{(0)}) + (a_{22}+d)(b_2-b_2^{(0)}) + \cdots + a_{2n}(b_m-b_m^{(0)}) = a_{2y} \\ \qquad\qquad\qquad\cdots\cdots \\ a_{m1}(b_1-b_1^{(0)}) + a_{m2}(b_2-b_2^{(0)}) + \cdots + (a_{mn}+d)(b_m-b_m^{(0)}) = a_{my} \end{cases} \tag{5.9}$$

其中

$$\begin{cases} a_{jk} = \sum_{T=1}^{N} \frac{\partial f(\boldsymbol{x}_T, \boldsymbol{b})}{\partial b_j} \Big|_{\boldsymbol{b}=\boldsymbol{b}^{(0)}} \cdot \frac{\partial f(\boldsymbol{x}_T, \boldsymbol{b})}{\partial b_k} \Big|_{\boldsymbol{b}=\boldsymbol{b}^{(0)}} = a_{kj} \\ a_{jy} = \sum_{T=1}^{N} (y_T - f(\boldsymbol{x}_T, \boldsymbol{b}^{(0)})) \cdot \frac{\partial f(\boldsymbol{x}_T, \boldsymbol{b})}{\partial b_j} \Big|_{\boldsymbol{b}=\boldsymbol{b}^{(0)}} \\ \qquad j = 1, 2, \cdots, m; \ k = 1, 2, \cdots, m \end{cases} \tag{5.10}$$

从而可解得：

$$\begin{bmatrix} b_1-b_1^{(0)} \\ b_2-b_2^{(0)} \\ \cdots \\ b_m-b_m^{(0)} \end{bmatrix} = \begin{bmatrix} a_{11}+d^{(0)} & a_{12} & \cdots & a_{1m} \\ a_{21} & a_{22}+d^{(0)} & \cdots & a_{2m} \\ \cdots & \cdots & \cdots & \cdots \\ a_{m1} & a_{m2} & \cdots & a_{mn}+d^{(0)} \end{bmatrix}^{-1} \begin{bmatrix} a_{1y} \\ a_{2y} \\ \cdots \\ a_{my} \end{bmatrix} \tag{5.11}$$

或者

$$b = \begin{bmatrix} b_1 \\ b_2 \\ \cdots \\ b_b \end{bmatrix} = \begin{bmatrix} b_1^{(0)} \\ b_2^{(0)} \\ \cdots \\ b_m^{(0)} \end{bmatrix} + \begin{bmatrix} a_{11}+d^{(0)} & a_{12} & \cdots & a_{1m} \\ a_{21} & a_{22}+d^{(0)} & \cdots & a_{2m} \\ \cdots & \cdots & \cdots & \cdots \\ a_{m1} & a_{m2} & \cdots & a_{mn}+d^{(0)} \end{bmatrix}^{-1} \begin{bmatrix} a_{1y} \\ a_{2y} \\ \cdots \\ a_{my} \end{bmatrix} \tag{5.12}$$

虽然，此解与代入的初始值 $b_1^{(0)}$，$b_2^{(0)}$，$\cdots$，$b_m^{(0)}$ 和 $d^{(0)}$ 有关。若解得各 b_i 与 $b_i^{(0)}$ 之差的绝对值皆很小，则认为估计成功。如果 $(b_i - b_i^{(0)})$ 较大，则把上一步算得的 b_i 作为新的 $b_i^{(0)}$ 代入式（5.10），从头开始上述计算再解出新的 b_i 又作为新的 $b_i^{(0)}$ 再代入式（5.10），又从头开始，如此反复迭代，直至 b_i 与 $b_i^{(0)}$ 之差可以忽略为止。在式（5.10）中，因 a_{1y}，a_{2y}，$\cdots$，a_{my} 是定值，故 d 愈大必然使解 $(b_1 - b_1^{(0)})$，$(b_2 - b_2^{(0)})$，$\cdots$，$(b_m - b_m^{(0)})$ 的绝对值愈小。极端的情况有 $\lim_{l \to \infty} \sum_{i=1}^{m} (b_i - b_i^{(0)})^2 = 0$（式中 l 为迭代次数），但 d 若选择过

大将增加迭代次数。为减少迭代次数，d 又要选小。选择的界限是看残差平方和是否下降。于是在迭代过程中需不断变化 d 的取值。

（2）求解步骤

在暴雨强度公式中

$$i=\frac{A_1(1+c\lg P)}{(t+b)^n}=i(P,t;A_1,c,n,b) \tag{5.13}$$

具有两个自变量：重现期 P 和降雨历时 t，以及四个待定参数 A_1，c，n，b。应用非线性最小二乘法推求这四个参数，步骤如下：

1）根据式（5.13）对 A_1，c，n，b 分别求偏导数，得：

$$\frac{\partial i}{\partial A_1}=\frac{1+c\lg P}{(t+b)^n}$$

$$\frac{\partial i}{\partial c}=\frac{A_1\lg P}{(t+b)^n}$$

$$\frac{\partial i}{\partial n}=-\frac{nA_1(1+c\lg P)}{(t+b)^{n+1}}=-\frac{nA_1}{(t+b)}\cdot\frac{\partial i}{\partial A_1}$$

$$\frac{\partial i}{\partial b}=\frac{A_1(1+c\lg P)\ln(t+b)}{(t+b)^n}=A_1\ln(t+b)\left(\frac{\partial i}{\partial A_1}\right)$$

2）选择参数迭代初值 $\boldsymbol{b}=(A_1^{(0)},c^{(0)},n^{(0)},b^{(0)})$，由于非线性最小二乘法引入了阻尼因子，在一般初值选择条件下都可收敛于所求结果。由 N 组实测值 (P_T,t_T,I_T)，$T=1,2,\cdots,N$，应用式（5.10）可计算出式（5.9）中各系数值。给定初值 $d=d^{(0)}=0.01$ a_{11}，由式（5.9）解得式（5.12）的 $\boldsymbol{b}$ 值。将此解得的估计量代入原函数计算残差平方和：

$$Q^{(0)}=\sum_{T=1}^{N}\left[i_T-i(P_T,t_T;A_1,c,n,b)\right]^2 \tag{5.14}$$

显然此值愈小愈好。

3）第二次迭代，令 $\boldsymbol{b}^{(0)}=\boldsymbol{b}$，$d=10^\alpha d^{(0)}$，$\alpha=-1,0,1,2,\cdots$。先取 $\alpha=-1$，即 $d^{(1)}=0.1d^{(0)}$，解的新的 $\boldsymbol{b}^{(1)}$，计算新的残差平方和：

$$Q^{(1)}=\sum_{T=1}^{N}\left[i_T-i(P_T,t_T;A_1,c,n,b)\right]^2 \tag{5.15}$$

若 $Q^{(1)}<Q^{(0)}$，则第二次迭代结束；若 $Q^{(1)}\geqslant Q^{(0)}$，则取 $\alpha=0$，即 $d=d^{(0)}$，重解 $\boldsymbol{b}$，并重算残差平方和 $Q^{(1)}$。若 $Q^{(1)}<Q^{(0)}$，则第二次迭代结束；若 $Q^{(1)}\geqslant Q^{(0)}$，则取 $\alpha=1$，即 $d=10d^{(0)}$，再重解 $\boldsymbol{b}$ 及 $Q^{(1)}$。若 $Q^{(1)}<Q^{(0)}$，则第二次迭代结束；若 $Q^{(1)}\geqslant Q^{(0)}$，则取 $\alpha=2$，即 $d=100d^{(0)}$，重解 $\boldsymbol{b}$ 及 $Q^{(1)}$。……，如此不断增加 α 的值，直到 $Q^{(1)}<Q^{(0)}$ 时为止，第三步结束。

4）第三次迭代，以第二次迭代结束时的 d 作为新的 $d^{(0)}$，$\boldsymbol{b}$ 作为新的 $\boldsymbol{b}^{(0)}$，$Q^{(1)}$ 作为新的 $Q^{(0)}$，重复第二次迭代的全过程，直到新的 $Q^{(1)}<Q^{(0)}$ 时为止。

5）多次迭代，按步骤 3）、4）过程反复迭代，直到 $\max\limits_{1\leqslant l\leqslant m}|b_l-b_l^{(0)}|\leqslant eps$（允许误差）时为止。但要注意此时 d 不可太大，d 太大时，实际迭代并未成功，以可使 $\max\limits_{1\leqslant l\leqslant m}|b_l-b_l^{(0)}|\leqslant eps$。

5.3.3 应用遗传算法推求暴雨强度公式参数

遗传算法是具有"生成＋监测"迭代过程的搜索算法。它的基本流程如图 5.7 所示。

由图 5.7 可见，遗传算法是一种群体型操作，该操作以群体中的所有个体为对象。选择（selection）、交叉（crossover）和变异（mutation）是遗传算法的 3 个主要操作算子，它们构成了所谓的遗传操作（genetic operation），使遗传算法具有了其他传统方法没有的特性。遗传算法中包含了如下 5 个基本要素：①参数编码；②初始群体的设定；③适应度函数的设计；④遗传操作设计；⑤控制参数设定（主要是指群体大小和使用遗传操作的频率等）。这 5 个要素构成了遗传算法的核心内容。

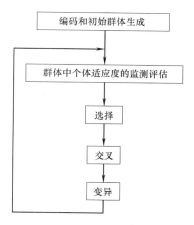

图 5.7 遗传算法的基本流程

（1）数学模型

与其他回归分析方法类似，首先根据式（5.7）建立如下数学模型

$$\min F = \min \sum_{j=1}^{m} \left(i_j - \frac{A_1(1+c\lg P_j)}{(t_j+b)^n} \right)^2$$

式中 i_j，t_j，P_j——分别为第 j 状态下的设计暴雨强度（mm/min），降雨历时（min）和设计重现期（a）；

m——总的统计状态数，即在暴雨强度 i～降雨历时 t～重现期 P 关系表中的总项数；

F——计算所得残差平方和，残差平方和的值越小，说明拟合精度越高。

（2）编码

由于遗传算法不能直接处理解空间的解数据，因此必须通过编码将它们表示成遗传空间的基因串结构数据。对每个参数确定它的变化范围，并用一个二进制数来表示。如果参数 a 的变化范围为 $[a_{\min}, a_{\max}]$，用 m 位二进制数 k 表示，则二者满足

$$k = \frac{(2^m-1)(a-a_{\min})}{a_{\max}-a_{\min}}$$

例如参数 A_1 的取值范围为 $[1.0, 10.0]$，则 $A_1=6.5$ 可以表示为 8 位二进制串 k_1

$$k_1 = \frac{(2^8-1)(6.5-1.0)}{(10.0-1.0)} = 155.83（十进制表示）= 10011011（二进制表示）$$

而 $A_1=1.0$ 可表示为 00000000，$A_1=10.0$ 可表示为 11111111。此时遗传算法中的寻优空间为 $[00000000, 11111111]$。

将所有表示参数的二进制数串连接起来组成一个长的二进制串。该字串的每一位只有 0 或 1 两种取值。例如把 A_1、C、n、b 均用 8 位二进制串表示，并依次连接起来，即

$$\underbrace{10011011}_{A_1} \; \underbrace{10001100}_{C} \; \underbrace{01010011}_{n} \; \underbrace{11000001}_{b}$$

该类型字串即为遗传算法操作的对象。

通过编码，把具有连续取值范围的待求参数变量离散化，便于遗传算法的操作。

（3）初始群体的生成

由于遗传算法群体型操作需要，必须为遗传操作准备一个由若干初始解组成的初始群体，其中每个个体都是通过随机方法产生的。初始群体也称作为进化的初始代，即第一代（firstgeneration）。

（4）适应度评估检测

遗传算法在搜索过程中一般不需要其他外部信息，仅用评估函数值来评估个体或解的优劣，并作为以后遗传操作的依据。评估函数值又称作适应度（fitness）。这里，根据来评估群体中各个体。显然，为了利用式（5.16）这一评估函数，即适应度函数，要把基因型个体译码成表现型个体，即搜索空间中的解，此时应用式（5.16）来计算。

$$F(A_1,c,n,b)=-\sum_{j=1}^{m}\left(i_j-\frac{A_1(1+c\lg P_j)}{(t_j+b)^n}\right)^2 \tag{5.16}$$

$$a=a_{\min}+\frac{k}{(2^m-1)}(a_{\max}-a_{\min})$$

例如参数 C 的取值范围为 $[0.3,0.9]$，基因型为 10001100（十进制为 140），则实际参数取值（表现型）C 为：

$$C=0.3+\frac{140}{(2^8-1)}(0.9-0.3)=0.6294$$

（5）选择

选择和复制操作的目的是为了从当前群体中选出优良的个体，使它们有机会作为父代繁殖下一代。判断个体优良与否的准则就是各自的适应度值。显然这一操作是借用了达尔文适者生存的进化原则，即个体适应度越高，其被选择的机会就越多。选择操作实现方式很多，这里采用随机方式，随机选择两个个体，其中应用适应度值高的个体保留作为父本为原则。重复进行，直到父本个体数等于群体个体总数。

（6）交叉操作

交叉操作是遗传算法获得新优良父本的最重要手段，在经过选择后得到的父本群中，根据杂交概率 P_c 确定其交叉位，比如，随机选择下列一对父本

$H_{p1}=$（100 | 01 | 10011 | 1 | 000 | 10 | 0 | 100 | 110 | 10 | 000 | 11 | 11）

$H_{p2}=$（111 | 01 | 11010 | 1 | 110 | 00 | 0 | 100 | 011 | 11 | 101 | 00 | 11）

交叉概率 $P_c=0.4$，得出交叉位为 3、5、10、11、14、16、17、20、23、25、28、30 位，通过交叉运算后产生的后代分别为：

$$H_{c1}=（100\ 01\ 10011\ 1\ 000\ 00\ 0\ 100\ 110\ 11\ 000\ 00\ 11）$$

$$H_{c2}=（111\ 01\ 11010\ 1\ 110\ 10\ 0\ 100\ 011\ 10\ 101\ 11\ 11）$$

由选择和交叉操作可以看出，优良度高的个体参与交叉的几率大，通过杂交把部分码串（遗传信息）传给了后代，从而使优良性状更容易继续下去。

（7）变异运算

变异运算是按位进行的，即把某一位的内容进行变异。对于二进制编码的个体来说，若某位原为 0，则通过变异操作就变成了 1，反之亦然。变异操作同样也是随机

进行的。一般而言，变异概率 P_m 都取得很小。如果取 $P_m=0.002$，群体中有 20 个个体，则共有 $20×32×0.002=1.28$ 位可以变异，这样每代群体中平均有 1.28 个字符位取得变异操作。变异操作目的是挖掘群体中个体的多样性，克服有可能限于局部解的弊病。

（8）功能的增强

为避免迭代停止和过早收敛，在此基础上加入保留最优个体机制和遗忘机制。保留最优个体机制就是把每代中适应度最高的个体（或称精英个体）不经交叉和变异运算而直接进入下一代。遗忘机制是检查子代群体中个体的相似性，如果相似程度达到一定水平时，即说明已收敛到一定程度，这是对个体重新初始化，相当于重新进化。

综上所述，遗传算法的基本流程如图 5.8 所示：

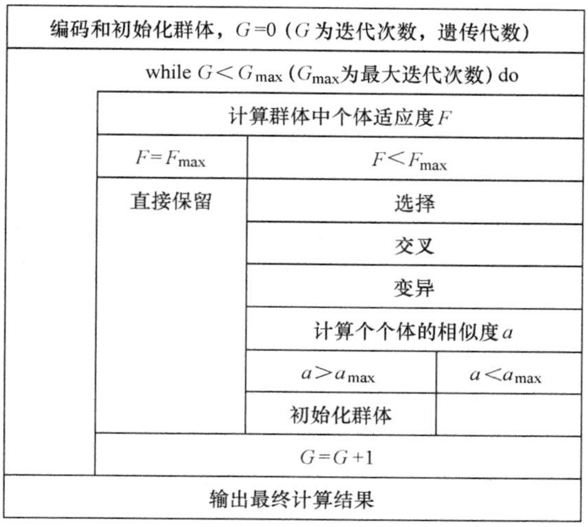

编码和初始化群体，$G=0$（G 为迭代次数，遗传代数）	
while $G<G_{max}$（G_{max} 为最大迭代次数）do	
计算群体中个体适应度 F	
$F=F_{max}$	$F<F_{max}$
直接保留	选择
	交叉
	变异
计算个体的相似度 a	
$a>a_{max}$	$a<a_{max}$
初始化群体	
$G=G+1$	
输出最终计算结果	

图 5.8　计算流程图

【例 5.2】　表 5.8 是根据某水文站历年降雨资料而制成的暴雨强度 i～降雨历时 t～重现期 P 的统计表。请对该水文站所在地的暴雨强度公式参数取值计算。

i～t～P 关系表　　　　　　　　　　　　　　　　　　　表 5.8

序号	重现期 P（a）	t(min)						
		5	10	15	20	30	45	60
		i(mm/min)						
1	1	2.04	1.61	1.34	1.21	0.98	0.785	0.654
2	2	2.39	1.88	1.59	1.44	1.15	0.952	0.802
3	3	2.53	2.03	1.74	1.56	1.26	1.04	0.875
4	5	2.75	2.18	1.86	1.72	1.37	1.12	0.960
5	10	3.04	2.42	2.06	1.90	1.53	1.29	1.09

根据非线性最小二乘法，求得：

$A_1=7.9255$　　　$c=0.5195$　　　$b=5.6720$　　　$n=0.5771$　　　F$=0.0270$

根据遗传算法求得：

$A_1=7.92233$　　　$c=0.5195$　　　$b=5.6686$　　　$n=0.5771$　　　F$=0.0270027$

根据计算结果可以看出，这两种算法均适合于解决非线性关系式的参数估计问题，均需要多次迭代运算。非线性最小二乘法是建立在数据分析的基础上，通过求导、微分等分析来解决问题；而遗传算法使用选择、交叉和变异等遗传算子，具有不受解决问题的搜索空间限制性条件（如可微、连续、单峰等）的约束及不需要其他辅助信息（如导数）的特点，同时可以选用多个初始值进行计算。这两种方法均适合于暴雨强度公式参数的推求。

5.3.4　暴雨公式的其他形式

在实际暴雨强度公式分析时，经常碰到的是没有充分的统计数据，或者有的统计资料不适合工程的应用。1936 年，英国的 Bilham 建议公式应用 10 年连续雨量记录资料，使暴雨强度、历时与暴雨发生频率相关，得到

$$N = 1.25D \left(I/25.4 + 0.1 \right)^{-3.55} \tag{5.17}$$

式中　N——10 年内降水发生次数；

I——降水深度（mm）；

D——历时（h）。

如果 $N=2$，即暴雨的重现期为 5a（大约）。该公式在降雨历时从 5min 到 2h 之内有效，它可以外延到更长的历时。后来，1967 年，Holland 对该公式进行了简化和改进：

$$N = D \left(I/25.4 \right)^{-3.14}$$

其有效性从降雨历时上限为 2h 延伸到了 2.5h。

在英国，该项工作被更详细的洪水研究报告（Flood Studies Report）所取代，在洪水研究报告中给出了各种重现期下，历时从 1min 到 2d 的设计暴雨。

对于其他国家的情况，1969 年 Bell 在对美国、苏联、澳大利亚和南非降雨数据的分析，根据多数短历时降雨在世界各地具有类似特性的假设，提出 2h 降雨历时下的降雨公式：

$$R[t,P] = (0.54t^{0.25} - 0.5)(0.21\ln(P) + 0.52)R[60,10]$$

式中　R——总降水量（mm）；

t——降雨历时（min）；

P——降雨重现期（a）。

该公式以降雨历时为 60min，降雨重现期为 10a 的降水 R[60，10] 为基础，可以推导不同历时 t、不同重现期 P 的降水量。

5.3.5　面降雨强度的修正

实际工作中，降雨是在点上观测的。点降雨资料可形成面平均降雨估算，但在应用这些降雨资料时要慎重（图 5.9）。一般情况下平均降雨强度随降水区域面积的增大而减小，因此点降雨数据并不能代表较大区域的降雨。流域平均降水量的计算方法主要有：算术平均法、泰森多边形法、等雨量线法等。在面积较大的流域，最好用泰森多边形法，计算流域的平均降水量；小流域常用加权平均法；在平地上可用算术平均法和等雨量线法。常见的面降雨强度的修正方法有以下四种。

（1）算术平均法

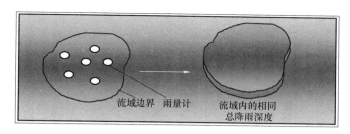

图 5.9　根据点降雨观测形成面降雨深度

将流域内各雨量站的雨量算术平均，即得到流域面平均雨量，此法计算简便，适用于流域内地形变化不大，雨量站分布比较均匀情况。

$$P=(p_1+p_2\cdots\cdots+p_n)/n$$

式中　p_1，p_2，p_n——为各测站点同期降水量（mm）；

　　　　P——流域平均降水量（mm）；

　　　　n——测站数。

（2）泰森多边形法

如果流域内的观测点分布不均匀，且有的站偏于一角，此时采用泰森多边形法计算平均降水量较算术平均法更为合理（图 5.10）。

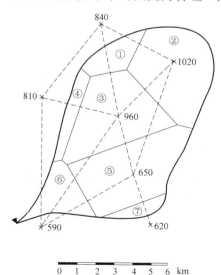

	排水面积	降雨量	
	km²	mm	km²·mm
1	3.73	840	3133.20
2	16.53	1020	16860.60
3	19.53	960	18748.80
4	2.87	810	2324.70
5	18.67	650	12135.50
6	5.33	590	3144.70
7	1.53	620	948.60
	68.19		57296.1/68.19＝840.24 mm

图 5.10　泰森多边形法

在地图上将相邻雨量站用直线相连，形成三角形网，对每个三角形各边作垂直平分线，用这些垂直平分线构成以每个测站为核心的多边形。流域边界处的多边形以流域边界为界。假定每个多边形内雨量站测得的雨量代表该多边形面积上的降雨量，则流域平均雨量可按面积加权求得。

$$P=(a_1p_1+a_2p_2\cdots\cdots+a_np_n)/A$$

式中　a_1，$a_2\cdots\cdots a_n$——各测站控制面积（hm² 或 km²）；

p_1，$p_2 \cdots p_n$——为各观测站同期降水量（mm）；

A——流域总面积（hm^2 或 km^2）；

P——流域平均降水量（mm）。

（3）等雨量线法

在较大流域内，地形变化比较显著，若有一定数量的雨量站，可根据地形等因素的作用考虑降雨分布特性绘制等雨量线图。用求积仪量得各等雨量线间的面积为 f_i，该面积上的雨量以相邻两等值线的平均值 p_i 代表，然后按下式计算流域平均雨量：

$$p_a = \sum_{i=1}^{n} (f_i \cdot p_i) = f_1 \cdot p_1 + f_2 \cdot p_2 \cdots\cdots + f_n \cdot p_n$$

等雨量线法计算精度较高，但绘制费时间，应用中受到限制（图 5.11）。

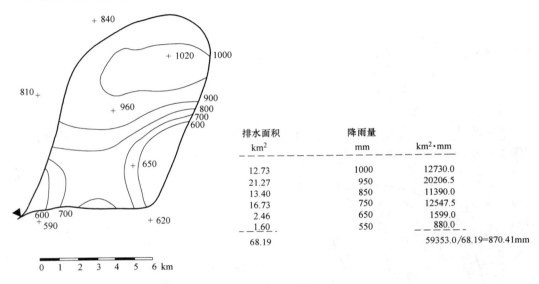

排水面积	降雨量	
km^2	mm	$km^2 \cdot mm$
12.73	1000	12730.0
21.27	950	20206.5
13.40	850	11390.0
16.73	750	12547.5
2.46	650	1599.0
1.60	550	880.0
68.19		59353.0/68.19=870.41mm

图 5.11　等雨量线法

（4）地区衰减因子法

为了避免过高地估计大区域内的降雨量，国外专家在点降雨数据与具有几个雨量计的区域降雨数据比较基础上，提出了地区衰减因子（ARF）的概念。

在 Wallingford 程序中，ARF 的计算采用：

$$ARF = 1 - f_1 D^{-f_2}$$
$$f_1 = 0.0394 A^{0.354}$$
$$f_2 = 0.040 - 0.0208 \ln(4.6 - \ln A)$$

(5.18)

式中　A——区域面积（km^2）；

D——降雨历时（h）。

在英国，该公式对于区域面积小于 $20km^2$、降雨历时在 5min 到 48h 之间是有效的（见【例 5.3】）。在多数城市中，ARF 值大于 0.9。

【例 5.3】　调整 $200hm^2$ 的城市区域，15min 暴雨，25mm/h 的点降水强度。

解：

$D = 0.25h$，$A = 2km^2$，故式（5.18）有效

$f_1 = 0.0394 \times 2^{0.354} = 0.050$

$f_2 = 0.040 - 0.0208\ln(4.6 - \ln2) = 0.012$

$ARF = 1 - 0.050 \times 0.25^{-0.012} = 0.95$

面积强度 $= 25 \times 0.95 \approx 24\text{mm/h}$

5.4 合成雨量图

前面考虑的降雨是由特定历时的固定降水深度组成，显然是不现实的，因为降雨强度在整个降雨历时内是变化的。例如锋面暴雨常在接近中期时达到最高强度，对流暴雨常在最初时间达到最高强度。为此可以用降水强度与时间的关系图表示降雨过程，称作雨量图（见图 5.12）。雨量图所需历史降雨事件记录可以从气象站获得，通常为表格数据而不是图形方式。

常规上，降雨强度按照块状图形绘制。这意味着，假设在用于描述雨量图的时间步长内，降雨强度保持恒定。显然随着时间步长变小，该近似更接近于真实情况。可是为了表示暴雨，很小的时间步长可能需要很大量的数据，大大地增加了模拟计算成本。同时时间步长不能太大，尤其对于短历时事件或者很小的汇水面积，否则降雨和径流的

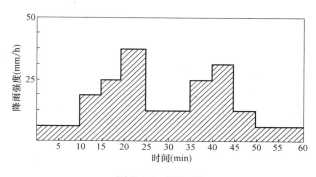

图 5.12 雨量图

高峰数值将被"抹去"，损失模拟精度。通常时间步长的选择取决于降雨—径流表示的精度、可用数据的离散化、流域的尺寸、计算内存和成本等。

选择设计雨量图的时间分布，将显著影响高峰径流的时刻和程度。因此应注意选择设计暴雨，确保它代表了该研究区域的降雨模式。许多情况中，取决于流域的尺寸和城市化的程度，必要时将几种不同雨量图用于确定结果对不同设计暴雨的敏感性。

暴雨历时的选择也将影响流量过程线的特征。例如美国土壤保护局手册建议 6h 暴雨历时，用于具有集水时间低于或者等于 6h 的流域；对于集水时间超过 6h 的流域，暴雨历时应等于集水时间。

以下描述不同的合成雨量过程线，包括：均匀降雨雨量图、芝加哥雨量图、Huff 暴雨分布模式和 SCS 设计暴雨。

5.4.1 均匀降雨雨量图

最简单的设计暴雨假设强度在整个暴雨历时内均匀分布。于是

$$i = i_{\text{ave}} = \frac{P_{\text{tot}}}{t_{\text{d}}} \qquad (5.19)$$

式中 i ——暴雨强度；

i_{ave}——平均暴雨强度；

P_{tot}——历时 t_d 内的总将雨量。

结合进一步假设暴雨历时等于汇水面积的集水时间，该简化形式主要用于推理公式法中（见图 5.13）。它具有简单、易于使用和易于理解的优点。矩形降雨分布目前很少认为是合理或可接受的。可是它可用于解释或者可视化降雨径流过程，且任何雨量图都可认为是由一系列这样的均匀、短历时脉冲降雨组成的。

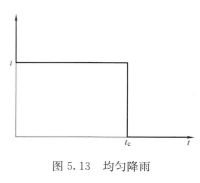

图 5.13 均匀降雨

5.4.2 芝加哥雨量图

芝加哥雨量图假设具有时间分配，以便如果沿着高峰降雨不断增加"时间片段"的系列，每一"片段"的平均强度将位于 IDF（强度－历时——频率）图的单一曲线上。这意味着芝加哥雨量图显示了统计属性，它与 IDF 曲线的统计是一致的。因此芝加哥雨量图的合成，将 IDF 曲线参数与参数 r 相结合。r 定义了高峰降雨强度出现之前的暴雨历时相对值。r 数值的推导来自实际降雨事件的分析，范围通常为 $0.3\sim0.5$。

图 5.14 说明了根据高峰强度的前后时间（t_b 或 t_a），计算雨量图的连续曲线。

（1）高峰之后

$$i_a = \frac{a\left[(1-n)\dfrac{t_a}{1-r}+b\right]}{\left(\dfrac{t_a}{1-r}+b\right)^{1+n}} \tag{5.20}$$

（2）高峰之前

$$i_b = \frac{a\left[(1-n)\dfrac{t_b}{r}+b\right]}{\left(\dfrac{t_b}{r}+b\right)^{1+n}} \tag{5.21}$$

式中 t_a——高峰向后的时间；

  t_b——高峰向前的时间；

  r——高峰出现之前的时间与总历时的比值；

a，b，n——每一重现期下暴雨强度公式（式（5.2））中的拟合参数。

芝加哥雨量图常用于小型到中等流域（$0.25\sim25\text{km}^2$）。典型暴雨历时范围为 $1.0\sim4.0\text{h}$。已经发现利用芝加哥雨量图计算的高峰径流量，高于利用其他综合或者历时暴雨获得的。这是因为芝加哥雨量图试图模拟大量真实雨量图的统计特性，于是趋向于表现不真实的极端分布。另一注意点是，结果高峰净流量可能说明了对使用时间步长的一些敏感性；很小的时间步长给出上升，更高的高峰径流量过程线。

5.4.3 Huff 降雨分布曲线

美国人 Huff 分析了伊利诺伊州 11 年降雨数据记录中的显著暴雨。数据表示为无量纲

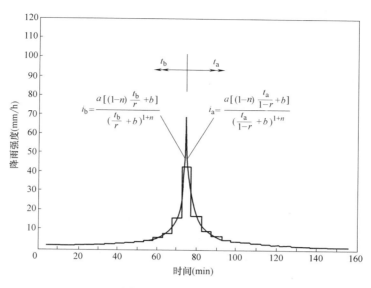

图 5.14　芝加哥雨量图

形式，通过将降水累积深度 P_t（即降雨开始后的时刻 t）作为总暴雨深度 P_{tot} 的一部分，绘制该比值作为无量纲时间 t/t_d 的函数。

暴雨分为四组，取决于高峰降雨强度落在暴雨历时的第 1、第 2、第 3 还是第 4 个四分之一。每一类建立曲线组，代表了超过暴雨事件的 90%、80%、70% 等。于是特定类型所有暴雨事件的平均（例如第 1 个四分之一）通过 50% 超过曲线表示。表 5.9 说明了在 t_d 的 5% 间隔表示的每一四分之一无量纲系数。

无量纲 Huff 暴雨系数　　　　　　　　　　　　　　　　　　　　　　表 5.9

t/t_d	各个四分之一总历时下的 P_t/P_{tot}			
	1	2	3	4
0.00	0.000	0.000	0.000	0.000
0.05	0.063	0.015	0.020	0.020
0.10	0.178	0.031	0.040	0.040
0.15	0.333	0.070	0.072	0.055
0.20	0.500	0.125	0.100	0.070
0.25	0.620	0.208	0.122	0.085
0.30	0.705	0.305	0.140	0.100
0.35	0.760	0.420	0.155	0.115
0.40	0.798	0.525	0.180	0.135
0.45	0.830	0.630	0.215	0.155
0.50	0.855	0.725	0.280	0.185
0.55	0.880	0.805	0.395	0.215
0.60	0.898	0.860	0.535	0.245
0.65	0.915	0.900	0.690	0.290
0.70	0.930	0.930	0.790	0.350
0.75	0.944	0.948	0.875	0.435
0.80	0.958	0.962	0.935	0.545
0.85	0.971	0.974	0.965	0.740
0.90	0.983	0.985	0.985	0.920
0.95	0.994	0.993	0.995	0.975
1.00	1.000	1.000	1.000	1.000

第一个四分之一曲线通常相关于较短历时暴雨，其中 62% 的降水深度发生在暴雨历时的第一个四分之一。第四个四分之一曲线通常用于较长历时暴雨，其中降雨在历时 t_d 内更加均匀分布。第三个四分之一发现适合于太平洋沿岸的暴雨。

对于建立的分布，研究面积和暴雨历时变化相当大，t_d 变化从 $3\sim48h$，排水流域面积范围从 $25\sim1000km^2$。

为了利用 Huff 分布，用户仅仅需要指定降雨总深度 P_{tot}，历时 t_d 和期望的四分之一。曲线于是按比例达到量纲曲线，通过离散化特定时间步长的曲线获得降雨强度。

5.4.4　SCS 暴雨分布

美国土壤保护局针对各种暴雨类型、暴雨历时和美国的地区，建立了设计暴雨。暴雨历时最初选择为 6h，后来达到 48h 历时。降雨分布根据历时和位置变化。SCS 类型 Ⅱ 暴雨的 6h、12h 和 24h 分布，见表 5.10。该分布用于美国和加拿大除了太平洋沿岸的所有地区。设计暴雨最初的开发，针对大型（$25km^2$）的农村流域。可是，较长历时（$6\sim48h$）和较短 1h 雷暴分布，已经用于城市地区和较小地区。较长历时暴雨用于确定滞留设施尺寸，也为确定输送系统的尺寸提供了合理的高峰流量。

3h、6h、12h 和 24h 历时的 SCS 类型 Ⅱ 降雨分布　　　　　　　　表 5.10

\	3h		\	6h		\	12h		\	24h	
时段	F_{inc} (%)	F_{cum} (%)	时段	F_{inc} (%)	F_{cum} (%)	时段	F_{inc} (%)	F_{cum} (%)	时段	F_{inc} (%)	F_{cum} (%)
						0.5	1	1			
			0.5	2	2	1.0	1	2	2	2	2
						1.5	1	3			
0.5	4	4	1.0	2	4	2.0	1	4	4	2	4
						2.5	2	6			
			1.5	4	8	3.0	2	8	6	4	8
						3.5	2	10			
1.0	8	12	2.0	4	12	4.0	2	12	8	4	12
						4.5	3	15			
			2.5	7	19	5.0	4	19	10	7	19
						5.5	6	25			
1.5	58	70	3.0	51	70	6.0	45	70	12	51	70
						6.5	9	79			
			3.5	13	83	7.0	4	83	14	13	83
						7.5	3	86			
2.0	19	89	4.0	6	89	8.0	3	89	16	6	89
						8.5	2	91			
			4.5	4	93	9.0	2	93	18	4	93
						9.5	2	95			
2.5	7	96	5.0	3	96	10.0	1	96	20	3	96
						10.5	1	97			
			5.5	2	98	11.0	1	98	22	2	98
						11.5	1	99			
3.0	4	100	6.0	2	100	12.0	1	100	24	2	100

5.4.5　历史时间序列

　　降雨事件的历史序列指在特定地点、特定时段（这将包括所有单独历史事件和中断的旱季）所有测量的点降雨集合。它用于对长期降雨分析的预校准和连续模拟，用于雨水管理措施的长期水量平衡与设施性能的分析。与重现期相关的特征（例如峰值流量、溢流井操作）可由常规系列程序和点绘公式获得。典型的时间序列见图 5.15。

　　时间序列的优点是它们几乎包含了汇水区域的主要状态。其主要缺点是需要大量的雨量记录信息（也需要广泛的数据分析），在某些特殊地点将不能使用。该缺陷可以用地区年时间序列法克服。年降雨时间序列指特定地点在统计上代表一年内的历史降雨时间序列。

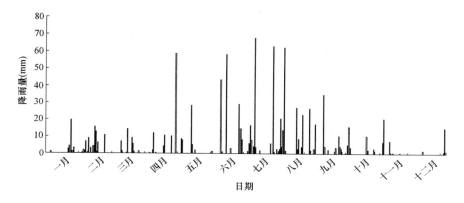

图 5.15　时间序列降水（某城市 2005 年的日降雨数据）

第 6 章 雨水径流分析

6.1 汇 水 面 积

汇水面积是指雨水管渠汇集雨水的面积，单位常采用公顷或平方公里（hm^2 或 km^2）。城镇或工厂的雨水管渠或排洪沟汇水面积较小，一般小于 $100km^2$，通常认为降雨在整个小汇水面积内是均匀分布的，即各点的降雨强度相等。

城市汇水面积通过平面投影面积、形状、坡度、土壤类型、土地利用模式、不渗透地表百分比、粗糙系数，以及自然或人工洼地特征等表示。在排水区界内，根据地形及城镇（地区）的竖向规划，街道走向、建筑物和雨水口的分布，划分排水面积。一般在丘陵及地形起伏的地区，可按等高线画出分水线，通常分水线与排水面积分界线基本一致。在地形平坦无显著分水线的地区，可依据面积大小划分，使各相邻区域的排水管道系统能合理分担排水面积。排水面积的大小，可以在地形图上用测面仪量出，或者在计算机上由 GIS、CAD 软件自动计算。

为了精确估计径流量，应考虑不渗透面积的水力连接情况。具有边石和边沟的路面，收集了来自地表的径流，并通过雨水口排入雨水管道，这是水力连接不渗透面积的例子。当径流排向渗透面积，没有直接进入排水系统时，称作非直接水力连接。没有落水管连接到下水道的屋顶是非直接水力连接的一个例子。

通常根据土地利用和人口密度估计不透水地表百分比。由不透水面积（例如道路、屋面和其他铺砌表面）计算汇水面积不透水地表百分比（$PIMP$）的公式常采用

$$PIMP = \frac{A_i}{A} \times 100\% \tag{6.1}$$

式中 A_i——不渗透（屋顶或路面）面积（hm^2）；

A——总汇水面积（hm^2）。

利用人口密度估计不渗透地表百分比的例子，如 Stankowski 公式

$$PIMP = 9.6PD^{(0.479-0.017\ln PD)} \tag{6.2}$$

式中 PD——人口密度（人/km^2）。

汇水长度又称汇水轴长，是指汇水面积出口断面至分水线的最大直线距离。以汇水面积出水口为中心向来水方向作一组不同半径的同心圆，在每个圆与分水线相交处作割线，各割线中点的连线的长度即为流域长度。汇水面积与汇水长度的比值，称为汇水平均宽度。汇水面积相同情况下，汇水长度越大，径流集中越慢，径流高峰越小。反之，径流容易集中，易形成大的径流高峰。

一般采用形状系数表示汇水面积形状特征。汇水面积与汇水长度平方的比值称为形状系数。扇形汇水面积的形状系数较大，狭长形汇水面积的形状系数则较小。形状系数大

时，表明汇水面积外形接近方形，径流集中较快；形状系数小时，表明汇水面积外形接近长方形，径流集中较慢。

6.2 降雨损失

当雨水降落到地表时，相当部分并不形成径流，而成为截留、洼地蓄水、下渗、蒸发造成的径流损失。降雨发生后，部分雨水首先被植物截留。在地面开始受雨时，因地表比较干燥，雨水渗入土壤的下渗率（单位时间内雨水的入渗量）较大，而降雨起始时的强度还小于下渗率，这时雨水全部被地面吸收。随着降雨时间的增长，当降雨强度大于下渗率后，地面开始产生余水（有效降雨或过剩降雨），待余水积满洼地后，这时部分余水产生积水深度，部分余水产生地面径流（称为产流）。在降雨强度增至最大时相应产生的余水率最大。此后随着降雨强度的逐渐减小，余水率亦逐渐减小；当降雨强度降至与下渗率相等时，余水现象停止。但这时地面仍存在积水，故仍产生径流，下渗率仍按地面下渗能力渗漏，直至地面积水消失，径流才终止，而后洼地积水逐渐渗完。渗完积水后，地面实际渗水率将按降雨强度渗漏，直到雨终。以上过程可用图6.1表示。

植物呼吸与蒸发蒸腾作用，以及开放水体的水量蒸发气化，是一种持续的损失，但它在短历时降水中的影响可忽略，或者作为初始损失的一部分考虑。

6.2.1 植物截留

雨滴降落在植物枝叶上被枝叶表面截留。部分截留降雨附着在拦截物上并对其湿润作用，最终以蒸发方式回归大气，该部分称为截留损失。截留降雨或滞留在叶片上，或顺植物茎干向下流动，形成茎流，或从植物叶面滴落，变为贯穿降雨。截留损失大多在降雨初期发生，此后截留率迅速减为零。

水量平衡研究中，植物截留举足轻重，其影响程度取决于自然特性、植被覆盖的类型和密度、降雨特性、季节等因素。例如，在湿润森林地区，植物截留损失可占年降水量的20%~30%。但在研究降雨和径流的时间较短且强度较大的暴雨事件中，植物截留损失在数量上很小（<1mm），通常被忽略，或结合洼地蓄水一起考虑。

6.2.2 洼地蓄水

受地形和土地利用影响，汇水区域内

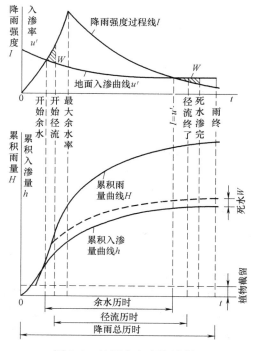

图6.1 地面点上产流过程

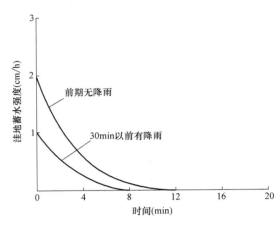

图 6.2　不渗透地表洼地蓄水速率与时间的关系

的洼地在面积、深度、容积、数量等方面可能变化很大。当降雨发生时,部分降雨被洼地拦蓄,无法变成地表径流。拦蓄的水量称为洼地蓄水量或填洼量。拦蓄水量的出路是通过蒸发进入大气或下渗进入土壤。

当降雨强度超过土壤下渗能力时,净雨开始积聚并在地表流动,同时开始填洼地表洼地。较小的洼地先被填注,并开始形成径流。然后填注较大的洼地。大小不等的洼地相互叠加并相互关联。大洼地或许有许多小洼地组成,每个洼地都有各自的蓄水面积和蓄水能力。

地表类型和坡度、影响蒸发的因素和降雨前的土壤湿度条件,均对洼地蓄水具有影响(图 6.2)。不渗透地表和渗透地表的洼地蓄水一般取值见表 6.1。

地表洼地蓄水经验数值 表 6.1

地表覆盖类型	洼地蓄水量(mm)	推荐值(mm)
不渗透面积		
大面积铺砌区	1.3~3.8	2.5
平屋顶	2.5~7.6	2.5
坡屋顶	1.3~2.5	1.3
渗透面积		
草地	5.0~12.7	7.6
林地或耕地	5.0~15.2	10.1

（1）洼地蓄水与地面坡度

通常洼地蓄水对于平缓地面数值较大;对于较陡地面数值较小。例如 1979 年英国 Kidd 和 Lowring 提出的公式为

$$d=\frac{k}{\sqrt{s}} \tag{6.3}$$

式中　d——洼地蓄水量（mm）;

　　　k——与地表类型有关的系数（mm）,不渗透地表取 0.07,渗透地表取 0.28;

　　　s——地面坡度。

同样在 1979 年,美国 Ullah 和 Dickinson 认为洼地容积 V（cm^3）随地表坡度 s（百分比）增加而减小,可表示为:

$$V=a\exp(-bs) \tag{6.4}$$

式中　a、b——常数。

【例 6.1】　一城市汇水区域平均坡度为 1%,植物最终截留损失为 0.5mm,取 $k=0.1$mm,计算如表 6.2 所示暴雨的净降水情况（当仅建立在初始损失基础上）。

解:

根据已知条件

【例 6.1】中的降水信息 表 6.2

时间（min）	0～10	10～20	20～30	30～40
降雨强度（mm/h）	6	12	18	6

截留损失＝0.5mm

由式（6.3）可得洼地蓄水损失：$d=0.1/\sqrt{0.01}=1$mm

净降雨强度的计算见表 6.3。

【例 6.1】中的计算表 表 6.3

时间（min）	0～10	10～20	20～30	30～40
降雨强度（mm/h）	6	12	18	6
降水深度（mm）	1	2	3	1
净降水深度（mm）	0	1.5	3	1
净降雨强度（mm/h）	0	9	18	6
备注	20min 内解决了植物截留损失和洼地蓄水损失量		此时已不含初始损失量	

（2）洼地蓄水随时间及净雨的变化

为从降雨中扣除洼地蓄水量并得到净雨，必须确定洼地容积如何随时间及净雨变化。设洼地蓄水能力（容量）为 V，则任意时刻的蓄水量 S 在 0 和 V 之间，即 $0 \leqslant S \leqslant V$，可填充蓄水量 $S_e = V - S$，假定

$$\frac{dS_e}{dP_e} = -kS_e \tag{6.5}$$

式中　P_e——净雨量（降雨量 P－蒸发量 E－截留－下渗 F）；

　　　k——常数或参数。

式（6.5）积分得

$$S_e = C\exp(-kP_e) \tag{6.6}$$

式中　C——积分常数。

应用条件 $P_e=0$，$S_e=V$ 或 $S=0$，得：

$$S = V[1 - \exp(-kP_e)] \tag{6.7}$$

上式由美国 Linsley 于 1975 年提出。注意到 $P_e=0$ 时，$dS/dP_e=1$，即此时所有的水流均将填注洼地，即可得到 $k=1/V$。将式（6.7）对 t 求导，得：

$$\frac{dS}{dt} = v = Vk\exp(-kP_e)\frac{dP_e}{dt} \tag{6.8}$$

注意到 $k=1/V$，$dP_e/dt=(I-f)$，有洼地蓄水速率 v：

$$v = (I-f)\exp(-kP_e) \tag{6.9}$$

式中　I——降雨强度；

　　　f——下渗率。

假定蒸发率和截留率要么小到忽略不计，要么和下渗合并考虑。于是地表径流量 Q 加上洼地蓄水速率 v 应等于净雨强度（$I-f$），即

$$Q = I - f - v \tag{6.10}$$

用式（6.9）替换 v，有

$$Q=(I-f)[1-\exp(-kP_e)] \tag{6.11}$$

6.2.3 下渗

大气降水在经过各种截留作用后达到地面，并开始进入土壤，水分经土壤表层渗入土壤的过程，称为下渗现象。下渗后，进入土壤的水分再继续往下层移动的过程，就土壤方面来说，有时称为渗漏；而就地下水方面来说，则称为补给。广义的渗透包括入渗和渗漏两个方面，狭义的渗透则仅指下渗过程。

地面土壤比较干燥，或供水强度较小情况下，人们可能观察不到水沿地面流动，而仅观察到水渗入土中。此过程中的土壤水分剖面和土壤含水率的平面分布为：土层中湿润的深度将越来越深，深入土壤中的水量将越来越多；同一深度不同位置的土壤含水率也在变化，自供水所及区域向四周递减，并随时变化。在这些过程中同时伴随有水分的蒸发现象。

达到地表渗透面积的降雨，将最初用于满足土壤上层中下渗的能力。即使在很短的干旱时段之后，土壤下渗性可能很高（例如 100mm/h），但是在降雨开始之后，因为地表蓄水能力饱和，下渗量逐渐降低。下渗水量将通过毛细上升直接蒸发；通过植被覆盖的根部系统的蒸发蒸腾作用；通过土壤的边侧运动，成为湖泊或者河流的潜流；穿透到更深水位，补充地下水。

6.2.3.1 定义和符号

下渗：水透过地表进入土壤的过程。

渗透：水在土壤剖面运动的过程。显然下渗早于渗透。

下渗率 f：水进入土壤表面的速率，表示为单位时间内单位面积上渗透过的水量，量纲为长度/时间。

累积下渗量 F：从时间 t 开始或降雨开始的下渗总量，通常称为下渗量或累积下渗量，单位为 cm。显然：

$$F(t) = \int_{t_1}^{t_2} f(t)\mathrm{d}t \tag{6.12}$$

或

$$f(t) = \frac{\mathrm{d}F}{\mathrm{d}t} \tag{6.13}$$

下渗能力 f_p：最大下渗率，即土壤通过其表面吸收水分的最大速率，量纲为长度/时间。f 与 f_p 之间的区别是：$0 \leqslant f \leqslant f_p$。

毛管位势：毛管力引起的压力水头，单位 cm。毛管位势也称为毛管压力、压力水头、水分张力、水分负压或负压。

毛管吸力 S：带有负号的 S 表示毛管吸力。正吸力将表示负水头，单位为 cm。

毛管传导度 K：单位梯度下水流通过土壤的速率。显然，毛管传导度取决于土壤含水量，量纲为长度/时间。毛管传导度也称为水力传导度，或简称传导度、导水率、导水系数。

饱和传导度（率）K_s：土壤饱和时的毛管传导度，量纲为长度/时间。

相对传导度（率）k_r：给定土壤含水量的毛管传导度与饱和传导度的比率，显然为无量纲量：

$$k_r = \frac{K}{K_s}$$

6.2.3.2 影响下渗的因素

降雨下渗因素可以分为四个方面，即地表特征、土壤特征、降雨特征和流体特征。

地表特征包括植被覆盖条件、地形和河网密度。这些特征在汇水面积内可能变化很大，对下渗能力有非常重要的影响。如果土壤裸露，雨滴冲压会形成土壤表面板结，由此改变下渗特征。耕作土壤将导致非常高的下渗，比自然态的土壤高数倍。另一方面，植被或团粒状态则使土壤免受雨滴冲击。植物根细增加了土壤的孔隙度。有机质增强了土壤的团粒结构，并改进其渗透性。不同的植物、不同的种植密度和不同的生长季节，植被对下渗的影响也不同。种植时间较早的草皮具有更大的渗透性。城市建筑物及铺砌的道路，严寒地区的冻土覆盖，下渗很小，几乎为零。同样的降雨强度降落在平坦地面上，下渗速率大于坡面情况。

土壤特征是影响下渗能力最为重要的特征之一。土壤类型决定了毛管的大小和数量，而水流必须通过毛管才能流动。质地、结构、有机质成分、生物活动、根系渗透、胶态膨胀等均为土壤的重要特性。这些决定了土壤孔隙的大小和特性。各种土壤的孔隙大小和数量均不同。粉砂和黏土一般比砂土的孔隙小，但数量比较多。由于具有大量的孔隙，粉砂和黏土比砂土保持的水分多。另一方面，如果土壤为层状，土层的孔隙大小将影响水的流动。如果湿润锋遇到细小物质，极细小的孔隙产生的阻力将使水流运动减缓。如果湿润锋遇到粗糙物质，水流则停止运动，直到土壤接近饱和。对植物利用来说，层状土壤比均质土壤的持水性强。由于不同的土层阻止了水流的运动，更多的水分保留在根系中。土地利用和土壤温度也影响了下渗。如果饱和土壤时为封冻态，则其变得密实，近似不透水物质。前期土壤含水量决定了土壤的毛管位势及毛管传导度，从而影响了雨水下渗。

降雨特征对确定实际下渗率非常重要。降雨强度的时空分布及降雨历时、雨滴大小、倾斜角度、降雨形式等均为降雨的重要特征。这些特征空间变化较大，从而导致不同的下渗率。

水流的物理特性也对下渗具有影响。水中包含的细黏土粒将减小下渗，因为它们会填充水流运动必须经过的细小孔隙。污染物改变了水的黏滞性，水温和水的黏度影响了水流在土壤中的运动。

6.2.3.3 Green-Ampt（G-A）模型

1911 年，Green 和 Ampt 提出了基于达西（Darcy）定律的简化下渗模型。该法基于下述假定：①土壤表面由水层覆盖，但其深度可忽略不计；②存在如图 6.3 所示的明显湿润锋；③湿润锋可看作水平面，该平面将下渗湿润带与整个下渗带均匀分开，因此土壤含水量剖面可假定为一阶跃函数；④一旦土壤湿润，在下渗过程中湿润带的含水量不随时间发生变化；意味着湿润带的水力传导度在下渗期间不随时间变化；⑤湿润锋以上紧靠湿润锋的地方存在不变的负压。

靠近土壤饱和区，利用达西定律估计下渗能力：

$$f = K_s \frac{dh}{dz} = K_s \frac{(\psi + z_f) - (H + 0)}{z_f - 0} = K_s \frac{\psi + z_f - H}{z_f} \tag{6.14}$$

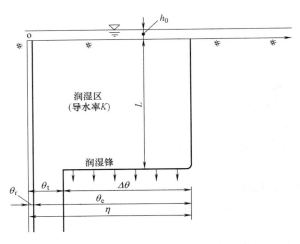

图 6.3　Green-Ampt 模型中的地下含湿量示意图

式中　H——积水深度（cm）；

　　　K_s——饱和导水率（cm/h）；

　　　f——下渗速率（cm/h）；

　　　ψ——湿润锋的毛管位势（cm）；

　　　z_f——湿润锋的深度（cm）；

因此下渗的累计深度 F 计算为

$$F = z_f(\theta_s - \theta_i) \text{ 或 } z_f = \frac{F}{\theta_s - \theta_i} \tag{6.15}$$

式中　θ_i——初始土壤含湿量；

　　　θ_s——饱和土壤含湿量。

将式（6.15）代入达西公式，得

$$f = \frac{dF}{dt} = K\frac{\psi + [F/(\theta_s - \theta_i)] - H}{F/(\theta_s - \theta_i)} = K\left[\psi + \frac{F}{\theta_s - \theta_i} - H\right]\frac{\theta_s - \theta_i}{F} \tag{6.16}$$

由假设条件①，忽略积水深度 H，式（6.16）简化为 Green－Ampt 下渗速率公式：

$$f = \frac{dF}{dt} = K\left[\psi\frac{\theta_s - \theta_i}{F} + 1\right] \tag{6.17}$$

为计算给定时刻的下渗速率 f，必须计算达到该时刻的总下渗量 F。式（6.17）积分并结合初始条件 $t = 0$ 时，$F = 0$，求得

$$F = K_s t + \psi(\theta_s - \theta_i) \cdot \ln\left[1 + \frac{F}{\psi(\theta_s - \theta_i)}\right] \tag{6.18}$$

式（6.18）难以直接求解 F，需要利用牛顿法或二分法迭代求解。此外，公式假设在给定的时段内，降雨强度总是高于下渗速率。如果降雨强度低于相应的下渗速率时，下渗量应等于该时段内的降雨量。

Green-Ampt 模型应用中，一些参数应根据土壤类型和土地利用情况确定。表 6.4 为美国公布的 ψ、K_s 和 θ_s 的平均数值；仅在没有现场数据时，才建议采用表格中的数值。

【例 6.2】　利用 Green－Ampt 模型计算每一时间步长的下渗量。降雨模式见表 6.5。假设参数为 $\psi = 8.9 \text{cm}$；$K_s = 0.33 \text{cm/h}$；$\theta_s - \theta_i = 0.434$。

Green-Ampt 模型下的土壤特性参数

表 6.4

土壤类型	饱和土壤含湿量 θ_s	毛管位势 ψ(cm)	饱和导水率 K_s(cm/h)
砂土	0.437	4.95	11.78
壤质砂土	0.437	6.13	2.99
砂质壤土	0.453	11.01	1.09
壤土	0.463	8.89	0.34
粉质壤土	0.501	16.68	0.65
砂质黏壤土	0.398	21.85	0.15
黏质壤土	0.464	20.88	0.10
粉质黏壤土	0.471	27.30	0.10
砂质黏土	0.430	23.90	0.06
粉质黏土	0.479	29.22	0.05
黏土	0.475	31.63	0.03

【例 6.2】所用降雨数据

表 6.5

时间(h)	降雨强度(cm/h)
0.0	0.8
0.1	4.8
0.2	8.1

解： 求解下渗容积的关键为跟踪两个时间线中的位置。第一条时间线为降雨雨量过程线；第二条时间线为通过公式（6.17）产生的总下渗曲线。$t=0$ 时，这两条时间线重合。

如果特定时间步长内的降雨强度小于或等于下渗速率，那么该时间步长内的所有降雨将下渗。如果时间步长内，全部或局部降雨强度大于下渗速率，那么该时间步长内出现积水或径流。总累计下渗容积可利用公式（6.18）计算。随着时间增长，如果降雨强度大于下渗速率，则降雨雨量时间线和累计下渗时间线将同步增长；如果降雨强度低于下渗速率，则两条时间线以不同方式推进。

（1）时间步长 1

1）假设第一个时间步长内所有降雨下渗，

$$0.8\text{cm/h}\times0.1\text{h}=0.08\text{cm}$$

2）由公式（6.17），计算时间步长末的下渗速率为

$$f=0.33\left[\frac{8.9(0.434)}{0.08}+1\right]=16.26\text{cm/h}$$

3）因为 16.26cm/h＞0.8cm/h，说明时间步长内的所有降雨下渗，累计下渗量为 0.08cm。

（2）时间步长 2

1）再次假设时间步长内的所有降雨下渗，

$$4.8\text{cm/h}\times0.1\text{h}=0.48\text{cm}$$

总累计下渗量计算为

$$0.48\text{cm}+0.08\text{cm}=0.56\text{cm}$$

2）假设 0.56cm 降雨下渗，时间步长 2 末的下渗速率计算为

$$f=0.33\left[\frac{8.9(0.434)}{0.56}+1\right]=2.61\text{cm/h}$$

3）因为下渗速率低于时间步长 2 的降雨强度 4.8cm/h，所以在 0.1～0.2h 之间产生

积水或径流。应计算当降雨强度与下渗速率相等时的累积下渗量。代入 $f = 4.8\text{cm/h}$，求解公式 (6.17) 中的 F：

$$4.8 = 0.33 \left[\frac{8.9(0.434)}{F} + 1 \right]$$
$$F = 0.285\text{cm}$$

4) 应确定在 $0.1 \sim 0.2\text{h}$ 之间，降雨强度等于下渗速率的准确时间。当总累计下渗量为 0.285cm 时，降雨强度等于下渗速率。由于在第一个时间步长内累计下渗量为 0.08cm，在第二个时间步长开始后的时间计算为

$$(0.285\text{cm} - 0.08\text{cm})/(4.8\text{cm/h}) = 0.043\text{h}$$

5) 其次确定产生 0.285cm 累计下渗量出现的时间。公式 (6.18) 经变换，求解 t 得

$$t = \frac{1}{0.33} \left\{ 0.285 - (8.9)(0.434) \cdot \ln \left[1 + \frac{0.285}{8.9(0.434)} \right] \right\} = 0.03\text{h}$$

6) 为了求时间步长内的下渗量，必须确定对应于降雨强度第二个时间步长末，第二条时间线的时刻。径流开始出现的时间为：

$$0.1\text{h} + 0.043\text{h} = 0.143\text{h}$$

这时总累计下渗量等于 0.285cm。该点对应于第二条时间线的 0.03h。有

$$0.2\text{h} - 0.143\text{h} = 0.057\text{h}$$

对应于降雨雨量线（第一条时间线）在第二个时间步长的余量。于是，时间步长 2 的末端对应于第二条时间线上的时间为

$$0.03\text{h} + 0.057\text{h} = 0.087\text{h}$$

7) 现在由公式 (6.18) 求解 0.087h 时的累计下渗量

$$F = (0.33)(0.087) + (8.9)(0.434) \cdot \ln \left[\frac{F}{8.9(0.434)} + 1 \right]$$

上式不能显式求解 F，需要利用数值方法计算。由求根方法，解得时间步长 2 末的 F 值为 0.490cm。

8) 时间步长 2 产生的下渗量为时间步长 2 末的总累计下渗量与时间步长 1 末的总累计下渗量之差，即

$$0.490\text{cm} - 0.08\text{cm} = 0.410\text{cm}$$

(3) 时间步长 3

1) 与前面两个时间步长计算不同，时间步长 3 开始时的下渗速率，对应于 $F = 0.490\text{cm}$ 计算。

$$f = (0.33) \left[\frac{8.9(0.434)}{0.490} + 1 \right] = 2.931\text{cm/h}$$

因为 $8.1\text{cm/h} > 2.931\text{cm/h}$，径流将在整个时间步长内产生。

2) 其次确定第二条时间线上等于时间步长 3 末的点。因为径流在整个时间步长内产生（与时间步长 2 不同），0.1h 可以简单添加到第二条时间线的时间步长 2 末的点上，即

$$0.1\text{h} + 0.087\text{h} = 0.187\text{h}$$

因此，第二条时间线的 0.187h，对应于降雨雨量图的 0.3h。

3) 由式 (6.18)，计算 0.187h 时的总累计下渗量。

$$F=(0.33)(0.187)+(8.9)(0.434)\cdot\ln\left[\frac{F}{8.9(0.434)}+1\right]=0.731\text{cm}$$

4）时间步长内下渗量等于 0.731cm－0.490cm＝0.241cm。

6.2.3.4　Horton 模型

1940 年，Horton 假定下渗类似于耗损过程，即现状工作效率与需要完成的剩余工作量成正比。下渗情况中，任意时刻 t 需完成的剩余工作，等于下渗能力达到最终的稳定值 f_c；现状工作效率为 df/dt；剩余需完成的工作量为（$f-f_c$）。由于 f 随时间 t 减少，有

$$\frac{df}{dt}=-k(f-f_c) \tag{6.19}$$

式中　k——线性因子，取决于土壤类型和初始土壤含湿量。

结合初始条件 $t=0$，$f=f_0$；式（6.19）积分得：

$$f=f_c+(f_0-f_c)\exp(-kt) \tag{6.20}$$

式（6.13）代入式（6.20）得

$$\frac{dF}{dt}=f_c+(f_0-f_c)\exp(-kt) \tag{6.21}$$

结合初始条件 $t=0$，$F=0$；式（6.21）积分得

$$F=f_ct+\frac{1}{k}(f_0-f_c)[1-\exp(-kt)] \tag{6.22}$$

实际下渗量 f，将通过以下两个公式之一定义：

$$f=f_{cap}，对于 i\geqslant f_{cap}$$
$$f=i，对于 i\leqslant f_{cap}$$

式中　f——土壤的实际下渗速率；

f_{cap}——土壤的最大下渗能力；

i——降雨强度。

图 6.4 说明了典型降雨分布和下渗曲线。

对于初步时间步长，下渗速率超过了降雨速率。下渗能力的下降更多取决于土壤中蓄水能力的下降，而不是从降雨开始后过去的时间。为了考虑它，因此下渗曲线应转换（第一个时间步长 Δt 的虚线），通过过去的时间将下渗容积调整与径流容积相等。

Horton 模型形式简单且与实验资料拟合较好。其基本缺陷在于参数 f_0、f_c 和 k 的确定。这些参数必须根据资料校验。经验规则是比值 f_0/f_c 的量级为 5。表 6.6 为给定土壤类型的典型参数值。

【例 6.3】　某城市地区 2h 降雨事件的降雨强度 i 和雨量图，分别见表 6.7 的第 3 列和图 6.5。该地区的 Horton 参数估计为 $f_0=2.8\text{cm/h}$，$f_c=0.6\text{cm/h}$，$k=1.1/\text{h}$。确定渗透区域内下渗损失及过量降雨。假设下渗为考虑的唯一降雨损失项。

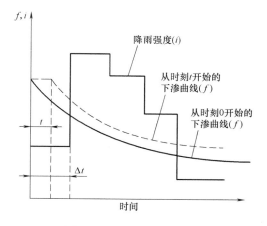

图 6.4　Horton 公式的表示

Horton 模型参数 f_0、f_c 和 k 的典型取值　　　　　表 6.6

土壤类型	f_0(cm/h)	f_c(cm/h)	k(h^{-1})
Alphalpla 壤质砂土	48.26	3.56	38.29
Carnegie 砂壤土	37.52	4.50	19.64
Cowarts 壤质砂土	38.81	4.95	10.65
Dothan 壤质砂土	8.81	6.68	1.40
Fuquay 卵石壤质黏土	15.85	6.15	4.70
Leefield 壤质砂土	28.80	4.39	7.70
Robertsdale 壤质砂土	31.52	3.00	21.75
Stilson 壤质砂土	20.60	3.94	6.55
Tooup 砂土	58.44	4.57	32.71
Tifton 壤质砂土	24.56	4.14	7.28

解： 计算总结列于表 6.7。表中 t_1（第 1 列）和 t_2（第 2 列）分别表示了时间步长的起始和终止时刻。f_p 是通过公式（6.20）确定的下渗速率，计算中时间取每一时间步长的中值 t（第 4 列）。实际下渗速率 f（第 6 列）取 f_p 和 i 中的较小数值。降雨强度 i 减去实际下渗速率 f，求得有效降雨强度 i_e（第 7 列）。下渗速率和过剩降雨的表达也见图 6.5。利用 $\Delta t \sum f$ 获得下渗总量为 2.28cm，其中 Δt 取 0.1h。以类似方式获得有效降雨总深度为 0.77cm。

【例 6.3】计算表　　　　　表 6.7

t_1(h)	t_2(h)	i(cm/h)	t(h)	f_p(cm/h)	f(cm/h)	i_e(cm/h)
(1)	(2)	(3)	(4)	(5)	(6)	(7)
0	0.1	0.75	0.05	2.68	0.75	0.00
0.1	0.2	0.75	0.15	2.47	0.75	0.00
0.2	0.3	0.75	0.25	2.27	0.75	0.00
0.3	0.4	1.5	0.35	2.10	1.50	0.00
0.4	0.5	1.5	0.45	1.94	1.50	0.00
0.5	0.6	2.25	0.55	1.80	1.80	0.45
0.6	0.7	2.25	0.65	1.68	1.68	0.57
0.7	0.8	2.25	0.75	1.56	1.56	0.69
0.8	0.9	2.75	0.85	1.46	1.46	1.29
0.9	1	2.75	0.95	1.37	1.37	1.38
1	1.1	2	1.05	1.29	1.29	0.71
1.1	1.2	2	1.15	1.22	1.22	0.78
1.2	1.3	2	1.25	1.16	1.16	0.84
1.3	1.4	1.5	1.35	1.10	1.10	0.40
1.4	1.5	1.5	1.45	1.05	1.05	0.45
1.5	1.6	1	1.55	1.00	1.00	0.00
1.6	1.7	1	1.65	0.96	0.96	0.04
1.7	1.8	1	1.75	0.92	0.92	0.08
1.8	1.9	0.5	1.85	0.89	0.50	0.00
1.9	2	0.5	1.95	0.86	0.50	0.00
		$\sum = 3.05$cm			$\sum = 2.28$cm	$\sum = 0.77$cm

6.2.4　SCS 模型

1972 年美国土壤保护据（SCS）开发了计算降雨损失和有效降雨（或径流）的方法，称作 SCS 模型。SCS 模型综合考虑了植物截留、洼地蓄水、蒸发和下渗的降雨损失量。

6.2.4.1 水文土壤类型

为考虑下渗估计中土壤渗透性的影响，根据土壤的下渗速率和质地，将土壤分为 A、B、C 和 D 四类（见表 6.8）。规定类型 A 的土壤具有最高下渗能力；类型 D 的土壤具有最小下渗能力。

6.2.4.2 径流曲线数

CN（CurveNumber）是一个无因次参数，称曲线数，是反映降雨前流域特征的综合参数。径流曲线数值根据地表覆盖、管理状况、水文条件、不渗透地表百分比、土壤初始含湿量等确定。当已知前期含水量、土壤类型、土地利用条件，可查表确定流域各处的 CN 值，进而计算出一场降雨产生的径流量。前期土壤含水量分为 Ⅰ、Ⅱ 和 Ⅲ 三个级别，见表 6.9。表 6.10 中的 CN 值对应于降雨前土壤中等含湿量条件（Ⅱ）的情况。对于较湿润（Ⅲ）或较干燥（Ⅰ）的土壤含湿量条件，应对 CN 值修正，修正值见表 6.11。

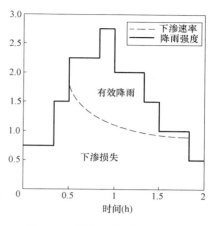

图 6.5 【例 6.3】降雨雨量图

SCS 水文学土壤分类   表 6.8

土壤类型	描 述
A	深层砂土,深层黄土,团粒粉砂土。可能的最低径流,包括带有一点淤泥和黏土的深砂层,有很深的透水卵石,具有很高的下渗速率
B	浅层黄土,砂壤土。可能产生中等较低径流,多数为砂土但比 A 浅,这种土壤在润湿后也具有平均下渗速率以上的值
C	黏质壤土,浅砂壤土,低有机质土,黏性土。可能产生中等较高径流,土层浅并且含有相当数量的黏土和胶质物质,但比 D 组低,在饱和以后具有比平均下渗速率低的值
D	润湿时期明显膨胀的土壤,重质塑黏土和盐土。可能的最高径流量,多数为高膨胀百分比的黏土,这类土还包括接近地表几乎不透水的次水平浅土层

前期土壤水分条件   表 6.9

类型	作物休眠季节五日前期降雨量	作物生长季节降雨量
Ⅰ	<12mm	<35mm
Ⅱ	12~28mm	35~55mm
Ⅲ	>28mm	>55mm

不同城市土地利用条件下的径流曲线数 CN（前期土壤含湿量条件Ⅱ）   表 6.10

土地利用情况(不渗透面积百分比)	土壤水文学分类			
	A	B	C	D
开阔地(草地、公园、高尔夫球场、陵园等)				
植被条件差(草被覆盖率 50%以下)	68	79	86	89
植被条件一般(草被覆盖率 50%~75%)	49	69	79	84
植被条件好(草被覆盖率 75%以上)	39	61	74	80
铺砌式停车场、屋顶、车行道等	98	98	98	98

6.2.4.1 水文土壤类型

为考虑下渗估计中土壤渗透性的影响，根据土壤的下渗速率和质地，将土壤分为 A、B、C 和 D 四类（见表 6.8）。规定类型 A 的土壤具有最高下渗能力；类型 D 的土壤具有最小下渗能力。

6.2.4.2 径流曲线数

CN（CurveNumber）是一个无因次参数，称曲线数，是反映降雨前流域特征的综合参数。径流曲线数值根据地表覆盖、管理状况、水文条件、不渗透地表百分比、土壤初始含湿量等确定。当已知前期含水量、土壤类型、土地利用条件，可查表确定流域各处的 CN 值，进而计算出一场降雨产生的径流量。前期土壤含水量分为 Ⅰ、Ⅱ 和 Ⅲ 三个级别，见表 6.9。表 6.10 中的 CN 值对应于降雨前土壤中等含湿量条件（Ⅱ）的情况。对于较湿润（Ⅲ）或较干燥（Ⅰ）的土壤含湿量条件，应对 CN 值修正，修正值见表 6.11。

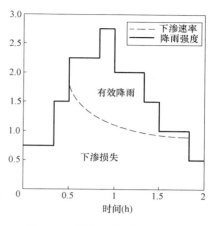

图 6.5 【例 6.3】降雨雨量图

SCS 水文学土壤分类   表 6.8

土壤类型	描 述
A	深层砂土,深层黄土,团粒粉砂土。可能的最低径流,包括带有一点淤泥和黏土的深砂层,有很深的透水卵石,具有很高的下渗速率
B	浅层黄土,砂壤土。可能产生中等较低径流,多数为砂土但比 A 浅,这种土壤在润湿后也具有平均下渗速率以上的值
C	黏质壤土,浅砂壤土,低有机质土,黏性土。可能产生中等较高径流,土层浅并且含有相当数量的黏土和胶质物质,但比 D 组低,在饱和以后具有比平均下渗速率低的值
D	润湿时期明显膨胀的土壤,重质塑黏土和盐土。可能的最高径流量,多数为高膨胀百分比的黏土,这类土还包括接近地表几乎不透水的次水平浅土层

前期土壤水分条件   表 6.9

类型	作物休眠季节五日前期降雨量	作物生长季节降雨量
Ⅰ	<12mm	<35mm
Ⅱ	12~28mm	35~55mm
Ⅲ	>28mm	>55mm

不同城市土地利用条件下的径流曲线数 CN（前期土壤含湿量条件Ⅱ）   表 6.10

土地利用情况(不渗透面积百分比)	土壤水文学分类			
	A	B	C	D
开阔地(草地、公园、高尔夫球场、陵园等)				
植被条件差(草被覆盖率 50%以下)	68	79	86	89
植被条件一般(草被覆盖率 50%~75%)	49	69	79	84
植被条件好(草被覆盖率 75%以上)	39	61	74	80
铺砌式停车场、屋顶、车行道等	98	98	98	98

续表

土地利用情况(不渗透面积百分比)	土壤水文学分类			
	A	B	C	D
街区和道路				
铺设有路缘石、雨水排水沟	98	98	98	98
砾卵石或炉灰铺砌路面	76	85	89	91
土路	72	82	87	89
沙漠城市区域				
自然沙漠景观(仅具有渗透面积)	63	77	85	88
人工沙漠景观(不渗透杂草栅栏,2.5～5cm沙漠灌木,砂子或者砂砾覆盖和盆地边界)	96	96	96	96
城市地区				
商业区(85%是不渗透性区域)	89	92	94	95
工业区(72%是不渗透性区域)	81	88	91	93
居住区				
平均地块大小(m²)　平均不渗透水百分比(%)				
≤500　　　　　　　65	77	85	90	92
≤1000　　　　　　40	61	75	83	87
≤1500　　　　　　30	57	72	81	86
≤2000　　　　　　25	54	70	80	85
≤4000　　　　　　20	51	68	79	84
≤8000　　　　　　12	46	65	77	82
正在开发的地块(仅有渗透面积,没有植被)	77	86	91	94

不同土壤含湿量条件下的径流曲线数 CN 修正值　　　表 6.11

Ⅱ	Ⅰ	Ⅲ	Ⅱ	Ⅰ	Ⅲ	Ⅱ	Ⅰ	Ⅲ
100	100	100	70	51	85	40	22	60
99	97	100	69	50	84	39	21	59
98	94	99	68	48	84	38	21	58
97	91	99	67	47	83	37	20	57
96	89	99	66	46	82	36	19	56
95	87	98	65	45	82	35	18	55
94	85	98	64	44	81	34	18	54
93	83	98	63	43	80	33	17	53
92	81	97	62	42	79	32	16	52
91	80	97	61	41	78	31	16	51
90	78	96	60	40	78	30	15	50
89	76	96	59	39	77	25	12	43
88	75	95	58	38	76			
87	73	95	57	37	75	20	9	37
86	72	94	56	36	75	15	6	30
85	70	94	55	35	74	10	4	22
84	68	93	54	34	73	5	2	13
83	67	93	53	33	72	0	0	0
82	66	92	52	32	71			
81	64	92	51	31	70			
80	63	91	50	31	70			
79	62	91	49	30	69			
78	60	90	48	29	68			
77	59	89	47	28	67			
76	58	89	46	27	66			
75	57	88	45	26	65			
74	55	88	44	25	64			
73	54	87	43	25	63			
72	53	86	42	24	62			
71	52	86	41	23	61			

如果在考虑的排水面积中具有不同 CN 的子面积，则整个面积曲线数 CN（综合 CN 值）的计算应采用面积加权平均值。城市土地利用包含商业、工业和居民区，它们的 CN 数值是根据各自的不渗透面积百分比估计的综合值。其中假设直接相连的不渗透面积的 CN 值等于 98，渗透面积认为是开阔地且具有良好的水文条件。

6.2.4.3　径流公式

SCS 模型中，降雨总深度 P 分解为初始损失 I_a、滞留蓄水 F 和有效降雨（径流量）P_e 三部分（见图 6.6）。初始损失包括地表径流出现之前发生的植物截留、洼地蓄水和下渗损失。滞留蓄水至形成径流后蒸发和下渗的连续损失。

SCS 模型具有 3 个假设条件：

1）存在排水面积内洼地和土壤的最大滞留蓄水容积 S（不含初始损失 I_a）。

2）实际滞留蓄水 F 与最大滞留蓄水容积 S 之比，等于径流量 P_e 与径流潜力（降雨深度 P 与初始损失 I_a 之差）之比：

$$\frac{F}{S}=\frac{P_e}{P-I_a} \tag{6.23}$$

3）初始损失 I_a 与最大滞留蓄水容积 S 呈线性关系，即

$$I_a=aS \tag{6.24}$$

式中　a——常数，通常取 0.2。

根据质量守恒，有

$$F=P-I_a-P_e \tag{6.25}$$

综合式（6.23）、式（6.24）和式（6.25），得

$$P_e=\frac{(P-0.2S)^2}{P+0.8S} \tag{6.26}$$

公式（6.26）即为降雨估算直接径流的 SCS 公式，它对于 $P>0.2S$ 是合理的。

最大滞留蓄水容积 S（mm）的计算采用以下经验公式：

$$S=25.4\left(\frac{1000}{CN}-10\right) \tag{6.27}$$

对于给定的曲线数 CN 和总降雨量 P（mm）数值，首先由公式（6.27）计算最大滞留蓄水容积 S，然后利用公式（6.26）确定径流 P_e（mm）。公式（6.26）的图形求解见图 6.7。如果已知总降雨量，SCS 方法可用于确定总径流量。如果已知降雨雨量图，也可用于确定有效降雨速率。

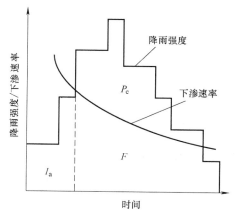

图 6.6　SCS 模型中确定的降雨构成

【例 6.4】　确定排水面积为 1000km² 城市区域的径流容积。已知该排水面积包括 380km² 的开阔地，具有 65% 的草地覆盖；200km² 的商业区，不渗透面积百分比为 85%；150km² 的工业区，不渗透面积百分比为 72%；270km² 的住宅区，平均地块尺寸为 1000m²。18h 的总降雨深度为 5.3cm；假设流域水文土壤条件为类型 A。

解：由表 6.10 知，开阔地 $CN=49$；商业区 $CN=89$；工业区 $CN=81$；住宅区

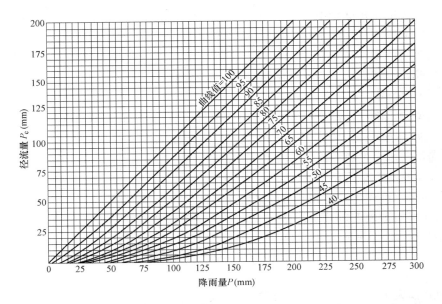

图 6.7　SCS 模型中的降雨——径流关系曲线

$CN=61$。整个流域的 CN 值按不同土地利用类型 CN 的加权平均计，即

$$CN=\frac{(380\text{km}^2)(49)+(200\text{km}^2)(89)+(150\text{km}^2)(81)+(270\text{km}^2)(61)}{1000\text{km}^2}=65.0$$

由公式（6.27），最大滞留蓄水容积 S 为

$$S=25.4\left(\frac{1000}{CN}-10\right)=25.4\left(\frac{1000}{65.0}-10\right)=136.8\text{mm}$$

由公式（6.26），总径流量为

$$P_\text{e}=\frac{(P-0.2S)^2}{P+0.8S}=\frac{(53-0.2\times136.8)^2}{53+0.8\times136.8}=4.05\text{mm}$$

在图 6.7 中，对应于横坐标降雨量 53mm，曲线数 $CN=65.0$，同样可查得径流量近似值。

【例 6.5】　计算某城镇排水面积的径流速率。假设该排水面积的综合曲线数 CN 为 85，它的 2h 历时，25a 重现期的降雨雨量见表 6.12 的第 3 列。

解：由式（6.27），最大滞留蓄水容积 S 为

$$S=25.4\left(\frac{1000}{CN}-10\right)=25.4\left(\frac{1000}{85.0}-10\right)=44.70\text{mm}$$

初始损失量 I_a 为

$$I_\text{a}=0.2S=0.2\times44.70=8.94\text{mm}$$

因此当降雨累计深度至少为 8.94mm 时，才出现径流。

径流计算见表 6.12。表中考虑的时间步长为 20min。时间步长内的降雨深度值计算为 $\Delta P=i\Delta t$，见第 4 列。第 5 列 P_1 和第 6 列 $P_2=P_1+\Delta P$，分别表示时刻 t_1 和 t_2 的累计降雨量。第 7 列 P_e1 和第 8 列 P_e2 分别表示时刻 t_1 和 t_2 的累积径流量。对于给定的 CN 和 P 值，

采用公式（6.26）（或图 6.7）确定，即 $P_e = \dfrac{(P-8.94)^2}{P+35.76}$；当 $P < I_a$ 时，将认为没有径流产生。第 10 列的径流速率 $i_e = \Delta P/\Delta t$。由第 8 列的最后一行知，本降雨事件下产生的总径流量为 51.66mm。

【例 6.5】计算用表　　　　表 6.12

t_1 (h)	t_2 (h)	i (mm/h)	ΔP (mm)	P_1 (mm)	P_2 (mm)	P_{e1} (mm)	P_{e2} (mm)	ΔP_e (mm)	i_2 (mm/h)
1	2	3	4	5	6	7	8	9	10
0.000	0.333	17	5.67	0.00	5.67	0.00	0.00	0.00	0.00
0.333	0.667	45	15.00	5.67	20.67	0.00	2.44	2.44	7.32
0.667	1.000	130	43.33	20.67	64.00	2.44	30.39	27.95	83.85
1.000	1.333	40	13.33	64.00	77.33	30.39	41.36	10.97	32.91
1.333	1.667	22	7.33	77.33	84.67	41.36	47.62	6.26	18.78
1.667	2.000	14	4.67	84.67	89.33	47.62	51.66	4.04	12.12

6.3　城市高峰径流量估计

雨水输送系统或滞留设施的设计，首先需要估计所收集汇水面积内的径流量，作为它们的设计流量。通常存在两种分析方法。第一种是仅计算高峰流量，即确定来自雨水事件的最大径流量。第二种方法较复杂，将形成径流过程线，提供流量随时间变化的信息，这将在第 6.4 节讨论。估计高峰径流量最常用的方法是推理公式法。

6.3.1　推理公式法

推理公式法由爱尔兰工程师 Mulvaney 于 1850 年提出，1889 年由 Kuichling 应用于美国，1906 年由 Lloyd—Davies 应用于英国。推理公式法是基于水量平衡方法，结合降雨强度数据和流域特性，用于预测降雨事件下的高峰径流量。由于方法使用简单性，它常用于雨水管渠系统的设计。

假设某汇水流域面积为 A，在时间 t 内降雨深度为 H。如果汇水区域为不透水地面，且在边界处无水量流进或流出，则汇水区域内降雨容积为 $H \times A$。

假设该汇水区域内的雨水量在时间 t 内以恒定流速流向雨水出水口，且在排水管渠内也以恒定流速输送雨水量，则在雨水出水口处的雨水排放流量 Q 为：

$$Q = \frac{HA}{t}$$

设平均强度强度 $i = H/t$，有

$$Q = iA$$

考虑汇水区域并非完全不透水，降雨过程中具有雨量损失，因此引入径流系数 ψ，得

$$Q = \psi i A \tag{6.28a}$$

换算为常用计量单位，有

$$Q = \psi q A = 167 \psi i A \tag{6.28b}$$

式中　Q——雨水高峰流量（L/s）；

    ψ——径流系数；

    A——汇水面积（hm^2）；

    q——设计暴雨强度（$L/(s \cdot hm^2)$）；

    i——设计暴雨强度（mm/min）。

    式（6.28a）和式（6.28b）即为计算高峰径流量的推理公式。

    应注意到，降雨历时和汇流时间相等不是必然要求。正常情况下认为降雨历时大于汇流时间。更进一步，汇流时间（计算平均降雨强度所用时间）可以出现在降雨中期之前、开始、期间、之后，或降雨后期的任何时段内。

    公式（6.28a）和式（6.28b）表明，当全流域水流贡献于出水口时，出现洪峰流量，它发生在降雨开始后 T_c 时间内。因此，汇流时间之后出现的降雨对较大的洪峰流量没有贡献，所起的作用仅为延长洪水历时。推理公式法的一个结论是，任何给定的峰值，其出现的频率等于流域上历时等于汇流时间的降雨量出现的频率（图 6.8）。

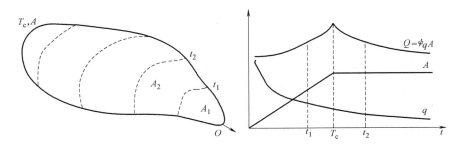

图 6.8 推理公式法计算示意图

    （1）假定条件

    推理公式法利用的一些假定条件包括：

    1）流域面积是汇流面积或支流到设计点的面积。

    2）降雨强度在长度等于汇流时间的时段内不变。

    3）汇流时间是从流域水力最远点到达设计断面所需的时间。

    （2）基本原理的解释

    推理公式法所含的基本原理有多种解释，这里采用了以下三种说法。

    1）用推理公式法估计洪峰流量的流域，通常小于 $13km^2$（约 5 平方英里）。其基本前提是暴雨在时间上均匀分布，当全流域贡献于出口断面的水流时，流量达到最大。

    2）对在某临界时段内空间和时间均匀分布的暴雨，全流域均贡献于出口或设计断面时，流量达到最大。

    3）对任一流域，产生最大径流峰值的降雨是流域上强度最大的降雨，其历时等于流域汇流时间或降落在流域最远点的水在地表寻找并到达出口附近路径的时间。

    （3）推理公式法的局限性

    推理公式法的局限可概述如下：

    1）该方法不适合空间不均匀的降雨，随着面积增大，计算结果常常是保守性的，即过高估计了高峰流量。

    2）由于降雨强度与 T_c 有关，流域部分区域上高强度降雨产生的洪峰流量，可能比全流域发生的低强度降雨产生的洪峰流量大。

3）方法中应用的降雨强度与实际降雨模式没有时序关系。该方法使用的降雨强度——历时——频率曲线不是降雨的时序曲线，同一频率曲线上不同历时的降雨强度通常不是来自同一场降雨。

（4）应用评价

尽管推理公式法因缺乏物理现实性而备受攻击，但仍在城市排水设计中得以应用，且是雨水管渠系统设计时最常用的方法。有专家指出，推理公式法的误差来自降雨强度在流域面积上均匀分布的假定，但忽略滞蓄作用的反面影响，因此它仍可以得出合理的结果。

6.3.2 参数估计

推理公式法中两个重要参数为线性常数或径流系数 ψ，以及集水时间 T_c。

6.3.2.1 径流系数 ψ

径流系数 ψ 是径流峰值与平均降雨强度的无因次比值，它表示降雨中在汇水面积地表出现的部分。径流系数的值因汇水面积的地面覆盖情况、地面坡度、地貌、建筑密度分布、路面铺砌情况等不同而异。例如，屋面为不透水材料覆盖，ψ 值大；沥青路面的 ψ 值也大；而非铺砌的土路面 ψ 值就较小。地形坡度大，雨水流动较快，其值也大；种植植物的庭园由于植物本身能截留一部分雨水，其 ψ 值就小等等。降雨特性（例如强度、历时）和前期降雨条件也对径流系数 ψ 有一定影响。例如暴雨强度大，其 ψ 值也大；降雨历时较长，由于地面渗透损失减少，ψ 就大些；本场降雨之前，一直处于干旱状态，降雨过程中雨量损失将较大，ψ 值就小。

由于影响因素很多，要精确确定 ψ 值很困难。目前雨水管渠设计中，径流系数通常采用土地利用类型确定的经验数值，见表 6.13。

径流系数 ψ 值 表 6.13

地面类型	ψ 值
各种屋面、混凝土或沥青路面	0.85～0.95
大块石铺砌路面或沥青表面处理的碎石路面	0.55～0.65
级配碎石路面	0.40～0.50
干砌块石或碎石路面	0.35～0.40
非铺砌土路面	0.25～0.35
公园或绿地	0.10～0.20

当汇水面积由各种性质的土地利用类型组成时，整个汇水面积上的平均径流系数 ψ_{ave} 值可按各类地面面积用加权平均法计算，即

$$\psi_{ave} = \frac{\sum A_i \cdot \psi_i}{A} \tag{6.29}$$

式中　　A_i——汇水面积内各类用地的面积（hm^2）；

　　　　ψ_i——对应各类用地面积的径流系数值；

　　　　A——总汇水面积（hm^2）。

设计中也可采用区域综合径流系数。一般城镇建筑密集区，$\psi=0.60\sim0.70$；城镇建筑较密集地区，$\psi=0.45\sim0.60$；城镇建筑稀疏区，$\psi=0.20\sim0.45$。综合径流系数高于

0.7 的地区，应采取渗透、调蓄设施。

6.3.2.2　集水时间 T_c

推理公式法认为只有当降雨历时等于集水时间时，高峰径流量最大。因此，计算雨水设计流量时，将汇水面积水力最远点的雨水流到设计断面所需时间称作集水时间。集水时间受地形坡度、地面铺砌、地面种植情况、水流路径等因素影响。对给定流域，时间特性一般要发生变化，不变只是假定的。1984 年，McCuen 等人将时间特性影响因素分为 5 组：坡度、流域尺度、水流摩阻、河道和水流，这些因素对流域地表流、管道流和河道流均适用，于是形成估算时间特性考虑因素的汇总表，见表 6.14。

集水时间参数和变量划分标准　　　　　　　　　　　　　　　表 6.14

水流路径	水流摩阻	流域大小	坡度	河道（管道）	水流
地表漫流	n, C, CN, C_u	L, A	S		I
河道流	C_z, n_m, C_f	L_c, L_{10-85}, L_{ca}	S_c, S_{10-85}	R	I, Q
管道流	n	L	S	R	Q_p

注：A 为汇水面积，L_{ca} 为到流域中心的距离，C_z 为谢才摩阻系数，L_{10-85} 为从流域出口总长度 10% 点到 85% 点的距离，C 为推理公式法径流系数，n_m 为曼宁粗糙系数，C_f 为河道化因子，Q 为流量，CN 为径流曲线数，Q_p 为最大流量，C_u 为不透水地表百分数，R 为水力半径，I 为历时等于汇水时间的降雨强度，S 为坡度，L 为地表漫流长度，S_c 为干流坡度，L_c 为干流长度。

城市化流域内，地表漫流、河道流、管道流三种水流路径将同时存在，因此在估计集水时间时，必须反映这些水流路径因素。流域的总集水时间将为这些相互串联的水流路径，从水力最远点到设计断面的水流流行时间之和。当几个子汇水面积排向同一设施（例如雨水管渠）时，集水时间应采用这几个子汇水面积中的最大值。

估算集水时间的大部分方程可表示为长度 L_p、坡度 S_p、系数 C_p 的函数。其中，C_p 是反映流域地表特性的系数，可以是常数，也可以是变量。函数形式如下：

$$T_c = C_p L_p^a S_p^b \tag{6.30}$$

式中　a 和 b——指数，对于不同流域，取值也不相同。

这些方程或根据经验推出，或根据明渠水力学方程推出。其中常用的地表漫流流行时间计算公式见表 6.15。关于街道边沟流和管道内流行时间的计算见第 10 章。

常用地表漫流流行时间计算公式　　　　　　　　　　　　　表 6.15

公式形式	文献源	备注
$t_s = \dfrac{0.96 L^{1.2}}{H^{0.2} A^{0.1}}$	Williams(1922)	
$t_s = \left\{\dfrac{0.87 L^3}{H}\right\}^{0.385}$	Kirpich(1940)	A——面积（km^2）； H——标高（m）； i——降雨强度（mm/h）；
$t_s = \dfrac{(0.024 i^{0.33} + 878 k / i^{0.67}) L^{0.67}}{(CH^{0.5})^{0.67}}$	Izzard(1946)	i_e——径流速率（mm/h）； L——汇水面积长度（km）； t_s——地表漫流流行时间（h）；
$t_s = 3.03 \left[\dfrac{r L^{1.5}}{H^{0.5}}\right]^{0.467}$	Kerby(1959)	C——推理公式法中的径流系数； N——曼宁系数； r——Kerby 阻力系数；
$t_s = 58 N^{0.6} L^{0.9} / i_e^{0.4} H^{0.3}$	Henderson and Wooding(1964)	k——Izzard 阻力系数
$t_s = 3.64(1.1 - C) L^{0.83} / H^{0.33}$	Federal Aviation Administration(1970)	

地表漫流流行时间除采用以上公式计算外，为了简便性，通常认为数值在 5～30min 之间。对于高度开发、不透水性较高、雨水口分布较密的地区，集水时间常采用 5～8min。而在地块开发较少、建筑密度较小、地形较平坦、汇水面积较大、雨水口布置较稀疏地区，一般可取 10～15min。

6.3.3 洪峰流量计算步骤

洪峰流量计算通常应遵循下述步骤。

（1）确定特定地形、土壤、地表覆盖和土地利用特性下的径流系数 ψ。如果汇水面积可以分成几个区域，需要加权计算综合径流系数 ψ。

（2）确定特定地形的集水时间 T_c。

（3）使用流域的降雨强度 i—历时 D—重现期 P 曲线，确定历时为 T_c 的平均降雨强度 q。

（4）由给定的面积 A、平均降雨强度 q 和径流系数 ψ，计算洪峰流量 Q。

【例 6.6】 确定 $4.7hm^2$ 居住区，5a 重现期的高峰径流量。居住区内各类用地面积 A_i 值见表 6.16。居住区集水时间估计为 20min，5a 重现期的平均降雨强度，根据 i-D-P 曲线，查得为 2.5mm/min。

某居住区用地面积　　　　　　　　表 6.16

土地利用类型	面积 A_i（hm^2）	采用的 ψ_i值
屋面	1.5	0.90
混凝土路面	0.8	0.90
碎石路面	0.6	0.60
非铺砌土路面	0.6	0.30
绿地	1.2	0.15
合计	4.7	0.594

解： 按表 6.16 定出各类用地的 ψ_i 值，填入表 16.4，该居住区面积共为 $4.7hm^2$。

$$\psi_{ave}=\frac{\sum A_i \cdot \psi_i}{A}=\frac{1.5\times0.9+0.8\times0.9+0.6\times0.6+0.6\times0.3+1.2\times0.15}{4.7}=0.594$$

已知 20min，5a 重现期的平均降雨强度为 2.5mm/min。因此，该暴雨下的高峰流量，由式（6.28），得

$$Q_p=167\psi_{ave}iA=167\times0.594\times2.5\times4.7=1165.58L/s$$

当汇水面积是由居民区、工业区、商业区、公园绿化区等组成时，尽管区域内部可采用平均径流系数计算，但是各区域之间平均径流系数将具有很大差异。这种情况下，汇水面积内的雨水设计流量的计算针对不同区域需采用相同的降雨强度 q，而各子区域采用不同的径流系数，可表达为：

$$Q=q\sum\psi_iA_i \tag{6.31}$$

6.4 单位流量过程线

径流量过程线的估计与仅仅计算径流高峰流量方法不同，它考虑了汇水流域内的蓄水

效应。径流量过程线考虑了整个降雨事件内的容积和流量变化，它可用于分析复杂的流域和设计滞留池，评价与池塘和湖泊相关的蓄水效应。

汇水面积内的径流过程可以利用单位流量过程线（UH）模拟，它定义为流域内一个单位（通常为 10mm）过量降雨（有效降雨）产生的直接径流随时间变化情况的曲线。单位过程线方法是一种模拟降雨过程转换为地表径流的计算方法，可以在很大程度上估算以地区为基础的径流量。应用的理论基础认为流域降雨—径流关系是线性的。应用系统论术语，单位过程线是一个线性、时不变系统的单位脉冲响应函数。线性假设便于使用叠加原理，时不变性表明了系统过程从输入到输出的时间独立性。单位流量过程线没有考虑径流过程中汇水区域物理特性的空间变化，在水文模拟中归类为集总方法。对于计量流域，通过同时分析降雨和径流记录，建立单位流量过程线。未计量流域采用合成单位流量过程线方法。

单位流量过程线的潜在假设，认为每一汇水面积具有形状不变的单位流量过程线，除非汇水区域特征（例如土地利用、坡度等）发生了变化。这样单位流量过程线代表了 1 个单位有效降雨的径流响应，通过将单位流量过程线各时刻的流量值，乘以来自观测降雨记录的有效降雨，即可模拟出水口处实际降雨径流过程线。

这样一种线性系统响应完全由它的脉冲响应函数定义—瞬时单位过程线（IUH）。如果使用瞬时单位量来作为系统的输入，它将描述系统的响应。已知脉冲函数 u，复杂输入时间函数的响应 i，对于所组成的脉冲能够作为响应的卷积积分：

$$q(t) = \int_0^t u(\tau)i(t-\tau)\mathrm{d}\tau \tag{6.32}$$

式中　$q(t)$——t 时刻的地表径流；

　　　$u(\tau)$——τ 时刻 IUH 的纵坐标；

　　　$i(t-\tau)$——$(t-\tau)$ 的净降雨强度；

　　　　τ——以前测量的时间。

研究区域内所有雨水出水口的无量纲流量过程线的推导，从建立每一场地的平均单位流量过程线开始。建立现场平均单位流量过程线的暴雨选择选择准则，应尽可能包括：①一定时段内整个流域内均匀分布的集中暴雨；②观测到的流量过程线具有一个高峰。较长时段内发生的暴雨，通常应避免较短时段内没有降雨的间断性暴雨，避免导致复杂、多峰点流量过程线的暴雨。对于观测到的每一流量过程线，通过在上升开始和回退结束之后采用线性内插方法，去除基流。图 6.9 说明了地表径流过程线的各种组件，在基流为零的情况下，流量过程线与时间轴之间所围面积即为径流容积。

建立合成单位流量过程线具有许多不同方法，难以证明它们的优劣。无论一种合成单位流量过程线是如何推导出来的，它的应用与任何其他方法推导出的是一致的。广泛应用并被包含在计算机化降雨——径流程序中的一些方法有 Espey 方法、SCS 方法等。许多情况中，校验/校准将有助于选择最合适的方法。

6.4.1　Espey10min 单位流量过程线

1978 年，美国 Espey 等人根据八个州的 41 个城市流域，面积在 9 英亩到 15 平方英

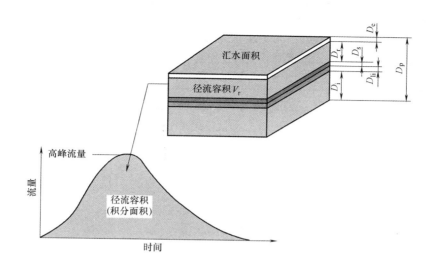

图 6.9　流量过程线概念图

(图中 D_r——直接径流总深度；D_p——总降水深度；D_{li}——总初始损失；

D_i——初始损失后的总下渗深度；D_s——总洼地蓄水深度；D_e——蒸发蒸腾作用损失)

里，不渗透地表百分比从 $2\%\sim100\%$，收集到的径流数据，分析了它们的降雨——径流关系，得出一组回归方程，形成了便于应用的 10min 单位流量过程线。Espey10minUH 见图 6.10，其中考虑了 9 个参数，即

Q_p——UH 的高峰流量（$m^3/(s \cdot cm)$）；

T_p——高峰流量出现时刻（min）；

T_b——UH 的基准时间（min）；

W_{50}——UH 在 $0.50Q_p$ 时的时间跨度（min）；

W_{75}——UH 在 $0.75Q_p$ 时的时间跨度（min）；

t_A——上升侧 $0.50Q_p$ 的时刻（min）；

t_B——上升侧 $0.75Q_p$ 的时刻（min）；

t_E——下降侧 $0.75Q_p$ 的时刻（min）；

t_F——下降侧 $0.50Q_p$ 的时刻（min）。

建立 UH 中利用的汇水流域特征如下：

L——从汇水流域边界到设计点的基本水流路径长度（m）；

S——基本水流路径的平均坡度；

H——基本水流路径中距上游边界 $0.2L$ 处，与设计点处的高程差（m）；

A——排水流域面积（km^2）；

I——流域内不渗透地表百分比（%）；

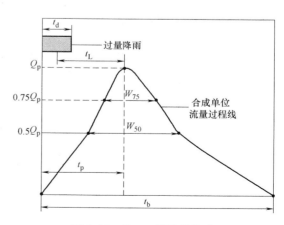

图 6.10　Espey UH 的构造

n——基本水流路径曼宁粗糙系数（见表 6.17）；

ϕ——流域无量纲输送系数，为不渗透地表百分比 I 和基本水流路径曼宁粗糙系数 n 的函数，取值可查图 6.11。

不同管道和明渠的曼宁粗糙系数　　　　　　　　　　　　　　　　表 6.17

管渠材料			曼宁系数
管道	铸铁管		0.013
	混凝土管		0.013
	波纹金属管	普通型	0.024
		铺砌内底	0.020
		完全铺砌	0.015
	塑料管		0.013
	陶土管		0.013
明渠	内衬渠道	沥青	0.015
		混凝土	0.015
		橡胶或者石块加固	0.030
		植被	0.040
	开挖渠道	土渠,笔直和均匀的	0.030
		土渠,弯曲,较均匀	0.040
		没有维护的	0.100
自然渠道(小型河流)	较规则断面		0.050
	具有池塘的不规则断面		0.100

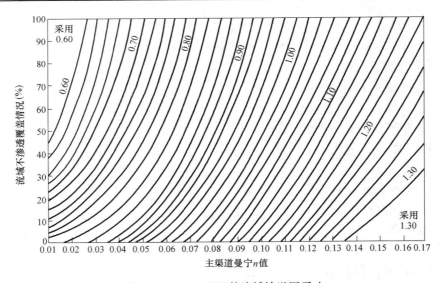

图 6.11　EspeyUH 的流域输送因子 ϕ

Espey 10min UH 的参数计算为：

$$S=\frac{H}{0.8L}$$

(6.33)

$$T_p = \frac{4.1L^{0.23}\phi^{1.57}}{S^{0.25}I^{0.18}} \tag{6.34}$$

$$Q_p = \frac{138.7A^{0.96}}{T_p^{1.07}} \tag{6.35}$$

$$t_b = \frac{666.7A}{Q_p^{0.95}} \tag{6.36}$$

$$W_{50} = \frac{105.1A^{0.93}}{Q_p^{0.92}} \tag{6.37}$$

$$W_{75} = \frac{45.1A^{0.79}}{Q_p^{0.78}} \tag{6.38}$$

$$t_A = T_p - \frac{W_{50}}{3} \tag{6.39}$$

$$t_B = T_p - \frac{W_{75}}{3} \tag{6.40}$$

$$t_E = T_p + \frac{2W_{75}}{3} \tag{6.41}$$

$$t_F = T_p + \frac{2W_{50}}{3} \tag{6.42}$$

由以上估计的这些参数，可确定 UH 的 7 个关键点，然后通过这些点构建 UH 图形。最后应检验，单位流量过程线与坐标横轴包围的面积应等于 10mm 的直接径流。

【例 6.7】 计算以下特征的城市流域 Epsey 10min UH：$A = 1.13\text{km}^2$，$H = 50\text{m}$，$L = 3250\text{m}$，$I = 51.2\%$，$n = 0.014$。

解： 首先由 $n = 0.014$ 和 $I = 51.2\%$，在图 6.11 中确定出输送系数（ϕ）等于 0.60。然后由公式（6.33）～式（6.42），获得相应参数值：

$$S = \frac{50}{(0.8)(3250)} = 0.019$$

$$T_p = \frac{4.1(3250)^{0.23}(0.60)^{1.57}}{(0.019)^{0.15}(51.2)^{0.18}} = 15.66\text{min}$$

$$Q_p = \frac{138.7(1.13)^{0.96}}{(15.66)^{1.07}} = 8.2\text{m}^3/(\text{s} \cdot \text{cm})$$

$$t_b = \frac{666.7(1.13)}{(8.2)^{0.95}} = 101.9\text{min}$$

$$W_{50} = \frac{105.1(1.13)^{0.93}}{(8.2)^{0.92}} = 16.96\text{min}$$

$$W_{75} = \frac{45.1(1.13)^{0.79}}{(8.2)^{0.78}} = 9.6\text{min}$$

$$t_A = 15.66 - \frac{16.96}{3} = 10\text{min}$$

$$t_B = 15.66 - \frac{9.6}{3} = 12.45\text{min}$$

$$t_E = 15.66 + 2\left(\frac{9.6}{3}\right) = 22.06\text{min}$$

$$t_E = 15.66 + 2\left(\frac{16.96}{3}\right) = 26.96\text{min}$$

t_A 和 t_F 处流量为 $0.50Q_p = 4.1\text{m}^3/(\text{s}\cdot\text{cm})$；$t_B$ 和 t_E 处流量为 $0.75Q_p = 6.16\text{m}^3/(\text{s}\cdot\text{cm})$。建立的流域 10min UH 见图 6.12。

现在检查流量过程线与坐标横轴包围面积是否为 1cm 的径流深度。为此，以相等的时间间隔，从图 6.12 中读取流量数据，计算见表 6.18。

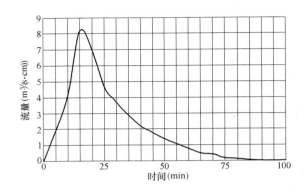

图 6.12　【例 6.7】流域建立的 Espey UH

径流容积计算为

径流容积 $= (41.18\text{m}^3/\text{s})(5\text{min})$

$(60\text{s}/\text{min}) = 12354\text{m}^3$

径流容积除以流域面积（1130000m^2）得到径流深度：

$$径流深度 = \frac{12354\text{m}^3}{1130000\text{m}^2} = 0.0109\text{m} \approx 1\text{cm}$$

因此有效径流深度等于 1，不需要修改流量过程线。如果估计的径流深度不同于 1cm，应调整水文过程线的坐标值。

Espey 10min UH 检验（【例 6.7】）　　　表 6.18

时间(min)	$Q(\text{m}^3/(\text{s}\cdot\text{cm}))$	时间(min)	$Q(\text{m}^3/(\text{s}\cdot\text{cm}))$
0	0	55	1.1
5	2	60	0.8
10	4.10	65	0.5
15	8.1	70	0.4
20	7	75	0.2
25	4.7	80	0.15
30	3.7	85	0.08
35	2.9	90	0.04
40	2.2	95	0.01
45	1.8	100	0
50	1.4		

6.4.2　SCS 单位流量过程线

美国农业部土壤保护局（Soil Conservation Service，简称 SCS）提出的综合流量过程线，应用了一种平均无因次流量过程线。该无因次流量过程线是通过分析众多流域的 UH 得到的，这些流域无论在大小还是地理位置上，差异均较大。如图 6.13 所示，无因次过程线的纵坐标表示为 q/q_p，横坐标表示为 t/t_p。其中 q 为任意时刻 t 的流量，q_p 为峰值流量，t_p 为从曲线上升开始到洪峰的时间。图中纵坐标也可表示为 V_a/V，其中 V_a 表示 t 时刻 q 的累计值，V 为总水量。在约等于 1.7 倍 t_p 时刻，UH 具有拐点。t_p 近似在流量过程线总历时的 20% 位置处。

无因次 UH（见表 6.19）在上升段约有 37.5% 的总水量，总水量是指单位时间的单位径流量。SCS 方法认为无因次 UH 也可表示为等价的三角形过程线，如图 6.14 所示。等价的三角形过程线具有与无因次曲线 UH 相同的时间单位和流量单位，在三角形的上升段具有相同的水量百分比。由此可确定三角形历时 T_b 和 T_p 的关系。如果 1 时间单位

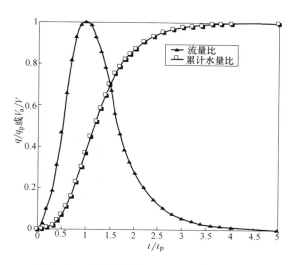

图 6.13 SCS 无因次 UH 和累计质量曲线

T_p 等于总水量的 0.375，则：

$$T_b = 1/0.375 = 2.67 \text{ 时间单位}$$

无因次 UH 和水量曲线比率　　　　　　　　　　　　　　　　表 6.19

时间比率 (t/t_p)	流量比率 (q/q_p)	水量曲线比率 (V_a/V)	时间比率 (t/t_p)	流量比率 (q/q_p)	水量曲线比率 (V_a/V)
0.0	0.000	0.000	1.7	0.460	0.790
0.1	0.030	0.001	1.8	0.390	0.822
0.2	0.100	0.006	1.9	0.330	0.849
0.3	0.190	0.012	2.0	0.280	0.871
0.4	0.310	0.035	2.2	0.207	0.908
0.5	0.470	0.065	2.4	0.147	0.9340
0.6	0.660	0.107	2.6	0.107	.953
0.7	0.820	0.163	2.8	0.077	0.967
0.8	0.930	0.228	3.0	0.055	0.977
0.9	0.990	0.300	3.2	0.040	0.984
1.0	1.000	0.375	3.4	0.029	0.989
1.1	0.990	0.450	3.6	0.021	0.993
1.2	0.930	0.522	3.8	0.015	0.995
1.3	0.860	0.589	4.0	0.011	0.997
1.4	0.780	0.650	4.5	0.005	0.999
1.5	0.680	0.700	5.0	0.000	1.000
1.6	0.560	0.751			

回退时间 T_r 为

$$T_r = T_b - T_p = 1.67 \text{时间单位} = 1.67 T_p \qquad (6.43)$$

三角形 UH 下的容积为

$$V = q_p(T_p + T_r)/2 \qquad (6.44)$$

因此高峰流量 q_p 为

$$q_p = \frac{2V}{T_p + T_r} \qquad (6.45)$$

上式中，如果 V 以 cm 计，时间 T 以 h 计，则高峰流量 q_p 以 cm/h 计。于是当排水面积以

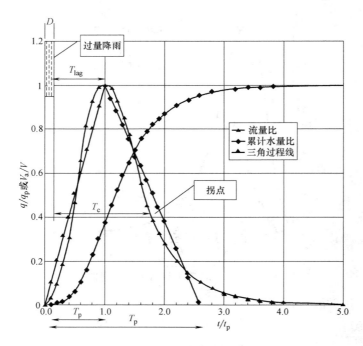

图 6.14　无因次曲线 UH 和等价三角形过程线

km^2 计时，UH 高峰流量（$m^3/(s \cdot cm)$）为

$$q_p = \frac{2 \times 10^4 A \times Q}{3600 \times (T_p + T_r)} \tag{6.46}$$

将 $T_r = 1.67 T_p$（式（6.43））代入，得

$$q_p = \frac{2.08 AQ}{T_p} \tag{6.47}$$

除以上讨论的高峰出现时间、高峰流量外，由图 6.14，可计算径流高峰滞后降雨强度的时间：

$$T_{lag} = T_p - \frac{D}{2} \tag{6.48}$$

式中　D——单位过量降雨历时；

T_{lag}——径流高峰滞后于降雨时间，定义为过量降雨时间中心到 UH 高峰的时间差。

高峰流量又可写为

$$q_p = \frac{2.08 AQ}{(D/2) + T_{lag}} \tag{6.49}$$

SCS 认为径流高峰滞后时间与集水时间 T_c 相关：

$$T_{lag} = 0.6 T_c \tag{6.50}$$

此外在三角形 UH 中有：

$$T_c + D = 1.7 T_p \tag{6.51}$$

结合式（6.48）　　　　　　$0.6 T_c = T_p - 0.5 D$

因此历时 D 可表示为

$$D = 0.133 T_c \tag{6.52}$$

公式（6.43）～式（6.52）为构造 SCS 无因次 UH 的基本参数关系。公式（6.52）说明了降雨历时与集水时间之间的期望关系。

【例 6.8】 试构造 $4km^2$ 城市汇水流域的 20min 单位径流过程线。

解： 汇水流域的集水时间为

$$T_c = D/0.133 = 0.333/0.1333 = 2.50h$$

汇水面积径流高峰滞后为

$$T_{lag} = 0.6T_c = 0.6 \times 2.50 = 1.50h$$

到达高峰径流量时间为

$$T_p = \frac{D}{2} + T_{lag} = \frac{0.333}{2} + 1.50 = 1.67h$$

高峰径流量为

$$q_p = \frac{2.08AQ}{T_p} = \frac{2.08 \times 4 \times 1}{1.67} = 4.98 m^3/(s \cdot cm)$$

因此，20min UH 的高峰径流量，与过量降雨相比，为 $4.98 m^3/(s \cdot cm)$，将发生在过量降雨开始后的 1.67h。为构造 20min UH，表 6.20 中的数值 t/t_p 与 q/q_p 分别通过 1.67×60（min）和 $4.98 m^3/(s \cdot cm)$。构造的单位流量过程线见表 6.20。

【例 6.8】中的 SCS UH 表 6.20

t/T_p	q/q_p	$t(min)$	$q(m^3/(s \cdot cm))$	t/T_p	q/q_p	$t(min)$	$q(m^3/(s \cdot cm))$
0.0	0.000	0	0	1.7	0.460	170	2.29
0.1	0.030	10	0.15	1.8	0.390	180	1.94
0.2	0.100	20	0.50	1.9	0.330	190	1.64
0.3	0.190	30	0.95	2.0	0.280	200	1.39
0.4	0.310	40	1.54	2.2	0.207	220	1.03
0.5	0.470	50	2.34	2.4	0.147	240	0.73
0.6	0.660	60	3.29	2.6	0.107	260	0.53
0.7	0.820	70	4.08	2.8	0.077	280	0.38
0.8	0.930	80	4.63	3.0	0.055	300	0.27
0.9	0.990	90	4.93	3.2	0.040	320	0.20
1.0	1.000	100	4.98	3.4	0.029	340	0.14
1.1	0.990	110	4.93	3.6	0.021	360	0.10
1.2	0.930	120	4.63	3.8	0.015	380	0.07
1.3	0.860	130	4.28	4.0	0.011	400	0.05
1.4	0.780	140	3.88	4.5	0.005	450	0.02
1.5	0.680	150	3.39	5.0	0.000	500	0.00
1.6	0.560	160	2.79				

6.4.3 单位流量过程线方法的应用

单位流量过程线方法的假设包括：①过量降雨和直接径流量之间为线性关系；②两种不同降雨分布产生的直接径流容积，与过量降水容积具有相同的比例变化。这意味着单位流量过程线的纵坐标与降雨强度成正比。如果已知 A 降雨强度产生的径流量过程线，B 降雨强度为 A 降雨强度乘以因子 k，则 B 降雨强度产生的径流量过程线中相同时间点的数值相应为 A 产生径流流量过程线的 k 倍。

单位流量过程线表示了汇水流域内 1cm 有效降雨的径流过程线。有效降雨量图通常

表示包含了多个 Δt 时段，每一 Δt 时段具有相应的降水强度。在将单位过程线用于表达某设计降雨事件的径流量过程线时，采用离散卷积方法，即在每一离散时间步长中考虑不同降雨强度下单位流量过程线的叠加，求出该时段内的径流量（图 6.15）。

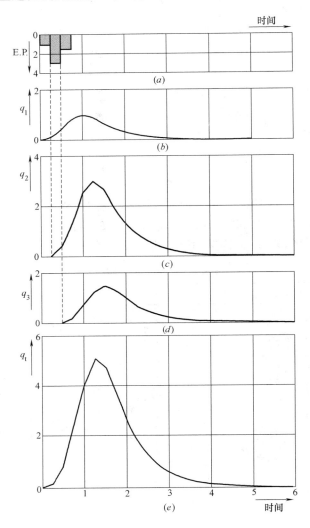

图 6.15   比例、时不变和叠加原理示意图

（a）过量降雨的时间强度模式（EP）；（b）第一个单位历时暴雨的径流量过程线；

（c）第二个单位历时暴雨的径流量过程线；（d）第三个单位历时暴雨的径流量过程线；

（e）连续三个单位历时暴雨的复合径流量过程线

【例 6.9】   确定图 6.16 所示有效降雨雨量图的径流过程线。汇水面积每 10min 的单位流量过程线坐标值见表 6.21 的第 2 列。

解：首先将每 10min 时段的降雨强度单位 cm/h 转换为该时段内的有效降雨量，见表 6.21。

其次根据单位流量过程线假设，计算直接径流过程线（DRH）为

降雨强度与降雨量的转换   表 6.21

时段(min)	0~10	10~20	20~30	30~40	40~50
降雨强度(cm/h)	1.0	1.5	2.25	1.0	0.5
10min 时段内有效降雨量(cm)	0.17	0.25	0.38	0.17	0.085

$$DRH=0.17UH+0.25UH(滞后10min)+0.38UH(滞后20min)$$
$$+0.17UH(滞后30min)+0.085UH(滞后40min)$$

计算总结见表 6.22。

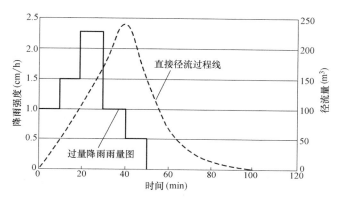

图 6.16　【例 6.9】中降雨事件及单位流量过程线特征

单位流量过程线的应用   表 6.22

T(min)	UH (m³/(s·cm))	0.17UH (m³/s)	0.25UH 滞后 10min(m³/s)	0.38UH 滞后 20min(m³/s)	0.17UH 滞后 30min(m³/s)	0.085UH 滞后 40min(m³/s)	直接径流过程线(m³/s)
(1)	(2)	(3)	(4)	(5)	(6)	(7)	(8)
0	0	0	0	0	0	0	0
10	50	8.5	0	0	0	0	8.5
20	110	18.7	12.5	0	0	0	31.2
30	170	28.9	27.5	19	0	0	75.4
40	240	40.8	42.5	41.8	8.5	0	133.6
50	150	25.5	60	64.6	18.7	4.25	173.05
60	70	11.9	37.5	91.2	28.9	9.35	178.85
70	30	5.1	17.5	57	40.8	14.45	134.85
80	15	2.55	7.5	26.6	25.5	20.4	82.55
90	5	0.85	3.75	11.4	11.9	12.75	40.65
100	0	0	1.25	5.7	5.1	5.95	18
110	0	0	0	1.9	2.55	2.55	7
120	0	0	0	0	0.85	1.275	2.125
130	0	0	0	0	0	0.425	0.425
140	0	0	0	0	0	0	0

6.5　雨　水　水　质

在过去几十年的大量研究证明，城市暴雨可能被一系列污染物严重污染。暴雨中包含了许多物质，仅有小部分是从运输、商业和工业活动中带来的人工物质。这些物质或者是从大气中进入排水系统，或者由于冲刷和侵蚀城市地表而产生。在某些方面，雨水与废水的污染程度相同。

排水系统雨天出流污染的主要特征有：

（1）污染物的种类多。排水系统出流中包含了各类污染物。至今已经在雨水中确定出超过 600 种化学成分，而且该数字仍旧在增加。美国在 1980 年提出，129 种重点污染物中约有 50 种在城市径流中被检测出。

（2）污染物浓度高，变化范围大。排水系统雨天出流中 TSS、COD 的浓度一般均高于城市生活污水的浓度，这是由于径流对地表污染物、管道冲积物的冲刷造成的，会对环境水体产生明显的冲击负荷。就一场降雨事件来说，出流过程中污染物浓度随着时间是不断变化的，总体趋势逐渐减小。而不同场次降雨事件之间，由于降雨特性的不同，出流污染物浓度差别很大。

（3）出流污染物的影响因素多，排放具有不确定性。排水系统出流随降雨事件的发生而发生，由于降雨、地表污染状况的不确定性，出流污染物浓度、污染负荷的时空差异性明显。

6.5.1　污染源

城市径流中污染物组分及浓度随城市化程度、土地利用类型、交通量、人口密度和空气污染程度而变化。主要汇水区域污染源包括交通扩散物、腐蚀和磨损；建筑物和路面侵蚀和腐蚀；鸟类和畜类排泄物；街道废弃物的沉积、落叶和玻璃碎片（见图 6.17 和表 6.23）。

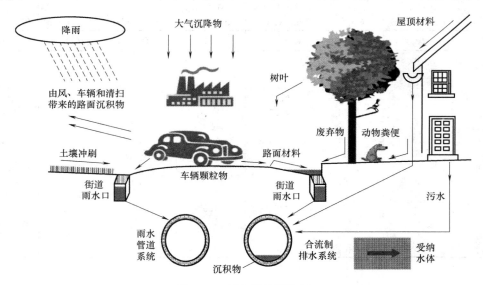

图 6.17　城市径流污染源

（1）大气污染

城市大气污染物主要来源于人类的活动：例如供热、车辆交通、工业或废物燃烧等。它们可能被降水所吸收、溶解（称作湿沉降物），直接被雨水转输到排水系统；或者沉积于地面（称作干沉降物），随后被冲刷。研究表明：在屋顶产生的径流中，10%～25%的氮、25%的硫和不到5%的磷来自降雨，而在街道商场的停车场、商业区以及交通繁忙街道产生的径流中，几乎所有的氮、16%～40%的硫和13%的磷来自降雨。

城市径流污染物源头和成分   表 6.23

污染源	固体	营养物质	致病菌	需氧量	金属	油类	有机质
土壤冲刷	√	√		√			
肥料		√		√			
人类废弃物	√	√	√	√			
动物废弃物	√	√	√	√			
内燃机						√	
交通磨损	√			√	√		
家用化学品	√	√		√		√	
工业过程	√	√		√			√
涂料和防腐剂				√	√	√	
杀虫剂				√	√		

近年来，由于大气污染，在某些地区和城市出现酸雨，严重时 pH 值达到 3.1，致使降雨初期的雨水是酸性的。酸雨主要是工业和交通工具产生的硫氧化物（SO_x）和氮氧化物（NO_x）释放到大气中，溶于云雾而形成硫酸（H_2SO_4）和硝酸（HNO_3），然后随气流输送，最终成为酸雨降落至地面。

（2）交通

交通扩散物包括未完全燃烧燃料带来的挥发性固体和 PAH（多环芳烃）、过量的废气和蒸汽、铅化物（来自汽油副产物），以及燃料、润滑油和水力系统中碳氢化合物的损失。

污染物由日常机动车的交通产生。轮胎磨损释放出锌和碳氢化合物。车辆腐蚀释放出的污染物有铁、铬、铅和锌等。其他污染物包括金属颗粒，尤其由离合器和制动衬块释放出的铜和镍。许多金属以颗粒相存在。

道路和人行道随着时间要被侵蚀，释放出各种尺寸的固体颗粒，例如泥砂、碎垃圾和有机物等。地面铺垫的磨损释放出各种各样的物质：沥青、芳香烃、焦油、乳化剂、碳化物、金属和细小沉积物，这些依赖于路面结构和路面材料。

（3）城市垃圾

城市地面上包含有大量的街道垃圾和有机物质，例如死的或腐烂的植物。城市垃圾主要包括制造材料，例如，塑料和纸张包装、购物袋，烟头和烟盒等。垃圾会提高固体水平和高的需氧量。落叶和碎草通常在城市地表，尤其在道路边沟，降解后被冲入下水道。新西兰奥克兰市的一项研究说明，来自商业、工业和居民区的年垃圾负荷分别为 $1.35\text{kg}/(\text{hm}^2 \cdot \text{a})$、$0.88\text{kg}/(\text{hm}^2 \cdot \text{a})$ 和 $0.53\text{kg}/(\text{hm}^2 \cdot \text{a})$ 的干重（或者 $0.014\text{m}^3/(\text{hm}^2 \cdot \text{a})$、$0.009\text{m}^3/(\text{hm}^2 \cdot \text{a})$ 和 $0.006\text{m}^3/(\text{hm}^2 \cdot \text{a})$）。垃圾的密度随着土地利用变化（商业为 $96.4\text{kg}/\text{m}^3$，工业为 $97.8\text{kg}/\text{m}^3$，以及居民区为 $88.3\text{kg}/\text{m}^3$）。尽管商业区和工业区产生了较高的单位面积年负荷，但与所有其他面积的组合相比，居民区贡献了更多的总垃圾；因为居民开发区占据了最大的面积。

（4）建筑物

城市侵蚀产生了砖块、混凝土、沥青和玻璃等固体物质。这些固体物质组成了雨水中沉积物的绝大部分。污染程度与建筑物的现状有关。屋顶、檐沟和外部喷漆产生各种颗粒。金属结构（例如街道设施篱笆、长椅的腐蚀）产生镉等有毒物质。

（5）动物

动物排泄物是主要的细菌污染源，它们也是高的需氧源。

（6）除冰

最常用的除冰剂是食盐（氯化钠）。在道路上盐的使用带来雨水中年氯负荷（平均）为自然状态的 50～500 倍。食盐的存在加速了车辆和金属结构的腐蚀。

（7）溢流/渗漏

家庭清洁剂和车辆用液体/润滑油有时非法排入或溢入下水道。这些污染物的范围和数量的变化相当大，它与土地使用和公众行为有关。然而，家庭化学剂的来源与工业溢出或违法有毒废物的排入相比是很小的。

6.5.2　表达方式

表达雨水水质的最常用方法有事件平均浓度、衰减公式/速率曲线和累积/冲刷模型。

（1）事件平均浓度

事件平均浓度（Event Mean Concentration，简写为 EMC）定义为：任意一场降雨引起的地表径流中排放的某污染物质的质量，除以总的径流体积。可表示为

$$EMC = \frac{M}{V} = \frac{\int_0^T C_t Q_t \, dt}{\int_0^T Q_t \, dt}$$

式中　M——某场降雨径流排放的某污染物总量（g）；

　　　V——某场降雨所引起的总地表径流体积（m³）；

　　　C_t——某污染物在 t 时的瞬时浓度（mg/L）；

　　　Q_t——地表径流在 t 时的径流排水量（m³/s）；

　　　T——某场降雨的总历时（s）。

该方法容易与标准水流（非水质）模拟模型相集成。但是该方法不能表示暴雨过程中的水质变化，因此它适合于计算总污染物负荷。

（2）衰减公式

这种方法中，雨水水质与一系列描述变量之间具有统计衰减关系，例如汇水流域特性或土地利用情况。衰减公式对于汇水流域和可能类似的汇水流域具有很好的代表性。它们在其他汇水流域应用中的精度不一定很高，但通常可以首先给出一个合理的近似值。

（3）累积

对于代表水质最常用基于模型的方法是独立预测污染物累积量和冲刷量。实际上，在这两个过程之间没有明显的分界线。影响在不渗透表面污染物累积的因素有：

1）土地使用情况；

2）人口；

3）交通流量；

4）街道清洁情况；

5）每年的季节情况；

6）气象条件；

7）先前的干旱时间段；

8）街道表面类型和条件。

地表污染物的累积 dM_s/dt 可以假设成线性的，于是：

$$\frac{dM_s}{dt} = aA \tag{6.53}$$

式中　M_s——表面污染物质量（kg）；

　　　a——表面累积速率常数（kg/(hm² · d)）；

　　　A——流域面积（hm²）；

　　　t——从最近一次降雨事件或道路清扫以来的时间（d）。

居民区固体累积速率 a 值达到 5kg/(hm² · d)。

美国各地详细观察说明：尽管没有降雨或街道清扫，污染物沉积通常是减速增长而非单一线性增长。一阶去除概念可以表示这种情况，它意味着当污染物的供应与它的去除相当时，达到平衡：

$$\frac{dM_s}{dt} = aA - bM_s \tag{6.54}$$

式中　b——去除常数（d⁻¹）。

因此流域的平衡质量为 $A(a/b)$。1981 年，Novotny 和 Chesters 报道了在美国中等密度居民区的 b 值为 $0.2 \sim 0.4$d⁻¹。1986 年，Elllis 在伦敦的研究中，建议 $4 \sim 5$d 达到平衡，其中主要是交通产生的重新悬浮。这些地区最深刻的均衡现象为：

1）附近污染收集器（渗透区域）可以使用；

2）交通产生的风和振动很大。

这些主要指高速公路和干道，以及在商业/工业区域出现的现象。

固体以外的污染物可以用"潜力（potency）"因子预测。

（4）冲刷

在降雨/径流过程中，由于雨滴的影响、不渗透表面的侵蚀或溶解污染物产生了冲刷。主要因子包括：

1）降雨特征；

2）地形；

3）固体颗粒特性；

4）街道表面类型和状况。

其中最简单的方法是假设污染物的存储能够在冲刷中利用，没有增长。实验表明这种假设在英国状况下是合理的。于是冲刷可以模拟为暴雨强度的一个函数：

$$W = z_1 i^{z_2} \tag{6.55}$$

式中　W——污染物冲刷速率（kg/h）；

　　　i——暴雨强度（mm/h）；

　　z_1，z_2——污染物特定常量。

对于颗粒污染物，指数 z_2 值通常在 $1.5 \sim 3.0$ 之间；对于溶解污染物质，通常 $z_2 < 1.0$。Price 和 Mance（1978）发现英国的一些流域 z_2 达到 1.5，z_1 达到 0.02。这对于流量模型是方便的。

另外，一阶关系假定污染物质冲刷速率与地面上剩余污染物质的量成正比，可以使用：

$$W = -\frac{dM_s}{dt} = k_4 i M_s(t) \tag{6.56}$$

式中　k_4——冲刷常数（mm^{-1}）。

式（6.56）经积分后得到：

$$M_s(t) = M_s(0) e^{-k_4 it} \tag{6.57}$$

式中　$M_s(0)$——地面初始污染物质的量（kg）；

$M_s(t)$——t 时地面污染物质的量（kg）。

$M_w(t)$ 表示 t 时冲刷污染物质的量（kg），则有

如果由于 $M_s(t) - M_s(0) = M_w(t)$：

$$M_w(t) = M_s(0)[1 - e^{-k_4 it}] \tag{6.58}$$

一般 k_4 值取 $0.1 \sim 0.2 mm^{-1}$。与增长参数相比，这需要对每一个流域进行校正。冲刷浓度可以由此得到：

$$c = \frac{W}{Q} = \frac{k_4 M_s}{A_i} \tag{6.59}$$

式中　A_i——流域不渗透面积（hm^2）。

该公式的一个缺点是，随着 M_s 的降低，污染物浓度只能随时间下降。它可以用指数 w 校正式（6.56）中的 i，此处 i 的范围为 $1.4 \sim 1.8$。

$$W = k_5 i^w M_s \tag{6.60}$$

式中　k_5——校正冲刷常量（mm^{-1}）。

【例 6.10】　一场暴雨历时 30min，强度 10mm/h，城市汇水区域面积为 $1.5hm^2$。如果地表初始污染物质为 $12kg/hm^2$，计算：

(1) 在降雨过程中冲刷的污染物质量（$k_4 = 0.19mm^{-1}$）；

(2) 平均污染物浓度。

解：

(1) $M_s(0) = 12 \times 1.5 = 18kg$

由式（6.26）：

$$M_w(0.5) = 18[1 - e^{-0.19 \times 10 \times 0.5}] = 11.0kg$$

(2)　$c = \dfrac{M_w(0.5)}{Q} = \dfrac{11.0kg}{0.01m/h \times 0.5h \times 15000m^3} = 0.147kg/m^3 = 147mg/L$

6.5.3　初期冲刷效应

初期冲刷效应，是指一场降雨中初期雨水携带了雨天出流中大部分污染负荷的现象。首次污水冲刷可以系统地用水位和污染记录识别。明显的标志是在暴雨的开始，污染物浓度的急剧增加。事实上，即使在流量增加时浓度保持不变，这也表示在污染物负荷速率上的增长。目前，判断初期效应的方法主要有 $M(V)$ 曲线法、b 参数法和初期冲刷比值法。

(1) $M(V)$ 曲线法

为能够对不同的降雨事件进行比较，对出流污染物的质量和流量进行无量纲化，用一定时刻累计污染物质量除以降雨出流总质量的比值作为纵坐标，对应时刻累计出流体积除以雨天出流量总体积的比值作为横坐标，得到无因次累积负荷体积分数曲线，即 M（V）曲线。累积质量分数和累积体积分数分别按照式（6.61）和式（6.62）计算。

$$M(t)=\frac{m_t}{M}=\frac{\sum_{i=1}^{j}C_iQ_i\Delta t_i}{\sum_{i=1}^{N}C_iQ_i\Delta t_i}\qquad(6.61)$$

式中　$M(t)$——出流污染物累积质量分数；

　　　m_t——出流开始至 t 时的某污染物累积排放量；

　　　M——出流全过程某污染物总量；

　　　C_i——随出流时间而变化的某污染物浓度；

　　　Q_i——随出流时间而变化的出流流量；

　　　N——样本总数；

　　　j——为 $1\sim N$ 的整数。

$$V(t)=\frac{v_t}{V}=\frac{\sum_{i=1}^{j}Q_i\Delta t_i}{\sum_{i=1}^{N}Q_i\Delta t_i}\qquad(6.62)$$

式中　$V(t)$——出流累积体积分数；

　　　v_t——出流开始至 t 时的累积出流体积；

　　　V——相应的出流总体积。

根据得到的 $M(V)$ 曲线图，可以方便、直观地判断初期效应存在与否。一般认为，只要曲线在对角线上方，便判定存在初期效应，反之则认为不存在。曲线在45°对角线上方且离对角线越远，初期效应越强（图6.18）。

（2）b 参数法

在 $M(V)$ 曲线法的基础上，有研究者认为每一条 M（V）曲线都可以近似用式（6.63）表示：

$$F(X)=X^b\qquad(6.63)$$

式中　$X\in[0,1]$，$F(0)=0$，$F(1)=1$。

通过对数据进行幂函数拟合，就可以定量表示 $M(V)$ 曲线，参数 b 的值反映了 $M(V)$ 曲线与45°对角线之间的距离。$b=1$ 时，就是45°对角线；b 值越小，初期效应越强烈，反之越弱。

（3）初期冲刷比值法

该方法将初期冲刷比值定义为累积排放污染物质量占总排放量的分数，与相应

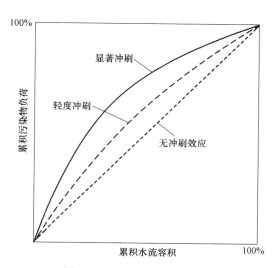

图6.18　初期污物冲刷效应

累积排放体积占总体积的分数之比，可以用式（6.64）表示：

$$FF_n = \frac{M(t)}{V(t)}\qquad(6.64)$$

式中　$M(t)$——出流某污染物累积质量分数；

　　　$V(t)$——出流累积体积分数。

当 $FF_n > 1$ 时，存在初期效应，反之则不存在初期效应。FF_n 越大，初期效应越明显。

第7章　城市排水系统组成和布置

本章概要叙述城市排水系统的主要组成部分，包括建筑内部排水系统和室外排水系统，也涉及布置形式和设计过程的主要阶段。

7.1　建筑内部排水系统

建筑内部排水系统的功能是将人们在日常生活和工业生产过程中使用过、受到污染的水以及降落到屋面的雨水和雪水收集起来，及时排到室外。

7.1.1　污废水排水系统的组成

建筑内部污废水排水系统应能够满足以下三个基本要求：首先，系统能迅速畅通地将污废水排到室外；其次，排水管道系统内的气压稳定，有毒有害气体不进入室内，保持室内良好的环境卫生；第三，管线布置合理，简短顺直，工程造价低。

为满足上述要求，建筑内部污废水排水系统的基本组成部分有：卫生器具和生产设备的受水器、排水管道、清通设备和通气管道（图 7.1）。在有些建筑物的污废水排水系统中，根据需要还设有污废水的提升设备和局部处理构筑物。

（1）卫生器具和生产设备受水器

卫生器具又称卫生设备或卫生洁具，是接受、排除人们在日常生活中产生的污废水或污物的容器或装置。生产设备受水器是接受、排除工业企业在生产过程中产生的污废水或污物的容器或装置。

（2）排水管道

排水管道包括器具排水管（含存水弯）、横支管、立管、埋地干管和排

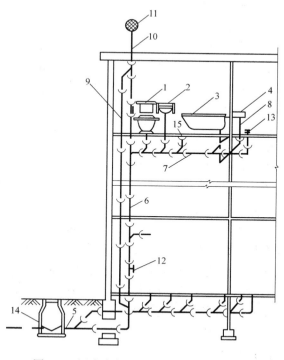

图 7.1　污废水排水系统的基本组成示意图

1—坐便器；2—洗脸盆；3—浴盆；4—厨房洗涤盆；
5—排水出户管；6—排水立管；7—排水横支管；
8—器具排水管；9—专用通气管；10—伸顶通气管；
11—通风帽；12—检查口；13—清扫口；14—排水检查井

水管。其作用是将各个用水点产生的污废水及时、迅速输送到室外。

（3）清通设备

污废水中含有固体杂物和油脂，容易在管内沉积、粘附，降低通水能力甚至堵塞管道。为疏通管道保障排水畅通，需设清通设备。清通设备包括设在横支管顶端的清扫口，设在立管或较长横干管上的检查口和设在室内较长的埋地横干管上的检查井。

（4）提升设备

工业与民用建筑的地下室、人防建筑、高层建筑的地下技术层和地下铁道等处标高较低，在这些场所产生、收集的污废水不能自流排至室外的检查井，需设污废水提升设备。

（5）污水局部处理构筑物

当建筑内部污水未经处理不允许直接排入市政排水管网或水体时，需设污水局部处理构筑物，如处理民用建筑生活污水的化粪池，降低锅炉、加热设备排污水水温的降温池，去除含油污水的隔油池，以及以消毒为主要目的的医院污水处理构筑物等。

（6）通气系统

建筑内部排水管道内为水气两相流。为使排水管道系统内空气流通，压力稳定，避免因管内压力波动使有毒有害气体进入室内，需要设置与大气相通的通气管道系统。通气系统有排水立管延伸到屋面上的伸顶通气管、专用通气管以及专用附件。

7.1.2　建筑雨水排水系统

降落在建筑物屋面的雨水和雪水，特别是暴雨，在短时间内会形成积水，需要设置屋面雨水排水系统，有组织、有系统地将屋面雨水及时排出到室外，否则会造成四处溢流或屋面漏水，影响人们的生活和生产活动。

（1）普通外排水

普通外排水由檐沟和敷设在建筑物外墙的主管组成（图 7.2）。降落到屋面的雨水沿屋面集流到檐沟，然后流入隔一定距离设置的立管排至室外的地面或雨水口。根据降雨量和管道的通水能力确定一根立管服务的屋面面积，再根据屋面形状和面积确定立管的间距。普通外排水适用于普通住宅、一般的公共建筑和小型单跨厂房。

（2）天沟外排水

天沟外排水由天沟、雨水斗和排水立管组成。天沟设置在两跨中间并坡向端墙，雨水沟设在伸出山墙的天沟末端，也可设在紧靠山墙的屋面（图 7.3）。立管连接雨水斗并沿外墙布置。降落到屋面的雨水沿坡向天沟的屋面汇集到天沟，再沿天沟流至建筑物两端（山墙、女儿墙），流入雨水斗，经立管排至地面或雨水井。天沟外排水系统适用于长度不超过 100 m 的多跨工业厂房。

（3）内排水

内排水系统一般由雨水斗、连接管、悬吊管、立管、排出管、埋地干管和附属构筑物及部分组成（图 7.4）。降落到屋面上的雨水，沿屋面流入雨水斗，经连接管、悬吊管流入立管，再经排出管流入雨水检查井，或经埋地干管排至室外雨水管道。对于某些建筑物，由于受建筑结构形式、屋面面积、生产生活的特殊要求以及当地气候条件的影响，内排水系统可能只由其中一些部分组成。

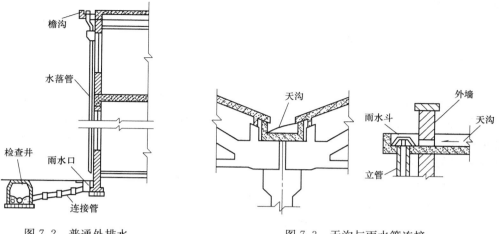

图 7.2 普通外排水　　　　　　　　图 7.3 天沟与雨水管连接

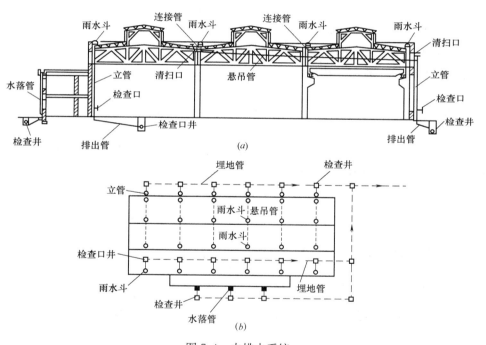

(a)

(b)

图 7.4 内排水系统

(a) 剖面图；(b) 平面图

　　内排水系统适用于跨度大、长度特别长的多跨建筑，在屋面设天沟有困难的锯齿形、壳形屋面建筑，屋面有天窗的建筑，建筑立面要求高的建筑，大屋面建筑及寒冷地区的建筑，在墙外设置雨水排水立管有困难时，也可考虑采用内排水形式。

7.2　室外排水管道系统的构成

　　分布在地面下输送雨污水至泵站、污水厂或水体的管道系统称室外排水管道系统。其组成部分包括排水管渠以及雨水口、检查井、跌水井、溢流井、倒虹管、出水口等附属构筑物。其中倒虹管、雨水口和溢流井的介绍分别见第 9.4、第 10.2 和第 13.3 节。

7.2.1 排水管渠

最常用的管渠断面形式是圆形，直径范围一般从 150 mm 开始。管渠材料通常有混凝土、钢筋混凝土、陶土、石棉水泥、塑料、铸铁和钢管，以及砖、石料和土明渠等，应根据排水水质、水温、冰冻情况、断面尺寸、管内外所受压力、土质、地下水位、地下水侵蚀性和施工条件等因素选用，尽量就地取材。

（1）竖向布置

图 7.5 表示了排水管道断面上竖向高程的定义，重要高程包括：管内底高程、管内顶高程和管外顶高程。其中管内底是指管道内部的最低点。由图 7.5 可知：

$$b=a+D$$
$$c=b+t=a+D+t$$

式中　D——管道内径（mm）；

t——管壁厚度（mm）。

因此管道的埋设深度（指管道内壁底到地面的距离）y_1 为：

$$y_1=d-a \tag{7.1}$$

以及管道的覆土厚度（指管道外壁顶部到地面的距离）y_2 为：

$$y_2=d-c=y_1-D-t \tag{7.2}$$

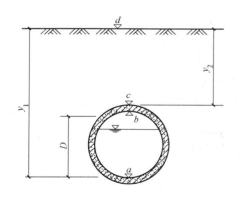

图 7.5　与排水管道竖向布置有关的高程定义

【例 7.1】　一条污水管道，直径为 400mm，壁厚 15mm，管内底标高为 16.225m。如果地面标高为 18.460m，请计算（1）管内顶标高，（2）埋设深度，（3）覆土厚度。

解：（1）管内顶标高：$b=a+D=16.225+0.400=16.625m$

（2）由式（7.1），埋设深度：$y_1=d-a=18.460-16.625=1.835m$

（3）由式（7.2），覆土厚度：$y_2=y_1-D-t=1.835-0.400-0.015=1.420m$

图 7.6 是一条排水管道的纵剖面图。排水管道的纵剖面图反映管道沿线的高程位置，它是和平面图相对应的。通常在纵剖面图上用单线条表示原地面高程线和设计地面高程线，用双线条表示管道高程线，用双竖线表示检查井。图中还应标出沿线支管接入处的位置、管径、高程；与其他地下管线、构筑物或障碍物交叉点的位置和高程；沿线地质钻孔位置和地质情况等。在剖面图的下方有一表格，表中列有检查井号、管道长度、管径、坡度、地面高程、管内底高程、埋深、管道材料、接口形式、基础类型、有时也注明流量、流速、充满度等数据。采用比例尺，一般横向1：500～1：2000；纵向1：50～1：2000。对工程量较小，地形、地物较简单的污水管道工程亦可

不绘制纵剖面图，只需将管道的管径、坡度、管长、检查井的高程以及交叉点等注明在平面图上即可。

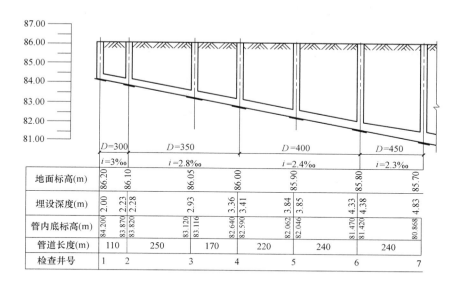

图 7.6　排水管道纵剖面图

（2）排水管道在街道上的位置

城市道路下有许多管线工程，如给水管、污水管、煤气管、热力管、雨水管、电力电缆、电信电缆等。工厂的道路下管线工程的种类会更多。此外，道路下还可能有地铁、地下人行横道、工业用隧道等地下设施。为了合理安排其在空间的位置，必须在各单项管线工程规划的基础上，进行综合规划，统筹安排，以利施工和日后的维护管理。

由于排水管道通常设计成重力流形式，管道（尤其是干管和主干管）的埋设深度较其他管线大，且很多连接支管，若管线位置安排不当，将会造成施工和维护的困难。加以排水管道难免渗漏、损坏，从而会对附近建筑物、构筑物的基础造成危害或污染饮用水。因此《室外排水设计规范》GB 50014—2006（2014 年版）中规定，排水管道与其他地下管渠、建筑物、构筑物等相互间的位置应符合下列要求：

1）敷设和检修管道时，不应互相影响。

2）排水管道损坏时，不应影响附近建筑物、构筑物的基础，不应污染生活饮用水。

3）污水管道、合流管道与生活给水管道相交时，应敷设在生活给水管道的下面。

4）再生水管道与生活给水管道、合流管道和污水管道相交时，应敷设在生活给水管道下面，宜敷设在合流管道和污水管道的上面。

进行管线综合规划时，所有地下管线应尽量布置在人行道、非机动车道和绿化带下，只有在不得已时，才考虑将埋深大、检修次数较少的污水、雨水管布置在机动车道下。管线布置的顺序一般是，从建筑红线向道路中心线方向为：电力电缆—电信电缆—煤气管道—热力管道—给水管道—污水管道—雨水管道。若各种管线布置发生矛盾时，处理的原则是，新建让已建的，临时让永久的，小管让大管，压力管让重力流管，可弯让不弯的，检修次数少的让检修次数多的。

在地下设施拥挤的地区或车运极为繁忙的街道下，把污水管道与其他管线集中安置在管廊中是比较合适的，但雨水管道一般不设在管廊中，而是与管廊平行敷设。

为了方便用户接管，对于道路红线宽度超过 40m 的城镇干道，宜在道路两侧布置排水管道，减少横穿管，降低管道埋深。排水管道与其他地下管线（或构筑物）水平和垂直的最小净距，应根据两者的类型、高程、施工先后和管线损坏的后果等因素，按当地城镇综合规划确定，亦可按表 7.1 采用。图 7.7 为城市街道地下管线布置的实例。

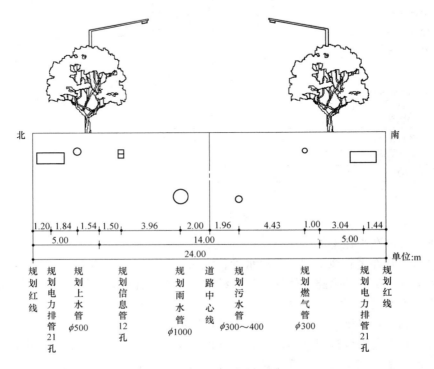

图 7.7　街道地下管线的布置

排水管道和其他地下管线（构筑物）的最小净距　　　　表 7.1

名　　称			水平净距(m)	垂直净距(m)
建筑物			见注 3	
给水管		$d \leqslant 200mm$	1.0	0.4
		$d > 200mm$	1.5	
排水管				0.15
再生水管			0.5	0.4
燃气管	低压	$P \leqslant 0.05MPa$	1.0	0.15
	中压	$0.05MPa < P \leqslant 0.4MPa$	1.2	0.15
	高压	$0.4MPa < P \leqslant 0.8MPa$	1.5	0.15
		$0.8MPa < P \leqslant 1.6MPa$	2.0	0.15
热力管线			1.5	0.15
电力管线			0.5	0.5

续表

名　称		水平净距（m）	垂直净距（m）
电信管线		1.0	直埋 0.5
			管块 0.15
乔木		1.5	
地上柱杆	通信照明及＜10kV	0.5	
	高压铁路基础边	1.5	
道路侧石边缘		1.5	
铁路钢轨（或坡脚）		5.0	轨底 1.2
电车（轨底）		2.0	1.0
架空管架基础		2.0	
油管		1.5	0.25
压缩空气管		1.5	0.15
氧气管		1.5	0.25
乙炔管		1.5	0.25
电车电缆			0.5
明渠渠底			0.5
涵洞基础底			0.15

注：1. 表列数字除注明者外，水平净距均指外壁净距，垂直净距系指下面管道的外顶与上面管道基础底间净距；
　　2. 采取充分措施（如结构措施）后，表列数字可以减小；
　　3. 与建筑物水平净距，管道埋深浅于建筑物基础时，不宜小于 2.5m；管道埋深深于建筑物基础时，按计算确定，但不应小于 3.0m。

（3）设计管道及其编号

两个检查井之间的管段采用设计流量不变，其采用同样的管径和坡度，称它为设计管段。但在划分设计管段时，为了简化计算，不需要把每个检查井都作为设计管段的起讫点。因为在直线管段上，为了疏通管道，需在一定距离处设置检查井。估计可以采用同样管径和坡度的连续管段，就可以划作一个设计管段。根据管道平面布置图，凡有集中流量流入，有旁侧管道接入的检查井均可作为设计管段的起讫点。

在设计计算时，可采用两种类型的编号形式。图 7.8（a）是以管段方式编号，编号形式为（x，y），其中 x 指管道分支，y 指分支中的各管段编号。图 7.8（b）是以检查井方式编号，标准符号见方框中。在施工阶段这是很方便的，编号方式从排放口依次按顺序编制。检查井的水平位置由它们的参考坐标点确定。

7.2.2　检查井

检查井俗称"窨井"，是排水管渠上连接管渠及供维护工人检查、清通和出入管渠的构筑物。它也是布置排水管渠监测仪器（如液位计、流量计、水质监测探头等）的理想场所。对于大型管道的连接，也采用交汇井连接，功能上与检查井类似。相邻检查井之间的管道称作排水管段，每一排水管段保证在一个方向输水，且在这两个检查井之间常沿直线

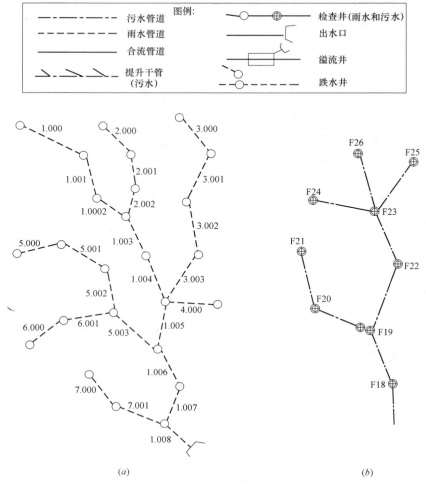

图 7.8　排水管道符号和编号系统

（*a*）以管段方式编号；（*b*）以检查井方式编号

铺设。因此检查井通常设在管渠交汇、转弯、管渠尺寸或坡度改变、跌水等处，以及相隔一定距离的直线管渠段上。检查井在直线管渠段上的最大间距，一般可按表 7.2 采用。检查井一般采用圆形，由井底（包括基础）、井身和井盖（包括盖底）三部分组成（图 7.9）。井口、井深和井室的尺寸应便于养护和检修，爬梯和脚窝的尺寸、位置应便于检修和上下安全。

检查井最大间距　　　　　　　　　　　　　　表 7.2

管径或暗渠净高	最大间距（m）	
（mm）	污水管道	雨水（合流）管道
200～400	40	50
500～700	60	70
800～1000	80	90
1100～1500	100	120
1600～2000	120	120

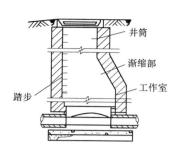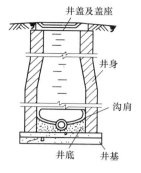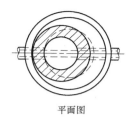

图 7.9　检查井

检查井井底材料一般采用低等级混凝土，基础采用碎石、卵石、碎砖夯实或低等级混凝土。为使水流流过检查井时阻力较小，井底宜设半圆形或弧形流槽。流槽直壁向上伸展。污水管道的检查井流槽顶与上、下游管道的管顶相平，或与 0.85 倍大管管径处相平，雨水管渠和合流管渠的检查井流槽顶可与 0.5 倍大管管径处相平。流槽两侧至检查井壁间的底板（称沟肩）应有一定宽度，一般应不小于 20 cm，以便养护人员下井时立足，并应有 0.02～0.05 的坡度坡向流槽，以防检查井积水时淤泥淤积。在管渠转弯或几条管渠交汇处，为使水流通畅，流槽中心线的弯曲半径应按转角大小和管径大小确定，但不得小于大管的管径。检查井底各种流槽的平面形式如图 7.10 所示。某些城市的管渠养护经验说明，每隔一定距离（200m 左右），检查井井底做成落底 0.5～1.0m 的沉泥槽，对管渠的清淤是有利的。

检查井井深的材料可采用砖、石、混凝土或钢筋混凝土。国外多采用钢筋混凝土预制。井深的平面形状一般为圆形，但在大直径管道的连接处或交汇处，可做成方形、矩形或其他各种不同的形状，图 7.11 为大管道上改向的扇形检查井平面图。

井深的构造与是否需要工人下井有密切关系。不需要下人的浅井，构造很简单，一般为直壁圆筒形；需要下人的井在构造上可分为工作室、渐缩部和井筒共三部分。工作室是养护人员养护时下井进行临时操作的地方，不应过分狭小，其直径不能小于 1m，高度在埋深许可时一般采用 1.8m。为降低检查井造价，缩小井盖尺寸，井筒直径一般比工作室小，但为了工人检修出入安全与方便，其直径不应小于 0.7m。井筒与工作室之间可采用锥形渐缩部连接，渐缩部高度一般为 0.6～0.8m；也可以在工作室顶偏向出水管渠一边加钢筋混凝土盖板梁，井筒则砌筑在盖板梁上。为便于上下，井身在偏向进水管渠的一边应保持一壁直立。

检查井井盖可采用铸铁或钢筋混凝土材料，在车行道上一般采用铸铁。为防止雨水流入，该顶略高出地面。盖座采用铸铁、钢筋混凝土或混凝土材料制作。图 7.12 所示为铸铁井盖及盖座，图 7.13 为钢筋混凝土井盖及盖座。雨水、污水、雨污合流管道的井盖上应分别标注"雨水"、"污水"、"合流"等标识。井盖的标识必须与管道的属性一致。

7.2.3　跌水井

当检查井内衔接的上下游管渠管底标高跌落差大于 1m 时，为消减水流速度，防止冲

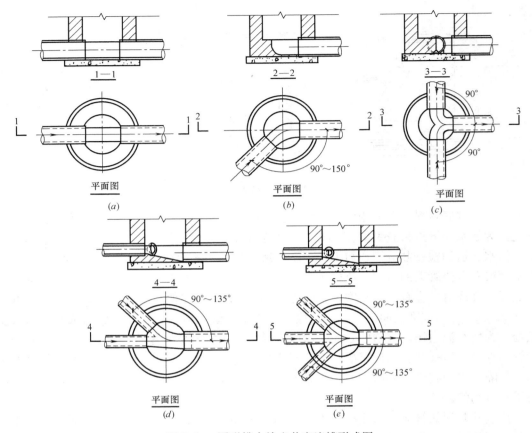

图 7.10 圆形排水检查井底流槽形式图

(*a*) 直线井；(*b*) 转弯井；(*c*) 90°三通井；(*d*) 90°~135°三通井；(*e*) 90°~135°四通井

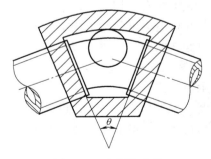

图 7.11 扇形检查井

刷，在检查井内应有消能措施，这种检查井称跌水井。当上下游管底标高小于 1m 时，一般只将检查井底部做成斜坡，不采用专门的跌水措施。

跌水井的构造并无定型，目前常用的跌水井有两种形式：竖管式（或矩形竖槽式），如图 7.14、图 7.15 所示，溢流堰式（或阶梯式），如图 7.16 所示。竖管式适用于直径等于或小于 400mm 的管道，溢流堰式适用于直径在 400mm 以上的管道。竖管式跌水井一般不做水力计算。当管径不大于 200mm 时，一次落差不宜超过 6m。当管径为 300~400mm 时，一次落差不宜超过 4m。

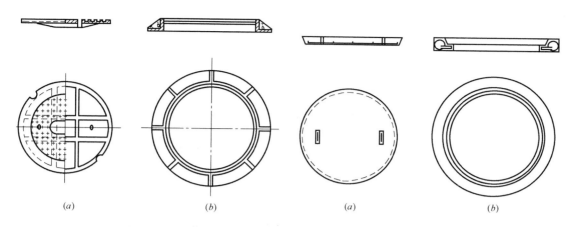

图 7.12 轻型铸铁井盖及盖座
（a）井盖；（b）盖座

图 7.13 轻型钢筋混凝土井盖及盖座
（a）井盖；（b）盖座

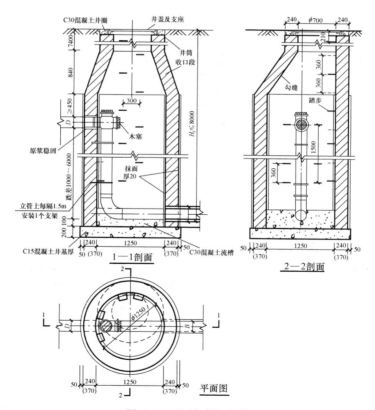

图 7.14 竖管式跌水井

　　溢流堰式跌水井的主要尺寸（包括井长、跌水水头高度）及跌水方式等均应通过水力计算求得。这种跌水井也可用阶梯跌水方式代替。阶梯式跌水井的跌水部位分为多级阶梯，逐步消能。为了防止跌水水流的冲刷，阶梯的板面必须坚固。

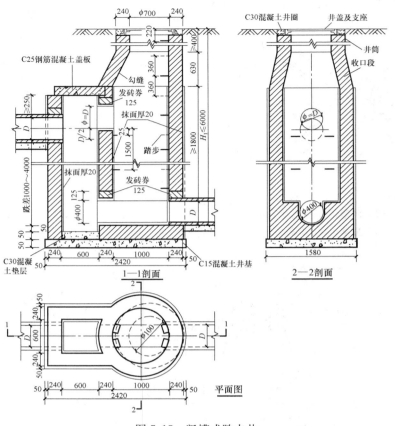

图 7.15　竖槽式跌水井

7.2.4　水封井

当生产污水能产生爆炸或火灾的气体时，其废水管道系统中必须设水封井。水封井的位置应设在产生上述废水的生产装置、贮罐区、原料贮运场地、成品仓库、容器洗涤车间等的废水排出口处以及适当距离的干管上。水封井不宜设在车行道和行人众多的地段，并应适当远离产生明火的场地。水封深度一般采用 0.25m。井上宜设通风管，井底宜设沉泥槽。图 7.17 所示为水封井的构造。

7.2.5　换气井

污水中的有机物常在管渠中沉积而厌氧发酵，发酵分解产生的甲烷、硫化氢、二氧化碳等气体，如遇一定体积的空气混合，在点火条件下将产生爆炸，甚至引起火灾。为防止此类偶然事故发生，同时也为保证在检修排水管渠时工作人员能较安全地进行操作，有时在街道排水管的检查井上设置通风管，使此类有害气体在住宅竖管的抽风作用下，随同空气沿庭院管道、出户管及竖管排入大气中。这种设有通风管的检查井称换气井。

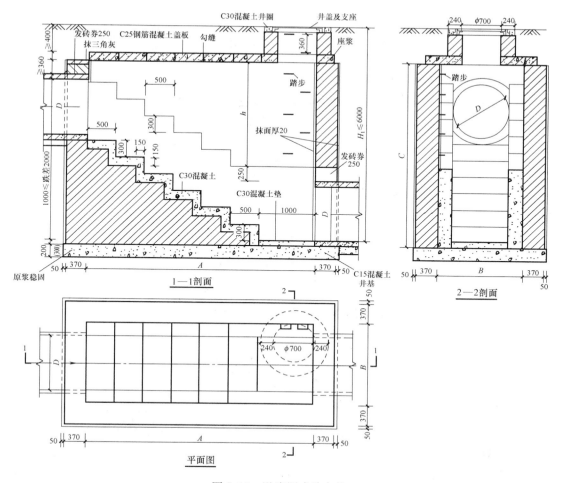

图 7.16　溢流堰式跌水井

7.2.6　冲洗井

当污水管内的流速不能保证自清时，为防止淤塞，可设置冲洗井。冲洗井有两种做法：人工冲洗和自动冲洗。自动冲洗井一般采用虹吸式，其构造复杂，造价很高，目前已很少采用。

人工冲洗井的构造比较简单，是一个具有一定容积的普通检查井。冲洗井出流管道上设有闸门，井内设有溢流管以防止井中水深过大。冲洗水可利用上游来的污水或自来水。用自来水时，供水管的出口高于溢流管管顶，以免污染自来水。

冲洗井一般适用于小于 400mm 管径的较小管道上，冲洗管道的长度一般为 250m 左右。

7.2.7　防潮门和鸭嘴阀

防潮门又称拍门，是在排水管渠出口处设置的铰接板，一般用铁制，目的是限制水流

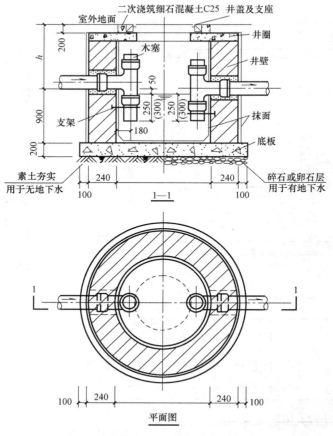

图 7.17　水封井

只沿一个方向流动。通常用于受纳水体具有潮汐变化的出水口。落潮时，当受纳水体水位低于出水口，水流顶开防潮门［图 7.18 (a)］。涨潮时，出水口被淹没，防潮门靠下游潮水压力密闭，使潮水不会倒灌入排水管渠［图 7.18 (b)］。出水口被淹没时，排水管渠内产生回流，如果测压管水头线超过潮水水位，仍将顶开防潮门，向外排水。

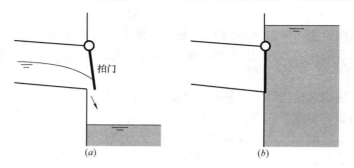

图 7.18　防潮门的操作情况

　　防潮门的缺点是，如果其转轴生锈和腐蚀或缺少润滑，会产生防潮门旋开，引起倒流使一些小渣滓聚集在密封件上，使得拍板悬空，引起倒灌。为此可采用鸭嘴阀（又称柔性止回阀）代替。鸭嘴阀由弹性氯丁橡胶加人工纤维经特殊加工而成，形状类似鸭嘴（图

7.19）。在无内部压力情况下，鸭嘴出口在本身弹性作用下合拢；随内部压力逐渐增加，鸭嘴出口逐渐增大，保持液体能在高流速下排出。其优点包括：①维持较高的射流速度；②防止受纳水体和泥沙入侵；③有利于排放管冲洗；④在一定条件下，可获得更高的稀释度；⑤抗腐蚀性能强。它的缺点包括：①加工工艺复杂，价格偏高；②为维持较高的射流速度，消耗了更多的能量。

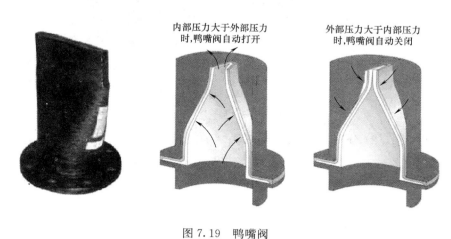

内部压力大于外部压力时，鸭嘴阀自动打开　　　外部压力大于内部压力时，鸭嘴阀自动关闭

图 7.19　鸭嘴阀

7.2.8　出水口

出水口又称排放口，它是将污水（雨水）向水体排放的构筑物。出水口通常为排水系统的终点设施。出水口的任务是使排放的污水（雨水）与受纳水体尽快得到最大程度的混合，使排放污水中的污染物尽快稀释扩散并进一步降解净化。有时在泵站、倒虹管和污水处理厂的前面设置事故出水口，以便在这些设施出现故障时，将污（雨）水通过事故出水口直接排入受纳水体。

管渠出水口的位置和形式，应根据出水水质、水体的水位及其变化幅度、水流方向、下游用水情况、边岸变迁（冲、淤）情况和夏季主导风向等因素确定，并应征得当地建设、卫生、水利、航运、环境、渔业等管理部门的许可。根据排放口的位置一般分为岸边集中出水口、江心集中出水口或分散出水口。根据与水体的相对高程，分为淹没式或非淹没式出水口。

污水管道的出水口应尽可能淹没在水中，管顶标高一般在常水位以下，使污水和受纳水体水混合得较好。如果需要污水与受纳水体水流充分混合，则出水口可长距离深入受纳水体分散出水。污水排放口应设置环境保护图形标志（图 7.20）。雨水管渠出水口可以采用非淹没式，其底部标高最好在水体最高水位以上，一般在常水位以上，以免受纳水体倒灌。当出水口标高比水体水面高太多时，应考虑设置单级或多级跌水。

出水口与受纳水体岸边连接处应采取防冲、加固等措施，防止撞击、冲刷、倒灌和防冻，一般设置防护坡或挡土墙，以保护河岸。对于向海水排放污水的排放口，还需要考虑风浪和海流等的影响。

图 7.20　污水排放口图形符号

(a) 提示符号；(b) 警告符号

图 7.21～图 7.24 分别为淹没式出水口、江心分散式出水口、一字式出水口和八字式出水口。

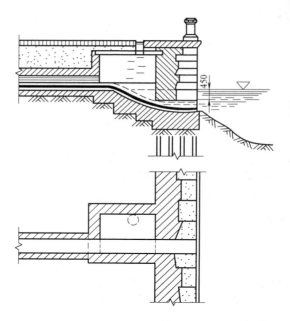

图 7.21　淹没式出水口

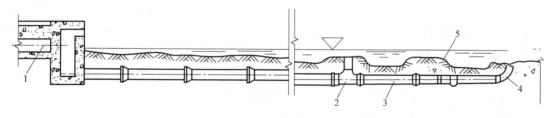

图 7.22　江心分散式出水口

1—进水管渠；2—T 形管；3—渐缩管；4—弯头；5—石堆

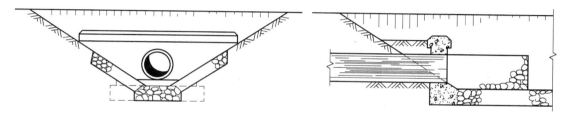

图 7.23　一字式出水口

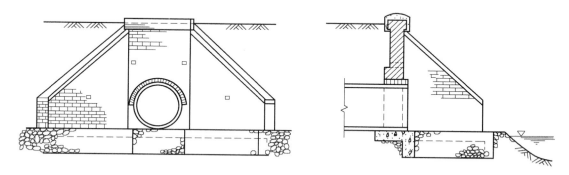

图 7.24　八字式出水口

7.3　排水系统的布置形式

城市、居住区或工业企业的排水系统在平面上的布置形式，随着地形、竖向规划、污水厂的位置、土壤条件、河流情况，以及污水的种类和污染程度而定。工厂中车间的位置、场内交通运输线，以及地下设施等因素，都将影响工业企业排水系统的布置。以下介绍的几种布置形式主要考虑了地形因素（图 7.25）。实际情况下较少单独采用一种布置形式，通常是根据当地条件，因地制宜地采用综合布置形式。

（1）正交式

在地势适当向水体倾斜的地区，各排水流域的干管可以最短距离沿与水体垂直相交的方向布置，称正交式布置［图 7.25 (*a*)］。正交布置的干管长度短、管径小，因而较经济、排水迅速。如果污水未经处理就直接排放，会使水体遭受严重污染，因此这种形式在现代城市中仅用于排除雨水。

（2）截流式

若沿河岸再敷设主干管，并将各干管的污水截流送至污水厂，这种布置形式称截流式布置［图 7.25 (*b*)］。截流式布置适用于分流制污水排水系统和区域排水系统。截流式合流制排水系统，因雨天有部分混合污水泄入水体，会引起水体间歇性污染。

（3）平行式

在地势向河流方向有较大倾斜的地区，为避免因干管坡度及管内流速过大，使管道受到严重冲刷，可使干管与等高线及河道基本上平行、主干管与等高线及河道成一定角度敷设，称为平行式布置［图 7.25 (*c*)］。

（4）分区式

在地势高差相差很大的地区，当污水不能靠重力流流至污水厂时，可采用分区布置形式 ［图 7.25（d）］。这时，可分别在高区和低区敷设独立的管道系统。高区的污水靠重力流直接流入污水厂，而低区的污水用水泵抽送至高区水管或污水厂。这种布置只能用于个别阶梯地形或起伏很大的地区，它的优点是充分利用地形排水，节省电力，如果将高区的污水排至低区，然后再用水泵一起抽送至污水厂是不经济的。

（5）环绕式及分散式

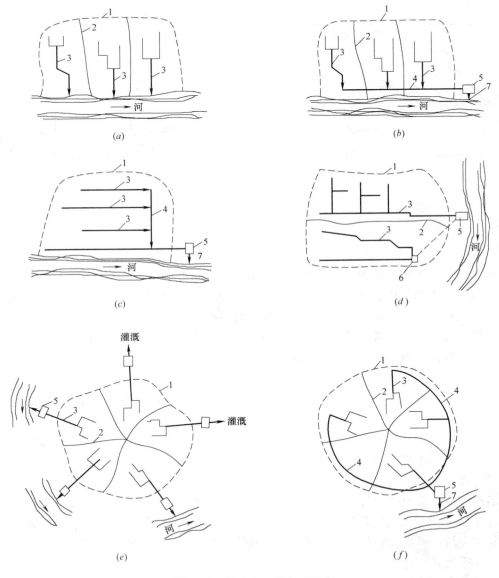

图 7.25　排水系统的布置形式

（a）正交式；（b）截流式；（c）平行式；（d）分区式；（e）分散式；（f）环绕式

1—城市边界；2—排水流域分界线；3—干管；4—主干管；5—污水厂；6—污水泵站；7—出水口

当城市周围有河流或城市中心部分地势高并向周围倾斜的地区，各排水流域的干管常采用辐射状分散布置［图7.25（e）］，各排水流域具有独立的排水系统。这种布置具有干管长度短、管径小、管道埋深可能浅等优点，但污水厂和泵站（如需要设置时）的数量将增多。在地形平坦的大城市，采用辐射状分散布置可能是比较有利的。但考虑到规模效益，不宜建造数量多、规模小的污水厂，而宜建造规模大的污水厂，可由分散式发展成环绕式布置［图7.25（f）］。这种形式是沿四周布置主干管，将各干管的污水截流送往污水厂。

（6）区域集中式

为了提高污水处理厂的规模效益，并改善其处理效果，可以把几个区域的排水系统连接合并起来，汇集输送到一个大型污水处理厂集中处理。如图7.26所示。将这种两个以上城镇地区的污水统一处理和排出的系统称作区域排水系统。

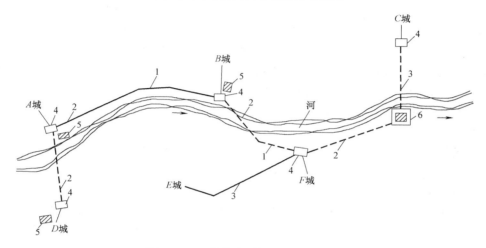

图 7.26　区域排水系统的平面示意图

1—区域主干管；2—压力管道；3—新建城市污水干管；4—泵站；5—废除的城镇污水厂；6—区域污水厂

7.4　排水系统的建设程序和规划设计

7.4.1　基本建设程序

建设程序是指建设项目从设想、选择、评估、决策、设计、施工到竣工验收、投入生产整个建设过程中，各项工作必须遵循的先后次序法则。这个法则是人们在认识客观规律的基础上制定出来的，是建设项目科学决策和顺利进行的重要保证。按照建设项目发展的内在联系和发展过程，建设程序分成若干阶段，这些发展阶段有严格的先后次序，不能任意颠倒、违反它的发展规律。排水工程是现代化城市和工业企业不可缺少的一项重要设施，是城市和工业企业基本建设的一个重要组成部分，同时也是控制水污染、改善和保护环境的重要措施。排水工程的建设和设计必须按基本建设程序进行。为了加强基本建设的管理，应坚持必要的基建程序，这是保证基建工作顺利进行的重要条件。基建程序可归纳为下列几个阶段：

（1）项目建议书阶段

项目建议书是要求建设某一具体项目的建议书，是基本建设程序中最初阶段的工作，是投资决策前对拟建项目的轮廓设想。项目建议书的主要作用是为了推荐一个拟进行建设的项目的初步说明，论述它建设的必要性、条件的可行性和获利的可能性，供基本建设管理部门选择并确定是否进行下一步工作。各部门、地区、企事业单位根据国民经济和社会发展的长远规划、行业规划、地区规划等要求，经过调查、预测分析后，提出项目建议书。项目建议书按要求编制完成后，按照建设总规模和限额的划分审批权限报批。

（2）可行性研究报告阶段

可行性研究是对基建项目在技术上是否可行和经济上是否合理进行的科学分析和论证。承担可行性研究工作的单位应是经过资格审定的规划、设计和工程咨询单位。可行性研究报告经批准后，不得随意修改和变更，它是确定建设项目、编制设计文件的依据。

可行性研究是运用多种科学手段（包括技术科学、工程经济学及系统工程学等），对一项建设工程进行技术经济论证的综合性科学。其基本任务是通过广泛的调查研究，综合论证一个工程项目在技术上是否先进、实用和可靠，在经济上是否合理，在财务上是否盈利；为投资决策提供科学的依据。

（3）设计工作阶段

可行性研究报告经批准的建设项目应通过招标投标择优选择设计单位，按照批准的可行性研究报告的内容和要求进行设计，编制设计文件。

（4）建设准备阶段

项目在开工建设之前要切实做好各项准备工作，其主要内容包括：①征地、拆迁和场地平整；②完成施工用水、电、路等工程；③组织设备、材料订货；④准备必要的施工图纸；⑤组织施工招标投标，择优选定施工单位。

（5）建设实施阶段

建设项目经批准新开工建设，项目即进入了建设实施阶段。

（6）竣工验收阶段

建设项目建成后，竣工验收是工程建设过程的最后一环。通过竣工验收，一是检验设计和工程质量，保证项目按设计要求的技术经济指标正常生产；二是有关部门和单位可以总结经验教训；三是建设单位对经验收合格的项目可以及时移交固定资产，使其有基建系统转入生产系统或投入使用。未经验收合格的工程，不能交付生产使用。

（7）后评价阶段

建设项目后评价是工程项目竣工投产、生产运营一段时间后，在对项目的立项决策、设计施工、竣工投产、生产运营等全过程进行系统评价的一种技术经济活动，是固定资产投资管理的一项重要内容，也是固定资产投资管理的最后一个环节。通过建设项目后评价以达到肯定成绩、总结经验、研究问题、吸取教训、提出建议、改进工作，不断提高项目决策水平和投资效果的目的。

7.4.2　设计内容

排水管道系统是由收集和输送城镇和工业企业产生的雨、污水的管道及其附属构筑物组成的。它的设计是依据批准的当地城镇和工业企业总体规划及排水工程总体规划进行的。设计的主要内容和深度应按照基本建设程序及有关的设计规定、规程确定。通常，排水管道系统的主要设计内容包括确定设计方案，在适当比例的总体布置图上划分排水流域，布置管道系统；根据设计人口、污水量标准、暴雨强度公式，进行排水管道的流量计算和水力计算；确定管道断面尺寸、设计坡度、埋设深度等设计参数；确定排水管道在道路横断面上的位置；绘制管道平面图和纵剖面图；计算工程量，编制工程概、预算等文件。

在掌握了较为完整可靠的设计基础资料后，设计人员根据工程的要求和特点，对工程中一些原则性的、涉及面较广的问题提出各种解决办法，这样就构成了不同的设计方案。这些方案除满足相同的工程要求外，在技术经济上是互相补充、互相独立的。因此必须对各设计方案深入分析其利弊和产生的各种影响。分析时，对一些涉及政策性的问题，必须从社会及国民经济发展的总体利益出发考虑。比如，城镇的生活污水与工业废水是分开处理还是合并处理的问题；城市污水是分散成若干个污水厂还是集中成一个大型污水厂进行处理的问题；城市排水管网建设与改造中体制的选择问题；污水处理程度和污水排放标准问题；设计期限的划分与相互结合的问题等。由于这一问题涉及面广，且有很强的方针政策性，因此应从社会的总体经济效益、环境效益、社会效益综合考虑。此外，还应从各方案内部与外部的各种自然的、技术的、经济的和社会方面的联系与影响出发，综合考虑它们的利与弊。

根据建设项目的不同情况，设计过程一般划分为两个阶段，即初步设计和施工图设计。重大项目和技术复杂项目，可根据不同行业的特点和需要，增加技术设计阶段。

初步（扩大）设计：应明确工程规模、建设目的、投资效益、设计原则和标准、选定设计方案、拆迁、征地范围及数量、设计中存在的问题、注意事项及建议等。设计文件应包括设计说明书、图纸、主要工程数量、主要材料设备数量及工程概算。初步设计文件应能满足审批、控制工程投资和作为编制施工图设计、组织施工和生产准备的要求。对采用新工艺、新技术、新材料、新结构，引进国外新技术、新设备或采用国内科研新成果时，应在设计说明书中加以详细说明。

施工图设计：施工图应能满足施工、安装、加工及施工预算编制要求。设计文件应包括说明书、设计图纸、材料设备表、施工图预算。

上述两阶段设计的初步设计或扩大初步设计，是三阶段设计的初步设计和技术设计两个内容的综合。

7.4.3 排水工程规划与设计的原则

排水工程的规划与设计，应遵循下列原则：

1）排水工程的规划应符合区域规划以及城市和工业企业的总体规划，并应与城市和工业企业中其他单项工程建设密切配合、互相协调。如，总体规划中的设计规模、设计期限、建筑界限、功能分区布局等是排水工程规划设计的依据。又如，城市和工业企业的道路规划、地下设施规划、竖向规划、人防工程规划等单项工程规划对排水工程的规划设计都有影响，要从全局观点出发，合理决算，使其构成有机的整体。

2）排水工程的规划与设计，要与邻近区域内的污水和污泥的处理和处置协调。一个区域的污水系统，可能影响临近区域，特别是影响下游区域的环境质量，故在确定规划区的处理水平的处置方案时，必须在较大区域范围内综合考虑。

根据排水规划，有几个区域同时或几乎同时修建时，应考虑合并起来处理和处置的可能性，即实现区域排水系统。因为它的经济效益可能更好，但施工期较长，实现较困难。

3）排水工程规划与设计，应处理好污染源治理与集中处理的关系。城市污水应以点源治理与集中处理相结合，以城市集中处理为主的原则加以实施。

工业废水符合城市污水综合排放标准的应直接排入城市污水排水系统，与城市污水一并处理。个别工厂或车间排放的含有有毒、有害物质的应进行局部除害处理，达到城市污水综合排放标准后排入城市污水排水系统。生产废水达到排放水体标准的可就近排入水体或雨水道。

4）城市污水是可贵的淡水资源，在规划中要考虑污水经再生后回用的方案。城市污水回用于工业供水是缺水城市解决水资源短缺和水环境污染的可行之路。

5）如设计排水区域内尚需考虑给水和防洪问题时，污水排水工程应与给水工程协调，雨水排水工程应与防洪工程协调，以节省总投资。

6）排水工程的设计应全面规划，按近期设计，考虑远期发展有扩建的可能；并应根据使用要求和技术经济的合理性等因素，对近期工程做出分期建设的安排。排水工程的建设费用很大，分期建设可以更好地节省初期投资，并能更快地发挥工程建设的作用。分期建设应首先建设最急需的工程设施，使它能尽早地服务于最迫切的地区和建筑物。

7）对于城市和工业企业原有的排水工程在改建和扩建时，应从实际出发，在满足环境保护的要求下，充分利用和发挥其效能，有计划、有步骤地加以改造，使其逐步达到完善和合理化。

8）在规划与设计排水工程时，必须认真贯彻执行国家和地方有关部门制定的现行有关标准、规范或规定。

第8章 水力学基础

在已建和新建排水系统的设计、分析、测试与建模过程中，应具有水力学方面的基础知识，这样才能合理确定各组成部分尺寸、预测各种进流条件下各组成部分的水深、流速等特性数据。

8.1 基本原理

8.1.1 压强的计量和表示

在工程技术中，常用三种计量单位表示压强的数值。第一种单位是从压强的基本定义出发，用单位面积上所受的力表示，单位为 N/m^2（Pa）。第二种单位是用大气压的倍数表示。国际上规定一个标准大气压（温度为 0℃，纬度为 45°时海平面上的大气压，用 atm 表示）相当于 760mm 水银柱对柱底部所产生的压强，即 $1atm=1.013\times10^5Pa$。在工程技术中，常用工程大气压表示压强，一个工程大气压（相当于海拔 200m 处的正常大气压）相当于 736mm 水银柱对柱底部所产生的压强，即 $1at=9.8\times10^4Pa$。第三种单位是用液柱高度表示，常用的是水柱高度或水银柱高度，其单位为 mH_2O 或 mmHg。这种单位可由 $p=\gamma h$ 的 $h=p/\gamma$ 表示。这样只要知道液体重度 γ，h 和 p 的关系就可以表示出来。因此，液柱高度也可以表示压强，例如一个工程大气压相应的水柱高度为

$$h=\frac{9.8\times10^4}{9.8\times10^3}=10mH_2O$$

相应的水银柱高度为

$$h'=\frac{9.8\times10^4}{133.28\times10^3}\approx0.736mHg=736mmHg$$

在工程技术中，计量压强的大小，可以从不同的基准算起，对应于两种不同的表示方法（图 8.1）。以完全真空作为压强的零点，这样计量的压强值称为绝对压强，以 p' 表示。以当地大气压 p_a 作为零点起算的压强值，称为相对压强，以 p 表示。因此，绝对压强与相对压强之间只差一个大气压，即

$$p=p'-p_a \qquad (8.1)$$

在水工构筑物中，水流和构筑物表面均受大气压作用，计算构筑物受力时不需要考虑大

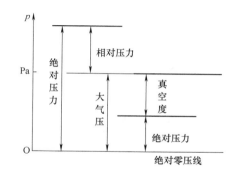

图 8.1 绝对压力、相对压力和真空度的关系

气压的作用，因此常用相对压强表示。在本书的讨论和计算中，一般都指相对压强，若用绝对压强，将加以注明。如果自由表面的压强 $p_0 = p_a$，则液体内部任意深度的压强可写为

$$p = \gamma h \tag{8.2}$$

绝对压强总是正值，它与大气压比较，可以大于大气压，也可以小于大气压。而相对压强可正可负，通常把相对压强的正值称为正压（即压力表读数），负值称为负压。当流体中某点的绝对压强值小于大气压时，流体中就出现真空。真空压强 p_v 为

$$p_v = p_a - p' \tag{8.3}$$

由上式知，真空压强是指流体中某点的绝对压强小于大气压的部分，而不是该点的绝对压强本身，也就是说该点相对压强的绝对值就是真空压强。若用液柱高度表示真空压强的大小，即真空度 h_v 为

$$h_v = \frac{p_v}{\gamma} \tag{8.4}$$

式中 γ 可以是水或水银的重度。

8.1.2 流量的连续性

流体是由大量的微小分子组成，分子间具有一定的空隙，每个分子都在不停地作不规则运动。因此，流体的微观结构和运动，在空间或时间上都是不连续的。由于流体力学是研究流体的宏观结构，没有必要对流体进行以分子为单元的微观研究，因而假设流体为连续介质，即认为流体是由比分子大很多，微观上充分大而宏观上充分小的，可以近似看成是几何上没有维度的质点组成，质点之间没有空隙，连续的充满流体所占有的空间。将流体的运动作为由无数个流体介质所组成的连续介质的运动，它们的物理量在空间或时间上都是连续的。

流体运动亦必须遵循质量守恒定律，认为质量不可能创造或者消失。因为流体被视为连续介质，所以质量守恒定律应用于流体运动，在工程流体力学中就称为连续性原理，它的数学表示式即为流体运动的连续性方程。

对于不可压缩均质液体，在一段定常断面面积和没有侧流量流入的管渠中（图 8.2），任一时段内液体进入的质量（断面 1）必然与流出的质量（断面 2）相等。假设液体具有定常密度，则进入液体体积（断面 1）必然等于流出的液体体积（断面 2）。这样断面 1 和断面 2 之间的流量关系有：

$$Q_1 = Q_2 \tag{8.5}$$

一般流量的单位是 m^3/s 或 L/s。

液体的流速在过流断面上的各部分通常是不同的，例如在满管流中，管道中心的流速最大。平均流速（v）

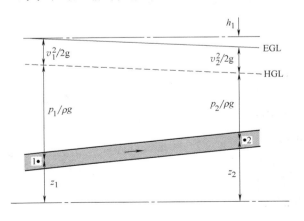

图 8.2 管渠内流体的连续性

定义为单位面积（A）的流体速度：

$$v = \frac{Q}{A} \tag{8.6}$$

一般速度的单位是 m/s。

于是式（8.5）可写作：

$$v_1 A_1 = v_2 A_2$$

【例 8.1】 满管流中的管径从 300mm 增到 350mm。流量为 80L/s（0.080m³/s）。计算该渐扩管的上游和下游的流速。

解：

上游：$A_1 = \dfrac{\pi\, 0.3^2}{4}$，于是 $\quad v_1 = \dfrac{Q}{A_1} = \dfrac{0.08 \times 4}{\pi\, 0.3^2} = 1.13\text{m/s}$

下游：$A_2 = \dfrac{\pi\, 0.35^2}{4}$，于是 $\quad v_1 = \dfrac{Q}{A_1} = \dfrac{0.08 \times 4}{\pi\, 0.35^2} = 0.83\text{m/s}$

8.1.3 流体运动的分类

实际工程问题中有各种各样的流体运动现象，为了便于分析、研究，需将其分类。

（1）有压流（有压管流）、无压流（明渠流）、射流

按照限制流体运动的边界情况，可将流体运动分为有压流、无压流和射流。边界全部为固体（如为液体运动则没有自由表面）的流体运动称为有压流或有压管流。有压流中流体充满整个横断面，可以水平、向上或向下运动。边界部分为固体、部分为大气，具有自由表面的液体运动称为无压流或明渠流。流体经孔口或管嘴喷射到某一空间，由于运动的流体脱离了原来限制它的固体边界，在充满流体的空间继续流动的这种流体运动称为射流。排水工程水力学主要集中于有压流和无压流，射流在一定条件下也被应用。

（2）恒定流和非恒定流

按各点运动要素（速度、压强等）是否随时间变化，可将流体运动分为恒定流和非恒定流。各点运动要素都不随时间而变化的流体运动称为恒定流。空间各点只要有一个运动要素随时间变化，流体运动称为非恒定流。在恒定流中，因为不包括时间的变量，流体运动的分析较非恒定流简单。所以解决实际工程问题时，在满足一定要求的前提下，有时将非恒定流作为恒定流处理。

从某种意义上来说，排水管道中的水流是非恒定流，一天内的污废水量在发生变化，一场暴雨中雨水量也在发生变化。然而为了简化计算，目前排水管道水力计算中常认为水流是恒定流。只有在一些特殊情况下，例如存储效应、水泵系统的瞬变以及排水管道中的暴雨波等，非恒定流影响很大时，才考虑非恒定流。

（3）均匀流和非均匀流

按各点运动要素（主要是速度）是否随位置变化，可将流体运动分为均匀流和非均匀流。在给定的某一时刻，各点速度都不随位置变化的流体运动称为均匀流。均匀流各点都没有迁移加速度，表示为平行流动，流体作均匀直线运动。反之，则称为非均匀流。

排水管道实测流速结果表明，管内的流速是有变化的。这主要是因为管道中水流流经转弯、交叉、变径、跌水等地点时水流状态发生改变，因此排水管道内水流不是均匀流。

但在直线管段上,当流量没有很大变化且无沉积物时,管内排水的流动状态可接近均匀流。

8.1.4　层流和紊流

流体在运动时,具有抵抗剪切变形能力的性质,称作黏性。它是由流体内部分子运动的动量输运引起的。当某流层对其相邻层发生相对位移而引起体积变形时,流体中产生的剪切力（也称内摩擦力）就是这一性质的表现。当流速较低时,流体质点作有条不紊的线状运动,彼此互不混掺的流动称层流;当流速较高时,流体质点在流动过程中彼此互相混掺的流动称紊流。

层流和紊流的流态方式,常采用无量纲数——雷诺数 Re 判别。对于满管流,雷诺数的定义为:

$$Re=\frac{vD}{\nu} \tag{8.7}$$

式中　v——平均流速（m/s）;

$\quad$ D——管径（m）;

$\quad$ ν——流体的运动黏度（m^2/s）。

一般认为,当 $Re<2000$ 时,管道内流态为层流;当 $Re>4000$ 时,管道内流态为紊流;当 $2000\leqslant Re\leqslant 4000$ 时,两种流态都可能,处于不稳定状态,称临界区。大多数城市排水工程中,水流流态都为紊流。

【例 8.2】　对于例【8.1】中的管道,计算管径变化时的雷诺数。判断它是层流还是紊流?假设流体介质是水,运动黏度为 $1.1\times10^{-6}m^2/s$。

解:

上游雷诺数: $Re=\frac{v_1 D_1}{\nu}=\frac{1.13\times0.3}{1.1\times10^{-6}}=308181$

下游雷诺数: $Re=\frac{v_2 D_2}{\nu}=\frac{0.83\times0.35}{1.1\times10^{-6}}=264090$

可见两处都属于紊流区。

8.1.5　能量和水头

过流断面上各单位重量流体所具有的总机械能为位能、压能、动能之和。水力学中,通常用水头表示各种形式的能量,这样压强水头为 $\frac{p}{\rho g}$、流速水头为 $\frac{v^2}{2g}$、位置水头为 z。符号 p、v 和 z 的意义见图 8.2。

由伯努里方程,总水头 H 将是以上三种水头之和:

$$H=\frac{p}{\rho g}+\frac{v^2}{2g}+z \tag{8.8}$$

由于实际流体在运动中将出现能量损失 h_L,因此,图 8.2 满管流在断面 1 和 2 流动中:

$$H_1 - h_\mathrm{L} = H_2 \tag{8.9}$$

或

$$\frac{p_1}{\rho g} + \frac{v_1{}^2}{2g} + z_1 - h_\mathrm{L} = \frac{p_2}{\rho g} + \frac{v_2{}^2}{2g} + z_2 \tag{8.10}$$

如果图 8.2 中为均匀流，且管道水平放置，则：

$$v_1 = v_2 \text{ 和 } z_1 = z_2$$

于是式（8.10）变为：

$$h_\mathrm{L} = \frac{p_1}{\rho g} - \frac{p_2}{\rho g}$$

也就是说，水头损失等于两断面处压强水头之差。

8.2　有压管流

8.2.1　水头（能量）损失

为了便于分析管道内两过流断面间的能量损失，一般将流动阻力和由于克服阻力而消耗的能量损失按决定其分布性质的边界几何条件分为两类（图 8.3）。一类是沿程阻力和沿程损失。均匀分布在某一流段全部流程上的流动阻力称沿程阻力；克服沿程阻力而消耗的能量损失称沿程损失。单位重量流体沿程损失的平均值以 h_f 表示。一般在均匀流、渐变流区域，沿程阻力和损失占主要部分。另一类是局部阻力和局部损失。集中（分布）在某一局部流段，由于边界几何条件的急剧改变而引起对流体运动的阻力称局部阻力；克服局部阻力而消耗的能量损失称局部损失。单位重量流体局部损失的平均值以 h_l 表示。一般在急变流区域，局部阻力和损失占主要部分。上述两种阻力和损失不是截然分开和孤立存在的，这样的分类只是为了便于分析，而不应把这种分类绝对化。任何两过流断面间的能量损失 h_w，在假设各损失单独发生且又互不干扰、影响的情况下，可视为每个个别能量损失的简单总和，即能量损失的叠加原理为：

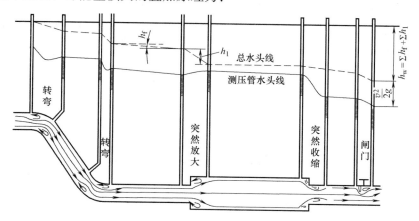

图 8.3　实际流体的能量分布

$$h_w = \sum h_f + \sum h_l$$

在按比例绘制总水头线和测压管水头线时，沿程损失则认为是均匀分布的，常画在两边界突变断面间；局部损失实际上是在一定长度内发生的，但常集中画在突变断面上。一般先绘制总水头线，因为在没有能量输入的情况下，它一定是沿流程下降的。然后绘制测压管水头线。已知过流断面上的总水头端点和测压管水头端点可作为水头线的控制点（如始点和终点）。

8.2.2　沿程损失

城市排水系统的水力设计和分析中，常采用达西—魏斯巴赫（Darcy-Weisbach）公式计算有压管流的沿程损失，它对于层流或紊流都适用。

$$h_f = \lambda \frac{l}{D} \frac{v^2}{2g} \tag{8.11}$$

式中　h_f——沿程损失（m）；

　　　λ——沿程阻力系数，是表征沿程阻力大小的一个无量纲数；

　　　L——管道长度（m）；

　　　D——管径（m）。

h_f/L 则为沿程损失坡度；对于均匀流，既是总水头线坡度，也是测压管水头线坡度。

8.2.3　沿程阻力系数

紊流沿程损失的计算，关键在于如何确定沿程阻力系数 λ 值。由于紊流运动的复杂性，λ 值的确定不可能严格地从理论上推导出来。

流体在同一过流断面上的速度分布一般是不均匀的。紊流状态下（这种流态对于城市排水的分析和计算很重要），管道中的全部流动可分为两个部分：黏性底层和紊流核心。就时均特性来说，紊流核心处的流速基本保持稳定，但在接近黏性底层时迅速跌落（见图8.4）；在黏性底层，时均流速为线性分布，可认为属于层流运动。

黏性底层虽然很薄，但对流动阻力有直接影响。因为固体壁面总是具有一定的粗糙度，影响着流动阻力。在实用管道中管道的粗糙特性用当量粗糙度（k_s）表示，可以认为是管壁粗糙度的平均凸出高度。

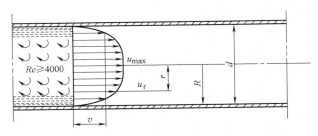

图 8.4　有压管流的过流断面紊流流速分布示意图

图 8.5 为莫迪图。它绘出了雷诺数 Re 在一定相对粗糙度 k_s/d 范围内与沿程阻力系数

λ 的关系。莫迪图表示了黏性底层和粗糙高度的相对影响程度。当粗糙高度与黏性底层相比很小时，摩擦系数将独立于管道粗糙度，而只与雷诺数有关。流体处于“光滑区”，即 λ 是 Re 的函数，与 k_s/d 无关。当粗糙高度较大时，将完全干扰流体，此时沿程阻力系数仅与管道粗糙度相关（与雷诺数无关），流体处于“粗糙区”。λ 是 k_s/d 的函数，与 Re 无关。在“光滑区”和“粗糙区”之间为“过渡区”，此时沿程阻力系数与粗糙高度和雷诺数均相关。多数城市排水水流状态处于粗糙区和过渡区。

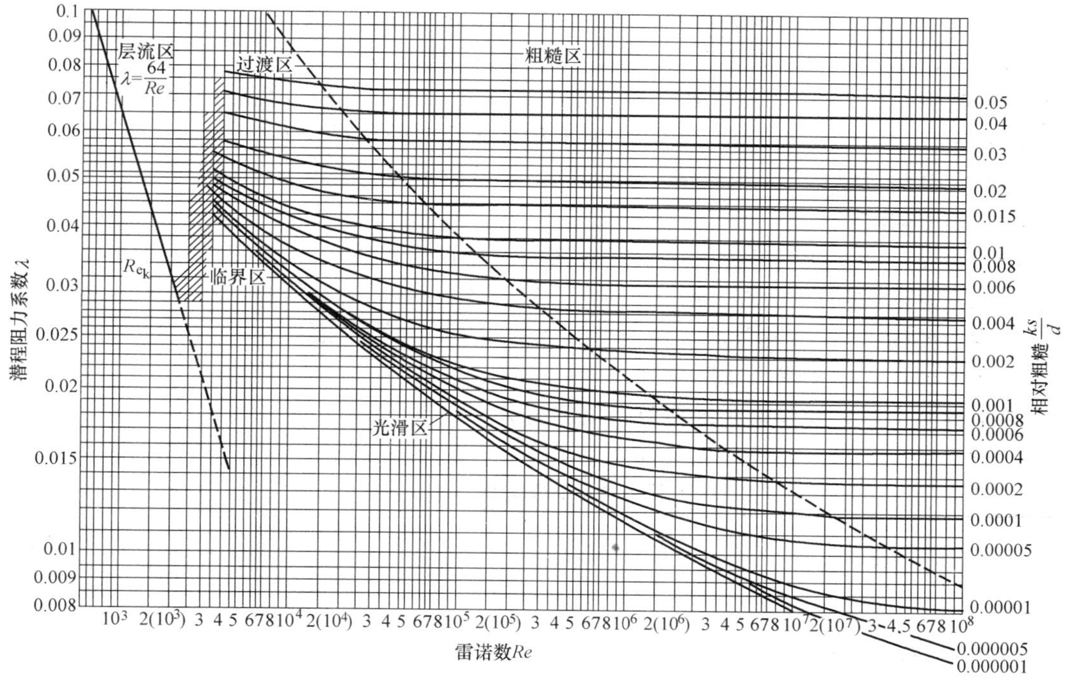

图 8.5　莫迪图

无论水流状态处于光滑区，还是过渡区或粗糙区，沿程阻力系数均可采用柯列勃洛克—怀特（Colebrook-White）公式计算：

$$\frac{1}{\sqrt{\lambda}}=-2\lg\left(\frac{k_s}{3.7d}+\frac{2.51}{Re\sqrt{\lambda}}\right) \tag{8.12}$$

莫迪图表示了基本水力参数间的关系及其相对重要性，但没有体现工程实际中所需变量之间的关系，这些变量包括流速、流量、管径、粗糙度和坡度等。

在 Colebrook-White 公式中代入式（8.11）求出的 λ 和式（8.7）求出的 Re，经过整理，可得流速计算公式

$$v=-2\sqrt{2gS_fD}\lg\left(\frac{k_s}{3.7D}+\frac{2.51\nu}{D\sqrt{2gS_fD}}\right) \tag{8.13}$$

式中　k_s——管道粗糙度（m）；

S_f——水力坡度或沿程阻力坡度，$S_f=h_f/L$；

ν——运动黏度（m^2/s）。

根据上式容易解出流速 v。但是如果利用该式求解水力坡度 S_f 或管径 D，则相当烦琐，一般采用以下 3 种方式之一求解：应用计算机或可编程计算器迭代计算、应用设计图或设计表，或者采用近似计算公式。

8.2.4 粗糙度

Colebrook-White 公式中常用到的粗糙系数 k_s 值，理论上相关于管壁粗糙高度的同时，实际上也受到其他因素的影响；这些包括管道的长直性、接口处的不连续性，非满流的自由水面，沿着内周的黏膜生长，油脂增长和沉积物沉淀。与排水管道的类型和使用年代有关的数据见表 8.1。"新材料"值适用于新的、干净的和铺设良好的管道，可用于雨水管道的设计（不考虑额外的沉淀）或污水和合流管道的初始流态。"老材料"值通常适合于污水和合流管道的设计和分析，它们的粗糙系数不仅与管道材料有关，而且与管壁附着生物膜的影响有关。

在初步设计中，或当已建管道状况未知时，建议雨水管道 $k_s=0.6$mm，污水管道 $k_s=1.5$mm（不考虑管道材质）。排水管道受到沉积物影响后，k_s 值在 $30\sim60$mm 之间。例如，一段管径为 150mm 的管道，输送 10L/s 的流量，如果 k_s 值从 0.6mm 变化到 1.5mm，将使水深增加，流速将降低 10% 左右。

对于提升干管，经验上粗糙系数与流速有关：

$$k_s\approx0.3v^{-0.93} \tag{8.14}$$

一般采用的粗糙系数（k_s）值　　　　表 8.1

管道材料	k_s 的范围(mm)	
	新材料	老材料
黏土	0.03~0.15	0.3~3.0
PVC-U(以及其他聚合物)	0.03~0.06	0.15~1.50
混凝土	0.06~1.50	1.5~6.0
纤维水泥	0.015~0.030	0.6~6.0
砌砖工程——良好状态	0.6~6.0	3.0~15
砌砖工程——不良状态	—	15~30
提升干管	0.03~0.60	

8.2.5 局部损失

局部损失发生在流体干扰点上，实际工程中常遇到的有断面突然扩大或缩小，管（或渠）道的弯曲及在其内设置障碍（如闸阀等）。流体经过这些局部地区，由于惯性力处于支配地位，流动不能像边壁那样突然转折，因此在边壁突变的地方出现主流与边壁脱离，形成漩涡区，这是引起局部损失的主要原因。另外，漩涡区产生的涡体不断被主流带向下游，还将加剧下游一定范围内的能量损失。一般将局部损失写成与单位动能（速度水头）关系的形式，即

$$h_{local}=k_L\frac{v^2}{2g} \tag{8.15}$$

式中　h_{local}——局部水头损失（m）；

　　　　k_L——特定配件的常数。

重力流排水管道中，局部损失常发生在检查井内，只有在系统超载的情况下，它才表现得显著。

设计中应用的 k_L 值见表 8.2。

管渠中一些部位的局部水头损失常数 k_L 值

表 8.2

配　件	k_L	配　件	k_L
管道进口（锐角边缘）	0.50	90°弯管（长）	0.2
管道进口（略圆）	0.25	重力流排水管道中的直进检查井（非满流）	<0.1
管道进口（钟形口）	0.05	重力流排水管道中的直进检查井（超载）	0.15
管道出口（突变）	1.0	30°弯头的检查井（超载）	0.5
90°弯管（"弯管"—急弯）	1.0	60°弯头的检查井（超载）	1.0

流速未知情况下的设计计算，可以采用一种与式（8.15）不同的表示局部损失方法，即应用管道的当量长度，把管道的局部损失段以管道的长度表示。当量长度与实际管长相加后，与水力坡度相乘即得总能量损失。

将局部损失与沿程阻力系数 λ 相关，有助于管道系统的计算。式（8.11）与式（8.15）合并后得：

$$总能量损失 = \frac{\lambda L}{D}\frac{v^2}{2g} + k_L\frac{v^2}{2g}$$

因此，如果把当量长度 L_E 加到 L 上，就可以替代局部损失，即

$$\frac{L_E}{D} = \frac{k_L}{\lambda} \tag{8.16}$$

在粗糙区（见图 8.5），L_E 与 v 无关，但在过渡内，L_E 将与速度 v 相关（因为 λ 受到 Re 的影响）。由于

$$\lambda = \frac{S_f D 2g}{v^2}$$

得到 $L_E = \frac{k_L}{S_f}\frac{v^2}{2g}$

【例 8.3】 一个具有弯头的超载检查井，其局部损失常数 $k_L = 1.0$。求管道管径为（1）300mm 或（2）600mm 时的 $\frac{L_E}{D}$（假定它与流速无关，两者的 k_s 均为 1.5mm）。确定两种情况下独立于流速的当量长度（假定运动黏度系数 $= 1.14 \times 10^{-6} m^2/s$）。

解：（1）$\frac{k_s}{D} = \frac{1.5}{300} = 0.005$

紊流粗糙区当量长度与流速无关。查莫迪图（图 8.5）得 $\lambda = 0.03$，因此（由式（8.16））

$$\frac{L_E}{D} = \frac{k_L}{\lambda} = \frac{1.0}{0.03} = 33$$

如果 Re 大于 200000，这是合理的，也就是说，流速大于 0.76m/s。

8.2 有压管流

（2）$\dfrac{k_s}{D} = \dfrac{1.5}{600} = 0.0025$

紊流粗糙区当量长度与流速无关。查莫迪图（图 8.5）得 $\lambda = 0.025$，因此

$$\frac{L_E}{D} = \frac{k_L}{\lambda} = \frac{1.0}{0.025} = 40$$

如果 Re 大于 500000，这是合理的，也就是说，流速大于 0.95m/s。

8.3　非满管道流

城市排水管道中经常遇到的是非满管道流，水力分类为明渠流。这类管道内的流动具有自由表面，即表面压强为大气压。

在均匀恒定重力流中，流体和管壁之间摩擦消耗的能量与沿管道长度的水头降落量平衡。也就是说，如果管渠有一个坡度，由阻力消耗的能量应等于沿长度方向渠底标高的降落量。管渠越陡，能量坡度就越大。

在均匀流条件、表面气压为大气压时，管道内水深和流速保持恒定，这样总水头线和测压管水头线将与管底平行，且测压管水头线与水面线重合（图 8.6）。

8.3.1　一些几何和水力要素

在图 8.7 中表示了非满管流的一些特性，这些特性的定义见表 8.3。

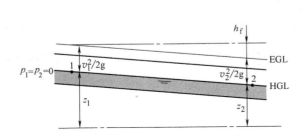

图 8.6　非满管道流的总水头线和测压管水头线

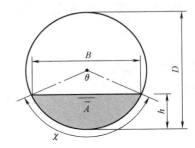

图 8.7　圆形管道几何要素的定义

圆形管道的几何要素			表 8.3
特性	符号	定义	常用单位
水深	h	超出渠底的水面高度	m
面积	A	水流的过水断面积	m²
湿周	χ	过流断面与边界表面相接触的周界	m
水力半径	R	单位湿周上的面积	m
水面宽度	B	水面宽度	m
水力平均深度	d_m	过水断面积与水面宽度之比	m

水力半径的定义为

$$R = \frac{A}{\chi}$$

（8.17）

式中　A——过流断面的面积（m²）；

　　　χ——过流断面与边界（如固体）表面相接触的周界，称湿周（m）。

水力半径是一个很重要的概念，它越大，越有利于过流。有压圆管流的水力半径为

$$R = \frac{A}{\chi} = \frac{\pi D^2/4}{\pi D} = \frac{D}{4} \tag{8.18}$$

式中　D——管径（m）。

【例8.4】 有一直径为300mm的圆形管道，为半满状态。计算 h、A、χ、R、B 和 d_m。

解： 根据特性定义（表8.3）和圆形断面几何特征，有

$D = 0.3\text{m}$

$h = 0.15\text{m}$

$A = \frac{1}{2} \cdot \frac{\pi D^2}{4} = \frac{1}{2} \cdot \frac{\pi 0.3^2}{4} = 0.0353\text{m}^2$

$\chi = \frac{\pi D}{2} = \frac{\pi 0.3}{2} = 0.471\text{m}$

$R = \frac{A}{\chi} = \frac{0.0353}{0.471} = 0.075\text{m}$

$B = D = 0.3\text{m}$

$d_m = \frac{A}{B} = \frac{0.0353}{0.3} = 0.118\text{m}$

排水管道中最常用的是圆形断面，因此需要了解它的水力状况，以及在各种深度范围内其流量的变化情况。

图8.7表示了直径为 D、水深为 h 的管道断面示意图。自由表面中心角为 θ。在几何上，θ 与水深充满度 d/D 有关：

$$\theta = 2\arccos\left(1 - \frac{2h}{D}\right) \tag{8.19}$$

由 D 和 θ 得到的面积（A）、湿周（χ）、水力半径（R）、水面宽度（B）和水力平均深度（h）的表达式（表8.4）。

非满流圆管中几何要素的表达式　　　　　　　　　　　　　　**表8.4**

参数	表达式	参数	表达式
A	$\frac{D^2}{8}(\theta - \sin\theta)$	B	$D\sin\frac{\theta}{2}$
χ	$\frac{D\theta}{2}$	h	$\frac{D}{2}\left(1 - \cos\frac{\theta}{2}\right)$
R	$\frac{A}{\chi} = \frac{D}{4}\left[\frac{\theta - \sin\theta}{\theta}\right]$	d_m	$\frac{D(\theta - \sin\theta)}{8\sin(\theta/2)}$

根据表8.4中的关系，在图8.8和表8.5中给出了非满管流的水深、过水断面面积、湿周和水力半径与满管流之间的无量纲关系（即 h/D、χ/χ_0、A/A_0 和 R/R_0），也表示了流速比 v/v_0 和流量比 Q/Q_0（其中 v 和 Q 分别是非满管流的流速和流量，v_0 和 Q_0 分别是满管流的流速和流量）。v/v_0 和 Q/Q_0 曲线与采用的沿程损失公式相关，这里采用了曼宁公式（见第9.3.1节部分）。

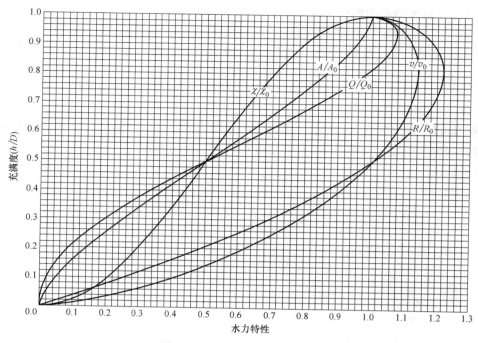

图 8.8 非满流圆管水力特性

圆形管渠非满流水力计算表   表 8.5

$\dfrac{h}{D}$	$\dfrac{\chi}{\chi_0}$	$\dfrac{A}{A_0}$	$\dfrac{R}{R_0}$	$\dfrac{Q}{Q_0}$	$\dfrac{v}{v_0}$
0.05	0.144	0.019	0.130	0.005	0.257
0.10	0.205	0.052	0.254	0.021	0.401
0.15	0.253	0.094	0.372	0.049	0.517
0.20	0.295	0.142	0.482	0.088	0.615
0.25	0.333	0.196	0.587	0.137	0.701
0.30	0.369	0.252	0.684	0.196	0.776
0.35	0.403	0.312	0.774	0.263	0.843
0.40	0.436	0.374	0.857	0.337	0.902
0.45	0.468	0.436	0.932	0.417	0.954
0.50	0.500	0.500	1.000	0.500	1.000
0.55	0.532	0.564	1.060	0.586	1.039
0.60	0.564	0.626	1.111	0.672	1.072
0.65	0.597	0.688	1.153	0.756	1.099
0.70	0.631	0.748	1.185	0.837	1.120
0.75	0.667	0.804	1.207	0.912	1.133
0.80	0.705	0.858	*1.217*	0.977	*1.140*
0.85	0.747	0.906	1.213	1.030	1.137
0.90	0.795	0.948	1.192	1.066	1.124

续表

$\dfrac{h}{D}$	$\dfrac{\chi}{\chi^0}$	$\dfrac{A}{A_0}$	$\dfrac{R}{R_0}$	$\dfrac{Q}{Q_0}$	$\dfrac{v}{v_0}$
0.95	0.856	0.981	1.146	**1.075**	1.095
1.00	**1.000**	**1.000**	1.000	1.000	1.000

注：粗斜体字表示为最大值或接近最大值。

在非满流管道中，最大流量和流速并不是发生在满管流时，而是发生在稍微低于满管时，其原因是圆形断面影响了水力半径的变化。在低流量时，湿周与过水断面积相比很高，导致低的流速。速度随着水深增加，直到最大水深，在湿周的增加再次与过流断面相比很高时，将导致流速的降落。最终流量也将降落，由于流量是过流断面积和流速的乘积。由图 8.8 可见，当充满度 $\dfrac{h}{D}=0.94$ 时，管中流量最大，为满管流流量的 1.08 倍；当充满度 $\dfrac{h}{D}=0.81$ 时，管中流速最大，为满管流流速的 1.14 倍。尽管理论说明管道运行超过 80% 时，可提供额外的过水能力，但因为管道内出现的瞬间高流量，可能引起管道满流，此时又限制了过水能力，因此排水管道最大设计充满度一般小于 0.80。

【例 8.5】 如果混凝土管道粗糙系数 $n=0.013$，管道坡度 i 为 0.003，在充满度为 0.60 输送污水流量为 70L/s，试确定该管道直径。

解： 由表 8.5，当充满度为 0.60 时，$Q/Q_0=0.672$

已知充满度为 0.60 时的流量 Q 为 70L/s 即 0.07m³/s，因此在相应满管时的流量 $Q_0=Q/0.672=0.05/0.672=0.104$m³/s

由公式 $Q_0=\dfrac{1}{n}A_0R_0^{2/3}i^{1/2}=\dfrac{1}{n}\dfrac{\pi\cdot D_0^{8/3}}{4^{5/3}}\cdot i^{1/2}$ 得

$D_0=\left(\dfrac{Q_0n4^{5/3}}{\pi\cdot i^{1/2}}\right)^{3/8}=\left(\dfrac{0.104\times0.013\times10.079}{3.14\times(0.003)^{1/2}}\right)^{3/8}=0.386$m（该直径不是规格管径，将需要进一步调整）

【例 8.6】 管道直径 1.0m（$n=0.013$），坡度为 0.1%。求流量 2m³/s 时的水深 y。

解：

步骤 1：利用曼宁公式计算满管能力，对于

$D=1000$mm

对于满管流 $R_0=D/4=0.25$m

$$Q_0=\dfrac{1}{n}A_0R_0^{2/3}i^{1/2}=(1)^2(0.25)^{2/3}(0.01)^{1/2}/0.013=2.4\text{m}^3/\text{s}$$

步骤 2：获得流量比 $Q/Q_0=2/2.4=0.83$

步骤 3：由图 8.8 的"流量"曲线，求相应充满度度 $h/D=0.68$。于是正常深度给出为：$h=0.68\times1=0.68$m

【例 8.7】 流量范围的设计。设计的管道（$n=0.013$），输送最小流量 0.12m³/s；结合流速不小于 1.0m/s，最大流量 0.6m³/s，没有超载。计算可利用的最平缓坡度。

解：

步骤 1：假设 $Q_0=Q_{max}=0.6$；$Q_{min}/Q_0=0.12/0.6=0.2$

步骤 2：它对应于 $h/D=0.31$，这时对应于流速比 $V_{min}/V_0=0.78$（图 8.8）。于是对应于 $V_{min}=1.0m/s$ 的满管流速为：$V_0=1.0/0.78=1.28m/s$

步骤 3：需要的满管流断面积为：

$A=Q_{max}/V_0=0.6/1.28=0.47m^2$，于是 $D=(4A/\pi)^{1/2}=0.77m$

步骤 4：假设商业尺寸增量为 50mm，必须圆整所选尺寸（为了保证 $V_{min}>1.0m/s$）到 750mm

步骤 5：于是根据曼宁公式获得的必要坡度为

$$S_0=S_f=\frac{Q^2n^2}{A^2R^{4/3}}$$

式中 $A=\pi D^2/4=0.38m^2$，$R=D/4=0.175m$

于是需要的坡度为 $S_0=0.0043$，近似为 0.4%。

8.3.2　超载

超载指设计为满流或非满流管道，输送了有压流（例如，发生在洪水流量超过设计能力时）的现象。排水管道的超载有两种方式，通常指"管道超载"和"检查井越顶"。

图 8.9（a）是排水管道的纵剖面图（没有超载）。这时水力坡度与水面重合（且平行于管底）。如果进入排水管道的流量增加，这样会带来管道内水深的增加。

现在假设图 8.9（b）转输了刚好小于满流的最大流量。如果排水管道的流量增加，管道的通水能力难以依靠水深增加。因为管道通水能力是直径、粗糙度和水力坡度的函数。为了增加通水能力，只能依靠水力坡度的变化。接下来新的水力坡度必须大于管底坡度，结果造成了管道超载，见图 8.9（b）。检查井处的局部水力损失加剧了能量损失。

如果进流继续增加，水力坡度将相应增加。将要出现的是水力坡度超过地面标高，检查井盖被冲开，污水流到地面，引起"检查井越顶"。

从图 8.9（a）转化到图 8.9（b）的状态是突发性的。管道的最大流量小于满流，如果管道在此最大水平运行，流量的略微增加或小的干扰将会导致管道水深的突发增大，这不仅仅充满整个管道断面，而且使水力坡度超过管底坡度 S_0。

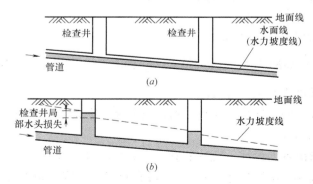

图 8.9　排水管道中的水流状态

（a）非满管流；（b）满管流

8.3.3 流速剖面图

在管道断面的不同部位流速分布是不同的，它在边界处最小，逐渐向中心增大。水深小时最大流速可能在水面，水深较大时最大流速在水面之下某一点（图 8.10）。管底存在的沉积物将会影响流速剖面分布情况。

当考虑到过水断面特定部位的各类固体时，这些剖面线是很重要的（悬浮固体接近表面，重度较大固体接近于管底）。

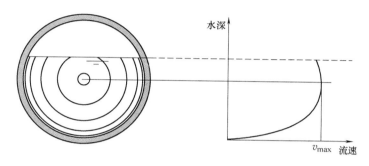

图 8.10　非满流管道的流速剖面图

8.3.4 切应力

与固体沉积/腐蚀相关的潜在重要参数是边界剪切应力。当水体流过管渠的刚性边界时，它受到水流方向的平均切应力或阻力 τ_0（N/m²），为：

$$\tau_0 = \rho g R S_0 \tag{8.20}$$

假设 $D = 4R$，代入式（8.11），得：

$$\tau_0 = \frac{\rho \lambda v^2}{8} \tag{8.21}$$

说明了剪切应力与沿程阻力为线性关系，与流速为二次方关系。由于流速不同，切应力在边界分布并不均匀。

8.4 明 渠 流

在均匀自由表面流中，当水深为正常水深时，总水头线、测压管水头线和渠底（或管内底）全都平行。然而在一些情况下，例如管渠坡度、直径或粗糙度的改变，此时非均匀流状况明显，这些线将不再平行。

8.4.1 断面单位能量

如果渠道底部作为基准面（代替某一水平面），则明渠流的任一过流断面上，单位重量液体相对于渠底的总机械能为（图 8.11）：

$$H=\frac{p}{\rho g}+\frac{v^2}{2g}+z=\frac{\rho g h}{\rho g}+\frac{v^2}{2g}+x=h+x+\frac{v^2}{2g}$$

断面单位能量或比能定义为：

$$E=d+\frac{v^2}{2g}=d+\frac{Q^2}{2gA^2} \tag{8.22}$$

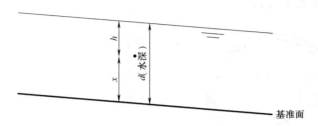

图 8.11　渠道比能示意图

这样，对于给定的流量，E 仅是深度 d 的函数（因为过水断面积 A 也是深度 d 的函数）。根据式（8.22）可以绘出深度——比能曲线图（图 8.12），从该图上可以看出，对于同一比能，可能产生两个深度值。实际的深度将由渠道的坡度和摩擦阻力决定，而且与渠道的自然条件相关。在临界深度 d_c，对于给定的流量 Q，比能最小。

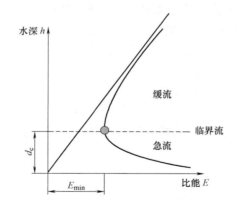

图 8.12　给定流量条件下水深与比能的关系曲线图

8.4.2　临界流、缓流和急流

无量纲弗汝德数（Fr）表示为：

$$Fr=\frac{v}{\sqrt{gd_m}} \tag{8.23}$$

式中 d_m——水力平均深度。

弗汝德数反映了惯性力与重力之比值。从式（8.23）可以看出，在临界深度时，$Fr=1$。如果 $Fr>1$，为急流，水深小而流速高。如果 $Fr<1$，为缓流，水深大而流速小。

临界流速 v_c 为：

$$v_c=\sqrt{gd_m}\tag{8.24}$$

原则上，该等式应能够计算临界深度。可是对于圆形管渠，并没有简单的解析解。在计算公式基础上，可用计算机、图表或近似公式求解（见图 8.13）。

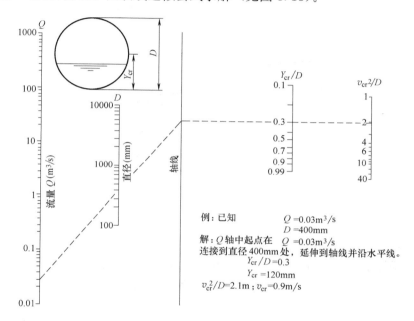

图 8.13　圆形管渠的临界流量与临界流速

8.4.3　渐变流

当必须考虑到水深随距离的变化时，水面曲线的详细分析是需要的。做法是把渠道长度分成较小的部分，其摩擦损失仍旧可以应用标准公式计算，例如 Colebrook-White 公式。

渐变流的一般公式为：

$$\frac{\mathrm{d}(d)}{\mathrm{d}x}=\frac{S_0-S_f}{1-Fr^2}\tag{8.25}$$

式中　d——水深（m）；

　　　x——纵向长度（m）；

　　　S_0——渠底坡度；

　　　S_f——摩擦坡度；

　　　Fr——弗汝德数。

在排水管渠系统中的渐变流例子见图 8.14。图 8.14（a）是在水流末端有一个"自由出流"——管渠端部的突然跌落，比如进入泵站时。接近于管道端部的水流状态，是临界的，上游很长一段出现"水位下降"的现象（水流处于缓流状态）。这种影响主要发生在缓坡管道中。图 8.14（b）表面在水流越过障碍之前，水深沿程递增，即为"壅水"现象。

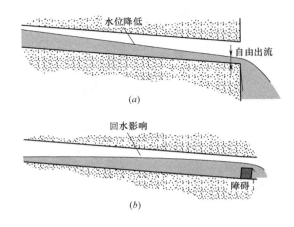

图 8.14　水位降低和壅水现象

8.4.4　急变流

水跃是明渠水流从急流状态过渡到缓流状态时水面突然跃起的局部水力现象（图 8.15）。在水跃发生处，非但流态发生了变化，水流的内部结构也发生了剧烈的变化，这种变化消耗了水流的大量能量。据研究表明，能量消耗有时可达到水跃前断面能量的 $60\%\sim70\%$。

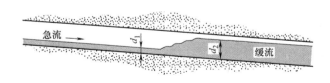

图 8.15　管道中的水跃现象

对于图 8.15 中所示非满管流，d_1 与 d_2 之间的关系没有简单的关系式。1978 年，Straub 应用弗汝德数的近似值建立了经验公式：

$$Fr_1 = (\frac{d_c}{d_1})^{1.93} \qquad (8.26)$$

式中 Fr_1 是上游弗汝德数。

对于 $Fr_1 < 1.7$ 的情况，深度 d_2 为：

$$d_2 = \frac{d_c^2}{d_1} \qquad (8.27)$$

对于 $Fr_1 > 1.7$：

$$d_2 = \frac{d_c^{1.8}}{d_1^{0.73}} \qquad (8.28)$$

通常在排水系统中应避免水跃，因为它们可能会对排水管道材料造成侵蚀。如果不可避免，则必须确定出它们的位置，以采取适当的防冲措施。

第9章 污水管道系统设计

污水管道系统由收集和输送城市污水的管道及其附属构筑物组成。与给水管网的环流贯通情况不同，污水由支管流入干管，由主干管流入污水处理厂，管道由小到大，分布类似河流，呈树枝状（图9.1）。污水最基本的输送方式是依靠重力，管道敷设中具有一定的向下坡度；由于不需要额外动力，它是一种维护管理费用很低的收集方式。但在平坦地区，随着污水向下游流动，管道埋深增大，建设费用也在增加。

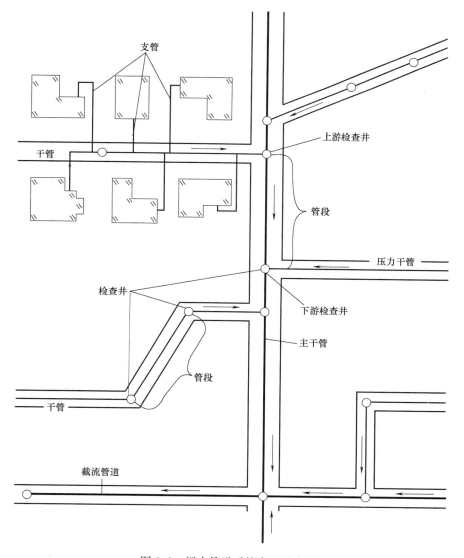

图 9.1 污水管道系统布置示意图

进入管道的生活污水是由不同类型的卫生器具随机使用产生。每一种卫生器具污水的排放历时较短，通常以秒（s）或分钟（min）计，具有间断性和水力不稳定性。但在污水管道下游，通常观测到的污水是连续的，且在一天内流量变化较小。在排水管网中可能具有连续流动与间歇流动的分界线，由于一天内各种卫生器具使用时段的不同，连续流动与间歇流动的分界线并不是固定于某一特定管道断面。即使在最大连续流量状态，整个管道的输水能力也不可能被充分利用。

污水管道系统的设计是依据批准的当地城镇（地区）总体规划及排水工程总体规划进行的。设计的主要内容和深度应按照基本建设程序及有关的设计规定、规程确定。通常，污水管道系统的主要设计内容包括：

1）设计基础数据（包括设计地区面积、设计人口数、污水定额、防洪标准、管道材料、设计计算方法等）的确定；

2）污水管道系统的平面布置和管道定线；

3）污水管道设计流量计算和水力计算：①计算设计管段的设计流量；②尝试确定设计管段的坡度和管径；③执行水力分析，检查管段的充满度和流速是否满足设计要求；④必要情况下调整设计管段的坡度和管径，返回至③；

4）污水管道系统上某些附属构筑物，如污水中途泵站，倒虹管、管线桥等的设计计算；

5）污水管道在街道横断面上位置的确定；

6）绘制排水管道系统平面图和纵剖面图。

为了满足系统需求，其中污水管道设计流量计算和水力计算将是一个反复试算的过程。

9.1　设计资料调查

污水管道系统的规划设计必须以可靠的资料为依据。设计人员接受设计任务后，须作一系列的准备工作。一般应先了解、研究设计任务书或批准文件的内容，明确工程的范围和要求，赴现场踏勘，然后分析、核实、收集、补充有关的基础资料。排水工程设计时，通常需要有以下几方面的基础资料。

（1）有关明确任务的资料

凡进行城镇（地区）的排水工程新建、改建或扩建工程的设计，一般需要了解与工程有关的城镇（地区）的总体规划以及道路、交通、给水、排水、电力、电信、防洪、环保、燃气、园林绿化等各项专业工程的规划。这样可进一步明确本工程的设计范围、设计期限、设计人口数；拟用的排水体制；污水处置方式；受纳水体的位置及防止污染的要求；各类污水量定额及其主要水质指标；现有雨水、污水管道系统的走向，排出口位置和高程，存在问题；与给水、电力、电信、燃气等工程管线及其他市政设施可能的交叉；工程投资情况等。

（2）有关自然因素方面的资料

1）地形图。进行大型排水工程设计时，在初步设计阶段要求有设计地区和周围 25～30km 范围的总地形图，比例尺为 1：1000～1：25000，等高线间距 1～2m。中小型设计，要求有设计地区总平面图，城镇可采用比例尺 1：5000～1：10000，等高线间距 1～2m；工厂可采用比例尺 1：500～1：2000，等高线间距为 0.5～2m。在施工图阶段，要求有比例尺 1：500～1：2000 的街区平面图，等高线间距 0.5～1m；设置排水管道的沿线带状地形图，比例尺 1：200～1：1000；拟建排水泵站和污水厂处，管道穿越河流、铁路等障碍物的地形图要求更加详细，比例尺通常采用 1：100～1：500；等高线间距 0.5～1m。另还需排出口附近河床横断面图。地面勘测和等高线地图和航空图片的检查，将保证排水管渠、排水管道和提升干管的初步定线，以便在准备详细布局和纵断面图之前，可以确定一般可行性的建议。

2）气象资料。包括设计地区的气温（平均气温、极端最高气温和最低气温）、风向和风速、降雨量资料或当地的雨量公式、日照情况、空气湿度等。

3）水文资料。包括接纳污水河流的流量、流速、水位记录、水面比降、洪水情况和河水水温、水质分析化验资料，城市、工业区水及排污情况，河流利用情况及整治规划情况。

4）地质资料。主要包括设计地区的地表组成物质及其承载力；地下水分布及其水位、水质；管道沿线的地质柱状图；当地的地震烈度资料。

（3）有关工程情况的资料

包括道路的现状和规划，如道路等级、路面宽度及材料；地面建筑物和地铁、其他地下建筑的位置和高程；给水、排水、电力、电信电缆、燃气等各种地下管线的位置；本地区建筑材料、管道制品、电力供应的情况和价格；建筑、安装单位的等级和装备情况等。

污水管道系统设计所需的资料范围比较广泛，其中有些资料虽然可由建设单位提供，但往往不够完整，个别地方不够准确。为了取得准确可靠且充分的设计基础资料，设计人员必须到现场进行实地调查踏勘，必要时还应去提供原始资料的气象、水文、勘测等部门查询，将收集到的资料进行整理分析、补充完善。

9.2 污水设计总流量确定

污水管道设计中，应考虑平均、高峰和最小流量。通过确定或选择污水平均流量和高峰流量因子，获得高峰流量，用于选择管道尺寸。为防止排水管道中的固体沉淀，最小流量用于确定是否可以维护特定流速。合理确定设计流量是污水管道系统设计的主要内容之一，也是做好设计的关键。

9.2.1 设计年限的选择

排水管渠一般使用年限较长、改建困难，因此应按远期水量设计。在设计上，由于管道的重要程度不同，其设计年限也有差异，一般城市主干管的设计年限要长，基本应一次建成后在相当长时间不再扩建。次干管、支管、接户管按年限可依次略微降低（表 9.1）。至于远期的具体年限应与城市总体规划相协调。

城市排水系统设计使用年限的选择一般考虑以下因素：①建（构）筑物和机电设备的使用寿命；②系统将来扩展的可能性；③居民、商业和工业发展趋势；④经济因素等。通常认为在整个设计年限内的状态估计越准确越好。英国 Butler 和 Davies（2000 年）在《Urban Drainage》一书中建议考虑以 25～50 年为设计年限。高廷耀教授在《水污染控制工程》（2000 年）中建议考虑以 20～30 年为设计年限。

排水工程的设计年限　　　　　　　　　　　　　　　　　表 9.1

排水设施类型	特　征	设计年限(a)	期望寿命(a)
处理厂			
固定设施	扩建/替换困难且成本高昂	20～25	50+
设备	容易更新/替换	10～15	10～20
收集系统			
直径大于 600mm 的主干管和截流干管	替换成本高昂且困难	20～25	60+
直径不超过 300mm 的支管	容易更新/替换	—	40～50

9.2.2　生活污水设计流量

（1）居住区生活污水设计流量按下式计算

$$Q_1 = \frac{n \cdot N \cdot K_z}{24 \times 3600}$$

（9.1）

式中　Q_1——居住区生活污水设计流量（L/s）；

　　　n——居住区生活污水定额（L/(人·d)）；

　　　N——设计人口数；

　　　K_z——生活污水量总变化系数。

1）居住区生活污水定额。居住区生活污水定额可参考居民生活用水定额或综合生活用水定额。

① 居民生活污水定额。居民每人每天日常生活中洗涤、冲厕、洗澡等产生的污水量（L/(人·d)）。

② 综合生活污水定额。它指居民生活污水和公共设施（包括娱乐场所、宾馆、浴室、商业网点、学校和机关办公室等地方）排出污水两部分的总和（L/(人·d)）。

居民生活污水定额和综合污水定额应根据当地采用的用水定额，结合建筑内部的排水设施水平和排水系统普及程度等因素确定。在按用水定额确定我国污水定额时，排水系统完善的地区可按用水定额的 90% 计，一般地区可按用水定额的 80% 计。

学校和医院等建筑物的特殊许可排水设计可参照表 9.2。

各种来源污水的日流量和污染负荷　　　　　　　　　　　　表 9.2

类型	流量(L/d)	BOD$_5$负荷(g/d)	计量单位
走读学校	50～100	20～30	每学生
寄宿学校	150～200	30～60	每学生
医院	500～750	110～150	每床位
疗养所	300～400	60～80	每床位
体育中心	10～30	10～20	每客

2）设计人口。设计人口指污水排水系统设计期限终期的规划人口数，它是计算污水设计流量的基本数据。该值是由城镇（地区）的总体规划确定的。由于城镇性质或规模不同，城市工业、仓储、交通运输、生活居住用地分别占城镇总用地的比例和指标有所不同。因此，计算污水管道服务的设计人口时，常用人口密度与服务面积相乘得到。

人口密度表示人口分布的情况，是指住在单位面积上的人口数，以人/hm² 表示。若人口密度所用的地区面积包括街道、公园、运动场、水体等在内时，该人口密度称作总人口密度。若所用的面积只是街区内的建筑面积时，计算污水量是根据总人口密度计算的。而在技术设计或施工图设计时，一般采用街区人口密度计算。

3）生活污水量总变化系数。为使污水管道免于出现超负荷现象，需要满足一定的服务和风险标准。事实上，由于城市排水工程有关技术经济资料匮乏，加以地区差异很大，一般城市排水工程很难进行技术经济分析，其服务和风险标准仅仅依靠经验判断。在大型污水管道设计中，生活污水量变化系数就体现了满足服务的水平。

实际上管道中的污水流量随时随地发生着变化。在时间上，夏季与冬季污水量不同，一日中，日间和夜间的污水量不同，日间各小时的污水量也有很大的差异。一般来说，居住区的污水量在凌晨几个小时最小，上午 6~8 点和下午 5~8 点流量较大。就是在一小时内，污水量也是有变化的。

在空间上，污水流量的变化情况随着人口数的变化而定。在采用同一污水定额的地区，上游管道由于服务人口少，管道中出现的最大流量与平均流量的比值较大。而在下游管道中，服务人口多，来自各排水地区的污水由于流行时间不同，高峰流量得到削减，最大流量与平均流量的比值较小，流量变化幅度小于上游管道。即使在同一条管道中，由于管道对污水的贮存、混合作用，管道下游部位的流量变化也要比管道上游部位为小（图 9.2）。

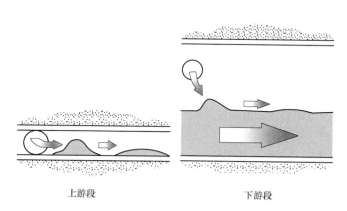

上游段　　　　　　　　　　下游段

图 9.2　污水管道水力状况示意图

此外，影响污水流量变化形式的因素还包括管道内的地下水渗入、中途泵站的设置数量和操作状况等。

在现有排水管道系统中，一般采用计算模型判断以上因素对流量变化形式的影响程度。对于新建污水管道系统，污水量的变化程度在设计中通常用总变化系数表示。《室外排水设计规范》GB 50014—2006 采用的综合生活污水量总变化系数值见表 9.3。

综合生活污水量总变化系数　　　　　　　　　　　　表 9.3

污水平均日流量(L/s)	5	15	40	70	100	200	500	≥1000
总变化系数(K_z)	2.3	2.0	1.8	1.7	1.6	1.5	1.4	1.3

注：1. 当污水平均日流量为中间数值时，总变化系数用内插法求得；

　　2. 当居民区有实际生活污水量变化资料时，可按实际数据采用。

此外，流量变化系数（P_F）也可以表示与人口的关系：

$$P_F = \frac{a}{P^b} \tag{9.2}$$

式中　P——服务人口，以 1000 人的倍数计；

　　　a，b——常数。

其他类似公式见表 9.4。

流量变化系数　　　　　　　　　　　　表 9.4

类型	公式	注释	编号
Harman 公式	$1 + \dfrac{14}{4+\sqrt{P}}$	1	式(9.3(a))
Grifft 公式	$\dfrac{5}{P^{1/6}}$	1	式(9.3(b))
Babbitt 公式	$\dfrac{5}{P^{1/5}}$	1	式(9.3(c))
Gaines 公式 a	$2.18Q^{-0.064}$	2	式(9.3(d))
Gaines 公式 b	$5.16Q^{-0.060}$	2	式(9.3(e))
BS EN 752 公式	6	—	
国内常用公式	$2.7Q^{-1.1}$	2	式(9.3(f))

注：注释 1 表示人口 P 以 10^3 人计；注释 2 表示流量 Q 以 L/s 计。

图 9.3 中所示曲线是根据对美国很多城镇污水流量记录数据分析结果绘制的，该曲线的编制依据为住宅平均流量，其中包括少量商业和工业废水，但不包括渗入和进流。

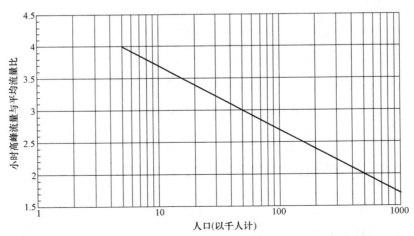

图 9.3　高峰流量系数曲线（小时高峰流量与日平均流量的比值）

【例 9.1】 一分流制污水管道系统，服务人口为 350000。应用 Grifft 公式和国内常用公式计算管道出水口处的最高污水流量（不包括渗入量）。其中人均日流量 150L。

解： 日均流量＝(350000×150)/(3600×24)＝608L/s

应用 Grifft 公式（式 9.3（b））计算：

$$P_F = \frac{5}{P^{1/6}} = \frac{5}{350^{1/6}} = 1.88$$

最大污水流量＝1.88×608＝1145L/s。

应用国内常用公式（式 9.3（f））计算：

$$P_F = 2.7/608^{0.11} = 1.33$$

最大污水流量＝1.33×608＝811L/s。

该例说明应用不同的公式所求得的结果显然不同。

（2）工业企业生活污水及淋浴污水的设计流量按下式计算：

$$Q_2 = \frac{A_1 B_1 K_1 + A_2 B_2 K_2}{3600T} + \frac{C_1 D_1 + C_2 D_2}{3600} \tag{9.4}$$

式中　Q_2——工业企业生活污水及淋浴污水设计流量（L/s）；

　　　A_1——一般车间最大班职工人数（人）；

　　　A_2——热车间最大班职工人数（人）；

　　　B_1——一般车间职工生活污水定额，以 25L/(人·班) 计；

　　　B_2——热车间职工生活污水定额，以 35L/(人·班) 计；

　　　K_1——一般车间生活污水量时变化系数，以 3.0 计；

　　　K_2——热车间生活污水量时变化系数，以 2.5 计；

　　　C_1——一般车间最大班使用淋浴的职工人数（人）；

　　　C_2——热车间最大班使用淋浴的职工人数（人）；

　　　D_1——一般车间的淋浴污水定额，以 40L/(人·班) 计；

　　　D_2——高温、污染严重车间的淋浴污水定额，以 60L/(人·班) 计；

　　　T——每班工作时数（h）。

淋浴时间以 60min 计。有文献指出，由工业设施内排出的生活污水（工业废水）的平均流量可能介于 30~95L/(人·d)。

9.2.3　工业废水设计流量

工业废水设计流量按下式计算：

$$Q_3 = \frac{m \cdot M \cdot K_z}{3600T} \tag{9.5}$$

式中　Q_3——工业废水设计流量（L/s）；

　　　m——生产过程中每单位产品的废水量（L/单位产品）；

　　　M——产品的平均日产量；

　　　T——每日生产时数；

　　　K_z——总变化系数。

工业废水量标准是指生产单位产品或加工单位数量原料所排出的平均水量。现有工业企业的废水量标准可根据实测现有车间的废水量求得。在设计新建工业企业时，可参考与其生产工艺过程相似的现有工业企业的数据确定。当工业废水量标准的资料有时不易取得时，可采用工业用水量标准（生产每单位产品的平均用水量），作为依据估计废水量。各工厂的工业废水量标准有很大差别，当生产过程中采用循环给水系统时，废水量较直流给水系统时会有显著降低。因而，工业废水量取决于生产种类、生产过程、单位产品用水量以及给水系统等。

有文献指出，在没有采用或很少采用湿法生产工艺的工业区，用于估算废水流量的典型设计值，小型工业区一般为 $7.5 \sim 14 m^3/(hm^2 \cdot d)$；中型工业开发区一般为 $14 \sim 28 m^3/(hm^2 \cdot d)$。对于内部未设置水循环使用或回用措施工业企业，其废水量可假定为各个单元操作和过程中用水量的 $85\% \sim 90\%$；对于内部设有水回用措施的大型工业企业，必须根据实际用水记录资料分别计算。

9.2.4　地下水渗入量

因当地土质、地下水位、管道和接口材料以及施工质量、管道运行时间等因素的影响，当地下水位高于排水管渠时，排水系统设计应适当考虑入渗地下水量。入渗地下水量 Q_4 宜根据测定资料确定，一般按单位管长和管径的入渗地下水量计，也可按平均日综合生活污水和工业废水总量的 $10\% \sim 15\%$ 计，还可按每天每单位服务面积入渗的地下水量计。中国市政工程中南设计研究院和广州市市政园林局测定过，管径为 $1000 \sim 1350mm$ 的新铺钢筋混凝土管渗入地下水量，结果为：地下水位高于管底 3.2m，渗入量为 $94 m^3/(km \cdot d)$；高于管底 4.2m，渗入量为 $196 m^3/(km \cdot d)$；高于管底 6m，渗入量为 $800 m^3/(km \cdot d)$；高于管底 6.9m，渗入量为 $1850 m^3/(km \cdot d)$。上海某泵站冬夏两次测定，冬季为 $3800 m^3/(hm^2 \cdot d)$；夏季为 $6300 m^3/(hm^2 \cdot d)$；日本《下水道设施设计指南与解说》（日本下水道协会，2001 年）规定采用经验数据，按每人每日最大污水量的 $10\% \sim 20\%$ 计；英国《污水处理厂》BSEN 12255 建议按观测现有管道的夜间流量进行估算；德国 ATV 标准（德国废水工程协会，2000 年）规定渗入水量不大于 $0.15 L/(s \cdot hm^2)$，如大于则应采取措施减少渗入；美国按 $0.01 \sim 1.0 m^3/(d \cdot mm - km)$（mm 为管径，km 为管长）计，或按 $0.2 \sim 28 m^3/(hm^2 \cdot d)$ 计。

9.2.5　城市污水设计总流量计算

城市污水总的设计流量是居住区生活污水、工业企业生活污水和工业废水设计流量三部分之和。在地下水位较高地区，还应加入地下水渗入量。因此，城市污水设计总流量一般为：

$$Q = Q_1 + Q_2 + Q_3 + Q_4 \tag{9.6}$$

上述确定污水总设计流量的方法，是假定排出的各种污水都在同一时间内出现最大流量的，污水管道设计采用这种简单累加方法计算流量。但在设计污水泵站和污水厂时，如果也采用各项污水最大时流量之和作为设计依据，将很不经济。因为各种污水最大时流量同时发生的可能性很少，各种污水流量汇合时，可能互相调节，而使流量高峰降低，这样就必须考虑各种污水流量的逐时变化。也就是说，要知道一天中各种污水每小时的流量，然后将相同小时的各种流量相加，求出一日中流量的逐时变化，取最大时流量作为总设计流量。按这种综合流量计算法求得的最大污水量，作为污水泵站和污水厂处理构筑物的设计流量，是比较经济合理的。当缺乏污水量逐时变化资料时，一般采用公式（9.6）计算设计流量。

【例 9.2】 设计流量预测：一现有居民为 15000 人的居住区正在计划扩建污水处理厂。预计 20 年内居民将增加至 25000 人，并有 2000 名走读学生进入一所拟建的小学读书；同时还将迁入一座工厂，工业废水平均流量为 1260m³/d，工厂每天生产 8h，每周停产一天。该居住区现有污水日平均流量为 6500m³/d，渗入和进流尚未过量，平均渗入率估计为 100L/（人·d），高峰渗入率为 150L/（人·d）。新入住家庭由于安装节水设备和器具，预估人均用水量比原有居民可减少 10%，试计算远期平均，高峰和最小设计流量。住宅高峰流量计算时拟采用高峰系数 2.75，并假定最小流量与平均流量的比值为 0.35。

解：
（1）计算当前和远期人均污水流量
1）根据当前条件，计算生活污水平均流量（不包括渗入）
① 计算渗入量

$$渗入量 = 15000人 \times 100L/（人·d） \times \frac{1m^3}{1000L} = 1\,500m^3/d$$

② 计算生活污水平均流量

$$生活污水流量 = 总平均流量 - 渗入量$$
$$= 6500 - 1500 = 5000m^3/d$$

2）用现有生活污水流量除以现有人口计算当前人均流量。

$$人均流量 = \frac{(5000m^3/d)}{15000人} = 0.33m^3/（人·d）$$

3）根据远期条件，新入住人均流量较当前值减少 10%。
远期人均流量 = 0.33 × 0.9 = 0.297m³/（人·d）

	流量/（m³/d）
（2）计算远期平均流量	
1）现有居民 =	5000
2）远期居民 = 10000×0.297m³/（人·d）	2970
3）走读学生（假定为 95L/（人·d））	
= 2000×0.095m³/（人·d） =	190
住宅区小计	8160
4）工业废水流量 =	840
5）渗入 =（25000 人）（100L/（人·d））（1m³/10³L） =	2500
6）远期总平均流量 =	11500
（3）计算远期高峰流量	
1）住宅区高峰流量 = 8160×2.75 =	22440
2）工业废水高峰流量 =	1260

3）渗入＝(25000 人)(150L/(人・d))(1m³/10³L)＝ 　　3750
4）远期总高峰流量＝ 　　$\overline{27450}$

（4）计算最小流量

1）住宅区：小流量通常出现在清晨几小时内。远期最小流量（不包括走读学校学生）
　　＝0.35×(5000＋2970)＝ 　　2780
2）工业废水流量（夜间工业设施停车）＝ 　　0
3）渗流＝(25000 人)(100L/(人・d))(1m³/10³L)＝ 　　2500
4）最小总流量＝ 　　$\overline{5280}$

9.2.6　欧洲旱流污水流量和高峰污水流量的计算方法

当主要是生活污水时，英国水和环境管理研究院（the Institution of Water and Environmentalmanagement，IWEM）把旱流流量（DWF）定义为在连续 7 日内不下雨（不含节假日），以及在随后 7 日中任何一日的雨量不超过 0.25mm 的日平均流量。当包含大量工业废水时，DWF 应在主要产品生产时间内计算。具有代表性的理想 DWF 应是夏季和冬季计算值的平均数。这样得到的 DWF 日均流量不会受到雨水的影响，它包括家庭、商业和工业污水，以及渗入量，但不包括雨水的直接流入。DWF 可用以下形式表示：

$$DWF = PG + I + E \qquad (9.7)$$

式中　　DWF——旱流流量（L/d）；

　　　　P——服务人口；

　　　　G——平均每人每日耗水量（L/(人・d)）；

　　　　I——渗入量（L/d）；

　　　　E——24 h 内平均工业废水量（L/d）。

高峰流量的计算有两种方法：一种是采用固定的流量系数；另一种是采用变化的流量系数。

对于固定的流量系数，在《BS EN 752》中建议采用 6，适用于衰减和多样化效应相对较小的汇水面积内。对于较大型的排水管道，符合实际的值为 4。更小的数字 2.5，在合流制排水管道旱流流量预测中使用。

《Sewers for Adoption（采用的排水管道）》中建议，在居民区设计流量应用 4000L/(户・d)（即 0.046L/(户・s)），近似于每户 3 人，每人排放 200L/d，流量系数为 6.0，且具有 10% 的渗入量。

在利用式（9.7）计算 DWF 时，高峰流量的计算方法最好应用流量系数 4，此时为 4(DWF－I)＋I。

一些欧洲国家的污水管道高峰设计流量的计算方法见表 9.5。

一些欧洲国家生活污水高峰设计流量　　　　　　　　　　　　　　表 9.5

国家	高峰设计流量	备　　注
丹麦	每 1000 居民 4～6L/s	取决于汇水面积的尺寸,不包含 50%～100% 的渗入量
法国	(1.5～4.0)×生活污水流量	高峰系数取 1.5～4.0,它取决于排水管道的位置、管道坡度和尺寸以及城镇的规模

续表

国家	高峰设计流量	备 注
德国	每 1000 居民 4L/s	针对排水管道的设计,应增加额外的渗入、非设计流量
	每 1000 居民 4L/s 或 200L/(人·d)	针对污水处理厂和雨水处理的设计
荷兰	—	10%的日均流量
葡萄牙	(2.0~5.0)×生活污水流量	
瑞士	每 1000 居民 6~7L/s	每 1000 居民 8~10L/s,常用于包含了商业流量的
英国	高至 6×生活污水流量	取决于汇水面积,需要额外增加渗入量

9.3 污水管道设计计算

9.3.1 水力计算基本公式

污水管道水力计算的目的,在于合理经济地选择管道断面尺寸、坡度和埋深。由于这种计算是根据水力学规律,所以称作管道的水力计算。如果在设计和施工中注意改善管道的水力条件,可使管内污水的流动状态尽可能地接近均匀流。由于变速流公式计算的复杂性和污水流动的变化不定,即使采用变速流公式也很难保证精确。因此为了简化计算工作,目前在排水管道的水力计算中仍采用均匀流公式。常用的均匀流基本公式为曼宁公式,即:

$$v = \frac{1}{n} \cdot R^{2/3} \cdot I^{1/2} \tag{9.8}$$

$$Q = \frac{1}{n} \cdot A \cdot R^{2/3} \cdot I^{1/2} \tag{9.9}$$

式中　Q——流量（m^3/s）；

　　　A——过水断面面积（m^2）；

　　　v——流速（m/s）；

　　　R——水力半径（过水断面面积与湿周的比值）（m）；

　　　I——水力坡度（等于水面坡度,也等于管底坡度）；

　　　n——管壁粗糙系数,该值根据管渠材料而定（表 9.6）。混凝土和钢筋混凝土污水管道的管壁粗糙系数一般采用 0.014。

排水管渠粗糙系数

表 9.6

管渠类别	粗糙系数 n	管渠类别	粗糙系数 n
PVC-U 管、PE 管、玻璃钢管	0.009~0.011	浆砌砖渠道	0.015
石棉水泥管、钢管	0.012	浆砌块石渠道	0.017
陶土管、铸铁管	0.013	干砌块石渠道	0.020~0.025
混凝土管、钢筋混凝土管、水泥砂浆抹面渠道	0.013~0.014	土明渠（包括带草皮）	0.025~0.030

应注意，曼宁系数 n 因只考虑管壁情况，未考虑雷诺数的变化，因此只适用于紊流粗糙区。

所有光滑壁面管道（例如混凝土和塑料），发现 n 值范围处于 $0.009\sim0.010$ 之间；但是历史上，无论哪种材料的排水管道，常采用的 n 值为 0.013 和 0.014。该 $30\%\sim40\%$ 的"设计因子"考虑了实验室测试和实际安装条件之间的差异。这样的设计因子的应用为良好工程实践。有学者提出的计算依据为：

$n=0.010$（管渠的摩擦损失）$+0.002$（检查井损失）$+0.001$（支管损失）$+0.0003$（紊流过渡区的增加）$=0.0133\doteq0.013$

欧洲学者认为清水管道的粗糙系数取决于管材及其表面情况，而污水管道的粗糙系数则主要取决于管壁结膜和管底淤积情况，这两者又取决于污水性质及其流动情况，因此推荐采用柯尔勃洛克-怀特（Colebrook-White）公式计算，即

$$\frac{1}{\sqrt{\lambda}}=-2\lg\left(\frac{k_s}{3.7d}+\frac{2.51}{Re\sqrt{\lambda}}\right) \tag{9.10}$$

式中 k_s 为实用管道的当量粗糙度。为了设计的目的，由于在污水和合流管道长期运行中，管壁会变得黏滑，假设管道粗糙度与管材无关。BS EN 752-4：1998 建议当峰值 DWF 流速超过 $1.0\mathrm{m/s}$ 时，k_s 值取 $0.6\mathrm{mm}$；当流速在 $0.76\sim1.0\mathrm{m/s}$ 之间时，取 $1.5\mathrm{mm}$。

k_s 和 n 的关系可采用下式估计：

$$\frac{1}{n}=4\sqrt{g\left(\frac{32}{d}\right)^{1/6}}\log_{10}\left(\frac{3.7d}{k_s}\right) \tag{9.11}$$

式中　　n——曼宁系数（$\mathrm{m^{-1/3}\cdot s}$）；

　　　　g——重力常数（$9.81\mathrm{m/s^2}$）；

　　　　d——管道内径（m）；

　　　　k_s——管线绝对粗糙度（m）。

鉴于国内针对柯尔勃洛克—怀特公式的研究颇少，而美国、日本等国仍沿用曼宁公式类型进行水力计算，故仍推荐采用曼宁公式。

9.3.2　污水管道水力计算设计数据

从水力计算公式可知，设计流量与设计流速及过水断面积有关，而流速则是管壁粗糙系数、水力半径和水力坡度的函数。为了保证污水管道的正常运行，在《室外排水设计规范》GB 50014—2006（2014 年版）中对这些因素作了规定，在污水管道水力计算中应予以遵守。

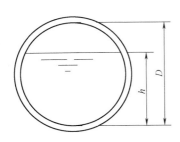

图 9.4　圆形管渠充满度示意图

（1）设计充满度

在设计流量下，污水在管道中的水深 h 和管道直径 D 的比值称为设计充满度（或水深比），如图 9.4 所示。当 $\frac{h}{D}=1$ 时称为满流；$\frac{h}{D}<1$ 时称为不满流。

我国《室外排水设计规范》GB 50014—2006（2014 年版）规定，重力流污水管道应按不满流计算，其最大设计充满度应按表 9.7 采用。这样规定的原因是：

最大设计充满度

表 9.7

管径或渠高(mm)	最大设计充满度	管径或渠高(mm)	最大设计充满度
200~300	0.55	500~900	0.70
350~450	0.65	≥1000	0.75

注：在计算污水管道充满度时，不包括短时突然增加的污水量，但当管径小于或等于300mm时，应按满流复核。

1）污水流量时刻在变化，很难精确计算，而且雨水或地下水可能通过检查井或管道接口渗入污水管道。因此有必要保留一部分管道断面，为未预见水量留有余地，避免污水溢出妨碍环境卫生。

2）污水管道内沉积的污泥可能分解析出硫化氢等有害气体，这是产生恶臭和管道腐蚀的主要原因；污水中如含有挥发性汽油、苯、石油等易燃液体，以及污水厌氧分解产生的甲烷气体，可能存在爆炸性。如果充满度太高，水面之上空间较小，不利于污水与排水管道大气之间的物质交换，增加了污水处理厌氧状态的风险，因此需留出适当的空间，以利管道的通风，排除有害气体。

3）便于管道的疏通和维护管理。

（2）设计流速

与设计流量和设计充满度相应的污水平均流速叫做设计流速。流速较小时，污水中所含杂质可能下沉，产生淤积；当污水流速较大时，可能产生冲刷现象，甚至损坏管道。为了防止管道中产生淤积或冲刷，设计流速不宜过小或过大，应在最大和最小允许流速范围之内。

最小设计流速是保证管道内部不致发生淤积的流速，这一最低的限值既与污水中所含悬浮物的成分和粒度有关，又与管道的水力半径、管壁的粗糙系数有关。从实际运行情况看，流速是防止管道中污水所含悬浮物质沉淀的主要因素，但不是唯一的因素。引起污水中悬浮物沉淀的决定因素是充满度，即水深。一般小管道水量变化大，水深变小时就容易产生沉淀。因此不需要按管径大小分别规定最小设计流速。根据国内污水管道实际运行情况的观测数据并参考国外经验，污水管道的最小设计流速定为0.6m/s。含有金属、矿物固体或重油杂质的生产污水管道，其最小设计流速宜适当加大，其值要根据试验或运行经验确定。当难以满足最小设计流速要求时，应考虑充分的日常维护。

最大设计流速是保证管道不被冲刷损坏的流速，该值与管道材料有关。通常，金属管道的最大设计流速为10m/s，非金属管道的最大设计流速为5m/s。对于早期浆砌、砖砌排水管道，规定最大设计流速毫无疑问是一个合理的标准。然而，据国内外一些城市排水管道长期运行的情况说明，超过上述最高限值，并未发现冲刷管道的现象。但是当流速高时（大于3m/s）应注意：

1）在转弯和管道接口处的水头损失；

2）水跃带来的间歇性管道阻塞；

3）气穴造成的结构破损；

4）空气夹带（当 $v=\sqrt{5gR}$ 时最为显著）；

5）能量过度消耗和防止冲刷的必要措施；

6）安全措施。

这些最大设计流速数值通常对于设计是很高的。除非受到地形或者其他约束的控制，为了降低开发成本，管道坡度应设置尽可能平缓，使设计流速保持接近最小值。

9.3.3　最小管径和最小设计坡度

不同于有压管道，排水管道必须按照预定坡度铺设。一般在污水管道的上游部分，设计污水量很小，若根据流量计算，则管径会很小。根据养护经验证明，管径过小极易堵塞，比如 150mm 支管的堵塞次数，有时达到 200mm 支管堵塞次数的两倍，使养护管道的费用增加。而 200mm 与 150mm 管道在同样埋深下，施工费用相差不多。此外，因采用较大的管径，可选用较小的坡度，使管道埋深减小。因此为了养护工作的方便，降低堵塞风险，易于检查和冲洗，常规定一个允许的最小管径。按计算所得的管径，如果小于最小管径，则采用规定的最小管径，而不采用计算得到的管径。这种管段称为不计算管段。在这些管段中，当有适当的冲洗水源时，可考虑设置冲洗井。

在污水管道系统设计时，通常保持管道埋设坡度与设计地区的地面坡度基本一致，但管道坡度造成的流速应等于或大于最小设计流速，以防止管道内产生沉淀。这一点在地势平坦或管道走向与地面坡度相反时尤为重要。因此，将相应于管内流速为最小设计流速时的管道坡度叫做最小设计坡度。

排水管道的最小管径与相应最小设计坡度，宜按表 9.8 的规定取值。

最小管径与相应最小设计坡度　　　　　　　　　　　　　　表 9.8

管道类别	最小管径（mm）	相应最小设计坡度
污水管	300	塑料管 0.002，其他管 0.003
雨水管和合流管	300	塑料管 0.002，其他管 0.003
雨水口连接管	200	0.01
压力输泥管	150	—
重力输泥管	200	0.01

随着城镇建设发展，街道楼房增多，排水量增大，应适当增大最小管径，并调整最小设计坡度。常用管径的最小设计坡度，可按设计充满度下不淤流速控制，当管道坡度不能满足不淤流速要求时，应有防淤、清淤措施。通常管径的最小设计坡度见表 9.9。

常用管径的最小设计坡度（钢筋混凝土管非满流）　　　　　表 9.9

管径（mm）	最小设计坡度	管径（mm）	最小设计坡度
400	0.0015	1000	0.0006
500	0.0012	1200	0.0006
600	0.0010	1400	0.0005
800	0.0008	1500	0.0005

9.3.4　污水管道埋设深度

通常，污水管网占污水工程总投资的 $50\% \sim 75\%$，而构成污水管道造价的挖填沟槽、沟槽支撑、湿土排水、管道基础、管道铺设各部分的比重，与管道的埋设深度和施工方式有很大关系。实际工程中，同一直径的管道，采用的管材、接口和基础形式均相同，因其埋设深度不同，管道单位长度的工程费用也不同。因此合理确定管道埋深对于降低工程造价是十分重要的。在土质较差、地下水位较高的地区，若能设法减小管道埋深，对于降低工程造价则更为明显。

污水管道的埋设深度，一般从下述三方面考虑。

（1）管顶最小覆土厚度，应根据管材强度、外部荷载、土壤冰冻深度和土壤性质等条件，结合当地埋管经验确定。

污水温度通常要高于当地给水温度，原因在于有家庭和工业活动产生的热水进入。由于水的比热容远高于空气的比热容，因此所观察到的污水温度，全年内的大部分时间均高于当地气温，仅在夏季最热的几个月内低于当地气温。例如，美国污水年平均温度在 3～27℃之间，代表性温度为 15.6℃。非洲和中东一些国家的有记录污水高温为 30～35℃。由于污水水温较高，即使在冬季，污水温度也不会低于 4℃。比如，根据东北几个寒冷城市冬季污水管道情况的调查资料，满洲里、齐齐哈尔市、哈尔滨市的出户管水温在 4～15℃之间。齐齐哈尔市的街道污水管水温平均为 5℃，一些测点水温高达 8～9℃。这样，污水在管道内不会冰冻，管道周围泥土也不冰冻，因此没有必要把整个污水管道都埋设在冰冻线以下。但考虑到土壤冰动膨胀可能会损坏管道基础或管道，因此管道最好不要全部埋设在冰冻线以上。

埋设在地面下的污水管道承受着覆盖其上的土壤静荷载和地面上车辆运行产生的动荷载作用。车辆运行时对管道产生的动荷载，其垂直压力随着深度增加而向管道两侧传递，最后只有一部分集中的轮压力可传递到地下管道。从这一因素考虑并结合各地埋管经验，车行道下污水管道最小覆土厚度不宜小于 0.7m；人行道下不宜小于 0.6m。

（2）埋深应满足管道衔接要求。

城市住宅、公共建筑内产生的污水要能顺畅排入街道污水管网，就必须保证街道污水管网起点的埋深大于或等于街区污水管终点的埋深。而街区污水管起点的埋深又必须大于或等于建筑物污水出户管的埋深。从安装技术方面考虑，要使建筑物首层卫生设备的污水能顺利排出，污水出户管的最小埋深一般采用 0.5～0.7m，所以街坊污水管道起点最小埋深也应有 0.6～0.7m。根据街区污水管道起点最小埋深值，可利用图 9.5 或式（9.12）计算街道管网起点的最小埋设深度。

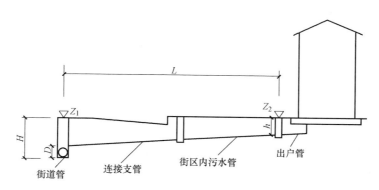

图 9.5　街道污水管最小埋深示意

$$H = h + I \cdot L + Z_1 - Z_2 + \Delta h \qquad (9.12)$$

式中 H——街道污水管网起点的最小埋深（m）；

　　　　h——街区污水管起点的最小埋深（m）；

　　　　Z_1——街道污水管起点检查井处地面标高（m）；

　　　　Z_2——街区污水管起点检查井处地面标高（m）；

　　　　I——街区污水管和连接支管的坡度；

　　　　L——街区污水管和连接支管的总长度（m）；

　　　　Δh——连接支管与街道污水管的管内底高差（m）。

设计时也必须考虑检查井内上下游管道衔接时的高程关系问题。管道衔接通常存在三种方式：水面平接、管顶平接和跌水连接（图 9.6）。水面平接是指在水力计算中，使上游管段终端和下游管段起端在指定的设计充满度下的水面相平，即上游管段终端与下游管段起端的水面标高相同。由于上游管段中的水面变化较大，水面平接时在上游管段内的实际水面标高有可能低于下游管段的实际水面标高，因此在上游管段中易形成回水。管顶平接是指在水力计算中，使上游管段终端和下游管段起端的管顶标高相同。采用管顶平接时，在上游管段水面变化较大时，不至于在上游管段产生回水（假设上游管段终端设计水面标高高于下游管段起端设计水面标高），但下游管段的埋深将增加。

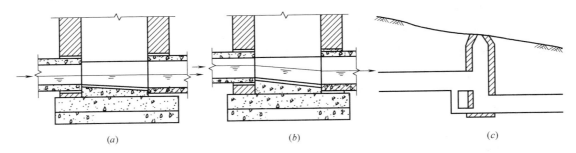

图 9.6　污水管道的衔接
(*a*) 水面平接；(*b*) 管顶平接；(*c*) 跌水连接

此外，当管道敷设地区的地面坡度很大时，为了调整管内流速，采用的管道坡度将会小于地面坡度。为了保证下游管段的最小覆土厚度并减小上游管段的埋深，可根据地面坡度采用跌水连接。两种跌水连接的特殊处理为：当在旁侧管道与干管交汇处，若旁侧管道的管底标高比干管的管底标高大很多时，为保证干管有良好的水力条件，最好在旁侧管道上先设跌水井后再与干管相接。反之，若干管的管底标高高于旁侧管道的管底标高时，为了保证旁侧管能接入干管，干管则在交汇处需设跌水井，增大干管的埋深。

总之，无论采用哪种衔接方法，下游管段起端的水面和管底标高都不得高于上游管段终端的水面和管底标高。

（3）考虑管道最小埋深的同时应考虑最大埋深问题。

污水在管道中依靠重力从高处流向低处。当管道的坡度大于地面坡度时，管道埋深愈来愈大，在地形平坦地区更为突出。埋深愈大，则造价愈高，施工期愈长。管道最大允许埋深应根据技术经济指标及施工方法而定。一般在干燥土壤中，最大埋深不超过 $7\sim8\mathrm{m}$；在多水、流砂、石灰岩地层中，一般不超过 5m。

9.3.5 污水管道水力计算方法

进行污水管道水力计算时，通常污水设计流量为已知值，需要确定管道的断面尺寸和敷设坡度，为使水力计算获得较为满意的结果，必须认真分析设计地区的地形等条件，并充分考虑水力计算数据的有关规定。所选择的管道断面尺寸，必须要在规定的设计充满度和设计流速的情况下，能够排泄设计流量。管道坡度应参照地面坡度和最小坡度的规定确定。一方面要使管道尽可能与地面坡度平行敷设；同时管道坡度又不能小于最小设计坡度的规定。当然也应避免管道坡度太大而使流速大于最大设计流速。

当圆形断面污水管道水力计算采用曼宁公式时，主要的几何尺寸公式和水力计算公式有：

$$v = \frac{1}{n} R^{\frac{2}{3}} I^{\frac{1}{2}} \tag{9.13}$$

$$Q = wv = \frac{1}{n} \omega R^{\frac{2}{3}} I^{\frac{1}{2}} \tag{9.14}$$

$$\omega = \frac{D^2}{8}(\theta - \sin\theta) \tag{9.15}$$

$$\chi = \frac{D\theta}{2} \tag{9.16}$$

$$R = \frac{D}{4}\left(1 - \frac{\sin\theta}{\theta}\right) = \frac{\omega}{\chi} \tag{9.17}$$

$$h/D = \frac{1}{2}\left(1 - \cos\frac{\theta}{2}\right) \tag{9.18}$$

$$v = \frac{1}{n}\left[\frac{D}{4}\left(1 - \frac{\sin\theta}{\theta}\right)\right]^{2/3} I^{1/2} \tag{9.19}$$

$$\theta = 2\arccos(1 - 2h/D) \tag{9.20}$$

$$Q = \frac{D^2}{8}(\theta - \sin\theta)v \tag{9.21}$$

$$Q = \frac{D^2}{8n}(\theta - \sin\theta)\left[\frac{D}{4}\left(1 - \frac{\sin\theta}{\theta}\right)\right]^{2/3} I^{1/2} \tag{9.22}$$

$$I = \left(\frac{v \cdot n}{R^{2/3}}\right)^2 \tag{9.23}$$

$$\theta = \frac{8Q}{D^2 v} + \sin\theta \tag{9.24}$$

$$\theta = \frac{8nQ}{R^{2/3} I^{1/2} D^2} + \sin\theta \tag{9.25}$$

式中　Q——管段污水设计流量（m³/s）；

v——设计流速（m/s）；

D——管径（m）；

ω——过水断面面积（m²）；

χ——湿周（m）；

R——水力半径（m）；

h/D——设计充满度；

I——水力设计坡度；

θ——水面与管中心夹角，以弧度计（图 9.7）；

n——管壁粗糙系数；

h——管内水深（m）。

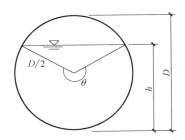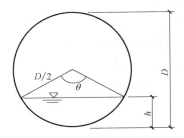

图 9.7　管道过水断面示意图

具体计算中，污水管道设计流量 Q 和管道粗糙系数 n 为已知值，需要确定管道直径 D，充满度 h/D，流速 v 和敷设坡度 I。为使这四个参数处于前面限定数值范围，考虑上游衔接要求，并参考地面坡度，需要反复计算。首先假定两个参数的数值，然后利用管道断面的几何关系和水力计算公式，求解另外两个参数；如果计算结果难以满足限定要求，则重新设置参数数值，再次计算。形成的参数计算类型有：

（1）假定管道直径 D 和坡度 I，求充满度 h/D 和流速 v；

（2）假定充满度 h/D 和流速 v，求管道直径 D 和坡度 I；

（3）假定管道直径和充满度 h/D，求水力坡度 I 和流速 v；

（4）假定水力坡度 I 和流速 v，求管道直径和充满度 h/D；

（5）假定管道直径 D 和流速 v，求充满度 h/D 和水力坡度 I；

（6）假定充满度 h/D 和水力坡度 I，求管道直径 D 和流速 v。

【例 9.3】 已知 $Q=50\text{L/s}$，$n=0.014$，假设 $I=0.002$，$h/D=0.60$，试求管段直径 D 和相应的流速 v。

解：（1）由 $h/D=0.60$，可求水面与管中心夹角为

$$\theta = 2\arccos(1-2h/D)$$
$$= 2\arccos(1-2\times0.6) = 3.544$$

（2）求管段直径，由

$$Q = \frac{D^2}{8n}(\theta - \sin\theta)\left[\frac{D}{4}\left(1-\frac{\sin\theta}{\theta}\right)\right]^{2/3}I^{1/2}$$

$$0.05 = \frac{D^2}{8\times0.014}(3.544 - \sin(3.544))\left[\frac{D}{4}(1-\frac{\sin(3.544)}{3.544})\right]^{0.667}\times(0.002)^{1/2}$$

$$0.05 = 0.545D^{2.667}$$

$D=0.408$，取 400mm

（3）求流速 v

$$v = \frac{1}{n}\left[\frac{D}{4}\left(1-\frac{\sin\theta}{\theta}\right)\right]^{2/3}I^{1/2}$$

$$=\frac{1}{0.014}\left[\frac{0.4}{4}\left(1-\frac{\sin(3.544)}{3.544}\right)\right]^{2/3}(0.002)^{1/2}$$
$$=0.74\text{m/s}$$

【例 9.4】 已知 $Q=100\text{L/s}$，$n=0.014$，假设 $I=0.005$，$D=450\text{mm}$，求 h/D 和流速 v。

解：（1）求水面与管中心夹角

$$Q=\frac{D^2}{8n}(\theta-\sin\theta)\left[\frac{D}{4}\left(1-\frac{\sin\theta}{\theta}\right)\right]^{2/3}I^{1/2}$$

$$0.1=\frac{0.45^2}{8\times0.014}(\theta-\sin\theta)\left[\frac{0.45}{4}\left(1-\frac{\sin\theta}{\theta}\right)\right]^{2/3}(0.005)^{1/2}$$

$$(\theta-\sin\theta)\left[0.1125\times\left(1-\frac{\sin\theta}{\theta}\right)\right]^{2/3}=0.782$$

这是关于 θ 的隐函数，需要迭代求解，得 $\theta=3.22$

（2）求充满度 h/D

$$h/D=\frac{1}{2}\left(1-\cos\frac{\theta}{2}\right)=\frac{1}{2}(1-\cos(1.61))=0.52\text{m}$$

（3）求流速 v

$$v=\frac{1}{n}\left[\frac{D}{4}\left(1-\frac{\sin\theta}{\theta}\right)\right]^{2/3}I^{1/2}$$

$$=\frac{1}{0.014}\left[\frac{0.45}{4}\left(1-\frac{\sin(3.22)}{3.22}\right)\right]^{2/3}\times0.0707$$

$$=1.19\text{m/s}$$

【例 9.5】 已知 $Q=30\text{L/s}$，$n=0.014$，假设 $D=300\text{mm}$，$v=0.82\text{m/s}$，求 h/D 和 I。

解：（1）求水面与管中心夹角

$$Q=\frac{D^2}{8}(\theta-\sin\theta)v$$

$$0.03=\frac{0.3^2}{8}(\theta-\sin\theta)\times0.82$$

$$(\theta-\sin\theta)=3.252$$

通过迭代求解，$\theta=3.20$

（2）求充满度 h/D

$$h/D=\frac{1}{2}\left(1-\cos\frac{\theta}{2}\right)=\frac{1}{2}(1-\cos(1.60))=0.51\text{m}$$

（3）求水力坡度 I

$$v=\frac{1}{n}\left[\frac{D}{4}\left(1-\frac{\sin\theta}{\theta}\right)\right]^{2/3}I^{1/2}$$

$$0.82=\frac{1}{0.014}\left[\frac{0.3}{4}\left(1-\frac{\sin(3.20)}{3.20}\right)\right]^{2/3}I^{1/2}$$

$$I=0.004$$

当解决管段水力计算问题时，通常利用计算机编程求解，或者人工查图表计算。计算中应注意以下两方面的问题：

（1）必须细致研究管道敷设坡度与管线经过地面的地面坡度之间的关系。使确定的管道坡度，在保证最小设计流速前提下，既不会使管道埋深过大，又便于支管的接入。

（2）水力计算自上游依次向下游管道进行。一般情况下，随着设计流量逐段增加，设计流速也相应增加。如果流量保持不变，流速不应减小。只有在管道坡度由大骤然变小的情况下，设计流速才允许减小。另外，随着设计流量逐段增加，设计管径也应逐段增大；但当管道坡度骤然增大时，下游管段的管径可以减小，但缩小范围不得超过50~100mm。

【例9.6】　图9.8为某一小区的污水管道平面布置图。高峰流量时在检查井1转输 Q_a

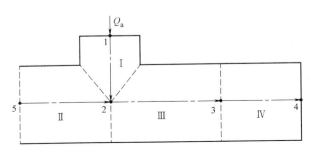

图9.8　污水管道平面布置示意图

为30L/s。为了简化，不考虑渗入情况。管壁粗糙系数为 $n = 0.014$。街区1、2、3、4内的工业废水设计流量分别为19.8L/s、10.2L/s、4.7L/s和2.8L/s。检查井1的起点埋深为2.0m，检查井2的起点埋深为1.5m。检查井1、2、3、4、5点的地面标高分别为86.20m、86.05m、86.00m、85.90m、86.15m。

街区1、2、3、4的居住人口分别为2000人、2500人、1400人、5000人。居民生活污水定额为120L/（人·d）。管段长度分别为110m、250m、170m、220m。忽略检查井处的水头损失，试进行管道系统的流量和水力分析。

解：　排水管道的流量和水力计算，均是从各排水管道的起端开始，依次向下游计算。应用已知数据，并假设工业废水设计流量即为高峰流量。各设计管段的设计流量列表计算（表9.10）。污水干管水力计算中管道的流速、直径、充满度是通过查图表或者利用曼宁公式计算（表9.11）。

污水干管设计流量计算表　　表9.10

管段编号	居住区生活污水量 Q_1								集中流量		设计流量（L/s）
	本段流量			转输流量 q_2（L/s）	合流平均流量（L/s）	总变化系数 K_z	生活污水设计流量（L/s）		本段（L/s）	转输（L/s）	
	街区编号	街区人口（人）	污水定额（L/（人·d））	流量 q_1（L/s）							
1	2	3	4	5	6	7	8	9	10	11	12
1~2	I	2000	120	2.78	—	2.78	2.3	6.39	19.8	30	56.19
5~2	II	2500	120	3.47	—	3.47	2.3	7.98	10.2	—	18.18
2~3	III	1400	120	1.94	6.25	8.19	2.1	17.20	4.7	60	81.90
3~4	IV	5000	120	6.94	8.19	15.13	2.0	30.26	64.7	2.8	97.76

污水主干管水力计算表　　表9.11

管段编号	管道长度 L（m）	设计流量 Q（L/s）	管径 D（mm）	坡度 I	流速 v（m/s）	充满度		降落量 $I \cdot L$	标高（m）						埋设深度（m）	
						h/D	h（m）		地面		水面		管内底			
									上端	下端	上端	下端	上端	下端	上端	下端
1	2	3	4	5	6	7	8	9	10	11	12	13	14	15	16	17
1~2	110	56.19	400	0.0018	0.70	0.59	0.263	0.198	86.20	86.05	84.436	84.238	84.200	84.002	2.00	2.05
5~2	250	18.18	300	0.0030	0.70	0.50	0.150	0.750	86.15	86.05	84.800	84.050	84.650	83.900	1.50	2.15
2~3	170	81.90	450	0.0017	0.73	0.65	0.293	0.289	86.05	86.00	84.050	83.761	83.757	83.468	2.29	2.53
3~4	220	97.76	500	0.0015	0.75	0.63	0.315	0.330	86.00	85.90	84.733	83.403	83.418	83.088	2.58	2.81

9.4 倒 虹 管

排水管渠遇到河流、山涧、洼地或地下构筑物等障碍物时，不能按原有的坡度埋设，而是按下凹的折线方式从障碍物下通过，这种管道称为倒虹管。倒虹管有多折型和凹字形两种，通常包括平行敷设的两条以上管道，一个进水井和一个出水井（见图9.9）。多折型适合于河面与河滩较宽阔，河床深度较大的情况，需用大开挖施工，所需施工面较大。凹字形适用于河面与河滩较窄，或障碍物面积与深度较小的情况，可用大开挖施工，有条件时还可用顶管法施工。

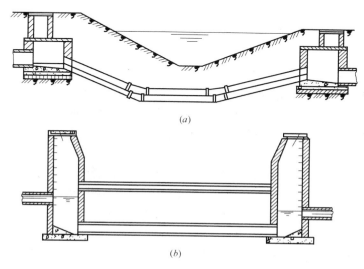

图 9.9 倒虹管

（*a*）多折型；（*b*）凹字形

倒虹管按照满管流设计。污水在倒虹管内的流动是依靠上下游管道中的水面高差（进、出水井的水面高差）H 进行的，该高差用以克服污水通过倒虹管时的阻力损失。倒虹管内的阻力损失值的计算见表9.12。初步估算时，一般可按沿程阻力损失值的5%～10%考虑，当倒虹管长度大于60m时，采用5%；小于等于60m时，采用10%。

计算倒虹管时，必须计算倒虹管的管径和全部阻力损失值，要求进水井和出水井间的水位高差 H 稍大于全部阻力损失值 H_1，其差值一般可考虑采用0.05～0.10m。

倒虹管计算公式   表 9.12

序号	名称	计算公式	符号说明
1	进出水井水面差 H_1	$H_1 = Z_1 - Z_2$(m) $H_1 > H$	H——倒虹管全部水头损失(m)； Z_1——进水井水面标高(m)； Z_2——出水井水面标高(m)
2	倒虹管全部水头损失 H	$H = il + \sum \zeta_i \dfrac{v^2}{2g}$(m)	i——水力坡度(即倒虹管每米长的水头损失)； l——倒虹管长度(m)； ζ_i——局部阻力系数(m)； v——倒虹管内流速(m/s)； g——重力加速度(m/s²)

续表

序号	名称	计算公式	符号说明
3	倒虹管管段水头损失 h_0	$h_0 = il$ (m)	符号同前
4	进口局部水头损失 h_1	$h_1 = \zeta \dfrac{v^2}{2g}$ (m)	ζ——系数,一般取 0.5
5	出口局部水头损失 h_2	$h_2 = \zeta \dfrac{v^2}{2g}$ (m)	ζ——系数,一般取 1.0
6	弯头局部水头损失 h_3	$h_3 = \zeta \dfrac{v^2}{2g}$ (m)	当 $\theta = 30°$;$\dfrac{r}{R} = 0.125 \sim 1.0$,$\zeta = 0.10 \sim 0.55$,一般取 0.30。 θ——倒虹管转弯角度(°); r——倒虹管半径(m); R——倒虹管转角半径(m)

采用倒虹吸方式穿越河底的管道,应当取得当地水利和航运管理部门的批准,避开锚地,并应当在两岸设置标志。穿过河道的倒虹管管顶距规划河底的垂直距离一般不小于1.0m,其工作管线一般不少于两条。当排水量不大,不能达到设计流量时,其中一条可作为备用。如倒虹管穿过旱沟、小河或谷地时,也可单线敷设。为保证合流制倒虹管在旱流和合流情况下均能正常运行,设计中对合流制倒虹管可设两条,分别用于旱季旱流和雨季合流两种情况。通过构筑物的倒虹管,应符合与该构筑物相交的有关规定。倒虹管地基、管基和基座要有足够的强度,否则会导致不均匀沉降使管节发生纵向变形,接口开裂,从而造成渗水和漏水等事故发生。

由于倒虹管的清通比一般管道困难得多,因此必须采取各种措施防止倒虹管内污泥的淤积。在设计时,可采取以下措施:

1)提高倒虹管内的流速,一般采用 1.2~1.5m/s;条件困难时可适当降低,但不宜小于 0.9m/s,且不得小于上游管渠中的流速。当管内流速达不到 0.9m/s 时,应增加定期冲洗措施,冲洗流速不得小于 1.2m/s;

2)最小管径采用 200mm;

3)在进水井中设置可利用河水冲洗的设施;

4)在进水井或靠近进水井的上游管渠检查井中,在取得当地环保、卫生主管部门同意的条件下,设置事故排出口。当需要检修倒虹管时,可以让上游污水通过事故排出口直接泄入河道;

5)在上游管渠靠近进水井的检查井底部做沉泥槽;

6)倒虹管的上下行管与水平线夹角应不大于 30°;

7)为了调节流量和便于检修,在进水井中应设置闸门或闸槽,有时也用溢流堰代替。进、出水井应设置井口和井盖;

8)倒虹管进出水井的检修室净高宜高于 2m。进出水井较深时,井内应设检修台,其宽度应满足检修要求。当倒虹管为复线时,井盖的中心宜设在各条管道的中心线上。

【例 9.7】 已知最大流量为 400L/s,最小流量为 150L/s,倒虹管长为 80m,共 4 只 30°弯头,倒虹管上游管流速 1.0m/s,下游管流速 1.24m/s。

求： 倒虹管管径和倒虹管的全部水头损失。

解：

（1）考虑采用两条管径相同且平行敷设的倒虹管线，每条倒虹管的最大流量为 400/2＝200L/s，查水力计算表得倒虹管管径 D＝400mm。水力坡度 i＝0.0065。流速 v＝1.37m/s，此流速大于允许的最小流速 0.9m/s，也大于上游管道流速 1.0m/s。在最小流量 150L/s 时，只用一条倒虹管工作，此时查表得流速为 1.0m/s＞0.9m/s。

（2）倒虹管沿程水力损失值：

$$iL＝0.0065×60＝0.39m$$

（3）倒虹管全部水力损失值：

$$H＝1.10×0.39＝0.429m$$

（4）倒虹管进、出水井水位差值：

$$H_1＝H+0.10＝0.429+0.10＝0.529m$$

9.5 真空式和压力式排水管道系统

在很难采用重力排水的特殊条件下，可采用真空式或压力式排水管道系统。

（1）真空式下水道

真空式下水道是以真空吸力同时输送污水和空气的污水收集系统。如图 9.10 所示，它由真空阀井、中继泵站和真空管道组成。中继真空泵站由保持真空度的真空泵和收贮污水的真空罐、压送污水到污水处理厂或重力流的干管，以及控制装置组成。真空下水管道是由许多水平管段和很短的上升管道构成的齿状纵断面结构。水平管段以大于 2‰ 的坡度顺水流方向铺设。设计时按最大小时流量计算水头损失。

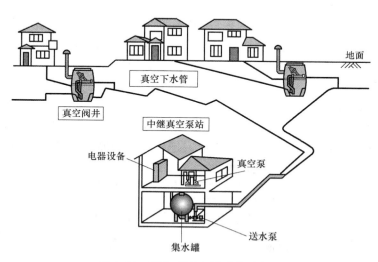

图 9.10 真空式下水道系统示意图

真空阀井由污水贮存室、真空阀和控制箱组成。阀门用于分离污水系统的重力部分和真空部分。各排水户污水通过重力流管道流入真空阀井，当污水达到一定量时，控制器指令真空阀开动，在真空状态下，污水与空气按一定比例沿真空管道吸引到中继真空泵站。

进而压送到重力流干管或污水处理厂。按真空阀井的型号不同，可接纳 1~8 户的污水。

（2）压力式下水道

压力式下水道系统是以压力方式输送污水的系统，如图 9.11 所示，它由研磨潜水泵井、压力支管与压力干管组成。研磨潜水泵按不同型号，可供 1、3 和 5 户使用。家庭排出的污水，在潜水泵井的贮水池中贮留，当达到一定水位，潜水泵则启动水泵送水。研磨潜水泵的扬程可达 30m，适合于地形起伏地区的应用。

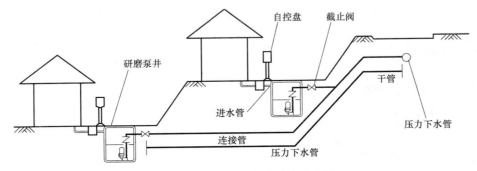

图 9.11　压力式下水道系统示意图

（3）真空式下水道和压力式下水道的特点与适用范围

真空及压力式下水道与自然重力流相比，突出的特点是少受或不受地形限制，可减小埋设深度；在拐弯与管道连接处可不设检查井，可缩短工期和施工费用。其次由于管道具有很高的气密性或具有内压，几乎杜绝了地下水的渗入，减少了系统的水量负荷。缺点是较高的能量和运行成本。

两个系统的不同点包括：①由于真空高度的限制，真空式下水道更适合用于地形较平坦、起伏小的地区；而压力下水道不受地形的限制。②压力式下水道由于研磨泵的作用，杂物都已粉碎，无堵塞之患；真空式下水道则特别要防止杂物混入，防止真空阀和真空管的堵塞。③真空式下水道要求用气密性好的管材，并严格要求施工质量，不能发生真空漏气。④压力式下水道每个研磨井处都需要动力电源，而真空式只在中继真空泵站处需要电源。

到目前为止，自然重力流仍占排水管道的绝对主导地位。这不仅由于其维护方便、运行安全可靠，同时也由于在人口密集的城市，其管网的建设费用也较低所致。但在中小城市或村镇，由于人口密度低，建筑物稀少或因地形、地物原因，敷设重力流干管有困难，这时可采用真空式下水道或压力式下水道（表 9.13）。

不同污水输送方式的特征比较　　　　　　　　　　　　　表 9.13

排水管道类型	理想地形	坚硬岩石、高地下水位场地的建设费用	硫化氢潜在性	需要的运行和维护	理想电力需求
常规重力系统	向下的地形坡度	高	中	中	无
真空系统	平坦	低	低	高	高
压力系统	向上的地形坡度	低	中—高	中—高	中

第 10 章 城市路面排水

　　雨水排水系统的任务是及时汇集并排除暴雨形成的地面径流，防止城市居住区域工业企业免受洪灾，保障城市人们的生命安全和生活生产的正常秩序。城市雨水排水系统包含了三个主要组成部分：①街道边沟和路边洼地；②雨水口；③雨水管渠及附属设施（例如检查井、交汇井等）。街道边沟和路边洼地收集来自街道（和附近区域）的雨水径流，然后输送到雨水口；雨水口将地表水流转移到雨水管渠；雨水管渠将雨水排向雨水管理设施或附近受纳水体。为了达到雨水排水系统的目标，所有这些设施均需要精心设计。

　　地表漫流设计计算理论已经在一些国家规范化，称为大型系统—小型系统方法。小型系统包括传统雨水排水设施，例如道路边沟、雨水口和排水管道，为了控制较小重现期、较为频繁发生的雨水径流问题。大型系统则模拟城市化之前的自然排水方式，其中包含了人行道、道路中心隔离带、洼地、泄洪道、调蓄池等，作为连续的地表漫流排水路径和泄洪系统，为了安全容纳更严重的地表积水问题。

　　直接降落到路面雨水，或者从附近区域汇集到路面的径流，如果不及时排除，将出现道路表面形成"水膜"，使路面与车轮之间隔有一层水垫层，从而降低路面的抗滑性能；高速行驶的车辆使地面雨水雾化，遮挡驾驶人员的视线，增加道路交通事故的风险性；降水在低温条件下凝固冰冻，增加行车的难度；路面长期积水，降低路基土的强度，造成路基路面的结构破坏；严重积水冲刷边沟和路面，降低市政道路的使用效率，甚至冲毁桥梁、路面，阻断正常交通。

　　为迅速排除路面径流，保证路基稳定，延长路面使用年限，维持车辆及行人的正常交通和安全，需要合理进行路面排水设计。通常路面排水设计计算按照雨水流行路径可以分为特征明显的三个部分：汇水区域地表漫流、道路边沟流和雨水口进流。

　　因此，本章将讨论径流设计重现期和允许漫幅、街道边沟水力学、雨水口水力学等的设计计算方法。

10.1 边 沟 流

10.1.1 设计重现期和允许排水漫幅

　　路面排水设计中，设计重现期和允许路面最大漫幅（即允许漫水幅度）是两个相关的设计参数。对于不同重现期的暴雨，允许漫幅将具有很大差异。在确定路面及附近区域雨水收集时，需在合理费用的基础上选择设计重现期和允许漫幅。

　　用于设计计算的径流频率和允许漫幅，揭示了基建维护费用与交通事件（和破坏）之间相互协调的可接受水平。因此设计标准的选择，应评价工程预算和相关风险。选择设计重现期和路面漫水幅度时，考虑的主要因素包括道路的等级、车辆设计速度、预计交通流量、降雨强度和基建投资。此外道路所处位置（例如洼地或高地）也会影响到设计重现期和允许漫幅的选择。

主干道、特殊路段由于积水引起损失较大，需要较高的重现期；对于重要主干道或特殊路段及短期积水即能引起较严重损失的地区，可采用更高的设计重现期。

10.1.1.1　推荐的设计标准

水力设计中应选择一个能够满足特定工程需求的暴雨频率和漫水幅度。美国联邦公路管理局为了排水目的，根据道路的交通量，划分成不同的道路类型，其推荐的设计重现期和允许漫幅的标准见表 10.1。此外，边沟深度可能限制了设计漫幅。对于下凹位置和洼地推荐采用 50 a 重现期的径流事件。

美国联邦公路管理局推荐的最小设计重现期和允许漫幅　　　　表 10.1

道路分类		设计重现期(a)	允许漫幅
主干路和快速路	<70km/h	10	路肩宽度+1m
	>70km/h	10	路肩宽度
	低洼处	50	路肩宽度+1m
次干路	<70km/h	10	1/2 车行道
	>70km/h	10	路肩宽度
	低洼处	10	1/2 车行道
支路	低交通量	5	1/2 车行道
	高交通量	10	1/2 车行道
	低洼处	10	1/2 车行道

根据《城市道路工程设计规范》CJJ 37—2012，道路排水采用的暴雨强度重现期应根据气候特征、地形条件、道路类别和重要程度等因素确定，并应符合下列规定：①对城市快速路、重要的主干路、立交桥区和短期积水即能引起严重后果的道路，宜采用 3～5a；其他道路宜采用 0.5～3a，特别重要路段和次要路段可酌情增减。②当道路排水工程服务于周边地块时，重现期的取值还应符合地块的规划要求。

10.1.1.2　检查事件

对于重要主干道或特殊路段及短期积水即能引起严重损失的地区，需要采用更高的重现期（例如 100 年一遇的暴雨）进行校验。这种重现期的暴雨事件被称作检查暴雨或者检查事件。在检查事件校验情况下，允许路面淹水幅度（漫幅）使用的准则为路面上需有一条车道可以通行或者在暴雨事件中一条车道上无积水。这时街道将作为明渠进行分析。

10.1.2　边沟水力特性

边沟是靠近道路边缘部分，降雨期间收集不渗透地表的径流，将道路上的雨水导向雨水口同时输送径流携带的沉积物。计算道路雨水口流量时，边沟水深不宜大于缘石高度的 2/3。一般边沟断面可分类为常规边沟和浅洼边沟。

10.1.2.1　常规边沟

常规边沟在横断面上，一条边为竖直方向的侧边石，另一条边为路面，其线形可能是单一坡度型、复合坡度型或者抛物线型（图 10.1）。单一坡度型边沟只有一个道路断面坡度，其值为路肩坡度或者相邻的车道坡度；复合坡度断面在靠近侧边石部分，其坡度被压低；抛物线型断面现在比较少见，多存在于曲线型道路横断面的老城街道中。

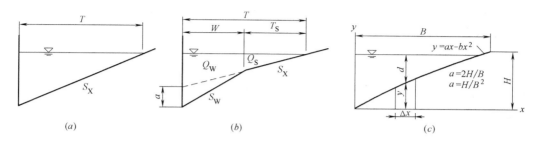

图 10.1 常规道路边沟断面型式

（a）单一坡度型断面；（b）复合坡度型断面；（c）抛物线型断面

（1）单一坡度型

单一坡度型边沟具有一个浅的、三角形横断面，道路侧边石为该三角形的直角边，另外一条斜边向道路延伸 0.3～1m。设计路面横坡一般情况下为 $1.0\%\sim2.0\%$。边石可限制道路径流外溢，同时也防止路边的侵蚀。在水力学上，单一坡度型边沟水流属浅水明渠流形式，假设忽略侧边石的阻力，则可以采用积分方式求其流量表达式。

设边沟的纵向坡度（常等于道路的纵向坡度）为 S_L，边沟横断面坡度（斜边）坡度为 S_x，曼宁粗糙系数为 n（表 10.2），T 为横向路面淹水宽度（漫幅），如果以漫幅 T 的顶点为原点，以漫幅边为 x 轴，竖直向下为 y 轴，根据曼宁公式，则 dx 宽度边沟断面上的流量 dq 为（图 10.2）

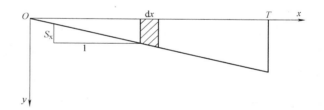

图 10.2 边沟流量计算示意图

$$dq = \frac{1}{n} R^{2/3} S_L^{1/2} (dA)$$

式中 $dA = y dx = x S_x dx$。因为湿周 $P = dx \sqrt{1+S_x^2} \approx dx$，所以

$$R = \frac{dA}{P} \frac{y dx}{dx} = y = x S_x$$

因此

$$dq = \frac{1}{n} S_L^{1/2} \cdot (x S_x dx) \cdot (x S_x)^{2/3} = \frac{1}{n} S_L^{1/2} \cdot S_x^{5/3} \cdot x^{5/3} \cdot dx$$

对其进行积分，得

$$Q = \int_0^T dq = \int_0^T \frac{1}{n} S_L^{1/2} \cdot S_x^{5/3} \cdot x^{5/3} \cdot dx = \frac{3}{8} \cdot \frac{1}{n} \cdot S_x^{5/3} \cdot S_L^{1/2} \cdot T^{8/3} = \frac{K_c}{n} S_x^{5/3} \cdot S_L^{1/2} \cdot T^{8/3}$$

$$(10.1)$$

式中系数 $K_c = 3/8 = 0.375$。

由于公式推导过程中忽略了侧边石的影响（对于单一坡度型断面，侧边石对流量的影响低于 10%），而且水力半径的计算上进行了近似（当漫幅超过 40 倍的水深，即坡度低于 0.015 时，水力半径难以完全描述断面的水力性能），因此 K_c 值需要修正，在美国常采用的经验系数 K_c 值为 0.376。

边沟的曼宁粗糙系数　　　　　　　　　　　　　　　　　　　　表 10.2

边沟或者路面类型	n
混凝土边沟,抹光处理	0.012
沥青路面： 　光滑 　粗糙	 0.013 0.016
混凝土边沟—沥青路面相结合： 　光滑 　粗糙	 0.013 0.015
混凝土路面	0.014

注：如果边沟坡度较小，且具有沉积物累积，则在以上 n 值基础上再增加 0.02。

侧边石处水深 d 与漫幅 T 的关系为：

$$d = TS_x \tag{10.2}$$

可以看出，在式（10.1）中，横向坡度 S_x 对边沟流量的影响较大。例如 4% 的坡度，其过水能力将为 1% 横向坡度的 10 倍。可是对于路面的设计，在考虑方便排水的同时，还须考虑路面对于驾驶人员的舒适与安全性。表 10.3 提供了实际道路横断面坡度的可接受范围。

推荐的道路横断面坡度　　　　　　　　　　　　　　　　　　　表 10.3

路面类型	横断面坡度
高等级路面 　2 车道 　3 车道以上,在每一方向上	 0.015～0.020 最小值为 0.015；每车道增加 0.005～0.010；最大值为 0.040
中等级路面	0.015～0.03
低等级路面	0.020～0.060

【例 10.1】　三角形断面道路边沟，设计流量为 $0.09\text{m}^3/\text{s}$，横断面坡度为 0.022，纵向坡度为 0.014，曼宁粗糙系数为 0.015。试计算道路边沟的设计漫幅和水深。

解：

步骤 1. 利用式（10.1），计算道路边沟的设计漫幅 T：

$$T = \left(\frac{Qn}{K_c S_x^{5/3} S_L^{1/2}}\right)^{3/8} = \left[\frac{(0.09)(0.015)}{(0.376)(0.022)^{5/3}(0.014)^{1/2}}\right]^{3/8} = 2.9\text{m}$$

步骤 2. 由式（10.2），计算道路侧边石处水深 d：

$$d = TS_x = (2.9)(0.022) = 0.064\text{m}$$

（2）复合坡度型

复合坡度型道路边沟，其横断面在靠近侧边石部分，坡度压低形成低洼，便于输送更

多的流量，利于雨水口对雨水的收集。边沟总流量为

$$Q = Q_w + Q_s \tag{10.3}$$

式中　Q——边沟总流量（m^3/s）；

　　　Q_w——低洼断面处流量（m^3/s）；

　　　Q_s——低洼之外断面处流量（m^3/s）。

Q_s 可以采用式（10.1）计算，式中的 T 由低洼之外的漫幅 T_s 代替。对于复合坡度型边沟流量计算式（10.3），还须结合以下两式使用：

$$E_0 = \left[1 + \cfrac{(S_w/S_x)}{\left\{ 1 + \cfrac{(S_w/S_x)}{(T/W)-1} \right\}^{8/3} - 1} \right]^{-1} \tag{10.4}$$

和

$$Q = \frac{Q_s}{(1-E_0)} \tag{10.5}$$

式中　E_0——低洼断面流量与边沟总流量的比值，即 Q_w/Q；

　　　W——低洼断面的宽度（m）；

　　　S_w——低洼断面斜边坡度，可表示为

$$S_w = S_x + \frac{a}{W} \tag{10.6}$$

式中　a——低洼下陷的深度（m）。

【**例 10.2**】　计算复合型断面边沟的设计流量。已知道路断面坡度 0.022，曼宁粗糙系数 0.015，纵向坡度 0.014，边沟设计漫幅 2.9m；低洼深 50mm，宽 0.60m。

解：

步骤 1. 由式（10.6）计算低洼断面的斜边坡度 S_w。

$$S_w = S_x + \frac{a}{W} = 0.022 + \frac{\left(\dfrac{50}{1000} \right)}{0.60} = 0.11$$

步骤 2. 由式（10.1）计算边沟非下陷部分的流量 Q_s。

$$T_s = T - W = 2.9 - 0.60 = 2.3m$$

$$Q_s = \frac{K_c}{n} S_x^{5/3} S_L^{1/2} T_s^{8/3} = \frac{(0.376)}{(0.015)}(0.022)^{5/3}(0.014)^{1/2}(2.3)^{8/3} = 0.047 m^3/s$$

步骤 3. 由式（10.4）计算低洼断面流量与边沟总流量的比值 E_0。

$$E_0 = \left[1 + \cfrac{(S_w/S_x)}{\left\{ 1 + \cfrac{(S_w/S_x)}{(T/W)-1} \right\}^{8/3} - 1} \right]^{-1} = \left[1 + \cfrac{(0.11/0.022)}{\left\{ 1 + \cfrac{(0.11/0.022)}{(2.9/0.60)-1} \right\}^{8/3} - 1} \right]^{-1} = 0.62$$

步骤 4. 由式（10.5）计算边沟总流量 Q。

$$Q = \frac{Q_s}{(1-E_0)} = \frac{0.047}{(1-0.62)} = 0.12 m^3/s$$

如果复合坡度型边沟设计流量已知，求边沟的漫幅，需要采用迭代法计算。即首先假设 Q_s，利用式（10.5）和式（10.6）求 Q，若与已知流量不符，则采用新的漫幅计算新的 Q_s 值。通过重复计算，直到计算流量与已知流量一致时为止。

（3）抛物线型断面

通常抛物线型边沟断面是由道路横断面所形成的抛物线形状所确定。道路断面的抛物线型式可描述为

$$y = ax - bx^2 \qquad\qquad (10.7)$$
$$a = 2H/B;$$
$$b = H/B^2;$$

式中　H——路拱顶部相对于边沟最低点的高度（m）；

　　　B——路拱顶部到侧边石间的宽度（m）。

由于道路断面抛物线型式随路面设计结构而变化，因此抛物线型边沟的流量与漫幅不能够形成统一的公式，需要采用分段求和法近似计算。即将抛物线型断面沿 x 轴方向分成若干段，每一段的流量采用曼宁公式计算，总的边沟流量即是所有分段流量总和。

【例 10.3】　计算抛物线型边沟断面的流量。已知漫幅为 1.2m，纵向坡度为 0.014，曼宁粗糙系数为 0.015，道路侧边石至路拱顶点之间宽度和高度分别为 9.75m 和 0.20m。

解：

步骤 1. 选择分段宽度 Δx。

假设边沟漫幅分为等宽的两段，则 $\Delta x = 0.60$m

步骤 2. 由式（10.7）计算路缘水深

$$a = \frac{2H}{B} = \frac{2(0.20)}{9.75} = 0.041, b = \frac{H}{B^2} = \frac{0.20}{(9.75)^2} = 0.0021$$

$$y = ax - bx^2 = (0.041)(1.2) - (0.0021)(1.2)^2 = d = 0.046\text{m}$$

步骤 3. 计算 Δx_1 的平均水深

Δx_1 高度处的计算为

$$y = (0.041)x - (0.0021)x^2 = (0.041)(0.6) - (0.0021)(0.6)^2 = 0.024\text{m}$$

则在 Δx_1 范围内，道路平均抬升高度为（0.024）/2 即 0.012m。于是 Δx_1 内的平均水深为 0.046 − 0.012 = 0.034m。

步骤 4. 根据曼宁公式计算 Δx_1 范围内的流量

$$R \approx \frac{(0.034)(0.6)}{0.034 + 0.6} \approx 0.034$$

$$Q_1 = \frac{1.0}{n} A R^{2/3} S_{\text{L}}^{1/2} = \frac{1.0}{n}(\Delta x) d_1^{5/3} S_{\text{L}}^{1/2} = \frac{1.0}{0.015}(0.60)(0.034)^{5/3}(0.014)^{1/2} = 0.017\text{m}^3/\text{s}$$

步骤 5. 重复步骤 3、4，计算 Δx_2 区段内的流量。

Δx_2 范围内，道路平均抬升为（0.024 + 0.046）/2 = 0.035m。于是在 Δx_2 区段内的平均水深为 0.046 − 0.035 = 0.011m。

$$R \approx \frac{0.011 \times 0.6}{0.6} = 0.011\text{m}$$

$$Q_2 = \frac{1.0}{0.015}(0.60)(0.011)^{5/3}(0.014)^{1/2} = 0.0026\text{m}^3/\text{s}$$

步骤 6. 对每一区段流量求和，估计边沟总流量

$$Q = \sum Q_i = 0.017 + 0.0026 = 0.020\text{m}^3/\text{s}$$

10.1.2.2　浅洼边沟

在道路设计中，有时会遇到在路侧不允许设置侧边石的情况（例如双向车道的中间隔

离带），可能采用 V 型或者圆弧形低洼边沟，以输送路面径流（图 10.3）。

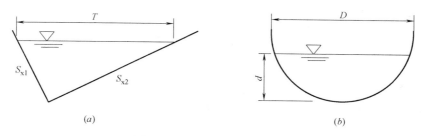

图 10.3　浅洼边沟断面示意图

(a) V 型；(b) 圆弧型

（1）V 型断面

如果边沟两侧断面坡度 S_{x1}、S_{x2} 修正为 S_x，则可以利用式（10.1）计算 V 型断面边沟的过水能力：

$$S_x = \frac{S_{x1} S_{x2}}{S_{x1} + S_{x2}} \tag{10.8}$$

该修正坡度的推导如下，将边沟流量沿通过沟底的垂线分为两部分 Q_1 和 Q_2，则

$$Q = Q_1 + Q_2$$

即 $\dfrac{K_c}{n} S_x^{5/3} S_L^{1/2} T^{8/3} = \dfrac{K_c}{n} S_{x1}^{5/3} S_L^{1/2} T_1^{8/3} + \dfrac{K_c}{n} S_{x2}^{5/3} S_L^{1/2} T_2^{8/3}$

$$S_{x1}^{5/3} T_1^{8/3} + S_{x2}^{5/3} T_2^{8/3} = S_x^{5/3} T^{8/3} \tag{10.8a}$$

由图 10.3（a）可知，$S_{x1} T_1 = S_{x2} T_2 = S_x T$，将其代入上式（10.8a），得

$$\frac{S_x^{5/3} T^{8/3}}{S_x^{8/3} T^{8/3}} = \frac{S_{x1}^{5/3} T_1^{8/3}}{S_{x1}^{8/3} T_1^{8/3}} + \frac{S_{x2}^{5/3} T_2^{8/3}}{S_{x2}^{8/3} T_2^{8/3}}$$

即 $\dfrac{1}{S_x} = \dfrac{1}{S_{x1}} + \dfrac{1}{S_{x2}}$　　或者 $S_x = \dfrac{S_{x1} S_{x2}}{S_{x1} + S_{x2}}$

【例 10.4】　试计算在 V 型洼地的漫幅。已知输送流量 0.090m³/s，边沟两侧的横向坡度分别为 0.33 和 0.022，曼宁粗糙系数为 0.015，纵向坡度为 0.014m/m。

解：

步骤 1. 由式（10.8）计算边沟横向断面修正坡度 S_x。

$$S_x = \frac{S_{x1} S_{x2}}{S_{x1} + S_{x2}} = \frac{(0.33)(0.022)}{(0.33) + (0.022)} = 0.021$$

步骤 2. 由式（10.1）计算边沟水面的漫幅

$$T = \left(\frac{Qn}{K_c S_x^{5/3} S_L^{1/2}}\right)^{3/8} = \left[\frac{(0.09)(0.015)}{(0.376)(0.021)^{5/3}(0.014)^{1/2}}\right]^{3/8} = 3.0\text{m}$$

（2）圆弧型断面

圆弧型断面的充满度 d/D 可用下式估计

$$\frac{d}{D} = K_c \left[\frac{Qn}{D^{8/3} S_L^{1/2}}\right]^{0.488} \tag{10.9}$$

式中　d——从弧底起算的水深（mm）；

　　　D——圆弧的直径（m）；

K_c——经验常量，取 1.179。

于是边沟顶部水面漫幅可表示为

$$T = 2\left[\left(\frac{D}{2}\right)^2 - \left(\frac{D}{2} - d\right)^2\right]^{1/2} \tag{10.10}$$

【例 10.5】 试计算边沟的过水能力。已知圆弧型边沟的直径为 1.0m，漫幅为 0.85m，边沟纵向坡度为 0.014，曼宁粗糙系数为 0.015。

解：

步骤 1. 由式 (10.10)，可计算水深 d

$$d = \frac{D}{2} - \sqrt{\left(\frac{D}{2}\right)^2 - \left(\frac{T}{2}\right)^2} = \frac{1.0}{2} - \sqrt{\left(\frac{1.0}{2}\right)^2 - \left(\frac{0.85}{2}\right)^2} = 0.24\text{m}$$

步骤 2. 由式 (10.9)，计算边沟过水能力 Q

$$Q = \frac{D^{8/3} S_L^{1/2}}{n}\left(\frac{d}{DK_c}\right)^{1/0.488} = \frac{(1.0)^{8/3}(0.014)^{1/2}}{0.015}\left(\frac{0.24}{(1.0)(1.179)}\right)^{1/0.488} = 0.30\text{m}^3/\text{s}$$

10.1.3 边沟内流行时间

水流在边沟中的流行时间是设计路面雨水口汇水时间的重要组成部分。假设流量沿边沟是变化的，由边沟起点 Q_1 到雨水口处的 Q_2（图 10.4），边沟内的流行时间 t_g 需要通过将平均流速分解到边沟断面长度上计算，即

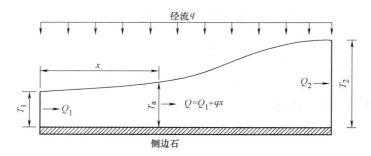

图 10.4 边沟流量的空间变化

$$t_g = \frac{L_g}{60 v_a} \tag{10.11}$$

式中 t_g——边沟内雨水流行时间（min）；

       L_g——边沟雨水流经长度（m）。

       v_a——在边沟长度上雨水的平均流速（m/s）。

边沟长度上雨水的平均流速 v_a 需利用曼宁公式在时间和距离上的积分计算。对于一侧为边石的三角形断面边沟，v_a 可表示为

$$v_a = \frac{K_m}{n} S_x^{2/3} S_L^{1/2} T_a^{2/3} \tag{10.12}$$

式中 v_a——平均流速（m/s）；

K_m——经验常数，取 0.752；

T_a——平均流速下的漫幅（m）。它可以根据 Brown（1996）等人的研究成果估计：

$$T_a=(0.65)(T_2)\left[\frac{1-\left(\frac{T_1}{T_2}\right)^{8/3}}{1-\left(\frac{T_1}{T_2}\right)^2}\right]^{3/2}$$ (10.13)

式中　T_1、T_2——分别为边沟起点和下游雨水口处的漫幅（m）。

10.1.4　雨水口的集流时间

雨水口集水时间指从汇水面积最远点流到雨水口的雨水流行时间。以图 10.5 为例，图中 →→ 表示水流方向。雨水从汇水面积最远点的房屋屋面分水线 A 点流到雨水口 a 的地面集水时间 t_c 通常由下列路径时间组成：

（1）从屋面 A 点沿屋面坡度经屋檐下落到地面散水坡的时间，通常为 0.3～0.5min；

（2）从散水坡沿地面坡度流入附近道路边沟的时间；

（3）沿道路边沟到雨水口 a 的时间。

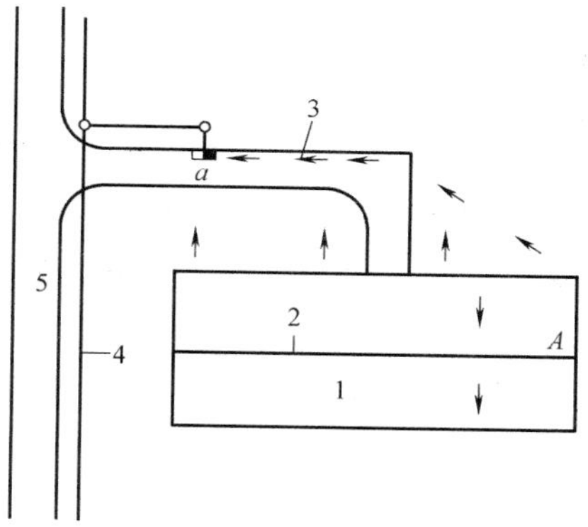

图 10.5　地面集水时间 t_c 示意图
1—房屋；2—屋面分水线；3—道路边沟；
4—雨水管；5—道路

考虑到汇水面积内的用地性质不同，可将进入道路边沟之前的时间称作地表漫流流行时间 t_s。于是雨水口的集水时间 t_c 可表示为地表漫流流行时间 t_s 与道路边沟内流行时间 t_g 之和，即

$$t_c=t_s+t_g$$

地表漫流集水时间通常与降雨强度、地表粗糙系数、流经距离和地表坡度相关，t_s 可表示为

$$t_s=\frac{K_c}{i^{0.4}}\left(\frac{nL_s}{\sqrt{S}}\right)^{0.6}$$ (10.14)

式中　t_s——地表漫流流经时间（min）；

K_c——经验系数，取 6.943；

i——降雨历时等于地表漫流集水时间时的降雨强度（mm/h）；

n——曼宁粗糙系数，取值参见表 10.4；

L_s——地表漫流流行距离（m）；

S——地表坡度。

由式（10.14）知，地表漫流集水时间 t_s 与降雨强度 i 相关，而 i 是在降雨历时等于地表漫流集水时间 t_s 时的降雨强度，事先它是一个未知数，因此式（10.14）的求解需要一个迭代过程。在该迭代过程中，首先假设一个 t_s 值，然后从地区降雨强度—历时—频率关系数据中得到降雨强度 i。由式（10.14）计算出新的 t_s' 值，将其与 t_s 值相比较，如果它们不相等，则以 t_s' 值代替 t_s 值，重复计算，直到新的 t_s' 值与原 t_s 相等为止。

地表漫流计算中的曼宁粗糙系数　　　　　　　表 10.4

地表	n	地表	n
光滑沥青面	0.011	金属波纹管道	0.024
光滑混凝土面	0.012	水泥橡胶路面	0.024
普通混凝土衬砌面	0.013	草地	
良好的木材面	0.014	平原短草 　稠密杂草	0.15 0.24
水泥砂浆砌砖面	0.014	树林	
陶土面	0.015	轻型灌木	0.40
铸铁	0.015	密实灌木	0.80

【**例 10.6**】　利用以下降雨强度－历时－频率数据，确定雨水口的集流时间。在进入雨水口之前，雨水流过了一块小型草地（$n=0.15$）和 150m 长的三角形边沟。已知草地地表漫流长度和坡度分别为 200m 和 0.036；边沟的横断面坡度为 0.025，曼宁粗糙系数为 0.016，纵向坡度为 0.020；假设边沟的上游段漫幅为 0.80m，下游雨水口处的设计漫幅为 3.0m。

历时（min）	降雨强度（mm/h）
10	147
20	112
30	88
40	72
50	60

解：

步骤 1. 计算地表漫流集流时间 t_s。

（1）假设 $t_s^{(0)}=10$min

（2）根据 IDF 数据，历时为 10min 的暴雨强度为 147mm/h

（3）由式（10.14）计算 $t_s^{(1)}$

$$t_s^{(1)} = \frac{K_c}{i^{0.4}}\left(\frac{nL_s}{\sqrt{S}}\right)^{0.6} = \frac{6.943}{(147)^{0.4}}\left(\frac{(0.15)(200)}{\sqrt{0.036}}\right)^{0.6} = 19.7\text{min}$$

（4）由于假设值 $t_s^{(0)}$ 与计算值 $t_s^{(1)}$ 不相等，以 $t_s^{(1)}$ 取代 $t_s^{(0)}$ 重复步骤（1）到（3）。下表 10.5 列出了求解集流时间为 22.4min 的迭代过程。

【例 10.6】计算　　　　　　　　表 10.5

假定 $t_s^{(0)}$	降雨强度（mm/h）	计算 $t_s^{(1)}$
10	147	19.7
19.7	113	21.9
21.9	107	22.3
22.3	106	22.4（计算终止）

步骤 2. 计算边沟流的集流时间

（1）根据式（10.13）估计平均漫幅 T_a。

$$T_a = (0.65)(T_2)\left[\frac{1-\left(\frac{T_1}{T_2}\right)^{8/3}}{1-\left(\frac{T_1}{T_2}\right)^2}\right]^{3/2} = (0.65)(3.0)\left[\frac{1-\left(\frac{0.80}{3.0}\right)^{8/3}}{1-\left(\frac{0.80}{3.0}\right)^2}\right]^{3/2} = 2.08\text{m}$$

（2）由式（10.12）计算边沟内的平均速度 v_a

$$v_a = \frac{K_m}{n}S_x^{2/3}S_L^{1/2}T_a^{2/3} = \frac{0.752}{0.016}(0.025)^{2/3}(0.02)^{1/2}(2.08)^{2/3} = 0.93\text{m/s}$$

（3）计算边沟流行时间

$$t_g = \frac{L_g}{60v_a} = \frac{150}{60(0.93)} = 2.69\text{min}$$

步骤 3. 计算总汇流时间 t_c

$$t_c = t_s + t_g = 22.4 + 2.69 = 25.1\text{min}$$

实际应用中，准确计算 t_c 值是困难的，故一般不进行计算，而采用经验数值。根据《室外排水设计规范》GB 50014—2006 规定：地面集水时间视距离长短、地形坡度及地面覆盖情况而定，一般采用 $t_1 = 5 \sim 15\text{min}$。日本和美国采用的地面集水时间见表 10.6。

日本和美国采用的地面集水时间　　　　　　　　　表 10.6

资料来源	工程情况	t_1(min)
日本指南	人口密度大的地区	5
	人口密度小的地区	10
	平均	7
	干线	5
	支线	7~10
美国土木学会	全部铺装，下水道完备的密集地区	5
	地面坡度较小的发展区	10~15
	平坦的住宅区	20~30

此外，地面集水时间也与暴雨强度有关。暴雨强度大，水流时间就短。例如英国根据不同的设计重现期采用不同的地面集水时间：重现期为 1 年时采用 4~8min；重现期为 2 年时采用 4~7min；重现期为 5 年时采用 3~6min。

10.2　雨　水　口

10.2.1　雨水口的类型和构造

10.2.1.1　雨水口的类型

雨水口是地表径流与排水管渠系统的衔接点，既是雨水管渠或合流管渠系统上的重要附属构筑物，也是城市道路排水的重要组成部分。街道路面上的雨水首先经雨水口通过连接管流入排水管渠，它控制了从道路上进入地下排水系统的径流量。科学合理地设置雨水口是城市道路路面排水设计的关键，同时也将对路面结构安全产生重要影响。

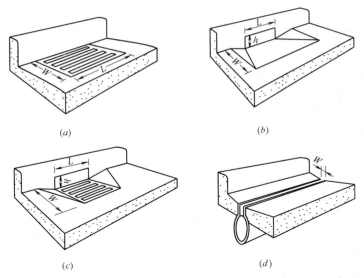

图 10.6　雨水口的类型

（a）平箅雨水口；（b）侧石雨水口；（c）联合式雨水口；（d）槽式雨水口

　　常见雨水口类型如图 10.6 所示，包括：① 平箅雨水口，其箅面应低于附近路面 3～5cm，并使周围路面坡向雨水口。它又分为缘石平箅式和地面平箅式。缘石平箅式雨水口适用于有缘石的道路；地面平箅式适用于无缘石的路面、广场、地面低洼聚水处等。② 侧石雨水口，进水孔底面应比附近路面略低。有立孔式和立箅式，适用于有缘石的道路。其中立孔式适用于箅隙容易被杂物堵塞的地方。③ 联合式雨水口，是平箅与立式的综合形式，适用于路面较宽，有缘石、径流量较集中且有杂物处。④ 槽式雨水口，沿道路横沟或边沟设置的特殊雨水口，其剖面示意见图 10.7。因此雨水口设计主要考虑两个方面：雨水口的布置位置及其泄水能力。如果雨水口的截流能力或者位置选择不当，均有可能造成路面积水。设计人员的任务是确定雨水口的类型、尺寸和间距，以充分截除道路边沟雨水经流，防止出现积水。表 10.7 说明了不同雨水口类型的应用信息及各自优缺点。

　　雨水口设置数量主要依据来水量而定。截水点和来水量较小的地方一般设单箅雨水口，汇水点和来水量较大的地方一般设双箅雨水口，汇水距离较长、汇水面积较大的易积水地段常需设置三箅、四箅或选用联合式雨水口，立交下道路最低点一般要设置十箅左右。以上均按路拱中心线一侧的每一个布置点计算，同时注意多箅雨水口的泄水能力并不是单个雨水比泄水能力的简单叠加。

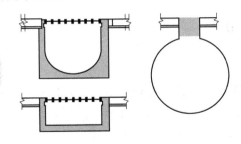

图 10.7　各种槽式雨水口剖面示意图

各种类型雨水口的应用情况　　　　　　　　　　　　表 10.7

雨水口类型	应用条件	优点	缺点
边沟平箅式	低洼处和连续坡面（应保证自行车的安全）	适用坡度范围大	易于堵塞，随着坡度的增大，截流效率降低
侧石式	低洼处和连续坡面（不应设在陡坡上）	不易堵塞，对行人和自行车较安全	随着坡度的增大，截流效率降低
联合式	低洼处和连续坡面（应保证自行车的安全）	截流能力较强，不易堵塞	与单独边沟式或边石式雨水口相比，成本较高
槽式	截除面状径流	截流断面大	易于堵塞

10.2.1.2　雨水口的构造

图 10.8 为边沟式雨水口的一般构造。通常可分为进水箅、井筒和连接管共三部分。雨水口的进水箅可用铸铁或钢筋混凝土、石料制成。采用钢筋混凝土或石料进水箅可节约钢材，但其进水能力较差。

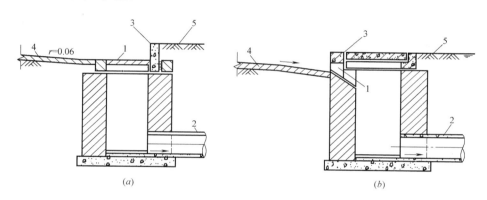

图 10.8　路面雨水口
（a）边沟雨水口；（b）侧石雨水口
1—进水箅；2—连接管；3—侧石；4—道路；5—人行道

雨水口的井筒可用砖砌或用钢筋混凝土预制，也可采用预制的混凝土管。雨水口的深度一般不宜大于 1m；在有冻胀影响的地区，雨水口的深度可根据经验适当加大。雨水口的底部可根据需要作成有沉泥井（也称截留井）或无沉泥井的形式。图 10.9 所示为有沉泥井的雨水口，它可截留雨水所夹带的砂砾，免使它们进入管道造成淤塞。但是沉泥井往往积水、滋生蚊蝇、散发臭气、影响环境卫生。因此需要经常清除，增加了养护工作量。通常仅在路面较差、地面上积秽很多的街道或菜市场等地方，才考虑设置有沉泥井的雨水口。

雨水口以连接管与街道排水管渠的检查井相连。当排水管直径大于 800mm 时，也可在连接管与排水管连接处不另设检查井，而设连接暗井（图 10.10）。

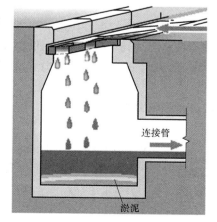

图 10.9　有沉泥井的雨水口

连接管的最小管径为 200mm，坡度一般为 0.01，长度不宜超过 25m，覆土厚度大于或等于 0.7m。连在同一连接管上的雨水口一般不宜超过 3 个。

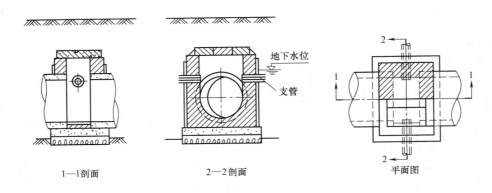

1—1剖面　　　　　　　2—2剖面　　　　　　　平面图

图 10.10　连接暗井

10.2.2　泄水能力和效率

雨水口的泄水能力直接影响雨水的排除效果，也间接影响道路交通安全，如果造成过多的雨水渗入路面，则会影响路面的结构性能。

通常雨水口很难截除整个边沟流量。雨水口泄水能力（或收水能力）Q_i 为雨水口截流的边沟流量。未被雨水口截流的部分水流称作旁流，或称继续流，其关系可表示为

$$Q_b = Q - Q_i \tag{10.15}$$

式中　Q_b——旁流（m^3/s）；

　　　Q——边沟总流量（m^3/s）；

　　　Q_i——雨水口的截流能力（m^3/s）。

雨水口的截流效率 E 定义为在给定条件下，雨水口截流量占边沟总流量的百分比，表示为

$$E = \frac{Q_i}{Q} \tag{10.16}$$

雨水口的泄水能力与边沟横断面坡度、道路粗糙系数、边沟纵向坡度、上游来流量、雨水口几何尺寸以及是否采用低洼布置相关。通常雨水口的泄水能力随边沟流量的增大而增大，而截流效率通常随边沟流量的增大而减小。

10.2.3　边沟平箅雨水口

边沟平箅雨水口也称边沟雨水口或平箅雨水口，是在边沟上开孔，一个或者多个箅子覆盖，平行于水流固定 [图 10.6（a）]。这些雨水口适用于大范围的边沟坡度，但随着边沟坡度的加大，它们的截流能力通常是降低的。影响它们截流能力的附加因素包括靠近侧边石处的水深、通过箅子的径流量、箅子的几何构造以及边沟中的水流速度。

箅子构造包括箅子的长度、宽度，栅条的宽度及其间距，栅条的布置形式（横向、纵

向、正交布置或者呈蜂窝状布置）等。各种算子的通水能力需通过水力实验来确定。

平算雨水口的主要优点是安装在边沟雨水径流的通道上，水流通畅。但易被垃圾、树枝等杂物堵塞，影响截流能力。堵塞是平算雨水口的长期性问题，因此平算的截流能力通常认为只有部分被有效利用；同时雨水口的堵塞与算子的构造也有关系。进水栅条的方向和进水能力也有很大关系，经验证明平算进水孔隙长边方向与来水方向一致时进水效果较好，但它对交通造成不便，甚至可能引起交通事故。算子在结构上也应能够承受一定的交通负荷。

设计边沟式雨水口时，将水流分为正面流、侧面流和越流。1995 年，安智敏等人在实验中观测到：① 雨水口上游为均匀流，但距前缘 10～30cm 处水面开始跌落，呈降水曲线，水面宽度也相应收缩。② 跌落雨水口的水流，没有因算子阻挡而流回边沟的现象。③ 水流主要由前缘进入，其次是外侧，下缘进水很少。

当边沟水流扩展超过算子宽度时，算子的正面水流将从算子的正上游部位流来，侧面流是绕过算子边缘的水流部分。当水流绕过算子时，部分侧面流将被截流，截流量取决于边沟横断面坡度、流速以及算子长度。当边沟流速太高，或者算子长度太短时，正面流将难以完全被截流，部分流量将越过雨水口而成为越流。

2003 年，张庆军通过现场观察发现，道路纵坡的大小会对路面排水产生较大影响。在道路纵坡小于 0.3% 时，路面雨水迟滞现象较为严重，雨水不能顺利地往低处流动，此时雨水主要依靠路面每一个雨水口排放，因此当路面纵坡小于 0.3% 时，每一个雨水口都承担路面汇水面积内的雨水流量，一般不会形成超越流量。在道路纵坡介于 0.3%～2% 之间的状况下，路面雨水顺纵坡往下游流动，在路面横坡不大的情况下，实际水面宽度大于雨水口宽度，一部分雨水被雨水口截流，另一部分雨水顺流而下，在下游低洼处汇集，形成超越水量。在这种情况下，雨水口就需要采用更有效的截流形式，并在路面低洼处进行特殊设计，增加雨水口的数量和尺寸，以便及时排放路面雨水。在路面纵坡大于 2% 的较大坡道上，路面雨水水流将处于急流状态，部分水流会跃过雨水口而形成跳跃，使道路坡道上的雨水口进水能力大大降低，超越水量将会加大，因此路面低洼地段在暴雨期间将会出现较大的汇水面积，若在该低洼地段，路面没有足够的雨水排泄能力，将会出现积水现象。

对于复合式边沟，边沟正面流与边沟总流的比值 E_0，可以利用式（10.4）计算。对于单一横断面坡度边沟，比值 E_0 可表示为

$$E_0 = \frac{Q_w}{Q} = \frac{\int_{T-W}^{T} \frac{1}{n} S_L^{1/2} \cdot S_x^{5/3} \cdot x^{5/3} \cdot dx}{\int_0^T \frac{1}{n} S_L^{1/2} \cdot S_x^{5/3} \cdot x^{5/3} \cdot dx} = 1 - \left(1 - \frac{W}{T}\right)^{8/3} \qquad (10.17)$$

式中　Q——边沟总流量（m³/s）；

　　　Q_w——在算子宽度（W）上的正面流量（m³/s）；

　　　T——边沟漫幅（m）。

类似地，侧面流与边沟流的比值为

$$\frac{Q_s}{Q} = 1 - \left(\frac{Q_w}{Q}\right) = 1 - E_0 = \left(1 - \frac{W}{T}\right)^{8/3} \qquad (10.18)$$

式中　Q_s——边沟通过算子时产生的侧面流（m³/s）。

正面截流流与总正面流之比，或者正面截流效率 R_f，可表示为

$$R_f = 1 - K_f(v - v_0) \tag{10.19}$$

式中　K_f——经验常数，取 0.295；

　　　v——边沟流速（m/s）；

　　　v_0——在越流开始产生时的临界边沟速度（m/s），也称作越流起始速度。

根据雨水口平箅的栅条布置结构、箅子的长度和边沟流速，可以绘制越流速度—箅子长度关系曲线，以及正面截流效率—边沟流速的关系曲线，示例见图 10.11。

箅子侧面截流量与侧面总流的比值，称作侧面流效率 R_s，可表示为

$$R_s = \cfrac{1}{\left(1 + \cfrac{K_s v^{1.8}}{S_x L^{2.3}}\right)} \tag{10.20}$$

式中　K_s——经验常数，取 0.0828；

　　　L——箅子长度（m）。

于是箅子的总截流效率 E，可表示为正面截流效率与侧面截流效率的函数，即

$$E = R_f E_0 + R_s(1 - E_0) \tag{10.21}$$

式（10.21）右侧的第一项为雨水口正面截流量与总边沟流量的比值，第二项为侧面截流量与边沟总流量的比值。由式（10.16）可知，边沟雨水口的截流能力可表示为

$$Q_i = EQ = (R_f E_0 + R_s(1 - E_0))Q \tag{10.22}$$

10.2.4　侧石雨水口

侧石雨水口也称边石雨水口或立式雨水口，是在道路边石上开孔，便于雨水进入地下的排水构筑物［图 10.6 (b)］。与边沟式雨水口相比，其长度较大，通常在道路纵向坡度较缓（低于 3%）时最为有效。侧石雨水口的优点是不易被污物堵塞，对汽车、自行车和行人的安全影响较小，缺点为截流能力较差。影响侧石截流能力的主要因素有近侧边石处的水深、边石开孔的长度、路面横向坡度和纵向坡度。

边石开孔高度一般在 100～150mm 之间。对于单一坡度型断面边沟，截流 100% 边沟流量的侧石开孔雨水口的开孔长度，可表示为

$$L_T = K_0 Q^{0.42} S_L^{0.3} (n S_x)^{-0.6} \tag{10.23}$$

式中　L_T——截流全部边沟流量所需侧石雨水口开孔长度（m）；

　　　K_0——经验常数，取 0.817。

当侧石雨水口开孔长度小于 L_T 时，则截流效率 E 计算为

$$E = 1 - \left(1 - \cfrac{L}{L_T}\right)^{1.8} \tag{10.24}$$

式中　L——边石开孔的长度（m）。

因为增大道路（或边沟）横断面坡度会降低边沟雨水口截流所需要的宽度，往往在设计中，可将横断面坡度设计成局部或者连续的低洼边沟断面（图 10.12）。在这种情况下，可以将式（10.23）中的 S_x 用横断面当量坡度 S_e 取代，以及所需侧石雨水口开孔长度。边沟横断面当量坡度 S_e 可表示为

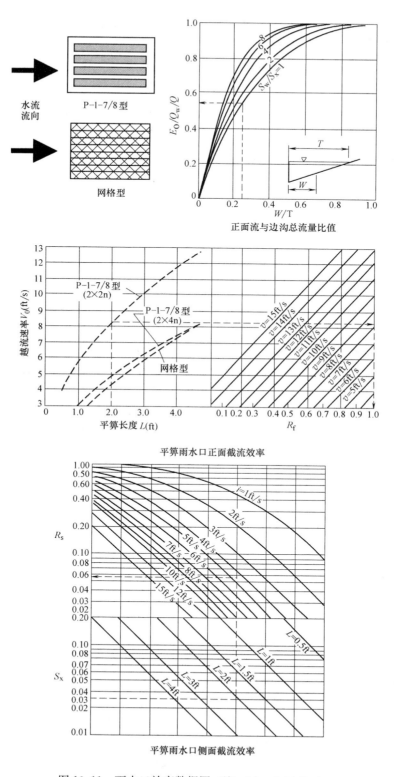

图 10.11　雨水口效率数据图（注：1ft＝0.3048m）

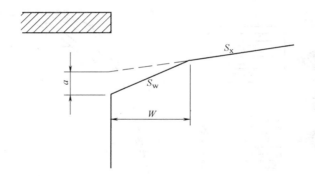

图 10.12　低洼式侧石雨水口设置

$$S_e = S_x + S'_w E_0 \qquad (10.25)$$

式中　E_0——低洼断面流量与边沟总流量的比值，其计算参见式（10.4）；

　　　S'_w——从道路横断面坡度起点到低洼底的坡度，表示为：

$$S'_w = \frac{a}{W} \qquad (10.26)$$

式中　a——边沟低洼深度（m）；

　　　W——边沟低洼宽度（m）。

当侧边石开孔长度低于 L_T 时，低洼边沟同样可提高雨水口的截流效率，其计算仍采用式（10.24）。

【例 10.7】　计算侧石雨水口的截流能力。已知侧石雨水口开孔长度为 3.5m，边沟为三角形均匀坡度断面，横向坡度 0.025，纵向坡度 0.03，曼宁粗糙系数为 0.016；边沟设计流量为 0.08m³/s。

解：

步骤 1. 由式（10.23）计算完全截流时的侧石雨水口开孔长度 L_T。

$L_T = K_0 Q^{0.42} S_L^{0.3} (n S_x)^{-0.6} = (0.817)(0.08)^{0.42}(0.03)^{0.3}[(0.016)(0.025)]^{-0.6} = 10.8\text{m}$

步骤 2. 由式（10.24）确定雨水口截流效率 E。

$$E = 1 - \left(1 - \frac{L}{L_T}\right)^{1.8} = 1 - \left(1 - \frac{3.5}{10.8}\right)^{1.8} = 0.506 \text{ 或者} 50.6\%$$

步骤 3. 由式（10.16）确定雨水口截流能力。

$$Q_i = EQ = (0.506)(0.08) = 0.041\text{m}^3/\text{s}$$

10.2.5　联合式雨水口

联合式雨水口是在边沟底部及相邻侧边石都设置进水箅，便于雨水汇入的构筑物 [图 10.6（c）]。它们主要设置在低洼位置，或者设置在边沟雨水口易于堵塞的位置。如果联合式雨水口的边沟平箅部分与侧石开孔部分长度相同，则联合式雨水口的截流能力和效率与单设边沟平箅雨水口相比，差别并不显著，因此仍可采用计算边沟雨水口截流能力和效率的公式（10.17）和式（10.22）计算，从而忽略侧石开孔雨水口的截流能力和效率。

如果在边沟雨水口上游相邻位置事先设置了侧石雨水口，则可以提高联合式雨水口的截流能力，这时其能力等于上游侧边石开孔长度上的截流能力加上相邻边沟雨水口的截流能力。但是应注意，由于侧石雨水口的存在，相邻边沟雨水口处的漫幅、正面流量以及截流能力都有所降低。该类型雨水口的另一个优点是，可更有效截除初期暴雨冲来的污物。

10.2.6　槽式雨水口

槽式雨水口包括一条管道或渠道，上部开口处设置有雨水算，雨水算的栅条通常与管（渠）道走向垂直［图10.6（d）］。槽式雨水口对于截除面状径流是很有效的，但易于被残渣所堵塞。

在没有残渣堵塞情况下，槽式雨水口与侧石雨水口相比，几乎具有相同的水力特性。雨水口的截流能力是算子上部水深和雨水口长度的函数。美国联邦公路局的实验分析数据表明，对于宽度大于45mm的槽式雨水口，100％截流长度可采用式（10.23）计算，当小于该长度时，截流效率可用式（10.24）计算。

10.2.7　低洼位置处的雨水口

对于低洼位置处的雨水口，从水力性能来看，当雨水算上部水深较大时，雨水口可作为孔口出流计算。雨水算上部水深适中时，水流处于过渡状态，其特性在堰流和孔口出流之间扰动。当雨水算上部水深较小时，可作为堰流来处理。雨水口处的孔口出流开始时的水深为平算的尺寸、侧边石开孔尺寸或者槽宽的函数。例如平算尺寸较大时，会在较大的水深条件下，仍可采用堰流来处理。

对于低洼和易积水地段，雨水径流面积大，径流量较一般为多，如有植物落叶，容易造成雨水口的堵塞。低洼位置处雨水口的残渣通过能力很关键，因为雨水口必须将低洼处的径流全部截流。当雨水口的有效面积全部或者部分堵塞时，将导致具有危害性的积水。因此在低洼位置处通常采用侧石雨水口、联合式雨水口，或者道路横沟上布置槽式雨水口，不建议单独使用边沟平算雨水口。

10.2.7.1　平算雨水口

对于类似停车场等非街道路面，雨水口的设置是为了截除场地径流，确保行人和附近财产安全。当在排水区域内利用侧边石和边沟时，平算雨水口的设计过程与路面边沟雨水口类似。可是当不采用侧边石时，雨水口将是整个排水方案中的重要组成部分，需要细心设计场地坡度，以便水可以顺利导入雨水口。通常采用低洼方式增加平算雨水口的截流能力。低洼布置的平算雨水口截流能力，当水深低于0.12m时，可采用堰流公式计算；当深度大于0.43m时，可采用孔口出流公式计算。当水深为0.12～0.43m时，雨水口的截流能力难以精确计算。

当作为堰操作时，边沟雨水口的截流能力为

$$Q_i = C_w P d^{3/2}$$

(10.27)

式中　Q_i——截流能力（m^3/s）；

　　　P——平算周长，未包含靠近边石一侧的边长（m）；

　　　C_w——平算堰流系数，取 1.66；

　　　d——雨水口靠近侧边石处的水深（m）。

当作为孔口出流操作时，边沟雨水口的截流能力表示为

$$Q_i = C_0 A_g \sqrt{2gd} \tag{10.28}$$

式中　C_0——孔口流量系数，取 0.67；

　　　A_g——平算的有效过水面积（m^2）；

　　　g——重力加速度常数。

美国联邦公路局的试验说明，扁钢栅条式平算，其有效面积等于平算总面积减去栅条所占面积；曲线叶片式平算水力性能较好，其有效面积应在扁钢栅条式基础上增加 10%。

【例 10.8】　计算洼地位置 0.9m×1.2m 边沟雨水口的截流能力。已知设计漫水幅度为 2.0m；边沟横断面坡度为 0.05，曼宁粗糙系数为 0.016；假设平算长度上发生 50% 的堵塞。

解：

步骤 1. 由式（10.2），计算靠近边石处的水深 d。

$$d = TS_x = 2.0 \times 0.05 = 0.1m$$

假设堰流操作控制在 $d = 0.1m$，则计算按以下步骤。

步骤 2. 计算格栅的周长 P。

$$P = 2 \times 0.9 \times 0.5 + 1.2 = 2.1m$$

步骤 3. 由式（10.27），计算雨水口能力 Q_i。

$$Q_i = C_w P d^{3/2} = 1.66 \times 2.1 \times 0.1^{3/2} = 0.11 m^3/s$$

10.2.7.2　侧石雨水口

当侧边石处的积水深度低于或者等于侧边石开孔高度时，侧石雨水口的流量计算按照堰流处理。在该积水深度范围内，雨水口的截流能力为

$$Q_i = C_w L d^{3/2} \tag{10.29}$$

式中　C_w——侧石雨水口堰流系数，取 1.60；

　　　L——侧石雨水口的开孔长度（m）；

　　　d——雨水口靠近侧边石处的水深（m）。

如果采用低洼式侧石雨水口，则截流能力计算为

$$Q_i = C_w (L + 1.8W) d^{3/2} \tag{10.30}$$

式中　W——下沉低洼的横向宽度（m）。

低洼式雨水口的堰流系数降至 1.25，侧石处的水深 d 根据常规横断面坡度来测量。由于式（10.30）为堰流公式，侧石处的水深限制在小于或等于开孔高度加上低洼下沉深度。此外，当侧石开孔长度大于 3.6m 时，由非低洼式雨水口的计算式（10.29）计算出的截流量将大于低洼式雨水口的计算值。

当侧石处水深接近 1.4 倍的开孔高度时，侧石雨水口的截流能力将利用孔口出流公式计算。此时的截流能力计算为

$$Q_i = C_0 A_g \left[2g\left(d_i - \frac{h}{2} \right) \right]^{1/2} \tag{10.31}$$

式中　C_0——孔口流量系数，取 0.67；

A_g——侧石开孔的有效面积（m²）；

g——重力加速度；

d_i——侧石开孔处的水深，含低洼下沉深度（m）；

h——侧石开孔的孔高。

式（10.31）假设开孔为水平孔口［图 10.13（a）］。对于其他孔口形状［图 10.13（b）］和［图 10.13（c）］，其通用表达式为

$$Q_i = C_0 h L (2g d_0)^{1/2} \tag{13.32}$$

式中　h——定义为孔口宽度（m）；

d_0——自孔口形心起算的有效水头（m）。

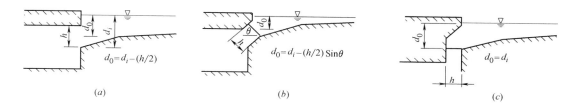

图 10.13　侧石雨水口的形式
(a) 平口；(b) 斜口；(c) 竖口

【例 10.9】　计算长 3m，高 0.15m 的低洼式侧石雨水口的截流能力。已知洼深为 50.0mm，洼宽 0.6m；设计漫幅和横断面坡度分别为 2.5m 和 0.03。

解：

步骤 1. 由式（10.2），计算侧石处的水深 d。

$$d = T S_x = 2.5 \times 0.03 = 0.075 \text{m}$$

由于 $[d=0.075\text{m}] < [h+a=0.15+50/1000=0.2\text{m}]$，因此假设为堰流。

步骤 2. 由式（10.30），计算雨水口截流能力 Q_i。

$$Q_i = C_w (L+1.8W) d^{3/2} = 1.25 \times (3+1.8 \times 0.6) \times 0.075^{3/2} = 0.10 \text{m}^3/\text{s}$$

10.2.7.3　联合式雨水口

为防止洼地积水，通常推荐采用侧石雨水口和联合式雨水口。当按堰流公式计算时，联合式雨水口的截流能力近似于等长度边沟雨水口的截流能力，采用式（10.27）。当按孔口出流公式计算时，截流能力为平算能力（利用式（10.28）计算）与边石开孔截流能力（采用式（10.31）或式（10.32））之和。此外低洼处联合雨水口的设计常假设平算部分被完全堵塞。

10.2.7.4　槽式雨水口

由于槽式雨水口易被残渣堵塞，不推荐在低洼位置采用。当采用时，若槽顶水深小于 60mm 时，可用堰流公式计算；当槽顶水深大于 120mm 时，采用孔口出流公式计算。

堰流公式计算槽式雨水口截流能力为：

$$Q_i = C_w L d^{3/2} \tag{10.33}$$

式中　C_w——堰流系数，其值随槽顶水深和槽宽而变化，一般取值 1.4；

　　　　L——槽的长度（m）；

　　　　d——槽顶水深（m）。

孔口出流公式计算槽式雨水口截流能力为

$$Q_i = 0.8LW(2gd)^{1/2} \qquad (10.34)$$

式中　W——槽宽（m）；

　　　　g——重力加速度常数。

【例 10.10】　计算低洼处 20m 长槽式雨水口的截流能力。已知槽宽为 50mm，设计漫幅为 3.5m，边沟横断面坡度为 0.04，假设雨水口不会被堵塞。

解：

步骤 1. 由式（10.2），计算侧石处的水深 d。

$$d = TS_x = 3.5 \times 0.04 = 0.14m$$

设 d =140mm 时可采用孔口出流公式。

步骤 2. 由式（10.34），计算槽式雨水口的截流能力 Q_i。

$$Q_i = 0.8LW(2gd)^{1/2} = (0.8)(2.0)\left(\frac{50}{1000}\right)((2)(9.8)(0.14))^{1/2} = 0.13 m^3/s$$

10.2.8　雨水口的堵塞

雨水口易被路面垃圾和灰尘堵塞。在降雨事件中，由于初期污物冲刷，常使大量垃圾、树叶等冲向雨水口。作为路面排水的一般实践，单个边沟雨水口在设计中考虑 50% 被堵塞，单个侧石雨水口中考虑 10% 被堵塞。我国《给水排水设计手册》中认为大雨时易被杂物堵塞的雨水口，泄水能力应乘以 0.5~0.7 的系数计算。当为了收集路面雨水而采用多个雨水箅联合排水时，雨水口的堵塞将随布置的长度而降低。2000 年，郭纯园指出，堵塞因子随雨水口串联长度的衰减可描述为：

$$C = \frac{1}{N}(C_0 + eC_0 + e^2C_0 + e^3C_0 + \cdots + e^{N-1}C_0) = \frac{C_0}{N}\sum_{i=1}^{i=N} e^{i-1} = \frac{KC_0}{N} \qquad (10.35)$$

式中　C——多箅串联雨水口的堵塞因子；

　　　　C_0——单箅堵塞因子；

　　　　N——雨水箅的串联个数；

　　　　K——堵塞系数，参见表 10.8。

从单箅到多箅串联时堵塞因子的变化情况　　　　　表 10.8

雨水箅串联个数 N	1	2	3	4	5	6	7	8	＞8
边沟平箅雨水口 K	1	1.5	1.75	1.88	1.94	1.97	1.98	1.99	2
边石立箅雨水口 K	1	1.25	1.31	1.33	1.33	1.33	1.33	1.33	1.33

注：其中边沟平箅雨水口 e 采用 0.5，侧石立箅雨水口 e 采用 0.25。

同时认为在坡面上雨水口的截流正比于雨水口的长度，在低洼处正比于雨水口的开孔面积。因此坡面上使用堵塞因子后的雨水口长度为：

$$L_e = (1-C)L \qquad (10.36)$$

式中 L_e——雨水口的有效长度，即未被堵塞部分的长度。

在低洼处应用堵塞因子后的雨水口开孔口面积为：

$$A_e = (1 - C)A \tag{10.37}$$

式中 A_e——有效开孔面积；

      A——雨水箅的开孔面积。

10.3 雨水口位置的设计

雨水口的设置应根据道路（广场）情况、街坊及建筑情况、地形情况、土壤条件、绿化情况、降雨强度以及雨水口的泄水能力等因素确定。雨水口设置的好坏直接影响城市道路雨水及时通常排除、雨水冲刷携带的杂物截留；间接影响城市交通安全和城市环境卫生和人体健康。雨水口的布置方式应确保有效收集雨水，雨水不应流入路口范围，不应横向流过车行道，不应由路面流入桥面或隧道（图 10.14）。

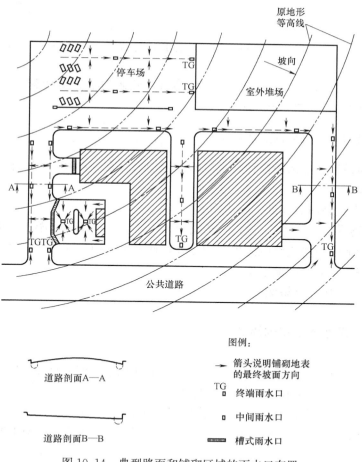

图 10.14　典型路面和铺砌区域的雨水口布置

雨水口布置应根据地形及汇水面积确定，有的地区不经计算，完全按道路长度均匀布置，不仅浪费投资，且不能收到预期的效益。雨水口设置存在的主要问题是雨水口堵塞、

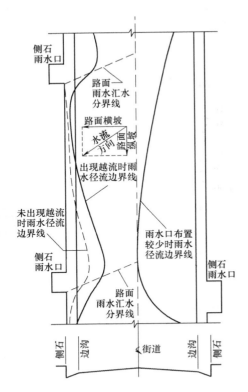

图 10.15　雨水口间距对路面漫幅的影响

雨水口设置位置不当、设置数量不足等造成的地面积水。

雨水口的间距根据道路的几何特性和水面设计漫幅确定，图 10.15 说明了雨水口间距对路面漫幅的影响，其定位所需的信息包括：

1）现有或规划道路的平面、纵剖面图和横剖面图；

2）排水区域的地形图；

3）设计暴雨的强度—历时—频率数据；

4）当地排水规范和设计标准。

我国《室外排水设计规范》GB 50014—2006 中规定，雨水口间距宜为 25～50m。当道路纵坡大于 0.02 时，雨水口的间距可大于 50m，其形式、数量和布置应根据具体情况和计算确定。坡度较短时可在最低点处集中收水，其雨水口的数量和面积应适当增加。

10.3.1　雨水口的设置位置

为保证路面排除通畅，雨水口在很多情况下是根据道路的几何特性而忽略汇水面积。也就是说忽略路面径流、边沟漫幅和雨水口的截流能力，在一些特殊位置优先设置雨水口。这些位置通常包括：

1）道路汇水点路面低洼处，防止路面积水。

2）中央隔离带、匝道进口/出口、道路交叉口、人行横道的上游侧，沿街单位出入口上游、靠地面径流的街坊或庭院的出水口等处，使雨水在通过这些位置之前就被截流，防止雨水漫过这些位置而影响交通安全。

3）桥面的上游侧和下游侧等。

10.3.2　连续坡面上雨水口的距离

雨水口的间距计算通常需要试算，一般方法概述如下（流程见图 10.16）：

1）初步设置雨水口的位置，计算其汇水面积；

2）由推理公式计算该汇水面积上的高峰径流量；

3）计算边沟流量，它等于本雨水口汇水面积产生的高峰径流量与上游雨水口造成的旁通流量之和，然后代入式（10.1）和式（10.2），计算边沟的水面宽度和水深。

4）如果边沟水深大于实际侧石高度，或者计算水面扩展大于设计允许排水宽度，则返回步骤 1），重新选择雨水口位置，减少排水面积和距离。同样，如果计算水面扩展远小于设计允许值，也需要返至步骤 1），增加雨水口的间距。否则计算雨水口的截流能力和旁流量；

5）连续坡面上的雨水口从上游向下游依次定位，重复采用步骤 1）～4）计算。

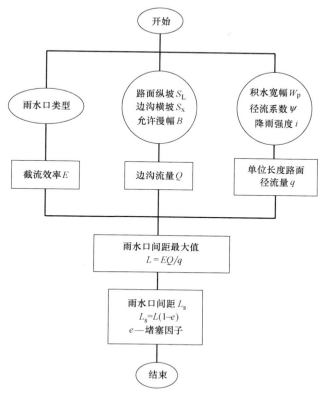

图 10.16　雨水口间距设计流程图

对于连续坡面以及排水面积仅仅包含有路面，或者排水面积具有相同的径流特性，且形状为矩形的情况，可采用相同的间距。此时通常假设所有雨水口的汇流时间是相同的。从坡顶开始确定第一个雨水口的位置，在充分利用街道边沟的输送能力后，可以利用推理公式计算排水距离。

$$L_1 = \frac{QK'}{\psi i W_p} \tag{10.38}$$

式中　L_1——从路面坡顶至第一个雨水口的长度（m）；

　　　Q——利用设计漫幅，由式（10.1）计算出的边沟流量（m³/s）；

　　　K'——转换常数，取 3.6×10^6；

　　　W_p——路拱到侧石之间的横向距离（m）；

　　　ψ——无量纲径流系数；

　　　i——降雨强度（mm/h）。

随后由该上游雨水口的截流能力确定其旁流量，并计算出雨水口处的扩展。根据达到的设计扩展，计算到下游雨水口之间的距离，

$$L_i = \frac{QK'}{\psi i W_p} E \tag{10.39}$$

式中　L_i——后续雨水口之间的距离（m）；

E——上游雨水口的截流效率。

应注意在连续坡面上的最下游雨水口，它可能位于坡面的最低点，设计时应考虑具有完全截流能力。此外，为了有效维护，相应机构制定了雨水口间距的限制条件。

对于路面纵向坡度具有变化时，也可采用类似的方式计算，但其间距随着路面纵向坡度而变化。当坡度较缓时，雨水口的截流能力及其间距将需要变小；相反当坡度变陡时，因为边沟断面过水能力的增加，雨水口的间距可增大。

【例 10.11】 已知排水路面宽度为 10m，设计漫幅为 2.0m；边沟横断面坡度 0.02，纵向坡度为 0.018，曼宁粗糙系数为 0.015；设计降雨强度和径流系数分别为 150mm/h 和 0.90；雨水算的正面截流效率 R_f 为 1.0，侧面截流效率 R_s 为 0.10。试计算边沟平算雨水口需要的间距。

解：

步骤 1. 由式（10.1），计算边沟流量。

$$Q = \frac{K_c}{n} S_x^{5/3} S_L^{1/2} T^{8/3} = \frac{0.376}{0.015}(0.02)^{5/3}(0.018)^{1/2}(2.0)^{8/3} = 0.032 \text{m}^3/\text{s}$$

步骤 2. 由式（10.38），计算坡面上游第一个雨水口的位置 L_1。

$$L_1 = \frac{QK'}{\phi i W_p} = \frac{(0.032)(3.6 \times 10^6)}{(0.90)(150)(10)} = 85 \text{m}$$

步骤 3. 计算 0.6m×0.6m 网格平算雨水口的截流效率

1) 由式（10.17），计算正面截流比值 E_0。

$$E_0 = 1 - \left(1 - \frac{W}{T}\right)^{8/3} = 1 - \left(1 - \frac{0.6}{2.0}\right)^{8/3} = 0.61$$

2) 由式（10.21），计算截流总效率 E。

$$E = R_f E_0 + R_s(1 - E_0) = (1.0)(0.61) + (0.10)(1 - 0.61) = 0.65$$

步骤 4. 由式（10.39），计算后续雨水口的间距 L_i。

$$L_i = \frac{QK'}{\phi i W_p}E = \frac{(0.032)(3.6 \times 10^6)}{(0.90)(150)(10)}(0.65) = 55 \text{m}$$

即从坡顶到第一个雨水口应有 85m，后续雨水口的间距应为 55m。

10.4　桥面和隧道排水

桥梁的有效排水可以防止降水对桥面结构的破坏，控制降水在桥面上冰冻，防止路面打滑等。尽管桥面排水类似于路面排水，但因为横向坡度较平缓，桥板雨水口的水力效率一般较低，且容易被垃圾堵塞（图 10.17）。设计人员应意识到桥面几何形状和结构（例如桥板配筋）对雨水口布置的限制。

从桥梁雨水口收集的径流直接排向下垫面，或者由固定在桥梁支柱上的落水管排向地下管道系统。落水管的水平部分应至少有 2% 的坡度，防止管道内的堵塞。如果管道发生堵塞，应及时清通。

隧道内当需将结构渗漏水、地面冲洗废水和消防废水等排至洞外时，应设置排水设施；当洞外水可能进入隧道内时，洞口上方应设置截水、排水设施。

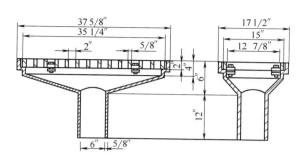 

图 10.17　桥板雨水口

10.5　立交道路排水

立交工程一般设在主要干道上（图 10.18）。而立交工程中位于下边的道路最低点，往往比周围干管约低 2～3m，形成盆地；加以纵坡很大，立交范围内的雨水径流很快就能汇集至立交最低点，极易造成严重积水。若不及时排出雨水，便会影响交通，甚至造成事故。因此立体交叉道路排水出水口必须可靠。与一般道路排水相比，设计时应考虑下述因素：

（1）要尽量缩小汇水面积，以便减少设计流量

立交的类别和形式较多，每座立交的组成部分也不完全相同。但其汇水面积一般应包括引道、坡道、匝道、跨线桥、绿地以及建筑红线以内的适当面积（约 10m 左右）。在划分汇水面积时，如果条件许可，应尽量将属于立交范围的一部分面积划归附近另外的排水系统。或者采取分散排放的原则，将地面高的雨水接入较高的排水系统，自流排除。地面低的雨水接入另一较低的排水系统，若不能自流排除，有条件修建蓄水池时可采用调蓄排水；无调蓄条件时，应设泵站排水。这样可避免所有雨水都汇集到最低点造成排泄不及时而积水。同时还应有防止地面高的雨水进入低水系统的拦截措施。

（2）注意地下水的排除

当立交工程最低点低于地下水位时，为保证路基经常处于干燥状态，使其具有足够的强度和稳定性，需要采取必要的措施排除地下水。通常可埋设渗渠或花管，以吸收、汇集地下水，使其自流入附近排水干管或河湖。若高程不允许自流排出时，则设泵站抽升。

（3）排水设计标准高于一般道路

由于立交道路在交通上的特殊性，为保证交通不受影响，畅通无阻，排水设计标准应高于一般道路。根据各地经验，暴雨强度的设计重现期不应小于 10a，位于中心城区的重要地方，设计重现期应为 20～30a，同一立交工程的不同部位可采用不同的重现期。地面集水时间宜取 5～10min。由于地面坡度大，管内流行时间不宜乘折减系数 2。径流系数 ψ 值根据地面类型分别计算，一般取 0.8～1.0。

（4）雨水口布设的位置要便于拦截径流

立交的雨水口一般沿坡道两侧对称布置，越接近最低点，雨水口布置越密集，并往往从单箅或双箅增加到八箅或十箅。面积较大的立交，除坡道外，在引道、匝道、绿地中都应在适当距离和位置设置一些雨水口。位于最高点的跨线桥，为不使雨水径流距离过长，

通常由泄水孔将雨水排入立管，在引入下层的雨水口或检查井中。

（5）管道布置及断面选择

立交排水管道的布置，应与其他市政管道综合考虑，并应避开立交桥基础。若无法避开时，应从结构上加固，或加设柔性接口，或改用铸铁管材等，以解决承载力和不均匀下沉问题。此外，立交工程的交通量大，排水管道的维护管理较困难。一般可将管道断面适当加大，起点断面最小管径不小于 400mm，以下各段的设计断面均应加大一级。

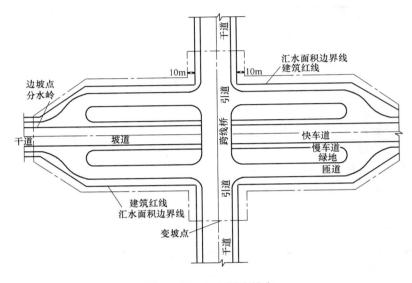

图 10.18　立交道路排水

10.6　广场、停车场地面水排除

广场、停车场的排水方式应根据铺装种类、场地面积和地形等因素确定。广场、停车场单项尺寸大于或等于 150m，或地面纵坡大于或等于 2% 且单项尺寸大于或等于 100m 时，宜采用划区分散排水方式。广场、停车场周围的地形较高时，应设截流设施。

广场、停车场宜采用雨水管道排水，并避免将汇水线布置在车辆停靠或人流集散的地点。雨水口应设在厂内分隔带、交通岛与通道出入汇水处。

停车场的修车、洗车污水应处理达到排放标准后排入城市污水管道，不得流入树池与绿地。

第 11 章 雨水管渠系统设计

雨水管渠系统是由雨水口、雨水管渠、检查井、出水口等构筑物组成的一整套工程设施。雨水管渠系统的任务是及时汇集并排除暴雨形成的地面径流，保护城市居住区与工业企业免受洪灾，保障城市人民的生命安全和生活生产的正常秩序。

雨水管渠系统设计中，管渠是主要的组成部分。无雨情况下，管渠内是无流量的。在降雨中管渠流量的大小取决于降雨历时长短和汇水面积大小。较小降雨时水流可能低于管渠的通水能力；暴雨时水流可能超过管渠的通水能力而成为压力流，甚至溢出地面引起积水。

11.1 雨水管渠设计流量计算公式

雨水设计流量通常采用推理公式计算：

$$Q = \psi q F \tag{11.1}$$

式中　Q——雨水设计流量（L/s）；

　　　ψ——径流系数；

　　　F——汇水面积（hm^2）；

　　　q——设计暴雨强度（$L/(s \cdot hm^2)$）。

$$q = \frac{167A_1(1+c\lg P)}{(t+b)^n} \tag{11.2}$$

式中　A_1，c，b，n——地方参数，根据统计方法确定；

　　　　　　　P——设计重现期（a）；

　　　　　　　t——降雨历时（min），计算中认为等于集水时间。

11.1.1　集水时间

设计中通常将汇水面积最远点雨水流到设计断面时所需的时间称作集水时间。对管道的某一设计断面来说，集水时间 t_c 由两部分组成：从汇水面积最远点流到第 1 个雨水口的地面集水时间 t_1 和从雨水口流到设计断面的管内雨水流行时间 t_2。可用公式表述如下：

$$t_c = t_1 + m t_2 \tag{11.3}$$

式中　m——折减系数。暗管折减系数 $m=2$；明渠折减系数 $m=1.2$；在陡坡地区，暗管折减系数 $m=1.2 \sim 2$。经济条件较好，安全性要求较高地区的排水管渠 m 可取 1。

雨水口的地面集水时间讨论见第 10 章。雨水在管渠内的流行时间 t_2 可表示为

$$t_2 = \sum \frac{L_i}{60 v_i} \tag{11.4}$$

式中 L_i——各管段的长度（m）；

v_i——各管段满流时的水流速度（m/s）；

60——单位换算系数，1min＝60s。

【例 11.1】 新建居民区布置雨水管道系统，规划面积为 1000m × 800m，径流系数为 0.35。居民区内到出水口之间的最长管道为 1260m，假设地面集水时间为 5min，管道内的平均流速为 1.5m/s，取 $m=2$，暴雨强度公式为：

$$i=\frac{1000}{t+20}$$

试求在雨水集流点处的雨水最大流量。

解：

$$t_c=t_1+2t_2=5+2\times\frac{1350}{1.5\times60}=40\text{min} \qquad i=\frac{1000}{40+20}=16.7\text{mm/h}$$

$$Q=\psi iA=0.35\times\frac{16.7\times10^{-3}}{60\times60}\times1000\times800=1.3\text{m}^3/\text{s}$$

11.1.2 雨水管渠设计重现期

理论上，前期土壤含湿量状况、降雨在汇水区域上的分布和暴雨的运动等都将影响径流的生成，同时这些影响因素在各次降雨事件中也是各不相同的，使得降雨频率并不等于径流频率。但是长期以来，由于地表径流数据没有降雨数据记录得详细、完整，通常以降雨频率表示径流频率。

设计暴雨重现期的选择将会决定排水管渠系统避免积水的程度。从暴雨强度公式可知，暴雨强度随着重现期的不同而不同。若选用较高设计重现期，则所得设计暴雨强度大，相应的雨水设计流量大，管渠的断面相应变大。这对防止地面积水是有利的，安全性高，但经济上则因管渠设计断面的增大而增加了工程造价；若选用较低的设计重现期，管渠断面可相应减小，这样虽然可以降低工程造价，但可能会产生排水不畅、地面积水而影响交通，甚至给城市人民的生活及工业生产造成危害。因此，暴雨设计重现期的选择应从技术和经济两方面综合考虑。

即便如此，雨水管渠设计重现期的选择很少建立在费用—效益分析基础上，通常是根据经验判断。我国《室外排水设计规范》GB 50014—2006（2014 年版）规定："雨水管渠设计重现期应根据汇水地区性质、城镇类型、地形特点和气候特征等因素确定（表11.1）。同一排水系统可采用同一重现期或不同重现期。"

雨水管渠设计重现期（a）　　　　　　　　　　　　　　表 11.1

城区类型 城镇类型	中心城区	非中心城区	中心城区的 重要地区	中心城区地下通道 和下沉式广场等
特大城市	3～5	2～3	5～10	30～50
大城市	2～5	2～3	5～10	20～30
中等城市和小城市	2～3	2～3	3～5	0～20

注：特大城市指市区人口在 500 万人以上的城市；大城市指市区人口在 100 万～500 万人的城市；中等城市和小城市指市区人口在 100 万人以下的城市。

通常暴雨重现期并不能代表地表积水重现期。参照《室外排水设计规范》GB 50014—2006（2014 年版）规定，排水管道管顶覆土深度宜为：人行道下 0.6m，车行道下 0.7m。于是出现地面积水之前，管渠系统还可贮存相当量的超载水。其次雨水管渠内各管段的设计流量总是按照相应于该管段积水时间的设计暴雨强度计算，所以一般情况下，各管段的最大流量不大可能在同一时间发生，使管道内具有一定的空隙容量。基于这两点，排水管渠的实际输送能力要高于设计能力，甚至高达设计能力的两倍。由表 5.7 可知，相同降雨历时下，10 年重现期的暴雨强度为 1 年重现期暴雨强度的（1+c）倍，该值通常小于 2。因此可以得出，设计重现期为 1 年的雨水管渠，当遭遇 10 年重现期的暴雨时，也不应出现地面积水状况。

表 11.2 为欧洲标准对雨水管渠设计重现期的推荐值（BS EN 752：2008），这些数值的采用与排水区域所处位置有关；特定敏感位置应进行设计检查，以确保地面不积水。其中考虑不发生超载的暴雨重现期在简单设计方法、较小汇水区域（例如推理公式法）中应用。考虑不出现地表积水的重现期将在大型汇水区域，基于计算机的模拟中采用。

欧洲设计重现期推荐值（BS EN 752：2008）　　　　　　　　　表 11.2

位置	考虑不发生超载的暴雨重现期(a)	考虑不出现地面积水的重现期(a)
农村地区	1	10
住宅区	2	20
市中心/工业区/商业区	5	30
地铁/地下通道	10	50

11.1.3　风险计算

某特定值暴雨强度的重现期是指等于或大于该值的暴雨强度可能出现一次的平均间隔时间。事实上，特定重现期暴雨的真正间隔时间与平均值 T 有相当大的差别，一些间隔远小于 T，另一些间隔又远大于 T，此时需要进行风险性分析。超过排水系统设计年限内的年事件风险推导如下。

任何一年内，年最大暴雨事件强度 X 大于或等于 T 年设计暴雨强度 x 的概率为：

$$P(X \geqslant x) = \frac{1}{T} \tag{11.5}$$

在任何一年内不会发生 T 年重现期设计暴雨的概率为：

$$P(X < x) = 1 - P(X \geqslant x) = 1 - \frac{1}{T}$$

在 N 年内不会发生超过设计暴雨的概率为：

$$P^N(X < x) = \left(1 - \frac{1}{T}\right)^N$$

因此在 N 年内发生至少一次大于或等于设计暴雨的概率或风险 r 为：

$$r = 1 - \left(1 - \frac{1}{T}\right)^N \tag{11.6}$$

也就是说，如果系统的设计年限为 N 年，则在这段时间内超过设计暴雨事件的风险为 r。

如果对于较大的 T 值，T 年设计年限发生 T 年重现期的暴雨，则风险为：

$$\lim_{T \to \infty}\left[1-\left(1-\frac{1}{T}\right)^{T}\right]=1-\lim_{T \to \infty}\left(1-\frac{1}{T}\right)^{T}=1-\frac{1}{e}=63.2\%$$

即在 T 年设计期限内发生 T 年重现期暴雨的风险为 63.2%。

【例 11.2】　当设计年限为 10a 时，10a 重现期的暴雨至少发生一次的概率是多少？40a 设计年限的暴雨至少发生一次的概率是多少？

解： 10a 设计年限，10a 重现期：$T=10$，$N=10$。根据式（11.6）：

$$r=1-(1-0.1)^{10}=0.651$$

可以看出，10a 设计年限发生 10a 重现期暴雨的概率为 65.1%。而不是 $r=1/T=0.1$，也不是 $r=10 \times 1/T=1.0$。

40a 设计年限，10a 重现期：$T=10$，$N=40$。根据式（11.6）：

$$r=1-\left(1-\frac{1}{10}\right)^{40}=0.985$$

通常，如果在系统生命期内最大限度降低风险，则需要很大的重现期。表 11.3 根据公式（11.6），给出了不同风险和期望设计寿命的重现期。

不同风险和期望设计寿命下对应的重现期（a）　　　　表 11.3

风险 (%)	期望设计寿命(a)							
	2	5	10	15	20	25	50	100
75	2.00	4.02	6.69	11.0	14.9	18.0	35.6	72.7
50	3.43	7.74	11.9	22.1	29.4	36.6	72.6	144.8
40	4.44	10.3	20.1	29.9	39.7	49.5	98.4	196.3
30	6.12	14.5	28.5	42.6	56.5	70.6	140.7	281.0
25	7.46	17.9	35.3	53.6	70.0	87.4	174.3	348.0
20	9.47	22.9	45.3	67.7	90.1	112.5	308.0	616.0
15	12.8	31.3	62.0	90.8	123.6	154.3	475.0	950.0
10	19.5	48.1	95.4	142.9	190.3	238.0	976.0	1949.0
5	39.5	98.0	195.5	292.9	390.0	488.0	976.0	1949.0
2	99.5	248.0	496.0	743.0	990.0	1238.0	2475.0	4950.0
1	198.4	498.0	996.0	1492.0	1992.0	2488.0	4975.0	9953.0

【例 11.3】　设计排水系统中，若将来 5 年内某地块可能发生积水的风险为 10%，试确定需要采用的暴雨设计重现期是多少？如果将来 50 年内发生积水的风险为 50%，采用的暴雨设计重现期又是多少？

解： 风险计算中 $r=0.10$，$n=5a$，于是代入公式（11.6），得

$$0.10=1-\left(1-\frac{1}{T}\right)^{5}$$

即 $T=48.1a$。说明 48.1 年重现期的降雨，将具有 10% 的机会，在下一个 5 年内发生一次或者多次。

根据以上步骤，当 $r=0.50$，$n=50$ 时，解得 $T=74a$。

11.1.4　改进推理公式法

目前在雨水系统规划设计阶段的产汇流计算，国内主要采用推理公式法。虽然推理公

式法在进行雨水管道的产汇流计算方面应用年限较长，且取得了一定的效果，但是根据其主要特点，传统推理公式法仍然存在一定问题，会导致产汇流计算结果与实际存在偏差（特别是对于大型雨水系统）（图 11.1）。一个主要原因在于当随着汇水面积增大时，没有考虑暴雨强度公式中 t_c 的最大限值（即降雨总历时的适用性）。

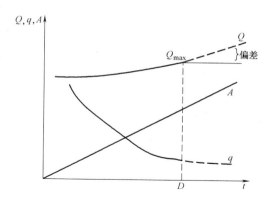

图 11.1　推理公式法计算结果的偏差
（D—降雨总历时）

针对推理公式法存在的问题，欧盟室外排水规定：推理公式法（估算地表洪峰流量的简单方法）可以应用于汇水面积小于 200hm² 或汇水时间小于 15min 区域，并假设均匀降雨强度；美国设计规范要求小于 160 英亩（约 65hm²）的系统可采用推理法设计。对于大型排水系统，欧盟和美国均要求采用计算机水力模型辅助设计。

人们对降雨—径流过程的深入理解推动了推理公式法的发展。其中最为著名的是英国的沃林福特推理公式法，它是推理公式法的一种修正形式，可以用于汇水面积为 150hm² 以下流域的技术设计。

在该方法中，径流系数 ψ 认为是：

$$\psi = C_v C_R \tag{11.7}$$

式中　C_v——容积径流系数；

　　　C_R——无量纲演算系数。

（1）容积径流系数（C_v）

它表示降落到汇水区域内形成地表径流的那部分雨水。在计算中，C_v 的值取决于是考虑全部的汇水流域，还是仅考虑不渗透面积部分。如果考虑全部集水面积，C_v 可由下式计算：

$$C_v = \frac{PR}{100}$$

式中　PR——径流百分数。

如果仅考虑不透水面积，则

$$C_v = \frac{PR}{PIMP} \tag{11.8}$$

式中　$PIMP$——汇水流域不透水面积百分比。

夏季降雨条件下，C_v 取值的范围为 0.6～0.9，低值与快速渗水性土壤对应，高值与重型黏土对应。通常采用平均数值 0.75。

（2）无量纲演算系数（C_R）

无量纲演算系数 C_R 在 1～2 之间变化，它需要考虑暴雨特性（例如峰值），以及高峰径流时汇水区域形状的影响。设计中建议 C_R 采用 1.30，结合 C_v 的数值 0.75，因此 ψ 的典型数值为 0.75×1.3 ≈1.0，于是：

$$Q = i A_i \tag{11.9}$$

式中　A_i——不渗透面积（hm²）。

式（11.8）的应用优点在于仅考虑了铺砌停车场、道路和人行道的有效汇水面积（不渗透面积）。

（3）径流百分数公式

城市汇水区域的无量纲径流系数可用所谓的 PR 公式估计，它是沃林福特程序的一部分。该公式是根据 17 个汇水区域和 510 次降雨事件，应用回归方程计算出来的：

$$PR = 0.829PIMP + 25.0SOIL + 0.078UCWI - 20.7 \qquad [PR > 0.4PIMP] \tag{11.10}$$

$$PR = 0.4PIMP \qquad [PR \leqslant 0.4PIMP]$$

式中　$PIMP$——汇水区域不渗透面积百分比（25～100）；

　　　$SOIL$——英国土壤指标（0.15～0.50）；

　　　$UCWI$——城市汇水区域（前期）湿度指标（30～300）。

如果变量 PIMP、SOIL、UCWI 在它们的应用范围内（见以上括号内），公式应用较可靠。该公式已成功应用于英国数百个排水区域的计算。

（1）PIMP

不渗透百分比表示汇水区域城市发展的水平，定义如下：

$$PIMP = \frac{A_i}{A} \times 100 \tag{11.11}$$

式中　A_i——不渗透面积（屋顶或人行道面积）（hm²）；

　　　A——总的汇水面积（hm²）。

（2）SOIL

SOIL 指标基于英国《洪水研究报告（Flood Studies Report）》中的冬季雨水可接受参数，是对土壤下渗潜力的计量。

（3）UCWI

城市汇水面积前期湿度指标（UCWI）表示在暴雨初期汇水区域的湿度。如果 UCWI 增长，PR 值反映了较湿汇水区域的径流量增加。为了设计的目的，可以从它与标准平均年降雨（SAAR）的关系中估算出。

11.2　雨水管渠水力计算设计数据

为使雨水管渠正常工作，避免发生淤积、冲刷等现象，对雨水管渠水力计算的基本数据作如下技术规定。

（1）设计充满度

雨水中主要含有泥沙等无机物质，不同于污水的性质，加以暴雨径流量大，而相应较高设计重现期的暴雨强度，降雨历时一般不会很长。故管道设计充满度按满流考虑，即 $h/D = 1$。明渠则应具有等于或大于 0.20m 的超高。街道边沟应具有等于或大于 0.03m 的超高。

（2）设计流速

为避免雨水所携带的泥沙等无机物质在管渠内沉淀下来而堵塞管道，雨水管渠的最小设计流速应大于污水管道，满流时管道内最小设计流速为 0.75m/s；明渠内最小设计流速为 0.40m/s。

为防止管壁受到冲刷而损坏，影响及时排水，对雨水管渠的最大设计流速规定为：金属管最大流速为 10m/s；非金属管最大流速为 5m/s；明渠中水流深度为 0.4～1.0m 时，最大设计流速宜按表 11.4 采用。当水流深度在 0.4～1.0m 范围以外时，表 11.4 所列最大设计流速应乘以下列系数（注：h 为水流深度）：

$h < 0.4$m　　　　　　0.85；

$1.0 < h < 2.0$m　　　1.25；

$h \geqslant 2.0$m　　　　　　1.40。

明渠最大设计流速　　　　　　　　　表 11.4

明渠类型	最大设计流速（m/s）	明渠类型	最大设计流速（m/s）
粗砂或低塑性粉质黏土	0.8	草皮护面	1.6
粉质黏土	1.0	干砌块石	2.0
黏土	1.2	浆砌块石或浆砌砖	3.0
石灰岩和中砂岩	4.0	混凝土	4.0

尽管混凝土管道中允许最大设计流速可能很高，除非受到地形或者其他约束的控制，为了降低开挖成本，管道坡度应设置尽可能平缓，使设计流速接近最小值。

（3）粗糙系数

与污水管道类似，为保险起见，假设管道粗糙系数与管材无关，可采用 $n = 0.013$，或者 $k_s = 0.6$mm。

（4）最小管径和最小设计坡度

雨水管道的最小管径为 300mm，相应的最小坡度为 0.003；雨水口连接管最小管径为 200mm，最小坡度为 0.01。

11.3　雨水管渠水力计算方法

雨水管渠水力计算按满管均匀流考虑，其水力计算公式与污水管道相同，即

$$v = \frac{1}{n} \cdot R^{2/3} \cdot I^{1/2} \tag{11.12}$$

$$Q = \frac{1}{n} \cdot A \cdot R^{2/3} \cdot I^{1/2} \tag{11.13}$$

式中　v——管段平均流速（m/s）；

R——水力半径（过水断面积与湿周的比值，对于满管流，为直径的四分之一）（m）；

I——水力坡度（等于水面坡度，也等于管底坡度）；

Q——流量（m³/s）；

A——过水断面积（m²）；

n——管壁粗糙系数。

实际计算中，常采用水力计算图（见图 11.2）和水力计算表（如表 11.5）。

钢筋混凝土圆管水力计算表（满流）$D=300mm$，$n=0.013$　　　表 11.5

I (‰)	v (m/s)	Q (L/s)	I (‰)	v (m/s)	Q (L/s)	I (‰)	v (m/s)	Q (L/s)
0.6	0.335	23.68	3.6	0.821	58.04	6.6	1.111	78.54
0.7	0.362	25.59	3.7	0.832	58.81	6.7	1.120	79.17
0.8	0.387	27.36	3.8	0.843	59.59	6.8	1.128	79.74
0.9	0.410	28.98	3.9	0.854	60.37	6.9	1.136	80.30
1.0	0.433	30.61	4.0	0.865	61.15	7.0	1.145	80.94
1.1	0.454	32.09	4.1	0.876	61.92	7.1	1.153	81.51
1.2	0.474	33.51	4.2	0.887	62.70	7.2	1.161	82.07
1.3	0.493	34.85	4.3	0.897	63.41	7.3	1.169	82.64
1.4	0.512	36.19	4.4	0.907	64.12	7.4	1.177	83.20
1.5	0.530	37.47	4.5	0.918	64.89	7.5	1.185	88.77
1.6	0.547	38.67	4.6	0.928	66.60	7.6	1.193	84.33
1.7	0.564	39.87	4.7	0.938	66.31	7.7	1.200	84.88
1.8	0.580	41.00	4.8	0.948	67.01	7.8	1.208	85.39
1.9	0.596	42.13	4.9	0.958	67.72	7.9	1.216	85.96
2.0	0.612	43.26	5.0	0.967	68.36	8.0	1.224	86.52
2.1	0.627	44.32	5.1	0.977	69.06	8.1	1.231	87.02
2.2	0.642	45.38	5.2	0.987	69.77	8.2	1.239	87.58
2.3	0.656	46.37	5.3	0.996	70.41	8.3	1.246	88.08
2.4	0.670	47.36	5.4	1.005	71.04	8.4	1.254	88.65
2.5	0.684	48.35	5.5	1.015	71.75	8.5	1.261	89.14
2.6	0.698	49.34	5.6	1.024	72.39	8.6	1.269	89.71
2.7	0.711	50.26	5.7	1.033	73.02	8.7	1.276	90.20
2.8	0.724	51.18	5.8	1.042	73.66	8.8	1.283	90.70
2.9	0.737	52.10	5.9	1.051	74.30	8.9	1.291	91.26
3.0	0.749	52.95	6.0	1.060	74.93	9.0	1.298	91.76
3.1	0.762	53.87	6.1	1.068	75.50	9.1	1.305	92.25
3.2	0.774	54.71	6.2	1.077	76.13	9.2	1.312	92.75
3.3	0.786	55.56	6.3	1.086	76.77	9.3	1.319	93.24
3.4	0.798	56.41	6.4	1.094	77.33	9.4	1.326	93.37
3.5	0.809	57.19	6.5	1.103	77.97	9.5	1.333	94.23

　　工程计算中，通常在选定管材之后，n 即为已知数值。而设计流量 Q 也是经计算后求得的已知数。所以只剩下 3 个未知数 D、v 和 I。这样，通常可以参照地面坡度 i，假定管底坡度 I，从水力计算图或表中求得 D 及 v 值，并使所求得的 D、v、I 各值符合水力计算基本数据的技术规定。

　　下面举例说明其应用。

　　【例 11.4】　已知 $n=0.013$，设计流量经计算为 $Q=200L/s$，该管段地面坡度为 $i=0.004$，试计算该管段的管径 D、管底坡度 I 及流速 v。

　　解：设计采用水力计算图，见图 11.2。

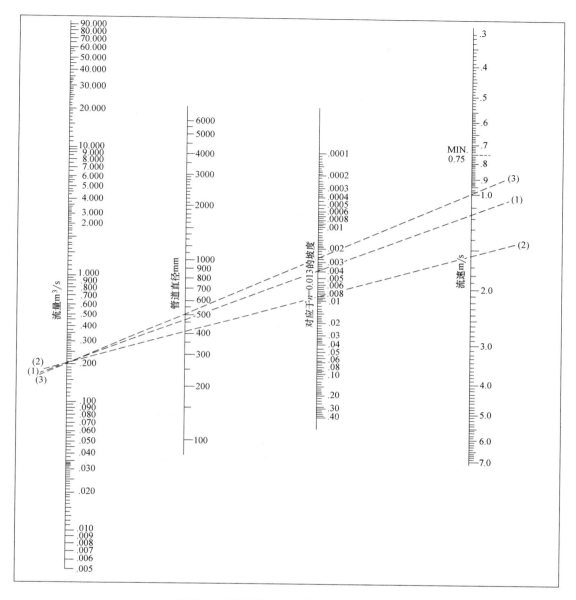

图 11.2 满流圆管水力计算图（$n=0.013$）

（1）先在流量轴中找到 $Q=200\mathrm{L/s}$ 值，在坡度轴中找到 $I=0.004$ 值，做直线并延伸。于是可从速度轴的交点处读得 $v=1.16\mathrm{m/s}$，符合水力计算的设计数据规定；而从管道直径轴交点处读得 D 值介于 $400\sim500\mathrm{mm}$ 之间，显然不符合管材统一规格的规定，因此需要调整管径 D 值。

（2）设 $D=400\mathrm{mm}$，通过流量轴中 $Q=200\mathrm{L/s}$ 和管道直径轴中 $D=400\mathrm{mm}$ 的点连线，延伸后，从速度轴上读得 $v=1.6\mathrm{m/s}$，从坡度轴上读得 $I=0.009$。此结果 v 符合要求，但 I 与原地面坡度相差很大，势必增大管道的埋深，不宜采用。

（3）若采用 $D=500\mathrm{mm}$ 时，则将流量轴中 $Q=200\mathrm{L/s}$ 与管道直径轴中 $D=500\mathrm{mm}$ 点

相连,延伸后在速度轴上读得 $v=1.00\text{m/s}$,坡度轴上读得 $I=0.0027$。此结果合适,故决定采用。

11.4　设计计算步骤

首先要收集和整理设计地区的各种原始资料,包括地形图、城市或工业区的总体规划、水文、地质、暴雨等资料作为基本的设计数据。一般雨水管道按下列步骤进行:

1)划分排水流域和管道定线;

2)划分设计管段;

3)划分并计算各设计管段的汇水面积;

4)确定各排水流域的平均径流系数值;

5)确定设计重现期 P、地面集水时间 t 及管道起点的埋深;

6)求单位面积径流量;

7)列表进行雨水干管的设计流量和水力计算,以求得各管段的设计流量,即确定各管段的管径、坡度、流速、管底标高和管道埋深值等;

8)绘制雨水管道平面图及纵剖面图。

【**例 11.5**】　如图 11.3 所示的简单雨水管网。该地区的暴雨强度公式为

$$q=\frac{1700(1+0.91\lg P)}{(t+10)^{0.75}}\ (\text{L/(s}\cdot\text{hm}^2))$$

设计中,取设计重现期 $P=1\text{a}$。各管段的汇水面积、管段长度、径流系数,检查井的地面标高见计算表 11.6。管道起点埋深采用 1.30m。试进行雨水管道的水力计算。

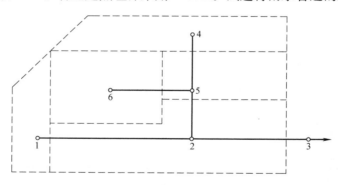

图 11.3　雨水管网布置示意图

解:取雨水管道粗糙系数 $n=0.013$,应用曼宁公式计算满管流的流速和流量。雨水管道的水力计算见表 11.6。按照计算表中各列,说明如下:

(1)根据管道的具体位置,在管道转弯处、管径或坡度改变处、有支管接入处或两条以上管道交汇处以及超过一定距离的直线管道上设置检查井。把相邻两个检查井之间设计流量不变,且预计管径和坡度不变的管段定为设计管段,并依次编号。雨水管网设计计算从上游向下游依次进行,第 1 列对应于平面图(图 11.3)中的管段编号。

(2)第 2 列为来自平面图所测管段长度。有文献指出,每一设计管段长度在 200m 以内为宜。

雨水管道水力计算表 表 11.6

设计管段编号	管长 L (m)	汇水面积 A (hm²)	径流系数 C	有效面积 CA (hm²)	总汇水面积 $\sum CA$ (hm²)	集水时间 t_c (min)	本段流行时间 t_2 (min)	降雨强度 q (L/(s·hm²))	设计流量 Q (L/s)
1	2	3	4	5	6	7	8	9	10
1～2	180	1.5	0.5	0.75	0.75	6.00	4.00	224.62	168.47
4～5	90	0.5	0.5	0.25	0.25	5.00	1.88	235.45	58.86
6～5	80	0.8	0.7	0.56	0.56	5.00	1.78	235.45	131.85
5～2	50	0.7	0.6	0.42	1.23	6.88	1.04	216.01	265.69
2～3	100	1.4	0.3	0.42	2.40	10.00	1.85	190.85	458.04

管径 D (mm)	坡度 I	流速 v (m/s)	管道输水能力 Q' (L/s)	坡降 $I \cdot L$ (m)	设计地面标高 (m)		设计管内底标高 (m)		埋深 (m)	
					起点	终点	起点	终点	起点	终点
11	12	13	14	15	16	17	18	19	20	21
600	0.0013	0.75	210	0.234	14.030	13.600	12.730	12.496	1.30	1.10
300	0.0035	0.80	59	0.315	14.060	14.060	12.760	12.445	1.30	1.62
500	0.0015	0.75	150	0.120	14.060	14.060	12.760	12.640	1.30	1.42
700	0.0012	0.80	310	0.060	14.060	13.600	12.045	11.985	2.02	1.62
800	0.0012	0.90	460	0.120	13.600	13.580	11.885	11.765	1.72	1.82

（3）在地形图上划分子汇水面积，并测出其数值。通常假定管段的设计流量进入管段的起点，因此各管段的设计流量按该管段起点，即上游管段终点的设计降雨历时（集水时间）计算。也有采用管段终点为设计断面计算的，这种情况下，设计降雨历时与降雨管段的设计管径、流速有关，需要先预设本管段的设计管径和流速，通过试算确定。

（4）估计每一子汇水面积的径流系数值。通常根据排水面积内各类地面面积所占比例，计算出该子汇水面积的平均径流系数；也可根据规划的地区类别，采用区域综合径流系数。

（5）子汇水面积有效贡献径流的面积。

（6）将设计管段所汇集的上游有效面积进行加和。例如管段 5～2，除含有本段有效面积（0.42hm²）外，还需输送上游管段 6～5 和 4～5 的雨水流量，因此总汇水面积为 $0.42 + 0.25 + 0.56 = 1.23$hm²。

（7）集水时间为从汇水区域最远点到设计管段起点的雨水流行时间。对于上游无衔接管道的起始管段，集水时间等于地面集水时间；对于上游具有衔接管道的设计管段，集水时间为上游各汇入管道中，取雨水流行最长的时间。例如 5～2 管段，上游管段 4～5 计算的集水时间为 $5.00 + 1.88 = 6.88$min，管段 6～5 计算的集水时间为 $5.00 + 1.78 = 6.78$min，这是取较大值 6.88min。

（8）本管段雨水流行时间，计算为本管段管长除以流速，并将单位换算为 min。

（9）根据公式，当 P 取 1a 时，降雨强度计算为

$$q = \frac{1700(1 + \lg 1)}{(t + 10)^{0.73}} = \frac{1700}{(t + 10)^{0.73}} (\text{L/(s·hm}^2))$$

式中 t 取第 7 列的集水时间计算。

为避免低降雨历时内计算出不适当高的降雨强度值，有专家指出，对于小型汇水面

11.4 设计计算步骤

积，当排水管道长度＜200m 时，可采用固定暴雨强度 50mm/h 或 140L/（s·hm²）。

（10）计算设计流量，将本管段总有效面积（第 5 列数值）乘以降雨强度（第 9 列）数值得到。

（11）、（12）、（13）根据雨水管渠水力计算设计数据要求，采用水力计算公式或水力计算图表得到相应数值。管径选用标准规格尺寸。当地面坡度较小，或出现地面坡向与管道坡向相反时，为减小管道埋深，管道坡度宜取小值。

（14）管道输水能力 Q' 是指水力计算中管段在确定的管径、坡度、流速下，实际通过的流量，该值应等于或略大于设计流量 Q。

（15）管段长度乘以管道坡度得到该管段起点与终点之间的高差，即降落量。

（16）、（17）为设计管段起点和终点检查井的设计地面标高，来自规划图纸。

（18）、（19）、（20）、（21）是对设计管内底标高和埋深的计算，其中管道起点的埋深或管底标高根据冰冻情况、雨水管道衔接要求及承受荷载要求确定。雨水管道各设计管段在高程上采用管顶相平衔接。

第12章 雨水管理

传统雨水管渠设计的基本要求是利用基本排水工程设施，例如雨水口、雨水管渠、检查井、出水口等，及时收集和排除城镇和工厂汇水面积内的暴雨径流。尽管这种设计方法能消除局部洪水问题，但是总的雨水汇集量和高峰流量在雨水管道内加剧，将造成雨水管渠系统下游的洪水问题，以及自然受纳水体污染和冲刷问题。

近年出现了与传统雨水排除方式不同的雨水管理概念。在雨水管理中，雨水认为是需得妥善管理的资源，应进行源头控制。雨水在靠近产生源处，不是立即排除，而是在当地贮存、处理或回用。为了改善水质，暴雨径流的污染效应也被充分重视，许多方法被重新检验和完善。表12.1列出了各种雨水管理技术，它们根据的原则包括：作为下渗系统，

雨水管理方法分类 表12.1

方法	示例	优点	缺点
就地排除	渗透设施 （例如渗水坑、渗水渠）	1. 降低小型降水径流； 2. 补充地下水； 3. 减少污染	1. 基建费用高； 2. 易堵塞； 3. 易发生地下水污染
	地表植被 （例如洼地植草）	1. 延缓径流； 2. 美化环境； 3. 减少污染； 4. 基建费用低	1. 维护费用高； 2. 易发生地下水污染
	透水路面	1. 降低小型降水径流； 2. 补充地下水； 3. 减少污染	1. 基建和维护费用高； 2. 易堵塞； 3. 易发生地下水污染
进水口控制	屋顶池塘	1. 延缓径流； 2. 对建筑物具有降温效应； 3. 可能具有防火作用	1. 结构负荷增加； 2. 屋顶渗漏概率增加； 3. 出水口易堵塞
	落水管蓄水 （例如集雨桶）	1. 延缓径流； 2. 具有回用可能； 3. 尺寸较小	能力较低
	铺砌大面积池塘 （例如边沟控制）	1. 延缓径流； 2. 降低污染	1. 下雨时限制其他用途； 2. 损坏地表
	地表池塘 （例如水草甸、调蓄池）	1. 容量大； 2. 降低暴雨的径流； 3. 美化环境； 4. 多目标应用； 5. 降低污染	1. 较高的基建和维护费用； 2. 占用较大的空间； 3. 滋生昆虫； 4. 具有安全隐患
就地贮存	地下蓄水池、大尺寸排水管道	1. 降低雨水径流； 2. 降低污染； 3. 无视觉干扰； 4. 基建费用低	维护费用高

最小化连接排水管渠系统的不渗透表面积，或使水流流动滞后和延缓。为了达到雨水管理目的，这些技术可以单独使用，也可以组合使用。它们的容积计算需要根据合适的设计降雨事件，考虑进流量和出流量过程线。

控制技术不仅仅需要传统工程措施，也包括好的管理措施（也称作非工程措施）。管理措施主要有大范围的规程、活动、禁令等。

在雨水管理框架内的源头控制技术，能够在水量和水质上取得较大的改善。其中水量效益包括：降低了高峰径流量，缓解了下游排水问题（例如洪水、溢流）；补充了土壤含湿量和地下水；增加了河流基流量，并贮存了回用雨水。水质效益包括：通过降低流量和控制流速，减少了对下游管渠的冲刷；降低了进入受纳水体的污染负荷；城市的自然植被和野生生物得到保护和增强。

可是，这些方法也具有许多技术方面问题，包括：在径流问题严重的密集城市区域，应用受到限制；可能会增加局部系统故障概率（伴随局部泛洪事件）；加大了设施维护和调控工作；可能污染地下水等。

目前雨水管理的有效性、设置各种源头控制的技术还没有被很好地重视，其可能原因包括：缺乏充分的公共场地；需要考虑日常运行维护；与传统方法相比，很少进行全费用分析；需要考虑系统中采用这些措施的合理性，等。

12.1　就地排除

就地排除方法利用土壤的自然渗透能力"排除"雨水。雨水渗透有助于保持地下水位处于自然水平，促进良好的植被条件和良好的微气候。该方法具有许多不同类型的设施，最常见的为专用渗透设施、地表植被和透水路面。一些系统将使所有径流渗入到土壤；一些系统首先以多孔介质贮存雨水，然后排入管道内。

就地排除设备的优势体现在小型降雨的控制上；与常规系统相比，建设成本也较低。当在大型降雨条件下，土壤含水率饱和后，它们将起不到很好的作用。渗透的雨水将不可避免地影响土壤和地下水，因此在实际设计和建设中需要注意污染问题。同时由于就地排除系统在较小面积内集中了显著量的雨水量，可能损坏基础、形成地下空洞。

12.1.1　渗透设施

最常用的两种渗透设施是渗水井和渗水渠。渗水井是一种地下构筑物，它由石块填充，井壁和底部均做成透水性的，在井底和四周铺设碎石，雨水通过井壁、井底向四周渗透（见图 12.1）。1992 年 Beale 建议填料的空隙率 e（定义为填料空隙与整个填料体积的比值）至少为 30%。渗水渠是渠道形状，衬有过滤纤维，周围用砾石回填，表面可由植被覆盖（见图 12.2）。雨水径流进入渗水井或渗水渠，然后渗进土壤或被蒸发。渗水井和渗水渠通常沿道路两侧布置。渗水渠的尺寸较大，通常在径流控制上比渗水坑更有效。

其他具有透水型底土层（例如粗砂、细砂、白垩和裂隙性岩石）的地方，也可以使用渗水坑和渗水渠。这些系统仅仅适用于全年内地下水位低、雨水可以通过自流进入土壤的地区。因此渗水井或渗水渠的基础应高出地下水位至少 1m，距离建筑物基础至少为 3m

（水平距离）。没有天然河道的地区一般具有较适合的底土层。

在排除雨水的同时，渗水井和渗水渠也降低了雨水中一些污染物的浓度。有记录显示，渗水渠在排除道路径流时，对于悬浮固体、金属、PAH、油类和COD的年平均去除率为60%～85%。

可是，要注意渗入设施可能会造成土壤或地下水污染，例如在工业区域的坚硬场地和停车场。1992年英国NRA的法规中指出，这些系统通常仅适用于污染风险很低的场地（例如屋面径流等）的就地排除；在Ⅰ类地下水源保护区内严禁道路雨水排入地下。

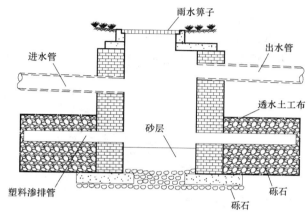

图 12.1　辐射渗水井构造示意图

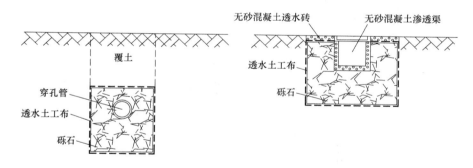

图 12.2　渗水渠典型构造示意图

12.1.2　植草洼地

雨水管理中应用的植被地表最常见的类型为植草洼地和植被缓冲带。洼地是一种浅的、条形植草渠道，用于输送、贮存、下渗和处理雨水。径流直接从附近的建筑物或其他不渗透地表流入（图12.3）。在出现下渗或者将径流输送到其他地方（例如排水管道系统）之前，洼地主要起贮存作用。植被缓冲带又称作"过滤带"，类似于洼地。过滤带一般具有很平缓的坡度，设计上使雨水径流成为面状流。

植草洼地和过滤带的主要区别是植草洼地收集较多径流量，具有输送功能，适宜较长距离传输雨水径流，在坡度、土质、景观等满足要求的区域可以替代雨水管，适宜建造在

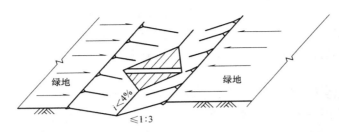

图 12.3　转输型三角形断面植草洼地典型构造示意图

居住区、商业区、公园和道路边等；而缓冲带多为平坦的植被区，接受大面积的分散降雨量，适宜建造在池塘边、露天停车场、园区内不透水面积周边，使雨水径流在缓冲带处被隔断、分散，流量和流速均较小，一部分径流量渗入地下，截留污染物被植物和土壤吸收和去除（图 12.4）。

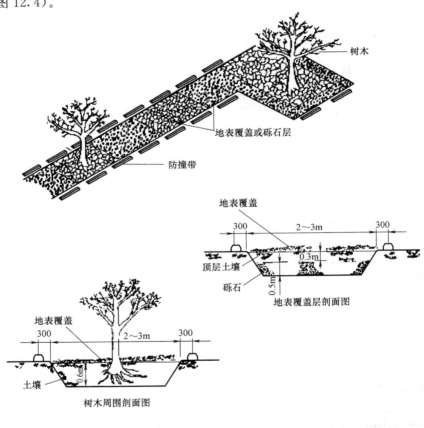

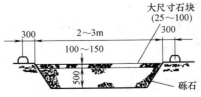

图 12.4　停车场内的植被缓冲带

为了更好地发挥洼地的作用，植草洼地需要平缓的坡度（< 5%），以及具有良好排水性能的土壤。通常，洼地的边坡不大于 1∶3，便于割草机械对其维护。底宽大约为 1m，深度为 0.25～2m，这样具有一定的景观效果。由于渗透和蒸发蒸腾作用，洼地和滤土带延缓了雨水高峰流量，降低了径流量。

这些植被地表与其他控制措施相结合，用于雨水的预处理。污染物通过沉淀去除，通过植草渗透进土壤，一些被植草所吸收，径流水质可以得到相当大的改善。1992 年 Ellis 发现，长度为 30～60m 的洼地能够截留 60%～70% 的固体以及 30%～40% 的金属、碳氢化合物和细菌。

12.1.3 透水路面

透水路面可能是多孔性的（即水通过孔隙排放，它们是路面材料不可分割的一部分），或者是渗透性的（即路面的固体框架部分是不透水的，水通过框架之间的空隙排放）。透水路面的径流系数可达 0.05～0.35，主要取决于透水材料的渗透性能、孔隙率、基础碎石层的蓄水性能、地面坡度、降雨强度等因素。

典型多孔沥青地面构造为：表面沥青层避免使用细小骨料，沥青重量比为 5.5%～6.0%，空隙率为 12%～16%，厚 6～7cm。沥青层下设两层碎石，上层碎石粒径 1.3cm，厚 5cm；下层碎石粒径 2.5～5cm，空隙率为 38%～40%，其厚度视所需蓄水量定，引起主要用于贮存雨水并延缓径流。

多孔混凝土地面构造与多孔沥青地面类似，只是将表层改换为无砂混凝土，其厚度约为 12.5cm，空隙率 15%～25%。

草皮砖是带有各种形状空隙的混凝土块，开孔率可达 20%～30%。多用于城区各类停车场、生活小区及道路边。

透水路面可以处理直接降落到地表的雨水，也可用于处置来自邻近建筑屋顶和铺砌面积的水量。它们不需要经常性维护，尽管需要安排喷射或真空清扫方案。长期使用后（约为 10 年），透水效果将降低。对于混凝土网格路面，当发生堵塞时，仅仅需要替换土壤、砂砾或石块。可是对于多孔渗水碎石路面，会增长泥浆，堵塞孔洞，此时整个顶部表面结构均需要替换。使用透水路面的另一优点是，由于不会出现滞水，道路也就不需要铺设砂子以防道路冰冻了。多孔路面通常用于坡度平缓、交通量较小的路段、加油站或用于用地面积的限制无法修筑湿式滞留池的场合。

透水路面的渗透速率大于 1mm/s。现场测试也说明，使用 5 年之后，尽管路况在进一步恶化，它仍旧有 0.2mm/s 的渗透速率。而 0.2mm/s 或许已超过了设计暴雨强度。这样，在径流最终目标是管道系统的地方，它能使流量具有实质性地降低。

不同类型基础铺设的多孔渗水沥青能有效降低出流悬浮固体浓度达 20～50mg/L，总的铅浓度能降低一个数量级，碳氢化合物也会显著降低。多孔路面去除污染物的机理除了过滤外，还有生物吸附和生物降解作用。草皮砖地面因有草类植物生长，与多孔沥青及混凝土地面相比，能更有效地净化雨水径流。实验证明它对于重金属如铅、锌、铬等有一定去除效率。植物的叶、茎、根系能延缓径流速度，延长径流时间。

12.2　进水口控制

雨水的源头控制也可以通过阻止它流出汇水区域，使用的措施主要包括屋顶水池、落水管和铺砌水池。

12.2.1　屋顶水池

在屋顶排水系统中通过使用流量限制措施，使雨水滞留于平屋顶。虽然，这在结构设计上需要考虑附加的活荷载，并且增加了对屋顶材料防水的要求。

1992 年 Maskell 和 Sheriff 指出，应用屋顶蓄水，能够使径流衰减，可以使高峰排水管道流量降低 30％～40％。屋顶蓄水对于减少污染物浓度的效果不太明显。

致力于屋顶雨水贮存主题的变化形式为"绿色屋顶"（图 12.5）。它包含屋顶草坪，具有显著的蓄水能力，强的蒸发蒸腾作用；雨水穿过土壤时，水质得到明显改善。

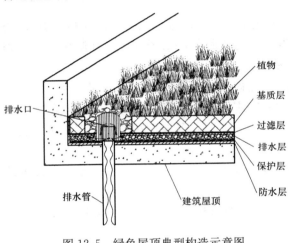

植物
基质层
过滤层
排水层
保护层
防水层
排水口
排水管
建筑屋顶

图 12.5　绿色屋顶典型构造示意图

12.2.2　落水管

利用落水管的底部（高于或者低于地面标高）也可以做到就地蓄水（雨水罐）。大多数落水管底部的蓄水能力较小（一般集雨 350 L），起到的效果与屋顶池塘类似。这些设施的一个优点是，贮存的雨水可以作为花园浇灌用水或冲厕用水等。

落水管底部蓄水的另一种方法是，使建筑物排除的径流通过稳定的透水面（例如草坪、洼地、透水路面），而不是直接进入管道系统。这样，地表径流被延缓，渗透增强，在一定程度上去除了污染物。这在现有城区应用的同时，也可用于新建城区。为了防止损坏车辆，停车场的积水最大深度不应超过 200mm。

12.2.3　铺砌区域蓄水

在原理上，通过开发铺砌区域的蓄水能力，能够取得与屋顶蓄水类似的效果。场地包括停车场、铺砌的院落以及其他大型不透水地表。与屋顶蓄水相比，它具有更大的可利用面积，蓄水深度也较大。它的缺点与贮存水的卫生指标相关。

12.3　就地蓄水

"就地"蓄水方案中，雨水就地贮存于地下或地表水池中。这种方案适用于新开发区的径流控制，一般设置在雨水干管（渠）或有大流量交汇处，或靠近用水量较大的地方。其目的是使新开发区的高峰流量降低到现有排水管网可以接受的水平。因此，产生的额外流量必须以控制方式进行贮存和释放。就地蓄水具有多种形式，它们之间的差异见表12.2。

蓄水方式的分类和定义

表 12. 2

类型	定义
从蓄水时间分 • 滞留式 • 存留式	暂时存放雨水，然后被缓慢释放 永久性贮存雨水，并不释放。通过蒸发蒸腾作用和/或渗透作用得到去除
从布置上分 • 在线式 • 离线式	与排水管道串联建造，具有连续的旱流流量和出水口控制措施 与排水管道并联建造，在旱季没有水流，没有进水口控制设施
从水的长期存在性上分 • 湿式 • 干式 • 湿/干式	永久性充有水 不用时没有水 部分永久性充水，部分无水
从位置上分 • 地表式 • 地下式	开挖或维护面积敞开，例如池塘、水库 现场建造和预先浇筑的密闭容器或水池
从功能上分 • 流量平衡/洪水存储式 • 水质式	基本目的是削减高峰流量，控制洪水 基本目的是改善雨水水质

12. 3. 1　调节水池

调节水池具有多种形状、尺寸和结构形式。较小的体积可以利用检查井和超大尺寸的管道，也可以使用专门的混凝土或者玻璃纤维水箱。大型系统包括特制的钢筋混凝土水池或者多筒式排水管道。区别它们的最重要一点要看它们是在线运行还是离线运行。

（1）在线式

在线滞留式水池与排水管网串联，在它们的出水口通过流量控制器进行控制。在进流低于出水口的通水能力以前，水流通过不受限制。过多的流量贮存在水箱内，使水位上升。为了适应过高的流量，它具有紧急溢流口。在暴雨事件的后期，进流量衰退，水箱水位开始下降，一般是依靠重力排水。

流量控制一般采用孔口、堰、涡流调节器或者节流管（图12.6（a）），也可以安装与下游传感器相连接的电动阀门。这将提供更精确的控制，也可以使水箱的尺寸达到最小。

在线式水箱一般布置在超大尺寸的管道。使用这种水箱式排水管道，可以使旱季（在合流制系统中）或者低流量渠道尽可能避免沉积物的淤积。另一种布置是应用并联的多筒式排水管道。它们提供了必要的调蓄空间，具有较好的自净性能。

（2）离线式

离线式水池与排水系统并联建造。这类水池一般以设计的雨季流量运行，由水池进水口控制。与在线式水池一样，也要有事故溢流口。流量通过重力或者水泵提升进入系统，

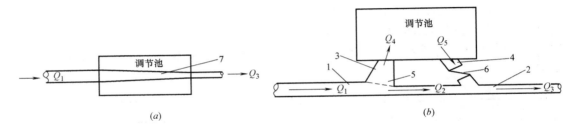

图 12.6　调节水池布置

(a) 在线底部流槽式；(b) 离线溢流堰式

1—调节池上游干管；2—调节池下游干管；3—池进水管；4—池出水管；5—溢流堰；6—止回阀；7—流槽

取决于系统的结构和水位。重力返回系统时为防止雨水倒流入调节池内，出水管应有足够坡度，或在出水管上设置止回阀（图 12.6 (b)）。

　　对于相同的性能，离线式水池需要的容积要比在线式水池小，因此需要较小的空间，但在转换、调节和返回流量时，必要的溢流和节流设施较复杂。维护这类水池的自净也较困难。因此常规的维护很重要。离线式水池的蓄水能力必须在合理的期限内重新可用，这意味着蓄水能力必须排空，通常在 20h 内流入排水管道系统。

12.3.2　水塘

　　地面水塘适用于基本没有污染的水流，常常位于汇水区域的出口处。它们分为干式或者湿式，这取决于是否具有永久性池水。

　　(1) 湿式塘

　　湿式塘在设计时就考虑了一定的永久性水容积（见图 12.7）。湿式塘一般由进水口、前置塘、主塘、溢流出水口、护坡及驳岸、维护通道等构成。这类水塘具有美化、娱乐（例如划船、钓鱼）和环境效益，例如可使野生生物返回到城市地区，此外还具有洪水控制功能。多数湿式池塘是在线的。

　　由于沉淀和生物过程能够改善出流的水质，湿式塘在污染控制上具有显著的作用。这是因为许多污染物吸附于悬浮固体，会在沉淀时去除。

　　为了避免温度分层，一般池塘的深度限制在 1.5～3.0m。平缓的边坡和密实的边缘植被都是有益的。

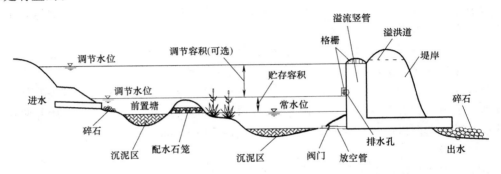

图 12.7　湿式塘典型构造示意图

（2）干式塘

干式塘在无雨期间不贮存雨水（图 12.8）。它们包括开挖的、狭道围起的（berm-en-closed）或者中凹的（dished）区域，衬有杂草或者透水砌块。自然形成的干式塘称作浸水草甸（watermeadow）。它们作为存留池（没有固定的出水口，仅仅依靠渗透以排除存水）或者滞留池（可通过设置的出流口，流至排水系统，例如固定的或者机械水力控制设施）。多数干式池塘是离线式的。干塘一般由进水口、调节区、出口设施、护坡及堤岸构成。在一些情况中，干式塘不被公众注意，由于它们通常具有多种功能，也可以作为娱乐场所，仅仅在暴雨时充水，例如高尔夫球场、停车场、球场、低洼绿地、下沉式公园及广场等。干式池塘的污染物去除率较低，由于在充水期间会重新冲刷原来的淤积固体。它们与湿式池塘相比容积较小。

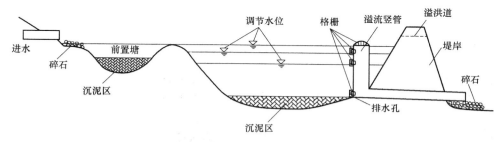

图 12.8　干式塘典型构造示意图

（3）湿/干式塘

这是前面两种类型水塘的混合形式。其中一部分调蓄面积总是有水，另一部分调蓄面积只在高峰流量时充水。

12.4　其他设施

12.4.1　隔油池

隔油池是一种地下结构，具有用于油水分离的部位，能够截留油脂。它们通常用于小型排水区域，尤其有重油或汽油溢流的地区，例如加油站。出流被引到排水系统。

在多数隔油池中，出流流量被降低，较轻的油脂用重力方式分离。用于处理雨水的隔油池也包含有贮存砂砾和悬浮物的空间。捕获的油脂和沉积物必须定期处理，否则暴雨事件会造成暴雨以前累积的油脂冲向受纳水体。当前的设计包括了更有效的斜板分离器和聚集过滤器（coalescing filter）。

12.4.2　人工湿地

人工湿地（包括苇地、沼泽和植被系统）是开挖的浅区域，填充有土壤、石块或粗砂，在生长季节具有饱和水或有时覆盖浅的流动水，种植选定的水生植物。植物的关键作用是把氧从大气传递到根系，激发微生物的生长。雨水湿地与湿塘的构造类似，一般由进水口、前置塘、沼泽区、出水池、溢流出水口、护坡及驳岸、维护通道等构成（图12.9）。湿地需要具有平缓坡度（小于 5%）的较大地面。

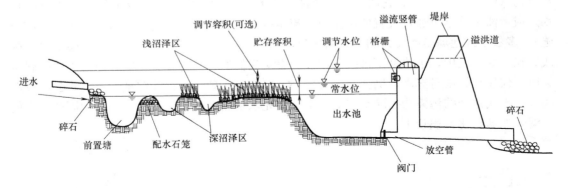

图 12.9　雨水湿地典型构造示意图

通常认为湿地的建设是简单和造价较低的，但是并不意味着它们的运行是容易的。为了保持很高的效率，湿地需要长期的维护计划，涉及水生植物的种植和清除。一般认为湿地的寿命为 15～20 年。

湿地除了能充分减少径流量以外，还有利于生物活动和沉淀作用，去除大量的颗粒和溶解性污染物（包括 SS、金属、富营养物质和细菌），达到改善水质的效果。湿地也捕获砂砾，加速出流中 DO 的恢复。研究结果表明，平均每年湿地都可以去除几乎所有的细菌和悬浮固体，以及半数的总磷和总氮负荷。它们也提供了野生生物栖息和娱乐/教育场所。可是，湿地非常敏感，需要耐心管理，以避免植被的死亡。

12.5　非结构性措施

雨水水质的改善不仅仅依靠建造的控制设施，也需要管理措施，包括调整目前的维护计划（例如，街道清扫、雨水沉泥井清理）或者减少不合适的措施（例如在杀虫剂的管理和化学剂的贮存上）。

12.5.1　城市环境管理

城市环境管理的内容包括城市建设项目施工过程的环境管理、城市垃圾管理、城市运输车辆管理和动物粪便管理等。显然，加强城市环境卫生的管理，可从根本上降低城市地表径流中的污染物含量。

12.5.2　路面清扫

路面清扫是市区的日常工作，主要是为了清理地面上的垃圾。清扫频率的变化很大，在商业区一天可能要清扫一次或数次，而有些道路一年仅清扫一次或者更少。根据现场实验所得到的清扫街道垃圾的效率见表 12.3。显然真空吸尘与人工清扫相比，具有更高的效率。

街道清扫的效率　　　　　　　　　　　　表 12.3

颗粒尺寸范围(μm)	去除效率(%)	
	人工清扫	真空吸尘器
>5600	n/a	90
5600～1000	57	91
1000～300	46	84
300～63	45	77
<63	25	76
加权平均	48	84

街道中小尺寸颗粒的清扫对于水质控制是很重要的，因为它们包含了多数污染物质。一些研究说明，即使对于固体和金属的减少，也需要频繁的清扫（一周应有数次）。某些大气沉降严重、交通繁忙的路段加大清扫频率是十分必要的。同样在特定时段加强路面清扫也是十分有效的，例如早春积雪融化时、秋天落叶时以及雨季来临之前等。

12.5.3　雨水沉泥井清理

雨水沉泥井的清理也是市区的日常工作。清理的频率随地方而异，一般一年需要一次或两次。清理的效率也具有很大的差异，但基本上在 70% 左右。

从雨水管理方面来看，雨水井起到捕获、截留雨水中较大的固体、油类等污染物的作用。当截留的沉积物旱季阶段发生厌氧降解时，会在雨水井内的液体中富集 NH_4 和 COD。而下一次降雨到来后，这些液体混合进雨水中，将显著增加其污染负荷。这样，雨水沉泥井内日常发生的物理、化学和生物过程将会降低雨水水质。

1976 年 Ellis 建议，对雨水沉泥井的定期清理会改善雨水的水质。1988 年 Morrison 等人根据现场测试情况，认为控制重金属排放量的清洗时间应为 4～7d。1998 年 Osborne 等人指出，清理工作的很小改善都会对雨水水质产生很大的提高。

12.5.4　其他措施

其他非结构方法还包括：
1) 不合理污水排放（例如，雨污水管道的混接）的控制；
2) 杀虫剂和肥料的管理；
3) 化学药品的谨慎存放和使用；
4) 公众教育，使公众明白他们在雨水污染控制中的作用。

12.6　雨水调蓄池的流量演算

流量演算方法是一种适合于雨水调蓄池水力计算和水文分析的较好方法。通常调蓄池的流量控制通常依靠出水口的控制设备完成，包括堰、节流阀和节流管等，流量演算就是通过已知的进流过程线，计算调蓄池的出流过程线，根据出流过程线量化调蓄池对洪水的影响。

12.6.1　基本原理及计算步骤

根据流量连续性方程，雨水调蓄池的进流量和出流量的差值应等于雨水调蓄池内蓄水量变化速率。即

$$I-Q=\frac{\mathrm{d}S}{\mathrm{d}t} \tag{12.1}$$

式中　I——进流量（m^3/s）；

　　　Q——出流量（m^3/s）；

　　　S——调蓄池的蓄水量（m^3）；

　　　t——时间（s）。

一般在调蓄池的计算中，只知道进流量 I 随时间的变化情况（即进流过程线），而出流量 Q 和调蓄池蓄水量 S 均未知，因此很难应用直接积分方法求解，需采用差分方法求解式（12.1）的近似解。

把式（12.1）表示为有限差分格式

$$\frac{I_{t+\Delta t}+I_t}{2}-\frac{Q_{t+\Delta t}+Q_t}{2}=\frac{S_{t+\Delta t}-S_t}{\Delta t} \tag{12.2}$$

结合式（12.1），可以看出式（12.2）中作了如下假定：时段 Δt 的入流等于时段开始和结束时入流的平均值；时段 Δt 的出流等于时段开始和结束时出流的平均值；时段内蓄水量的变化等于时段结束时的蓄量和时段开始时的蓄量差值与时段 Δt 的比值。

对于每一时段，可用时段开始的 t 时所对应值来推求时段结束的 $(t+\Delta t)$ 时所对应值。分离未知量，经整理得

$$\frac{S_{t+\Delta t}}{\Delta t}+\frac{Q_{t+\Delta t}}{2}=\left(\frac{S_t}{\Delta t}+\frac{Q_t}{2}\right)-Q_t+\frac{I_{t+\Delta t}+I_t}{2} \tag{12.3}$$

或者表示为

$$\left(\frac{S}{\Delta t}+\frac{Q}{2}\right)_{t+\Delta t}=\left(\frac{S}{\Delta t}+\frac{Q}{2}\right)_t-Q_t+\frac{I_{t+\Delta t}+I_t}{2} \tag{12.4}$$

由于入流过程 I 已知，右边的 $\left(\frac{S}{\Delta t}+\frac{Q}{2}\right)$ 假设在演算开始 $t=0$ 时已知；则其余各个时刻的 $\left(\frac{S}{\Delta t}+\frac{Q}{2}\right)$ 将通过迭代依次确定。

根据水力学知识，一般出水处的堰、节流阀和节流管等控制流量设施，其流量均可表示为上游蓄水构筑物的水深函数，其通用式为

$$Q=Q(h)=\mu A\sqrt{2g}h^\alpha \tag{12.5}$$

式中　μ，α——分别为流量控制设施的出流流量系数和指数；

　　　A——流量控制设施的过流断面面积（m^2）；

　　　g——重力加速度（$9.8m/s^2$）；

h——有效作用水头，一般为水深超高（m）。

同样蓄水构筑物的蓄水量也可表示为水深的函数，即

$$S=S(h) \tag{12.6}$$

于是有

$$\frac{S}{\Delta t}+\frac{Q}{2}=f(h) \tag{12.7}$$

这样，在确定了水位—出流量和水位—蓄量关系后，就可以利用式（12.4）求解。用式（12.4）演算的下一步为选择演算时间 Δt。Δt 既不能太长也不能太短，如果太长超过水库的传播时间，则出流峰顶在时段 Δt 内通过蓄水池，无法计算峰顶参数值。另一方面，如果 Δt 太短，则流量演进时间太长。所取 Δt 应足够短，使 I 在其内近于线性变化。于是由式（12.4）进行演算的步骤如下：

1）根据水位—出流量关系和水位—蓄水量关系，绘出 $\left(\frac{S}{\Delta t}+\frac{Q}{2}\right)$—出流量关系曲线图。

2）绘制演算表格，如示例中的表 12.5。其中第一列是演算的时刻，时刻之间的间隔即为时间步长 Δt；第二列为调蓄池的进流量；第三列为调蓄池的出流量；第四列为 $\left(\frac{S}{\Delta t}+\frac{Q}{2}\right)$；第五列为时间步长 Δt 内的平均进流量 $\frac{I_t+I_{t+\Delta t}}{2}$。

3）在表格的第一行放入已知时刻为 $t=0$ 时的进流量 $I_{t=0}$，出流量值 $Q_{t=0}$。

4）根据出流量 $Q_{t=0}$，由 $\left(\frac{S}{\Delta t}+\frac{Q}{2}\right)$——出流量 Q_t 关系曲线图可以查得 $Q_{t=0}$ 对应的 $\left(\frac{S}{\Delta t}+\frac{Q}{2}\right)_{t=0}$ 时的值。

5）根据式（12.4）计算 $t=t+\Delta t$ 时的 $\left(\frac{S}{\Delta t}+\frac{Q}{2}\right)$ 值，放入第二行的 $\left(\frac{S}{\Delta t}+\frac{Q}{2}\right)$ 列。

6）由 $\left(\frac{S}{\Delta t}+\frac{Q}{2}\right)$—出流量 Q 关系曲线图可以查得 $\left(\frac{S}{\Delta t}+\frac{Q}{2}\right)_{t=0}$ 对应的 $Q_{t=0}$ 的值。

7）返回步骤5），重新计算，通过迭代，直到出流为 0 时止。

12.6.2 计算示例

【例 12.1】 在排水管道系统中有一底部为矩形的溢流堰式调蓄池，其下游出流量采用式 $Q=3.2H^{1.5}$（H 为堰顶超高，以 m 计，Q 以 m³/s 计），矩形底面积为 $450m^2$。初始状态进流量为 0，调蓄池内水面处于堰顶位置。进流量以均匀的加速度，在 10min 达到 $3.0m^3/s$，然后又以同样的加速度降至零。计算中时间步长采用 1min，计算：（1）洪峰削量；（2）入流峰值与出流峰值之间的滞时；（3）出流洪峰；（4）最高堰顶超高；（5）洪水期最大蓄量；（6）调蓄池的放空时间。

解： 首先列出 Q 和 S 随 H 的变化，并生成 $\left(\frac{S}{\Delta t}+\frac{Q}{2}\right)$ 和 Q 的关系，如表 12.4 所示。

利用表 12.4 中的数据可以绘制出出流—水位过程线、蓄量—水位过程线以及 $\left(\frac{S}{\Delta t}+\frac{Q}{2}\right)$ 随 Q 变化的关系曲线，分别见图 12.10～图 12.12。

相关项随堰顶超高 H 的变化（Δt 为 1min） 表 12.4

H(m)	$Q=3.2H^{1.5}$(m³/s)	$S=450H$(m³)	$\left(\dfrac{S}{\Delta t}+\dfrac{Q}{2}\right)$(m³/s)
0	0	0	0
0.2	0.286	90	1.643
0.4	0.810	180	3.405
0.6	1.487	270	5.244
0.8	2.290	360	7.145
1.0	3.200	450	9.100

表 12.5 列出了计算过程。表中的 I_t 值以及 $\dfrac{I_t+I_{t+\Delta t}}{2}$ 均为已知。第一个 Q 值为 0，也已知，根据图 12.12 可以确定第一个 $\left(\dfrac{S}{\Delta t}+\dfrac{Q}{2}\right)$ 值（结果为 0）。由式（12.4）计算出第二个 $\left(\dfrac{S}{\Delta t}+\dfrac{Q}{2}\right)$ 值（为 $0-0+0.15=0.15$）。相应的 Q 值由图 12.12，得出 0.03m³/s。

因此现在知道了第一时段后的 Q 值。对于下一时间段，$\left(\dfrac{S}{\Delta t}+\dfrac{Q}{2}\right)_t$ 为 0.15，$\left(\dfrac{S}{\Delta t}+\dfrac{Q}{2}\right)_{t+\Delta t}$ 再根据（12.4）式计算：$0.15-0.03+0.45=0.57$。$Q_{t+\Delta t}$ 再由图 12.12 确定为 0.10——即时刻为第 2 分钟的出流。应用这种方式进行迭代计算，直到求得全部时刻的 Q 值。其出流过程线见图 12.13。

由图 12.13 及表 12.5，可以得到：（1）洪峰削量 $=3.0-2.61=0.49$m³/s；（2）入流峰值与出流峰值之间的滞时 $=11-10=1$min；（3）出流洪峰 $=2.61$m³/s；（4）在图 12.13 中进流量曲线与出流量曲线的交点处，出流量约为 2.60 m³/s，再根据 $Q=3.2H^{1.5}$，于是最高堰顶超高 $H=(Q/3.2)^{1/1.5}=(2.6/3.2)^{2/3}=0.871$m；（5）洪水期最大蓄水量 $=450\times0.871=391.83$m³；（6）调蓄池的放空时间 $=44$min。

流量演算 表 12.5

时刻 (min)	I (m³/s)	Q (m³/s)	$\left(\dfrac{S}{\Delta t}+\dfrac{Q}{2}\right)$ (m³/s)	$\dfrac{I_{t+\Delta t}+I_t}{2}$ (m³/s)	时刻 (min)	I (m³/s)	Q (m³/s)	$\left(\dfrac{S}{\Delta t}+\dfrac{Q}{2}\right)$ (m³/s)	$\dfrac{I_{t+\Delta t}+I_t}{2}$ (m³/s)
0	0	0	0	0.15	23	0	0.25	1.46	0
1	0.3	0.03	0.15	0.45	24	0	0.21	1.21	0
2	0.6	0.10	0.57	0.75	25	0	0.17	1.00	0
3	0.9	0.21	1.22	1.05	26	0	0.14	0.83	0
4	1.2	0.41	2.06	1.35	27	0	0.12	0.69	0
5	1.5	0.69	3.00	1.65	28	0	0.10	0.57	0
6	1.8	1.01	3.96	1.95	29	0	0.08	0.47	0
7	2.1	1.36	4.90	2.25	30	0	0.07	0.39	0
8	2.4	1.72	5.79	2.55	31	0	0.06	0.32	0
9	2.7	2.07	6.62	2.85	32	0	0.05	0.26	0
10	3.0	2.41	7.40	2.85	33	0	0.04	0.21	0
11	2.7	2.61	7.84	2.55	34	0	0.03	0.17	0
12	2.4	2.58	7.78	2.25	35	0	0.02	0.14	0
13	2.1	2.43	7.45	1.95	36	0	0.02	0.12	0
14	1.8	2.21	6.97	1.65	37	0	0.02	0.10	0
15	1.5	1.98	6.41	1.35	38	0	0.01	0.08	

续表

时刻 (min)	I (m³/s)	Q (m³/s)	$\left(\dfrac{S}{\Delta t}+\dfrac{Q}{2}\right)$ (m³/s)	$\dfrac{I_{t+\Delta t}+I_t}{2}$ (m³/s)	时刻 (min)	I (m³/s)	Q (m³/s)	$\left(\dfrac{S}{\Delta t}+\dfrac{Q}{2}\right)$ (m³/s)	$\dfrac{I_{t+\Delta t}+I_t}{2}$ (m³/s)
16	1.2	1.71	5.78	1.05	39	0	0.01	0.07	0
17	0.9	1.44	5.12	0.75	40	0	0.01	0.06	0
18	0.6	1.19	4.43	0.45	41	0	0.01	0.05	0
19	0.3	0.91	3.69	0.15	42	0	0.01	0.04	0
20	0	0.67	2.93	0	43	0	0.01	0.03	0
21	0	0.47	2.26	0	44	0	0	0.02	—
22		0.33	1.79	0					

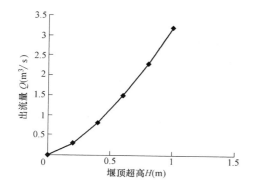

图 12.10　出流量 Q—堰顶超高 H 关系曲线图

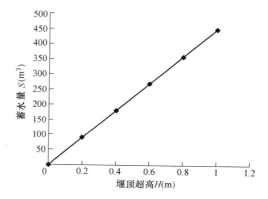

图 12.11　蓄水量 S—堰顶超高 H 关系曲线图

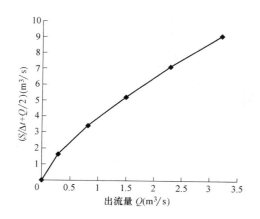

图 12.12　$(S/\Delta t+Q/2)$—出流量 Q 关系曲线图

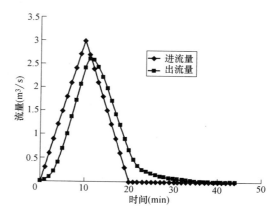

图 12.13　流量——时间关系曲线图

第 13 章　合流制管渠系统

13.1　引　　言

　　合流制管渠系统是在同一管渠内排除生活污水、工业废水及雨水的管渠系统。由于目前许多国家仍存在大量的合流制排水系统，因此合流制管渠仍是城市排水的重要课题。我国绝大多数的大城市也采用这种系统。常用的有截流式合流制管渠系统，它是在临河截流管上设置溢流井。晴天时，截流管以非满流将生活污水和工业废水送往污水厂处理。雨天时，随着雨水量的增加，截流管以满流将生活污水、工业废水和雨水的混合污水送入污水厂处理。当雨水径流量继续增加到混合污水量超过截流管的设计输水能力时，溢流井开始溢流，并随雨水径流量的增加，溢流量增大。当降雨时间继续延长时，由于降雨强度的减弱，雨水溢流井处的流量减少，溢流量减小。最后，混合污水量又重新降低到等于或小于截流管的设计输水能力，溢流停止（图 13.1）。

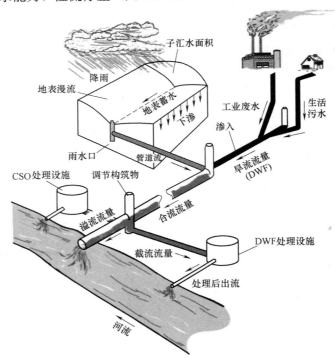

图 13.1　合流制管渠系统的布置示意图

　　合流制管渠系统的进水包括污水和雨水。合流制管渠与分流制污水管道相比，当排除相同规模服务区域内的合流污水时，具有较大的管径（由于合流制排水管道必须输送雨水）。这意味着在旱季，当污水流量较小时，合流制排水管道（与污水管道相比）具有较小的水深。

【例 13.1】 确定非满流量为 25L/s 时的水深和流速 （1）300mm 直径的污水管道；（2）800mm 直径的合流制排水管道。两者的坡度均为 0.003，粗糙度 n 均为 0.014。

解：（1）将 $Q=0.25m^3/s$，$D=0.3m$，$I=0.003$，$n=0.014$ 代入公式

$$Q=\frac{D^2}{8n}(\theta-\sin\theta)\left[\frac{D}{4}\left(1-\frac{\sin\theta}{\theta}\right)\right]^{2/3}I^{1/2}$$

得

$$0.25=\frac{0.3^2}{8\times0.014}(\theta-\sin\theta)\left[\frac{0.3}{4}\left(1-\frac{\sin\theta}{\theta}\right)\right]^{2/3}\times0.003^{1/2}$$

于是

$$\theta=3.16$$

水深

$$h=\frac{D}{2}\left(1-\cos\frac{\theta}{2}\right)=\frac{0.3}{2}\left(1-\cos\frac{3.16}{2}\right)=0.151m$$

流速

$$v=\frac{1}{n}\left[\frac{D}{4}\left(1-\frac{\sin\theta}{\theta}\right)\right]^{2/3}I^{1/2}$$

$$=\frac{1}{0.014}\left[\frac{0.3}{4}\left(1-\frac{\sin3.16}{3.16}\right)\right]^{2/3}\times0.003^{1/2}$$

$$=0.70m/s$$

（2）将 $Q=0.25m^3/s$，$D=0.8m$，$I=0.003$，$n=0.014$ 代入公式

得

$$0.25=\frac{0.8^2}{8\times0.014}(\theta-\sin\theta)\left[\frac{0.8}{4}\left(1-\frac{\sin\theta}{\theta}\right)\right]^{2/3}\times0.003^{1/2}$$

于是

$$\theta=1.49$$

水深

$$h=\frac{0.8}{2}\left(1-\cos\frac{1.49}{2}\right)=0.106m$$

流速

$$v=\frac{1}{0.014}\left[\frac{0.8}{4}\left(1-\frac{\sin1.49}{1.49}\right)\right]^{2/3}\times0.003^{1/2}=0.64m/s$$

注意到较大的管道尺寸导致较小的水深（与管壁较大面积的接触），可是对流速的影响较小。

合流污水的组成变化，取决于水文过程线和汇水区域。包含在合流污水中的污染物主要来源有：类似于旱季情况的污水；冲刷存在前期旱季阶段累积污染物的地表径流（例如干沉降物、树叶、动物排泄物等）；强降雨对地表的冲刷；粘附在排水管壁的排水管道沉积物和生物量的冲刷，等（见表 13.1）。合流制管渠系统中由于大量雨水的流入，其中无机物含量往往高于生活污水收集系统。通常合流污水的污染物浓度变化可分为三个明显阶段，即降雨初期由于雨水的稀释作用，合流污水中污染物的浓度将下降，但总污染负荷是不变的；随着雨水对地表和管道的冲刷，污染物浓度和总污染负荷将上升；然后随着降雨过程，污染物浓度和总污染负荷进入下降阶段（见图 13.2）。

影响合流污水特性的一般因素　　　　　　　　　　　　表 13.1

影响因素	水量影响	水质影响
降水	降雨量 暴雨强度 暴雨持续时间	区域大气质量

续表

影响因素	水量影响	水质影响
汇水区域特征	汇水区域大小、集水时间 用地类型 不透水面积 土壤特征 径流控制措施	污染物累积和流域冲洗管理措施
污水来源	污水来源类型（住宅区、商业区） 污水流量及其变化	污水来源的类型
排水管道系统	管道尺寸、坡度、形状	物理化学和生物化学作用
截流管道设计和操作条件	渗流量 超负荷及壅水状况 流量调节及转换方式 沉积物累积引起能力的降低	渗水水质 来自收集系统的重新悬浮物负荷

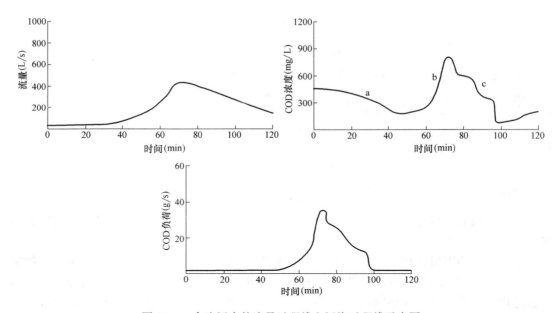

图 13.2　合流污水的流量过程线和污染过程线示意图

13.2　合流制排水管渠设计计算

13.2.1　设计流量

截流式合流制排水管渠的设计流量，在溢流井上游和下游是不同的。

（1）第一个溢流井上游管渠的合流污水设计流量

如图 13.3 所示，第一个溢流井上游管渠（1～2 管段）的合流污水设计流量为生活污水的平均流量（$Q_{\bar{s}}$）、工业废水最大班的平均流量（$Q_{\bar{i}}$）与雨水的设计流量（Q_r）之和

$$Q = Q_{\bar{s}} + Q_{\bar{i}} + Q_r \tag{13.1}$$

公式中采用生活污水的平均流量和工业废水最大班的平均流量而不是采用最高日最高时的设计流量，其原因是认为在计算合流污水设计流量中，公式（13.1）右侧三类流量最大值同时发生的可能性很小。因此生活污水的平均流量对于居住区而言，总变化系数采用 1；对于工业企业内生活污水量和淋浴污水量而言，采用最大班的平均秒流量，即时变化系数采用 1。

公式（13.1）中 $Q_{\bar{s}} + Q_{\bar{i}}$ 为晴天的城市污水流量，有时称为旱流流量 Q_f。由于 Q_f 较小，因此按该式 Q 计算所得的管径、坡度和流速，应用晴天的旱流流量 Q_f 校核，检查管道在输送旱流流量时是否满足不淤的最小流速要求。

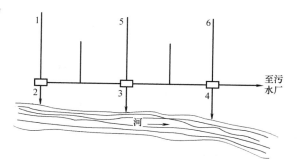

图 13.3　设有溢流井的合流管渠

（2）溢流井下游管渠的设计流量

合流制排水管渠在截流干管上设置溢流井后，对截流干管的水流情况影响很大。不从溢流井泄出的雨水量，通常按旱流流量 Q_f 的指定倍数计算，该指定倍数称为截流倍数 n_0，如果流到溢流井的雨水流量超过 $n_0 Q_f$，则超过的水量由溢流井溢出，并经排放渠道（溢流渠道）泄入水体。

这样，溢流井下游管渠（如图 13.3 中的 2-3 管段）的雨水设计流量即为：

$$Q_r = n_0(Q_{\bar{s}} + Q_{\bar{i}}) + Q_1 \tag{13.2}$$

式中　Q_1——溢流井下游排水面积上的雨水设计流量，按相当于此排水面积的集水时间计算而得到的。

溢流井下游管渠的设计流量是上述雨水设计流量与生活污水平均流量及工业废水最大班平均流量之和，即：

$$\begin{aligned} Q &= n_0(Q_{\bar{s}} + Q_{\bar{i}}) + Q_1 + Q_{\bar{s}} + Q_{\bar{i}} + Q_2 \\ &= (n_0 + 1)(Q_{\bar{s}} + Q_{\bar{i}}) + Q_1 + Q_2 \\ &= (n_0 + 1)Q_f + Q_1 + Q_2 \end{aligned} \tag{13.3}$$

式中 Q_2——溢流井下游排水面积上的生活污水平均流量与工业废水最大班平均流量之和。

为节约投资和减少水体的污染点，往往不在每条合流管渠与截流干管的交汇点处都设置溢流井。

13.2.2　水力计算

合流制排水管渠一般按满流设计。水力计算的设计数据，包括设计流速、最小坡度和最小管径等，基本上和雨水管渠的相同。

（1）溢流井上游合流管渠的计算

溢流井上游合流管渠的计算与雨水管渠的计算基本相同。只是它的设计流量要包括雨

水、生活污水和工业废水。合流管渠的雨水设计重现期一般应比同一情况下雨水管渠的设计重现期适当提高，有的专家认为可提高 10% ~ 25%，因为虽然合流管渠中混合污水从检查井溢出街道的可能性不大，但合流管渠泛滥时溢出的混合污水比雨水管渠泛滥时溢出的雨水，造成的损失要大些。为了防止出现这种可能情况，合流管渠的设计重现期和允许的积水程度一般都需从严掌握。

（2）截流干管和溢流井的计算

对于截流干管和溢流井的计算，主要是要合理确定截流倍数 n_0。根据 n_0 值，按照式（13.3）确定截流干管的设计流量和通过溢流井泄入水体的流量，然后进行截流干管和溢流井的水力计算。从环境保护角度看，为使水体少受污染，应采用较大的截流倍数；从经济上考虑，截流倍数过大，会大大增加截流干管、提升泵站以及污水管的造价，同时引起进入污水厂的污水水质和水量，在晴天和雨天的差别过大，给运行管理该来相当大的困难。通常，截流倍数应根据旱流污水的水质和水量以及总变化系数，水体的卫生要求、水文、气象条件等因素确定。我国《室外排水设计规范》规定采用 1 ~ 5。工程实践中，我国多数城市一般采用截流倍数 $n_0 = 3$。欧洲一些国家的截流倍数取值，见表 13.2。

欧洲一些国家常采用的截流倍数 n_0 值 表 13.2

国家	截流倍数 n_0 值
奥地利、丹麦、芬兰、德国、希腊、意大利、葡萄牙、西班牙、瑞士	2
法国	2~3
爱尔兰、荷兰、英国	3
瑞典	3~4
比利时	3~5

（3）晴天旱流情况校核

关于晴天旱流流量的校核，应使旱流时的流速满足污水管渠最小流速要求。当不能满足这一要求时，可修改设计管段的管径和坡度。应当指出，由于合流管渠中旱流流量较小，特别是在上游管段，旱流校核时往往不易满足最小流速要求，此时可在管渠底设低流槽以保证旱流时的流速，或者加强养护管理，利用雨天流量冲洗管渠，以防淤塞。

13.3　合流制排水管网改造

历史上，合流制管渠系统在解决城市区域积水、改善城市卫生环境、普及排水管道系统中做出了很大贡献。目前仍然在一些城市存在直流式合流制系统，即合流污水不经截流直排受纳水体。尽管截流式合流制可以将部分初期雨水送至污水处理厂处理，这对水体保护有一定优越性；但是排出的大量溢流混合污水进入受纳水体，严重影响受纳水体水质。因此合流制管渠系统的改造仍旧是一项长期的艰巨任务。

目前，对城市合流制管渠系统的改造，通常有：改造溢流井、混合污水适当处理、控制溢流混合污水量和改造为分流制等。

13.3.1　溢流井改造

溢流井（或称截流井，CSO）是截流干管上最重要的调节构筑物。CSO 主要是水力

mentiamet、

方面的作用：接受一个进流后分两部分出流，一部分进入污水处理厂（截流流量），另一部分进入水体（溢流流量）（见图13.4）。实现这种功能的常规构筑物是堰。当通过CSO的水面低于堰顶，水流继续输送到下游管渠。流量增大时，水面随之升高，截流管道内的水力坡度线也在升高。当水面超过堰顶，一些流量从堰顶溢出，剩余流量进入污水厂。高出堰的流量与超过堰高的高度有关，因此水面继续升高，溢流量随之增加。截流流量作为水头升高的结果，增加并不大。

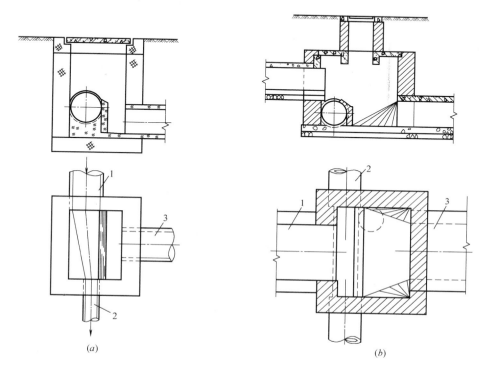

图13.4　两种不同形式的溢流井
（a）溢流堰式溢流井；（b）跳跃堰式溢流井
1—合流管道；2—截流管道；3—溢流管道（渠）

CSO的水力设计需要谨慎，不良水力设计将带来许多影响。如果溢流发生得太早，截流管段的能力不能充分利用，大量不必要的污染流量将排入水体。但是如果堰设置过高，上游的额外过载发生，过多的流量被迫流入下游截流管道，在排水管道系统中的某些部位还将形成积水。良好的水力设计中，溢流将在最佳水位发生；溢流增加、抬升水位时，截流流量不会过分增大。

CSO的其他主要功能与污染有关。理想状态是全部污染物继续进入污水处理厂（也就是，滞留在排水管道系统中），但这不可能达到。CSO的各种设计证明：在滞留较大漂浮固体上是成功的，但是小的悬浮物和溶解物质，将根据在流量中的比例，分别存在于截流流量和溢流流量中。

当CSO不良设计或无效运行时，它对受纳水体的影响可能十分严重。此外，由于沉积物的沉淀，管道内产生壅水，将造成CSO的提前运行（在进流未达到CSO设计能力之

13.3　合流制排水管网改造

前），或者在旱季状态的极端情况下照样溢流。这将给受纳水体带来严重污染。

不良设计情况见图 13.4 中的剖面图。溢流井具有一个侧流堰。这种布置能够满足水力要求，但是很明显，漂浮固体将流过该堰，进入水体。这几乎像是一个用该种方式撇除漂浮固体的水力设备。实际上这与所期望的刚好相反。其他固体将滞留在排水管道中；例如，沉降固体当流过该构筑物时，停留在管道底部。但是由于溢流操作引起的水流紊动和扰动，将携带沉降固体到水流的上部区域，从而流过堰。而污水中的一些颗粒物质具有与水大约相同的密度，因此可能溢流。所以，这种溢流设计在滞留固体上不算是成功的。

对于 CSO 的设计出现了许多方法。其中一些想法是很简单的。例如，解决前面所说漂浮固体直接流过堰问题的简单方法是平行于堰设置一块竖直板——拦渣板，仅在堰的前面，延伸上部使它处于堰顶之下，因此确保悬浮固体不会流过堰。对于紊流提升较重固体降低的问题是创造一个室，其中水流变缓，或者静止，将使重颗粒流进截流管道而不是越过堰（"静止池溢流井"，见图 13.5）。另一种方法，环流使固体以特殊方式运动，这样开发出一系列"旋流溢流井"结构（图 13.6）。另外在 CSO 构筑物中设置格栅也越来越普遍（当主要焦点是固体停留时）。

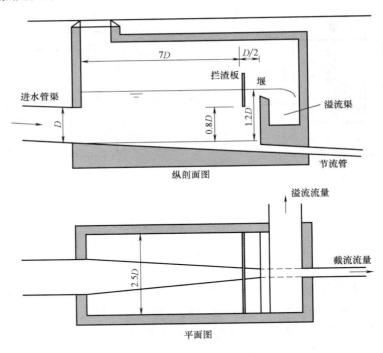

图 13.5　静止池溢流井

13. 3. 2　适当处理混合污水

由于从截流式合流制排水管网系统溢流的混合污水直接排入水体仍会造成污染，其污染程度随工业与城市的进一步发展而日益严重，为了保护水体，可对溢流混合污水进行适当处理。处理措施包括细筛滤、沉淀，或者通过投氯消毒后再排入水体。或者适当提高截

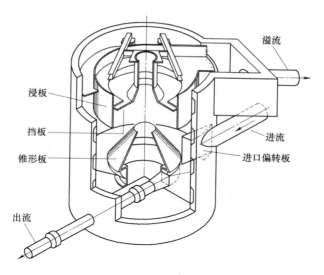

图 13.6　旋流分离器

流倍数、提高截流管渠和泵站能力和改进污水处理厂工艺，使更多截流污水在后续污水厂得到处理。

也可增设蓄水池或地下人工水库，在降雨期间收集部分初期雨水，当降雨过后系统水流变缓时，该部分收集的水流缓慢输送至排水管道、泵站或污水处理厂。因此合流制调蓄池的主要作用是截流初期雨水，调蓄池越大（越昂贵），污染量进入水体越少。调蓄池的优化尺寸应该考虑到暴雨流量中污染负荷随时间的变化。

在提供调蓄池时，通常与高位侧流堰一起布置。调蓄池可能用来补充 CSO 结构，并且变得越来越普遍，例如与截流井一起提供调蓄能力（图 13.7、图 13.8）。

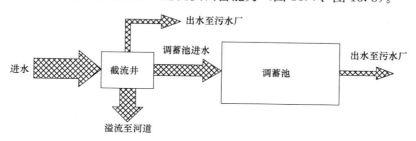

图 13.7　合流制调蓄池作用图解

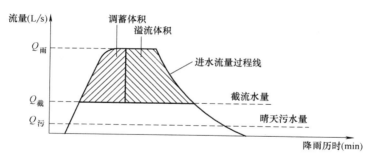

图 13.8　合流制调蓄池曲线图解

13.3.3 改为分流制

这种方法由于雨污水分流，需要处理的污水量将相对减少，污水在成分上的变化也较小，所以污水厂的运行管理容易控制。通常，在具有下列条件时，可考虑将合流制改造为分流制：

1) 住房内部有完善的卫生设备，便于将生活污水与雨水分流；

2) 工厂内部可清浊分流，可以将符合要求的生产污水接入城市污水管道系统，将较清洁的生产废水接入城市雨水管渠系统，或可将其循环使用；

3) 城市街道的横断面有足够的位置，允许增建分流制污水管道，并且不对城市的交通造成严重影响。

一般地说，住房内部的卫生设备目前已日趋完善，将生活污水与雨水分流比较易于做到；但工厂内的清浊分流，因已建车间内工艺设备的平面位置与竖向布置比较固定而不太容易做到；至于城市街道横断面的大小，则往往由于旧城市（区）的街道比较窄，加之年代已久，地下管线较多，交通也较频繁，使改建工程的施工极为困难。此外，分流制排水系统中的雨污水管道混接一直以来是一个难以解决的问题，使得合流制改造成分流制在实践中较难实现。

13.3.4 控制溢流混合污水量

为减少溢流混合污水对水体的污染，在土壤有足够渗透性且地下水位较低（至少低于排水管底标高）的地区，可采用提高地表持水能力和地表渗透能力的措施，减少暴雨径流，从而降低溢流的混合污水量。例如，采用透水性路面或没有细料的沥青混合料路面，可以削减高峰径流量，且载重运输工具或冰冻不会破坏透水性路面的完整结构，但需定期清理路面以防阻塞；也可采用屋面、街道、停车场或公园里为限制暴雨进入管道的临时蓄水塘等表面蓄水措施，削减高峰径流量。

应当指出，城市旧合流制排水系统的改造是一项很复杂的工作，必须根据当地的具体情况，与城市规划相结合，在确保水体免受污染的条件下，充分发挥原有排水系统的作用，使改造方案有利于保护环境，经济合理，切实可行。

第14章 排水泵站

14.1 排水泵站的通用特性

14.1.1 排水泵站的工作特点

排水管道系统一般采用重力流，当受到地形条件、地质条件、水体水位等限制条件时将采用排水泵站。可能遇到的情况，例如：

1) 局部低洼地势处，不能够依靠重力排除时。

2) 平坦地区。到达污水处理厂的长距离管道，可能排水管道埋深越来越大。在一些点，土壤的休止角度限制了排水管道的竖向开挖，可用空间和进一步的成本受到限制。

3) 山地、丘陵地区。当标高出现变化，不能够通过重力流环绕时，污水需要提升越过障碍。

4) 地质障碍。多水、流砂、石灰岩地层可能限制了排水管道的埋设深度。

泵站的出水可能为另一具有较高内底的重力排水管渠，或者到达压力管道。

需要提升的污水或雨水含有大量溶解物质和悬浮固体，在设计排水泵站时必须考虑水泵堵塞、设备腐蚀以及是否会产生爆炸性气体等因素。

在泵站上游重力流条件下，进入泵站的污水或雨水流量不稳定，逐日逐时都在变化，有时会出现超过泵站设计能力的情况，因此排水泵站设计具有一定风险性。

14.1.2 排水泵站的组成

排水泵站的基本组成包括：泵房、集水池、格栅、辅助间，有时在附近设有变电所。泵房设置水泵机组和有关的附属设备。格栅和吸水管安装在集水池内。集水池在一定程度上可以调节来水的不均匀性，使水泵能均匀的工作。格栅的作用是阻挡大的固体杂质，防止杂物阻塞和损坏水泵，因此，格栅又叫拦污栅。辅助间一般包括储藏室、修理间、休息室和卫生间等。

在泵站设计中，需要多个专业的配合，包括建筑、结构、工艺、机械、电子、电力等专业。作为城市排水系统的一部分，排水泵站的设置一般均高出地面，因此需要一定的建筑效果，外观需要与周围环境相协调。为降低环境影响，需要控制其中产生的噪声和臭气。位于居民区和重要地段的污水、合流污水泵站，应设置除臭装置。

排水泵站应设计为单独的建筑物。根据排水对大气的污染程度、机组的噪声等情况，结合当地环境条件，应与居住房屋和公共建筑保持必要距离，周围宜设置围墙，并应绿化。

14.1.3 排水泵站的分类

按其在排水系统中的作用，排水泵站可分为中途泵站、局部泵站和终点泵站。当管道埋深接近最大埋深时，为提高下游管道的管位而设置的泵站，称为中途泵站，如图 14.1（a）所示。若是将低洼地区的污水抽升到地势较高地区管道中；或是将高层建筑地下室、地铁、其他地下建筑的污水抽送到附近管道系统所设置的泵站，称局部泵站，如图 14.1（b）所示。污水管道系统终点埋深通常很大，而污水处理厂的处理出水因受受纳水体水位的限制，处理构筑物一般埋深很浅或设置在地面上，因此需设置泵站将污水抽升至第一个处理构筑物，这类泵站称为终点泵站或总泵站，如图 14.1（c）所示。中途泵站通常是为了解决排水干管埋设太深的问题而设置的。终点泵站是将整个城镇的污水或工业企业的污水抽送到污水处理厂或将处理后的污水进行农田灌溉或直接排入水体。

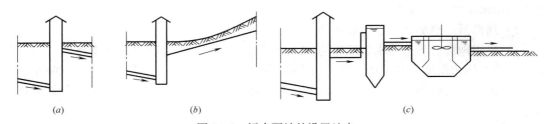

图 14.1 污水泵站的设置地点

（a）中途泵站；（b）局部泵站；（c）终点泵站

排水泵站按其排水的性质，一般可分为污水（生活污水、生产污水）泵站、雨水泵站、合流泵站和污泥泵站。

按水泵启动前能否自流充水分为自灌式泵站和非自灌式泵站。

按泵房的平面形状，可以分为圆形泵站、矩形泵站、矩形与梯形组合形或其他形式泵站。

按集水池与泵房的组合情况，可以分为合建式泵站和分建式泵站。

按照控制的方式又可分为人工控制、自动控制和遥控三类。

14.2 水泵的水力设计

14.2.1 水泵特性曲线

水泵是输送和提升液体的机器，它把原动机的机械能转化为被输送液体的动能或势能。表征液体经过水泵后比能增值的参数称作扬程（即单位重量液体通过水泵后其能量的增值）。水泵的水力特性可总结为"水泵特性曲线"，即流量与扬程的关系曲线。一般水泵的特性见图 14.2（a）。由图 14.2（a）可以看出，扬程是随流量的增大而下降，但这并非一种简单的关系曲线，它涉及水泵的构造，它在水力学上是很复杂的。通常每一种类型的水泵都具有一种特性曲线，该曲线的绘制由水泵生产厂家根据水泵的实测资料得来。

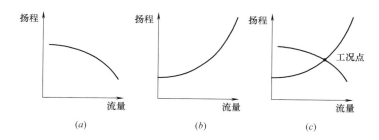

图 14.2　水泵和系统特性曲线
(a) 水泵特性；(b) 系统特性；(c) 工况点

14.2.2　管道系统特性曲线

与水泵连接的管道也具有流量与扬程的关系特性曲线。其中扬程由以下几部分组成：

1）水泵静扬程，即水泵吸水井水面与水泵出水构筑物（如水塔、密闭水箱、检查井等）最高水位之间的测压管压力差。

2）管道水头损失，包括管道中摩阻损失和弯头、阀门等处的局部损失。该值的大小随流量的增加，以二次抛物线形式增加。其曲率取决于管道的直径、长度、管壁粗糙度以及局部阻力附件的布置情况。

3）流速水头。如果把水提升后需要达到特定出水流速，此时应包含流速水头。

于是水泵装置的管道系统总扬程计算为：总扬程＝净扬程＋管道水头损失＋流速水头（管道水头损失和流速水头均与速度的平方成正比）。由此绘出如图 14.2 (b) 所示的曲线，称此曲线为水泵装置的管道系统特性曲线。

14.2.3　图解法求水泵的工况点

以上水泵特性曲线给出了输送特定流量时水泵能够提升的扬程，系统特性曲线给出了系统输送特定流量时需要的扬程。当将样本中提供的水泵特性曲线与计算出的管道系统特性曲线绘制于同一张图上时，只有一种情况水泵能够满足管道系统提升的要求，即水泵特性曲线与管道系统特性曲线的交点，见图 14.2 (c)。该交点称作该水泵装置的平衡工况点（也称工作点）。只要外界条件不发生变化，水泵装置将稳定地在这点工作，其出水量为 Q_m，扬程为 H_m。

14.2.4　水泵的功率

单位时间内流过水泵的液体从水泵获得的能量叫做有效功率，以 P 表示，水泵的有效功率为

$$P = \rho g Q H \qquad (14.1)$$

式中　P——水泵有效功率（W）；

　　　ρ——液体密度（kg/m^3，通常水的密度按$1000kg/m^3$计）；

　　　g——重力加速度，取$9.81m/s^2$；

　　　Q——水泵运行流量（m^3/s）；

　　　H——水泵运行总扬程（m）。

原动机输送给水泵的功率称为水泵的轴功率，以N表示，常用单位为千瓦或马力。由于水泵不可能将原动机输入的功率完全传递给液体，在水泵内部有损失，这个损失通常以效率η衡量，它可以从生产厂家提供的水泵样本图上查到。于是水泵的轴功率为：

$$N=\frac{\rho g Q H}{\eta}$$

式中　η——效率。

【**例14.1**】　排水管道系统中的水泵与压水管路相连，直径为0.3m，长度为105m。压水管路的出口检查井高于吸水井水位20m。压水管路的粗糙度k_s为0.3mm，总的局部损失为$0.8\times v^2/2g$。水泵具有以下特性：

$Q(m^3/s)$	0	0.1	0.2	0.3	0.4
$H(m)$	33	32	29	24	16
效率(%)		42	56	57	49

计算工况点处的流量、扬程和用电量。

解：管道系统特性为：

需要的总扬程 ＝ 静扬程 ＋ 摩擦损失 ＋ 局部损失 ＋ 流速水头

可以表示为：

$$H=20+\frac{\lambda L}{D}\frac{v^2}{2g}+0.8\frac{v^2}{2g}+\frac{v^2}{2g}$$

从莫迪图（图8.5）上查得λ，若水流处于剧烈紊流。其值为常数，假定，$\dfrac{k_s}{D}=\dfrac{0.3}{300}=0.001$，得到$\lambda=0.02$

因此　　　　　$H=20+\dfrac{v^2}{2g}\left[\dfrac{0.02\times105}{0.3}+0.8+1\right]=20+8.8\dfrac{v^2}{2g}$

由于，　　　　　　　　　　　$Q=vA$

所以　　　　　　　　　　　$v=\dfrac{4Q}{\pi\,0.3^2}$

由此可以确定管道系统的H和Q的关系（系统特性）。

系统特性与水泵特性一起绘出［图14.2（c）］。工况点是两曲线的交点；在该点，流量为$0.26m^3/s$。此时流速为3.7m/s，Re为10^6——在剧烈紊流区，所以假定λ为常数是合理的。

因此工况点的扬程为26m。

水泵效率绘于图14.3。当流量为$0.26m^3/s$时，效率为57%。

因此：供电量$=\dfrac{\rho g Q H}{\eta}=\dfrac{\rho g\times0.26\times26}{0.57}=116kW$

水泵的工况计算中应注意：① 水泵吸水井的水位通常是变化的，因为当水泵从吸水井抽水时，水位可能降低，水泵静扬程增加，有时很显著。② 相对于管道系统的阻力损失，流速水头不显著时可以忽略。③ 在水泵出水口淹没情况下，静扬程必须计算到出水口处构筑物的液面水位，该处无流速，因此不包括速度水头，但需把提升干管进入构筑物出口的局部损失考虑在内。

14.2.5　水泵的并联

大中型泵站中，为了适应各种不同时段管段中所需水量、水压的变化，常常需要设置多台水泵联合工作。这种多台水泵联合运行，通过连络管共同向管网下游输水的情况，称作并联工作。水泵并联工作的特点是：① 可以增加抽水量，输水干管中的流量等于各台并联水泵出水量之和；② 可以通过开停水泵台数调节泵站的流量和扬程，达到节能和安全排水的目的；③ 当并联工作的水泵中有一台损坏时，其他几台水泵仍可继续排水。因此，水泵并联输水提高了泵站运行调度的灵活性和可靠性，是泵站中最常见的一种运行方式。水泵并联分为同型号水泵的并联和不同型号水泵的并联两种情况，下面以同型号、同水位的两台水泵为例讨论（图 14.4）。

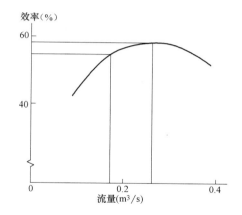

图 14.3　水泵效率与流量关系图

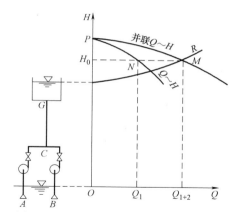

图 14.4　同型号、同水位、对称布置的两台水泵并联情况

1）绘制两台水泵并联后的总和 $(Q-H)_{1+2}$ 曲线：由于两台水泵同在一个吸水井中抽水，从吸水口 A、B 两点至压水管交汇点 C 的管径相同，长度也相等，故 $\sum h_{AC} = \sum h_{BC}$，$AC$ 与 BC 管中，通过的流量均为 $Q/2$，由 CG 管中流出去的总流量为两台泵水量之和。因此，两台泵联合工作的结果，是在同一扬程下流量的叠加。

2）绘制管道系统特性曲线，求出并联工况点：由前述已知，为了将水由吸水井输入池 G，管道中每单位重量的水应具有的能量为 H：

$$H = H_{st} + \sum h_{AC} + \sum h_{CG} = H_{st} + S_{AC}Q_1^2 + S_{CG}Q_{1+2}^2 \qquad (14.2)$$

式中：S_{AC} 及 S_{BC} 分别为管道 AC（或 BC）及管道 CG 的阻力系数。因为两台泵是同型号，管道中水流是水力对称，故管道中 $Q_1 = Q_2 = Q_{1+2}/2$ 代入式（14.2）

$$H = H_{st} + (\frac{1}{4}S_{AC} + S_{CG})Q_{1+2}^2 \qquad (14.3)$$

由式（14.3）可点绘出 ACG（或 BCG）管道系统的特性曲线 $Q-\sum h_{ACG}$，此曲线与

$(Q-H)_{1+2}$曲线相交于 M 点。M 点的横坐标为两台水泵并联工作的总流量 Q_{1+2}，纵坐标等于两台水泵的扬程 H_0，M 点称为并联工况点。

3）求每台泵的工况点：通过 M 点作横轴平行线，交单泵的特性曲线于 N 点，此 N 点即为并联工作时，各单泵的工况点。其流量为 $Q_{1,2}$，扬程 $H_1=H_2=H_0$。

【例 14.2】 对于［例 14.1］，如果增加一台水泵并联，与第一台同型号，运行点的流量、扬程和用电量是多少？

解：并联水泵的特性根据流量的 2 倍和 H 值：

对于一台水泵 $Q(\mathrm{m^3/s})$	0	0.1	0.2	0.3	0.4
两台泵并联后 $Q(\mathrm{m^3/s})$	0	0.2	0.4	0.6	0.8
扬程 $H(\mathrm{m})$	33	32	29	24	16

并联两台泵的特性和系统特性绘于图 14.4。若在运行点，流量为 $0.34\mathrm{m^3/s}$，扬程为 30m。则每台水泵的流量为 $0.17\mathrm{m^3/s}$，每台水泵的效率为 54%。

所以，用电量 $=2\times\dfrac{\rho g\times 0.17\times 30}{0.54}=185\mathrm{kW}$

14.2.6　定速和变速水泵

水泵特性曲线相关于水泵的转速。定速水泵旋转的电机处于恒定速度。变速水泵利用变速电机或者其他设备改变了水泵转速。

变速水泵实际上不是一种特殊类型的水泵，而是水泵连接到变速驱动或者控制器。常见变速驱动类型控制了水泵电机的电压，反过来改变了电机旋转的速度。速度差异于是转换到水泵特性曲线上。在大型系统水头变化发生的位置，对于给定流量，变速水泵是有用的，例如具有多台水泵的排水压力干管中。

14.2.7　吸水管路

一般情况每台水泵都应布置单独的吸水管，力求短而直，以减少阻力损失，这不仅改善了水力条件，而且可减少杂质堵塞管道的可能性。按自灌式布置的水泵，其吸水管上应安装闸阀。非自灌式水泵应设引水设备，并均宜设备用。吸水管入口处有喇叭口，为便于排除吸水管中贮积的空气，吸水管的水平部分应顺着水流方向略微抬高，管坡可采用 0.005。吸水管与水泵连接处需要渐缩时，应采用偏心异径管。水泵吸水管设计流速宜为 $0.7\sim1.5\mathrm{m/s}$。

14.3　压　水　管　路

14.3.1　压水管路与重力流排水管道的区别

在水泵下游出水口侧的管道称作压水管。

(1) 管道是有压流

重力流排水管道在设计时采用均匀流计算公式，水力坡度在数值上等于管道坡度，水力坡度线与水面线重合，平行于管底。在压水管路中，由于水泵赋予了突然增大的扬程，用于克服净扬程和管道阻力损失；压水管路工作时，水力坡度沿水流方向下降；压水管路的铺设可以保持在地下的定常深度，沿地面轮廓线铺设；与重力流管道相比，可采用直径较小、埋深较浅的管道。寒冷气候中，为了防止冰冻，深度应充分。

(2) 水流连续性

根据水泵的运行情况，压水管路中的流量具有可选择性，甚至没有流量通过。必须注意到，当水泵停止运行时，排水在压水管路中静止；而在水泵重新运行时，必须有足够的流速冲刷掉沉积的固体。

出水管流速宜为 0.8～2.5m/s。当两台或两台以上水泵合用一条压水管而仅一台水泵工作时，其流速不得小于 0.7m/s，以免管内产生沉积。通常考虑的最小压水管直径为 100mm。

为防止污水腐化，污水在压水干管中的停留时间不得超过 12h。必要时可添加氧气或氧化剂，控制腐化问题。

当流量变化范围很大时，可以采用两条压水管路，以保持较高的流速，防止污物沉积。其中一条可作为备用管道，但是两条管道必须经常替换使用，以避免污水腐化。

(3) 能量输入

系统必须提供能量才能使水流动。只要系统在运行，就必须有能量提供。选择泵站方案时应作技术经济分析。直径较小的管道价格便宜，它带来的较高流速对冲刷管道内的沉积物是有利的，但较高流速会带来较大的水头损失（与流速的平方成正比），因此需要较高的能量费用。在技术经济分析中还应考虑设计年限、基建和运行费用等。

压力干管长度应较短，为了减少动水头损失，异味和腐蚀性气体的产生，尽可能降低成本。

14.3.2 设计特性

泵站内的压水管路经常承受高压（尤其当发生水锤时），所以要求坚固而不漏水。通常采用钢管。并尽量采用焊接接口，但为便于拆装与检修，在适当地点可设置法兰接口。

为了安装方便和避免管路上的应力（如由于自重、受温度变化或水锤作用所产生的力）传至水泵，在吸水管路和压水管路上，可以设置人字柔性接口、伸缩接头或可曲挠的橡胶接头。

为了承受管路内压所造成的推力，在一定的部位上（各弯头处）应设置专门的支墩或拉杆。

一般在以下情况应设置止回阀：① 泵站较大，输水管路较长，停电后，无法立即关闭闸阀；② 吸入式启动的泵站，管道放空以后，再抽真空困难；③ 遥控泵站无法关闸等。

止回阀通常安装于水泵与压水闸阀之间，因为止回阀经常损坏，当需要检修、更换止回阀时，可用闸阀将它与压水管路隔开，以免水倒灌入泵站内。这样装的另一优点是，水泵每次启动时，阀板两边受力均衡便于开启。

压水管路上的闸阀，因为承受高压，启闭都比较困难。当直径 $D \geqslant 400\text{mm}$ 时，大都采用电动或水力闸阀。

雨水泵站出水口的水流不得冲刷河道和影响航行安全，出水口流速应小于 0.5m/s，并应取得航道、水利等部门同意。泵站出水口应设在桥梁的下游段，出水口和护坡结构不得伸入航道内。泵站出水口处应考虑消能装置，并设警示牌、警灯和警铃。

14.3.3 水击

图 14.5 为防止水击的低压立管

在有压管道中，由于某种原因（如迅速关闭或开启阀门、水泵机组突然停机等）使得水流速度发生突然变化，从而引起管内压强急剧升高和降低的交替变化以及水体、管壁压缩与膨胀的交替变化，并以波的形式在管中往返传播的现象称为水击（或水锤），因其声音犹如用锤锤击管道一样。水击可能导致强烈的震动、噪声和气穴，有时甚至引起管道的变形、爆裂或阀门的损坏。因此水击问题应予以重视，它对工程的安全与经济有重要意义。大型系统中，使用了大量安全性机制，包括气室，通风阀门、低压立管或者缓冲塔，见图 14.5。

14.4 常用排水泵

泵站中的主要设备是排水泵，常用的有离心泵、混流泵和轴流泵，以及螺旋泵和气升泵（见图 14.6）。前三者的主部件都是叶轮。由于叶轮的设计不同，水在泵壳内的流向不同，故名称不同，它们的工作特性也不同。

由于排水泵输送的污水和雨水中常挟带着碎布、木片、砂子、石屑等固体，在输送过程中，必须让这些固体顺利通过水泵，否则水泵将发生阻塞而停止工作，这类水泵的过水通道应宽畅而光滑。即使如此，水泵还有阻塞的可能，所以排水泵在构造上应当便于拆装，以备万一阻塞时可以迅速清通。

14.4.1 离心泵

通常使用的排水泵是离心式的，叶轮的叶片装在轮盘的盘面上，转动时泵内主流方向呈辐射状。离心泵在启动之前，应先用水灌满泵壳和吸水管道，然后驱动电机，使叶轮和水作高速旋转运动。此时水受到离心力作用被甩出叶轮，经蜗形泵壳中的流道而流入压力管道，由压力管道输出。同时水泵叶轮中心处由于水被甩出而形成真空，吸水池中的水在

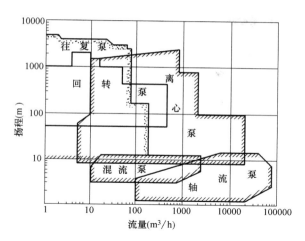

图 14.6　常用泵的适用范围

大气压力作用下，沿吸水管源源不断地流入叶轮吸水口，又受到高速转动叶轮的作用，被甩出叶轮而输入压力管道。这样形成了离心泵的连续输水（图 14.7）。

离心式排水泵有轮轴平放的卧式泵和轮轴竖放的立式泵两大类。在城市排水系统中常采用立式污水泵，因为：① 它占地面积较小，能节省造价；② 水泵和电动机可以分别安放在适宜的地方。通常泵放在地下室，而电动机放在干燥的地面建筑物中。但这种泵轴向推力很大，各零件易遭受磨损，故对安装技术和机件精度要求都较高，其检修也不如卧式泵方便。

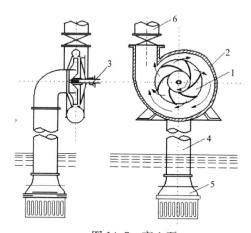

图 14.7　离心泵
1—叶轮；2—泵壳；3—泵轴；4—吸水管；5—吸水头部；6—压水管

14.4.2　轴流泵和混流泵

轴流泵和混流泵都是叶片式水泵中比转数（一种能够反映叶片泵共性的综合性特征参数）较高的水泵。它们的特点是输送中、大流量，中、低扬程的水流。特别是轴流泵，扬程一般仅为 4 ~ 15 m。轴流泵的工作是以空气动力学中机翼的升力理论为基础的。其叶片与机翼具有相似形状的截面，一般称这类形状的叶片为翼形。具有翼形断面的叶片，在水中作高速旋转时，水流相对于叶片就产生了急速的绕流，叶片对水施以一定的力，在此力作用下，水就被压升到一定的高度。轴流泵不能很好地处理垃圾，因为它可能损坏叶轮。纤维材料也会缠绕驱动轴，堵塞水泵。这些水泵适合于设计高流量和低能量水头的应用。

混流泵叶轮的工作原理是介于离心泵和轴流泵之间的一种过渡形式，这种水泵的液体质点在叶轮中流动时，既受离心力的作用，又有轴向升力的作用。

14.4.3 潜水泵

随着防腐措施和防水绝缘性能的不断改善，电动泵组可以制成能放在水中的泵组，称潜水泵。其主要特点是：占地面积小、节省土建费用、管路简单、配备设备少、安装方便、操作简单、运行可靠、易于维护等。有条件时应采用潜水泵抽升雨、污水或污泥。

14.4.4 变频调速泵

一般水泵是以固定速率运行，另外一些类型水泵可以在两种或多种速率之间转换，或者具有连续变化的速率，称作变频调速泵。变频调速泵的优点是泵站的出流量更接近于（从系统来的）进流量的变化，因此在集水井需要较小的贮存容积时可采用。此外，水泵不用频繁开启和关闭，这样在压水管路中液体所挟的沉积物沉淀也会减少，流量、流速及由此产生的水头损失也将降低。但是，变速泵价格较高，且需要较复杂的控制方案，在某种速率下效率可能会很低。

14.4.5 其他污水泵

除以上介绍的污水泵之外，还有依靠泵体工作时容积的改变，完成液体压送的容积式水泵（如活塞式往复泵、柱塞式往复泵、转子泵等），以及其他螺旋泵、射流泵（又称水射器）、水锤泵、水轮泵以及气升泵（又称空气扬水机）等。

14.5 排水泵站的设计

排水泵站应根据排水工程专业规划所确定的远近期规模设计。考虑到排水泵站多为地下构筑物，土建部分如按近期设计，则远期扩建较为困难。因此，规定泵站主要构筑物的土建部分宜按远期规模一次设计建成，水泵机组可按近期规模配置，根据需要，随时添装机组。

设计需求包括确定水泵类型和台数，恒速、多速度或变速驱动装置，格栅，湿井尺寸，进水口布置，控制和电力设备，检测仪器，报警装置，管路工程和阀门等。

排水泵站的建筑物和附属设施必须采取防腐蚀措施。抽送腐蚀性污水的泵站，必须采用耐腐蚀的水泵、管配件和有关设备。

14.5.1　设计流量

雨水泵站的设计流量，应采用泵站进水总管设计流量的120%。当立交道路设有盲沟时，应单独计算其地下水渗流水量。

污水泵站的设计流量，应按泵站进水总管的最大时设计流量确定。

合流污水泵站的设计流量应按下列公式计算确定。

（1）泵站后设污水截流装置时，按式（14.4）计算。

$$Q = 1.2Q_y + Q_h \tag{14.4}$$

（2）泵站前设污水截流装置时，雨水泵部分和污水泵部分分别按式（14.5）和式（14.6）计算。

1）雨水泵部分

$$Q = 1.2Q_y - n_0 Q_h \tag{14.5}$$

2）污水泵部分

$$Q = (n_0 + 1)Q_h \tag{14.6}$$

式中　Q——泵站设计流量（m^3/s）；

　　　Q_y——雨水设计流量（m^3/s）；

　　　Q_h——设计旱流污水量（不包括地下水渗入量）（m^3/s）；

　　　n_0——截流倍数，一般采用1~5。

14.5.2　水泵的数量

水泵的选择应根据水量、水质和所需扬程等因素确定，且应符合下列要求：① 水泵宜选用同一型号。当水量变化很大时，可配置不同规格的水泵，但型号不宜超过两种，或采用变频调速装置，或采用叶片可调式水泵。② 泵站内工作泵不宜少于2台。污水泵房和合流污水泵房内的备用泵台数，应根据地区重要性、泵房特殊性、工作泵型号和台数等因素确定，但不得少于1台。雨水泵房可不设备用泵。立交道路的雨水泵站必须设备用泵。③ 应采取节约能耗措施。④ 有条件时，应采用潜水泵抽升雨、污水或污泥。

14.5.3　水泵控制

为适应排水泵站水泵开停频繁的特点，往往采用自动控制机组运行。通常感应水位的方法是应用浮球液位控制器、电机液位控制器、超声波探测器等，它们能够同时控制数台水泵。必须细心考虑水泵控制的设计，不合适的设计可能导致过分的水泵循环和提前的电机故障。水泵控制方案也意味着需要的临时蓄水容积；不良的方案可能导致较大的蓄水容积（与必需的相比）。建议的是，设计人员密切与水泵厂家沟通，为了保证设计不会违反任何水泵机械条件。

排水提升中常采用两种控制方案。第一种是单台水泵在不同水位依次开启，但是它们在相同的最低水位同时停止（见图14.8）。该方案的优点是，如果排水中存在大量悬浮固体（例如沉积物）时，可以限制固体沉淀需要的时间。

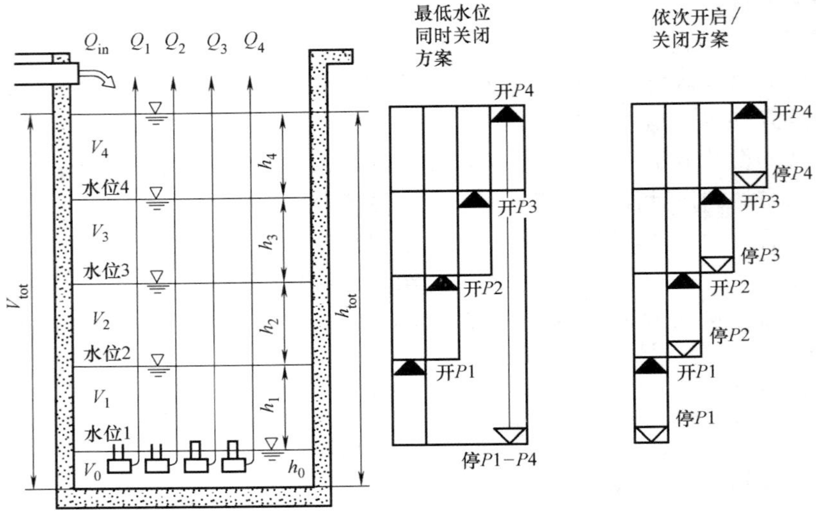

图 14.8 多台水泵控制方案

第二种是顺序开启/关闭方案中，一台水泵的开启标高为后续水泵的终止标高。换句话说，水泵 1 的开启标高为水泵 2 的终止标高，水泵 2 的终止标高为水泵 3 的开启标高，依比类推，见图 14.8。该方案的优点为，随着集水井水面的下降，水泵依次关闭，于是一定程度水量下不会运行过多的水泵。

除了这些方案外，还可以设计出其他控制方案，目的用于平衡系统中单台水泵的磨损。一般方案将简单轮换开启第一台水泵。

为了避免很短的水泵周期时间，应设置单台水泵的开启/关闭标高。因为高能量需求和随后水泵开启过程中的发热，必须提供充分的时间。于是临时蓄水容积必须充分大，以允许最小周期时间；可是，过分大的蓄水容积激发了蓄水设施中的悬浮固体沉降，具有不断的运行维护需求。因此应首先咨询水泵厂家，根据电机功率的一般最小周期时间（见表14.1）设计。

一般水泵最小启闭周期时间建议   表 14.1

电机功率		最小运转周期（min）
（kW）	（马力）	
0~11	0~15	5
15~22	20~30	6.5
26~45	35~60	8
49~75	65~100	10
112~149	150~200	13

14.5.4 集水池的设计

集水井又称吸水井，其容积按以下因素确定：①保证水泵工作时的良好水力条件；

②水泵启动时所需的瞬时水量；③为防止电机的损坏，避免水泵的启闭过于频繁；④满足安装格栅和吸水管的要求；⑤间歇使用的泵房集水池，应按一次排入的泥（水）量和水泵抽送能力计算。

假设集水井的容积为 V（即水泵在"关闭"到"开启"时间段内的贮存水量），则充满集水井的水泵闲置时间 t_1 为

$$t_1 = \frac{V}{Q_1}$$

式中 Q_1 为集水池的进流量。水泵抽升时间 t_2 为：

$$t_2 = \frac{V}{Q_0 - Q_1}$$

式中 Q_0 为水泵出流量。这样连续启闭的时间，即水泵的开启周期 T 为：

$$T = \frac{V}{Q_1} + \frac{V}{Q_0 - Q_1} = \frac{VQ_0}{Q_1(Q_0 - Q_1)} \tag{14.7}$$

为求集水井需要的最小容积 V，由式（14.7）对 Q_1 微分，并使之等于零：

$$\frac{dV}{dQ_1} = \frac{T(Q_0 - 2Q_1)}{Q_0} = 0$$

即

$$Q_0 = 2Q_1 \tag{14.8}$$

因此，水泵集水井的最小容积应该达到水泵出流量是集水井进水量的两倍。将式（14.8）代入式（14.7）得：

$$V = \frac{TQ_0}{4}$$

若以 $n = 3600/T$ 表示电动机每小时的启动次数，则

$$V = \frac{900Q_0}{n} \tag{14.9}$$

这样，需要集水井的容积将由出水流量和发动机开启允许频率确定。

《室外排水设计规范》GB 50014—2006（2014 年版）中规定：①污水泵房的集水池容积，不应小于最大一台水泵 5 min 的出水量（若水泵机组为自动控制时，每小时开动水泵不得超过 6 次）。② 雨水泵房的集水池容积，不应小于最大一台水泵 30s 的出水量。③ 合流污水泵站集水池的容积，不应小于最大一台水泵 30s 的出水量。

排水泵站集水池的设计最高水位，应采用与进水管管顶相平。雨水泵站和合流污水泵站的设计平均水位应采用进水管管径的一半，设计最低水位应采用一台水泵流量相应的进水管水位。污水泵站设计平均水位应采用设计平均流量时的进水管渠水位，设计最低水位应采用与泵站进水管渠底相平。当设计进水管渠为压力管时，集水池的设计最高水位可高于进水管管顶，但不得使管道上游地面冒水。集水池设计最低水位，应满足所选用水泵吸水头的要求，自灌式泵房尚应满足水泵叶轮浸没深度的要求。

【例 14.3】 排水泵站的高峰进流量为 50L/s。如果启动次数限制为每小时 5 次，吸水井容积和在役/备用泵的台数是多少。每一周期内水泵运行时间多长？如果水泵启闭之间标高差为 0.6m，试计算吸水井需要的表面是多少？

解：最小吸水井容积，$Q_0 = 2Q_1$ 因此：

在役水泵能力，$Q_0 = 100$L/s

备用水泵能力，$Q_0 = 100L/s$

水泵吸水井容积（式 14.9），

$$V = \frac{900 \times 0.1}{5} = 18 \ \mathrm{m}^3$$

吸水进清空时间，

$$t_2 = \frac{18}{(0.1 - 0.05)} = 360s = 6min$$

需要的吸水井表面积为 $18/0.6 = 30\mathrm{m}^2$

14.5.5　维护

具有机械、电力和控制设备的泵站是排水管道系统的一部分，需要进行日常维护。良好的设计会降低维护费用，在设计阶段需要考虑的维护要求包括：

1）尽可能使水泵系统中各个部件独立，便于出现故障时的拆装和替换；

2）尽量解决固体沉积问题，保证水泵系统具有良好的水力条件。

考虑泵站故障时的适当处理办法，例如在大型泵站出现供电问题时，应采用备用动力设施。应考虑备品备件的可用性。

14.5.6　泵站的建筑要求

泵组间的高度应便于设备的吊装。无吊车其中设备的泵组间，室内净高不小于 3.0m；有吊车起重设备的，应保证吊起物件与地面物件间有不小于 0.5m 的净空。有高压配电设备的泵组间高度，应根据电器设备要求确定。

泵组间应有 2 个出入口，其中一个应能满足最大部件进出。

泵组间的地面影响进水池方向倾斜，坡度在 0.01 以上，地板上设尺寸不小于 400mm×400mm×500mm 的集水坑，以排除地板上的水。

建筑物应充分通风，为了避免有毒或者爆炸性气体的聚集。泵站的地上部分一般采用自然通风，在地下间应设置机械通风设备。湿井应提供强制通风。如果必要，应有可用（便携式或者永久安装）的气体测试装置。污水泵站和合流污水泵站必须配置 H_2S 检测仪。

潜水泵泵站有时可以不设地上建筑部分。

第 15 章 优化设计计算

市政建设和环境治理工程中，管渠系统的投资占整个城市排水系统投资的 70% 左右。因此排水管渠系统设计中，应根据设计规范和实践经验进行多种方案比较和选择，尽量使设计方案达到技术上先进、经济上合理的目标。排水管渠系统的设计计算，涉及大量简单机械的迭代运算，费时费力。图 15.1 为一个 6×6 节点的规划管网示意图，出水口位于该图的右下角。考虑不同的连接方式，可产生 2^{25} 即 33554432 种树状布置方案。每一方案又包含多种管径与埋深的组合方案（图 15.2）。尽管存在通过多年总结而形成的通用计算方法，但即使是最有经验的工程设计人员，也不可能对每个方案作定量比较，只能考虑其中部分情况。于是需要借助最优化技术，进行方案比选。有学者指出，一般传统方法计算出的方案要比最优设计方案费用高出 5%～15%。系统规模越大，复杂性越高，通过优化设计后可节省的潜在费用越多。

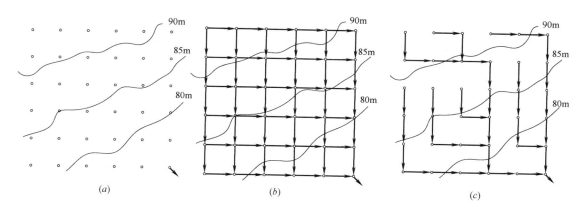

图 15.1 排水管渠系统可行布置方案示意图
(a) 节点；(b) 可行连接方式；(c) 其中一种布置方案

排水管渠系统优化设计是在满足设计规范要求的条件下，使排水管网的建设投资和运行费用最低。应用最优化方法优化设计排水管道系统，可以求出科学合理和安全实用的排水管网优化设计方案。

排水管渠系统优化设计一般包括两个相互关联的内容：管网系统平面优化布置和管线布置给定下的管径和坡度（埋深）及泵站设置的优化设计方案。优化设计计算一般都需要借助于计算机，把管渠系统的布置形式和设计方案用计算机可以识别的模型描述和计算。优化设计通常以费用函数为目标，以设计规范的要求和规定为约束条件，建立优化设计数学模型，进行最优化求解计算，尽可能降低其工程造价，其求解计算的结果即为最优化设计方案。

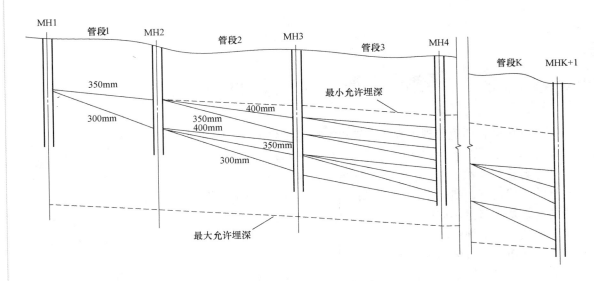

图 15.2　排水管渠不同直径与埋深组合示意图

15.1　排水管网优化设计数学模型

从数学上分析，基于费用函数的排水管渠系统优化设计计算模型是一个带有整数约束的多阶段非线性规划模型。

15.1.1　目标函数

排水管道系统优化设计一般以费用函数作为其目标函数。费用函数通过数学关系式或图形图像方式来描述工程费用特征及其内在的联系，是工程费用资料的概括或抽象。

一般雨（污）水管渠系统的费用函数包括整个系统在投资偿还期内的基建费用和运行维护费用。基建费用包括管线造价 C_p、检查井造价 C_d、提升泵站造价 C_p，这里所述各类造价中均包括材料、设备和施工费用；运行维护费用包括提升泵站的运行费用 C_{op}、管线、检查井、提升泵站的折旧及维修费用。设投资偿还期为 T 年，管线、检查井及提升泵站的年折旧及维修率分别为 e_p、e_d、e_{pu}，则在 T 年内的总费用为

$$F=\sum_{i=1}^{m}\{(1+e_p T)C_p(D_i,x_i,L_i)+\varphi_i[(1+e_{pu}T)C_{pu}(Q_i)+C_{op}(Q_i,H_i)]\}$$
$$+\sum_{i=1}^{n}(1+e_d T)C_d(D_i,y_i) \tag{15.1}$$

式中　m——管段数；

n——检查井数；

φ_i——0—1 变量，$\varphi_i=0$ 表示管段 i 不设提升泵站，$\varphi_i=1$ 表示管段 i 设置提升泵站；

D_i，x_i，L_i，Q_i——分别为管段 i 的管径（m）、管底平均埋深（m）、管长（m）、设

計流量（L/s）；

y_i——检查井的深度（m）；

H_i——水泵提升扬程（m）；

F——排水管道系统总费用（元）。

15.1.2 约束条件

为了使雨（污）水能靠重力流动较顺利地通过排水管渠进入污水厂或排入受纳水体，《室外排水设计规范》GB 50014—2006（2014 年版）和《给水排水设计手册》等对排水管网设计中的充满度、流速、埋深、设计坡度等做出了许多规定，这些规定在管渠系统优化设计中应当遵守，可以作为优化设计计算的约束条件。

$$\begin{cases} I_{min} \leqslant I_i \leqslant I_{max} \\ v_{min} \leqslant v_i \leqslant v_{max} \\ H_{min} \leqslant H_{i1} \leqslant H_{max} \\ H_{min} \leqslant H_{i2} \leqslant H_{max} \\ (h/D)_{min} \leqslant (h/D)_i \leqslant (h/D)_{max} \\ v_i \geqslant v_{iu} \\ D_i \geqslant D_{iu} \\ D_i \in D_{标} \end{cases} \tag{15.2}$$

式中 I_{min}、v_{min}、H_{min}、$(h/D)_{min}$——分别为最小允许设计坡度、最小允许设计流速（m/s）、最小允许埋深（m）和最小允许设计充满度；

I_{max}、v_{max}、H_{max}、$(h/D)_{max}$——分别为最大允许设计坡度、最大允许设计流速（m/s）、最大允许埋深（m）和最大允许设计充满度；

H_{i1}、H_{i2}——管段 i 上、下端埋设深度（m）；

I_i、v_i、$(h/D)_i$、D_i——别为管段 i 的设计坡度、设计流速（m/s）、设计充满度和管径（m）；

v_{iu}、D_{iu}——分别为与管段 i 相邻上游管段的流速（m/s）和管径（m）中的最大值；

$D_{标}$——标准规格管径集。

15.2 排水管渠系统优化设计计算方法

15.2.1 已定管线下的优化设计

已定管线下的排水管渠系统优化设计计算主要是解决管径和埋深（坡度）以及不同管

15.2 排水管渠系统优化设计计算方法

段间的设计参数优化问题。对于某一设计管段，当流量确定后，满足设计规范要求的管径与埋深有多种组合。在这些组合中，如果选择的管径将较大，则坡度较小、管道埋深较小、施工费用低而管材费用高；反之，如果选择的管径较小，坡度较大、管道埋深较大、施工费用高而管材费用低。因此，就该管段而言，总存在一组管径和埋深的组合，使其投资最小。对于由多条管段组成的系统，上游管段的设计结果将直接影响到下游管段设计参数的选用，这样造成了某条管段的设计最优并不能保证整个系统的设计最优。因此，为了使整个工程设计为最优这个全局利益，往往要求工程系统中的某些局部利益做出一定牺牲。

排水管渠系统优化设计计算有许多方法，按其使用的数学方法可以分为线性规划法、非线性规划法、动态规划法、直接优化法、遗传算法等。应用优化方法进行已定管线下的排水管道系统优化设计计算时，主要面临解决的问题是：① 管段直径不是连续的，而是离散的规格管径；② 设计计算模型的目标函数和约束条件大多是非线性的；③ 优化过程运行时间长、占用内存量大；④ 上下游管段设计参数之间不满足"无后效性"；⑤ 怎样减少人为干预，使尽可能多的工作由计算机来完成。

15.2.2　管线的平面优化布置

研究人员在解决已定管线下的排水管渠系统优化设计计算问题时就已经指出，正确定线是合理经济地设计排水管渠系统的先决条件，对不同定线方案的优化选择更具有使用价值。相对于已定管线下的优化设计计算，排水管渠系统平面布置的优化更为复杂。对于某种平面布置方案是否最优，取决于该平面布置方案管径—坡度（埋深）优化设计计算结果，因此已定管线下的优化设计计算是平面优化布置的基础。

应用于平面优化布置的方法包括试算法、排水线法、最小生成树算法、简约梯度法、递阶优化设计法、集中流量法、进化算法等。平面优化布置中可选管段变权问题，加上已定管线下应注意的五个问题，可以称为排水管渠系统优化设计计算的六问题。

15.3　遗传算法的应用

15.3.1　优化设计计算特点

在确定排水管道中各管段的可行管径集的基础上，把设计管段的可行管径映射成遗传算法中的编码，再加上对这些编码进行的选择、交叉和变异等遗传操作，就可以应用遗传算法解决已定管线下排水管道优化设计计算问题。优化设计计算框图（图 15.3），其中污水管道可行管径集根据设计流量和最大设计充满度确定；雨水管渠和合流制管渠可行管径集根据直接优化法计算结果确定。

遗传算法在排水管道系统优化设计中的应用，能够注重整个系统各管段间的协调和总体目标，可以解决已定管线下优化设计计算应注意的五个问题：①利用可行管径集的概念，直接把标准管径映射成遗传算法的基因编码，不存在对非标准管径"圆整"的问题；

②一般在排水管道系统的优化设计模型中，目标函数和约束条件大多是非线性关系式。遗传算法对于待寻优函数基本无限制，既不要求函数连续，也不要求函数可微，适合于目标函数和约束条件大多是非线性模型的寻优；③遗传算法在世代更替过程中，管段直径所对应的群体中各个体上的基因编码在发生变化，而整个群体所占用的计算机内存保持不变，不会出现动态规划那样随问题复杂度增加而出现的"指数爆炸"，因此遗传算法更适合于大规模复杂问题的优化；④遗传算法不受"无后效性"条件的约束；⑤对于各种设计方案的选择，均由计算机完成，减少了人为干预。

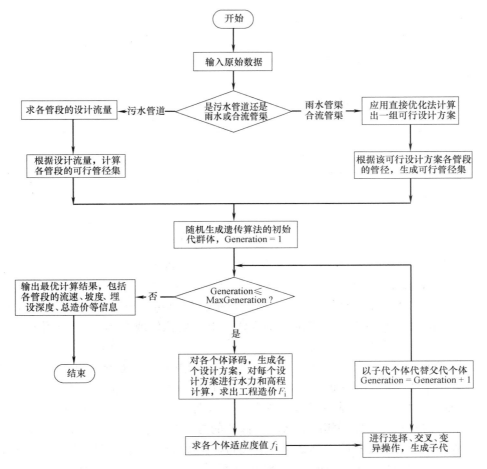

图 15.3 遗传算法进行排水管道系统优化设计计算框图

15.3.2 优化设计计算步骤示例

以下采用手工计算方法来说明遗传算法在排水管渠系统优化设计计算中的应用步骤。

该例是对某市一个区域污水干管的平面布置，其平面示意见图 15.4。设计管段采用 3 种可行管径。费用函数为

$$c = 107.736 + 559.174D^2 + 3.173H^2 + 12.429DH \tag{15.3}$$

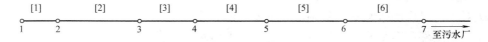

图 15.4　某市区污水干管平面布置示意图

个体适应度函数采用

$$f(C_i) = (C_{max} - C_i)/(C_{max} - C_{min}) \qquad (15.4)$$

式中　　　D——设计管段直径（m）；

　　　　　H——设计管段平均埋深（m）；

　　　　　C——单位长度管段造价（元/m）；

C_{max}、C_{min}——分别为群体中最大、最小个体投资值（元）。

具体计算步骤如下：

1）根据已知各管段的设计流量，选出可行管径系列，见表 15.1。

各管段设计流量下的可行管径及其编码　　　　　　　　　表 15.1

管段编号	1	2	3	4	5	6	编码格式
设计流量(L/s)	25.00	38.20	39.52	61.11	67.11	84.36	
可行管径(mm)	200	250	250	350	350	400	0
	250	300	300	400	400	450	1
	300	350	350	450	450	500	2

注意：根据街道下应采用的最小管径为 300 mm，管段 1 将只采用编码 2（300mm），管段 2、管段 3 采用编码 1（300mm）和 2（350mm）进行运算。

2）从每一管段中随机选择出一个代码，按管段编号的次序排列成一个数字串。例如数字串 211201 表示管段 1 至管段 6 的管径分别为 300mm、300mm、300mm、450mm、350mm、450mm。这样的数字串表示了遗传算法中的染色体或个体，每个管段的可行管径系列编码为该管段位的等位基因。

应用同样方式在生成多个个体，便组成了遗传算法中的一个群体。在本例中，假定群体包含有 8 个个体，每个个体的数字串范围为 211000～222222（其中每位数的数字不得超过 2）。每个个体就可以代表该管道系统的一个设计方案。如果假定管径随污水流向逐段增大，这时需对这些个体作相应的修改。修改的方法是：假如下游管径小于上游管径，则令下游管径与上游管径相同，其变化后的代码写在源代码之后，用括号括起。例如个体 211201 中，管段 5 的管径 350mm 小于管段 4 的管径 450mm，则将管段 5 的管径改为 450mm（其相应编码为 2）。修改后的个体写作 21120（2）1。

表 15.2 中的第（1）列、第（2）列分别为个体编号和个体数字串代码，第（3）、（5）、（7）、（9）、（11）、（13）列分别为个设计管段管径值。

3）根据每一管段的管径和流量，进行水利计算，计算结果中各设计管段的平均埋深和管径总造价分别列于表 15.2 中的第（4）、（6）、（8）、（10）、（12）、（14）列和第（15）列。由此根据适应度函数公式（15.4）求得各个体的适应度值，列于表 15.2 的第（16）列。

4）在本例中只采用了交叉运算而没有进行变异运算（变异运算在前一代生成后一代

的繁殖过程中，只对单个个体的某一位（或数位）随机变化成其等位基因即可，而且在遗传算法中变异运算的概率一般在 0.002～0.02 之间）。本例采用选择压力（适应度的指标）为 0.15，适应度低于此值的个体即被淘汰，适应度大于等于此值的个体则被保留，成为繁殖下一代个体的双亲。其中被淘汰的个体由保留下来的个体取代。取代的方法是：淘汰第一个个体用本代中最优个体取代；淘汰第二个个体用本代次优个体取代……。例如表15.2 中的 3 号、4 号、8 号个体分别被 2 号、5 号、7 号个体所取代。这样做的目的是使每代群体中个体数在遗传过程中始终保持不变。

5）对交配池中的个体随机选择配对个体，组成一对双亲，在本例中将生成 4 对双亲，见表 15.2 的第（19）列。

对双亲的染色体随机产生断点，本例中采用双断点，其中每对双亲的断点位置应相同，见表 15.2 中的第（20）、（21）列。其后进行交叉运算，交叉运算的概率在本例中为1.0。交叉运算后产生第二代群体，列于表 15.2 的第（22）列。

6）重复以上步骤 2）～5）操作（其中第 2）步将不需要随机产生个体，只需对个体数字串进行修改即可）。重复一次即产生新的一代，本例中的第二代、第三代运算见表 15.3和表 15.4。运行中的第一代最低造价为 295059.20，第二代、第三代最低造价均为291558.65。由于本例为人工查图表计算，至此已可确定最优方案的编码，于是不再向下计算。其最优方案的水力计算见表 15.5。

15.3.3 可行管径集和编码映射技巧

（1）污水管道系统

当污水管道系统的流速系数采用曼宁公式计算时，主要的水力计算公式有：

$$v=\frac{1}{n}R^{\frac{2}{3}}I^{\frac{1}{2}} \tag{15.5}$$

$$Q=wv=\frac{1}{n}\omega R^{\frac{2}{3}}I^{\frac{1}{2}} \tag{15.6}$$

$$\omega=\frac{D^2}{8}(\theta-\sin\theta) \tag{15.7}$$

$$\chi=\frac{D\theta}{2} \tag{15.8}$$

$$R=\frac{D}{4}(1-\frac{\sin\theta}{\theta})=\frac{\omega}{\chi} \tag{15.9}$$

$$\theta=2\arccos(1-2h/D) \tag{15.10}$$

$$Q=\frac{D^2}{8}(\theta-\sin\theta)v \tag{15.11}$$

$$Q=\frac{D^2}{8n}(\theta-\sin\theta)\left[\frac{D}{4}(1-\frac{\sin\theta}{\theta})\right]^{2/3}I^{1/2} \tag{15.12}$$

$$v_{min}\leqslant v_i\leqslant v_{max} \tag{15.13}$$

$$I_{\min} \leqslant I_i \leqslant I_{\max} \tag{15.14}$$

式中　　Q——管段污水设计流量（$\mathrm{m^3/s}$）；

$\qquad v$——设计流速（m/s）；

$\qquad D$——管径（m）；

$\qquad \omega$——过水断面面积（$\mathrm{m^2}$）；

$\qquad \chi$——湿周（m）；

$\qquad R$——水力半径（m）；

$\qquad h/D$——设计充满度；

$\qquad I$——水力设计坡度；

$\qquad \theta$——水面与管中心夹角，以弧度计（图 15.5）；

$\qquad n$——管壁粗糙系数；

$\qquad h$——管内水深（m）；

$v_{\min}$、$v_{\max}$——最小允许设计流速（m/s）和最大允许设计流速（m/s）；

$I_{\min}$、$I_{\max}$——最小允许设计坡度和最大允许设计坡度。

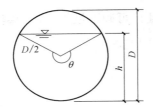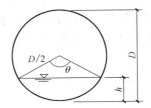

图 15.5　管道过水断面示意图

对于某一固定管径，当 $h/D=$ 常数时，即 $\theta=$ 常数。设 $\dfrac{D^2}{8}(\theta-\sin\theta)=k_1$，$\dfrac{D^2}{8n}(\theta-\sin\theta)\left[\dfrac{D}{4}\left(1-\dfrac{\sin\theta}{\theta}\right)\right]^{2/3}=k_2$。于是由式（15.11）和式（15.12）得：

$$Q=k_1 v=f(v) \tag{15.15}$$
$$Q=k_2 I^{1/2}=f(I) \tag{15.16}$$

根据流速和坡度约束，对于某一固定管径，设计流量范围应为：

$$Q\in\left[f(v_{\min}),f(v_{\max})\right]\bigcap\left[f(I_{\min}),f(I_{\max})\right]$$

因为 $I_{\min}$ 是在流速为 $v_{\min}$ 和充满度为 $(h/D)_{\min}$ 时求得的值，所以当 $(h/D)>(h/D)_{\min}$ 并且增大时，θ 值越来越大。根据三角函数性质，在 $0<\theta<2\pi$ 之间，$\dfrac{\sin\theta}{\theta}$ 越来越小，R 值则越来越大，由式（15.5）可知，v 值越来越大，此时即使 $I=I_{\min}$，v 值也将大于 $v_{\min}$。因此，总是有 $f(v_{\min})\leqslant f(I_{\min})$。又由于在最大设计充满度时，$I_{\max}$ 是在流速 $v_{\max}$、充满度为 $(h/D)_{\max}$ 时求得，所以 $f(v_{\max})=f(I_{\max})$。这样可以得出最大设计充满度 $h/D=(h/D)_{\max}$ 时，设计流量范围为

$$\left[f(I_{\min}),f(I_{\max})\right]$$

对于不同管径在最大设计充满度时的设计流量范围见表 15.6。

为了充分利用管道的通水能力，在设计中一般选择尽可能大的设计充满度，这样在最

表 15.2

污水干管优化设计计算表（第一代）

个体(1)	个体编码(2)	D_1(3)(mm)	H_1(4)(m)	D_2(5)(mm)	H_2(6)(m)	D_3(7)(mm)	H_3(8)(m)	D_4(9)(mm)	H_4(10)(m)	D_5(11)(mm)	H_5(12)(m)	D_6(13)(mm)	H_6(14)(m)	总造价 C_i(元)(15)	适应度 $f(C_i)$(16)	计数(17)	交配池(18)	交配号(19)	断点1(20)	断点2(21)	生成个体(22)
1	211110	300	2.115	300	2.86	300	3.92	400	4.88	400	5.73	400	6.58	338795.21	0.403	1	211110	3	3	6	212022
2	221(2)022	300	2.115	350	2.54	350	2.98	350	3.525	450	4.315	500	5.01	318523.12	0.680	2	222022	7	2	3	222022
3	21121(2)2	300	2.115	300	2.86	300	3.92	450	4.955	450	5.48	500	6.69	368287.47	0.000	0	222022	1	3	6	221110
4	21221(2)1	300	2.115	300	2.86	350	3.955	450	4.88	450	5.675	450	6.445	359536.88	0.120	0	222112	8	2	4	222012
5	221(2)112	300	2.115	350	2.54	350	2.98	400	3.345	400	3.68	450	4.145	304267.88	0.875	2	222112	6	3	5	222022
6	212021	300	2.115	300	2.86	350	3.955	350	4.85	450	5.735	450	6.505	329588.32	0.529	1	212021	5	3	5	212111
7	221(2)000	300	2.115	350	2.54	350	2.98	350	3.525	350	4.335	400	5.23	295059.20	1.000	2	222000	2	2	3	222000
8	21120(2)1	300	2.115	300	2.86	300	3.92	450	4.955	450	5.84	450	6.67	360683.45	0.104	0	222000	4	2	4	222100

表 15.3

污水干管优化设计计算表（第二代）

个体(1)	个体编码(2)	D_1(3)(mm)	H_1(4)(m)	D_2(5)(mm)	H_2(6)(m)	D_3(7)(mm)	H_3(8)(m)	D_4(9)(mm)	H_4(10)(m)	D_5(11)(mm)	H_5(12)(m)	D_6(13)(mm)	H_6(14)(m)	总造价 C_i(元)(15)	适应度 $f(C_i)$(16)	计数(17)	交配池(18)	交配号(19)	断点1(20)	断点2(21)	生成个体(22)
1	212022	300	2.115	300	2.86	350	3.955	350	4.85	450	5.735	500	6.515	356864.03	0.000	0	222110	4	3	6	222012
2	222022	300	2.115	350	2.54	350	2.98	350	3.525	450	4.315	500	5.01	318523.12	0.587	1	222022	8	4	6	222110
3	221(2)110	300	2.115	350	2.54	350	2.98	400	3.345	400	3.68	400	4.225	291558.65	1.000	2	222110	5	3	5	222020
4	222012	300	2.115	350	2.54	350	2.98	350	3.525	400	4.265	500	5.01	311790.93	0.690	2	222012	1	3	6	222110
5	222022	300	2.115	350	2.54	350	2.98	350	3.525	450	4.315	500	5.01	318523.12	0.587	1	222022	3	3	5	222112
6	212111	300	2.115	300	2.86	350	3.955	400	4.83	400	5.635	450	6.415	345974.02	0.167	1	212111	7	2	3	222111
7	222000	300	2.115	350	2.54	350	2.98	350	3.525	350	4.335	400	5.23	295059.20	0.946	1	222000	6	2	3	212000
8	22210(1)0	300	2.115	350	2.54	350	2.98	400	3.345	400	3.68	400	4.225	291558.65	1.000	1	222110	2	4	6	222022

15.3 遗传算法的应用

表 15.4

污水干管优化设计计算表（第二代）

个体	个体编码	D_1 (mm)	H_1 (m)	D_2 (mm)	H_2 (m)	D_3 (mm)	H_3 (m)	D_4 (mm)	H_4 (m)	D_5 (mm)	H_5 (m)	D_6 (mm)	H_6 (m)	总造价 C_i（元）
	管段	1		2		3		4		5		6		
(1)	(2)	(3)	(4)	(5)	(6)	(7)	(8)	(9)	(10)	(11)	(12)	(13)	(14)	(15)
1	222012	300	2.115	350	2.86	350	2.98	350	3.525	400	4.265	500	5.01	311790.93
2	222110	300	2.115	350	2.54	350	2.98	400	3.345	400	3.68	400	4.225	291558.65
3	222020(1)	300	2.115	350	2.54	350	2.98	350	3.525	450	4.315	450	5.00	311310.34
4	221110	300	2.115	350	2.54	350	2.98	400	3.345	400	3.68	400	4.225	291558.65
5	222112	300	2.115	350	2.54	350	2.98	400	3.345	400	3.68	500	4.145	304267.88
6	222111	300	2.115	350	2.54	350	2.98	400	3.345	400	3.68	450	4.095	296892.90
7	212000	300	2.115	300	2.86	350	3.955	350	4.85	350	5.705	400	6.58	330829.99
8	222022	300	2.115	350	2.54	350	2.98	350	3.525	450	4.315	500	5.01	318523.12

表 15.5

最优设计方案水力计算表

管段编号	管道长度 L (m)	设计流量 Q (L/s)	管径 D (mm)	坡度 I (‰)	流速 v (m/s)	充满度 h/D	充满度 h (m)	降落量 $I \cdot L$	地面 上端	地面 下端	水面 上端	水面 下端	管内底 上端	管内底 下端	埋设深度 上端 (m)	埋设深度 下端 (m)
(1)	(2)	(3)	(4)	(5)	(6)	(7)	(8)	(9)	(10)	(11)	(12)	(13)	(14)	(15)	(16)	(17)
1~2	110.0	25.00	300	3.0	0.70	0.51	0.153	0.330	86.20	86.10	84.35	84.02	84.20	83.87	2.00	2.23
2~3	250.0	38.20	350	2.4	0.70	0.55	0.193	0.575	86.10	86.05	84.01	83.44	83.82	83.25	2.28	2.80
3~4	170.0	39.52	350	2.3	0.70	0.57	0.200	0.391	86.05	86.00	83.44	83.05	83.24	82.85	2.81	3.15
4~5	220.0	61.11	400	1.7	0.70	0.65	0.260	0.374	86.00	85.90	83.05	82.68	82.79	82.42	3.21	3.48
5~6	240.0	67.11	400	2.1	0.78	0.65	0.260	0.500	85.90	85.80	82.68	82.18	82.42	81.92	3.48	3.88
6~7	240.0	84.36	400	3.3	0.98	0.65	0.260	0.790	85.80	85.70	82.18	81.39	81.92	81.13	3.88	4.57

大设计充满度时，计算得到的不同管径设计流量范围为确定可行管径提供了依据。例如，某一管段设计流量为 $Q=300L/s$，由表 15.6 可得在最大设计充满度情况下，可选管径有 500mm、600mm、700mm 等 3 种，这些标准管径都应作为 300L/s 流量的可行管径，于是由这些管径构成了可行管径系列集。

可是，在实际管段水力计算中，并非每个管段的设计充满度都是处于最大设计充满度，在上例中 800mm 甚至 900mm 的管径也应看作是 300L/s 流量的可行管径，但是 500mm 以下的管径由于其在最大设计充满度时都不能满足流量条件，将在可行管径不再考虑。如果对于每一设计管段选择四种可行管径作为优化对象，例如设计管段的设计流量为 300L/s，则在运算中选择 500mm、600mm、700mm、800mm 管径（在遗传算法中以二进制编码表示，分别为 00、01、10、11）。此处所选的可行管径从严格意义上讲只是可行管径集的一部分。

不同管径在最大设计充满度时的设计流量范围 表 15.6

$D(mm)$	$Q_{min}(L/s)$	$Q_{max}(L/s)$	$D(mm)$	$Q_{min}(L/s)$	$Q_{max}(L/s)$
200	11.28	42.49	900	426.89	1141.57
250	19.13	66.39	1000	480.42	1516.44
300	28.81	95.60	1100	585.32	1834.90
350	45.81	158.88	1200	738.18	2183.68
400	57.03	207.52	1350	1010.57	2763.72
450	72.20	262.64	1500	1338.40	3412.00
500	115.20	352.34	1650	1725.71	4128.52
600	189.14	507.37	1800	2176.39	4913.28
700	257.61	690.58	2000	2882.42	6065.78
800	336.28	901.98			

注：D——管段管径（mm）；

　　Q_{min}——最小设计流量（L/s）；

　　Q_{max}——最大设计流量（L/s）。

（2）雨水管渠系统和合流制管渠系统

由于设计管段内雨水流量与其流经上游管线的时间有关，因此不像污水管道那样直接采用设计流量来选择可行管径。幸而目前已有雨水直接优化法设计计算程序，于是雨水管道系统的可行管径集可以建立在直接优化法的基础上。

雨水管道按满流计算，在初选流速下，一般很难选到与根据设计流量计算的管径（简称计算管径）相同的规格管径，通常计算管径都介于两级规格管径之间。针对这种情况，在确保管道输水能力不小于设计流量并满足流速约束条件的前提下，如果选择比计算管径略小的规格管径，其流速比初选流速要增大，相应的管道坡度和埋深也将增大。如果选择比计算管径略大的管径，由于初选流速不可以再减小，管道输水能力增大了，但是这不仅增大了管材费用，并且在同样埋深情况下，管径越大其土方工作量与施工费用也越高。

直接优化法在程序设计中采用的方法是：只有当计算管径比较接近其大一级的规格管径时，才选择大一级的规格管径；否则，选择小一级的规格管径。按这种方法确定管径，除了可以避免选择过大的管径之外，还可以使管道输水能力等于或稍大于设计流量，尤其适用于有一定的地面坡度或地面坡度较大，就近排入水体的雨水管道计算。对于地面很平坦，雨水管道也较长的情况，可以简单地修改一下程序，使之根据计算管径大小在某种程度上更偏向选择大一级的规格管径。而只有当计算管径接近其小一级的规格管径时，才选择小一级的规格管径。这可以通过增大管径来尽可能减小管道中的流速、坡度和埋深。

在这里可行管径集的计算方法为，对于某一设计管段，如果用直接优化法求出的管径为 D，则该管段的可行管径集采用 $\{prev(D), D, succ(D)\}$。其中 prev(D) 和 succ(D) 分别是规格管径中 D 的上一级和下一级管径。这样对每一管段的设计是以三种可行管径为优化对象。例如某一设计管段由直接优化法所求出的管径为 500mm，则选择450mm、500mm 和 600mm 三种规格管径组成可行管径集，如果在遗传算法中采用十进制编码，将分别以 0，1，2 表示。

合流制管渠系统一般按满流设计，水力计算的设计数据，包括设计流速、最小坡度和最小管径等，基本上与雨水管渠的设计相同。合流制管渠的雨水设计重现期可适当高于同一情况下的雨水管渠设计重现期。因此在编码映射技巧上与雨水管渠系统类似，也是首先进行直接优化计算，根据计算结果确定出每一管段的可行管径集，然后编码。

15.4　进化算法在排水管渠系统平面布置优化中的应用

15.4.1　进化算法的计算步骤

近代科学技术发展的显著特点之一是生命科学与工程科学的相互交叉、相互渗透和相互促进。进化算法的蓬勃发展正体现了学科发展的这一特征和趋势。自然界生物体通过自身的演化就能适应于特定的生存环境。进化算法（Evolutionary Algorithms，简称 EA）就是基于这种思想发展起来的一类随机搜索技术，它们是模拟由个体组成群体的集体学习过程。进化算法实质上是自适应的机器学习方法，它的核心思想是利用进化历史中获得的信息指导搜索或计算。

进化算法的发展过程大体上把包括 20 世纪 70 年代的兴起阶段、80 年代的发展阶段和 90 年代的高潮阶段。进入 20 世纪 90 年代后，进化算法作为一类实用、高效、鲁棒性强的优化技术，得到了极为迅速的发展，在各种不同的领域得到了广泛的应用。前面介绍的遗传算法就是进化算法中的一种。

利用进化算法进行排水管渠系统平面布置优化的计算步骤如下（进化算法计算程序框图见图 15.6）。

1）根据城市规划的需求，确定排水节点，并用可选管段连接，对各个节点分别编号；根据地形条件，对各管段假定一初始流向。该初始流向对于可以明确流向的管段，则采用其实际流向；对于不能事先确定流向的管段，假定一个方向，为了与确定流向的管段区分开，给其一个未定流向标志。

2）输入原始数据。包括各排水节点的平面位置坐标及地面高程、服务面积、集中流量等，对于雨水管渠和合流制管渠需输入暴雨强度公式设计参数。

3）应用树发育算法生成各个平面布置方案，即进化策略中的个体。N 个个体形成初始父代群体。由于树发育算法具有一定的随机选择性，群体中的各个体也是随机选择的。此时进化代数 EvoGene＝1。

4）当进化代数 EvoGene 小于最大进化代数 MaxEvoGene 时

① 应用遗传算法求出每个个体的工程造价 F_i；

② 由适应度函数将各方案的工程造价 F_i 转化为个体的适应度 f_i，采用以下形式：

$$f_i = -F_i$$

这样可以反映出造价越高，其适应度值越低。

③ 根据父代群体中各个体的适应度值 f_i，进行选择、交叉和变异操作，生成子代个体。在选择中只选择适应度值高的个体参与遗传操作，这些个体在交叉时生成通用池，变异对通用池进行操作，子代由通用池中产生，产生方法为树发育算法。

④ 遗传代数加一，EvoGene＝EvoGene＋1，以子代群体代替父代群体。

5）输出计算结果，包括各管段的设计流量、流速、坡度和埋深及管网总造价等信息。

15.4.2　使用过程中的处理技巧

在优化过程中，城市排水管道系统平面布置图通常抽象为由点和线构成的决策图，因此需要应用大量的图论知识。其中由连通图 G 导出生成树的破圈法（图 15.7）指：在 G 中任取一圈，去掉其中的一条边，然后再取一个圈，再去掉这个圈中的一条边。如此继续下去，最后得到的连通图的无圈的生成子图就是 G 的一棵生成树。例如，在图 15.7 所示的连通图 G 中，取圈 abc，去掉边 c；再取圈 $abde$，去掉边 e。最后取圈 dfg，去掉边 d，剩下的由 a、b、f、g 组成的生成子图就是 G 的一棵生成树。Walters 称破圈法为树发育算法，它能够保证从无向、有向和部分有效基础图中随机得到生成树。

（1）子图的生成

假定有一个节点集 [图 15.8 (a)]，通过可行性连接，形成一个无向基础图 [图 15.8 (b)]。设初始无向基础图为 BG，当 BG 中的各条边任意设定方向后，形成带有方向表示的无向基础图的参考图 A [图 15.8 (c)]，其中的边集为 BaseArcs (A)。如果图 B 是 BG 的子图，它将包含边集 BaseArcs 的两个子集：正边集 PosArcs (B) 和负边集 NegArcs (B)。在正边集 PosArcs (B) 中边的流向与边集 BaseArcs (A) 中边的设定方向相同；负边集 NegArcs (B) 中边的流向与边集 BaseArcs (A) 中边的设定方向相反。这样，对于图 BG 中的一条边，如果它既不属于正边集 PosArcs (B)，又不属于负边集 NegArcs (B)，则它不属于图 B；如果图 BG 中的一条边，既属于正边集 PosArcs (B)，又属于负边集 NegArcs (B)，则该边在图 B 中的方向是未定的。

如图 15.8 (b) 中的无向基础图 BG，包含由编号分别为 1，2，…，7 的七条边，当每条边任意设定方向后，生成参考图 A。图 15.8 (d) 中的部分有向图 B 是图 BG 的一个子图，参照图 A，它将包含两个边集

$$\text{PosArcs}(B) = [1,2,4,5,7]$$
$$\text{NegArcs}(B) = [3,7]$$

其中编号为 6 的边既不属于 PosArcs (B) 又不属于 NegArcs (B)，所以它不属于图 B；而编号为 7 的边既属于 PosArcs (B) 又属于 NegArcs (B)，因此在图 B 中边 7 的方向是未定的。

（2）子代的生成

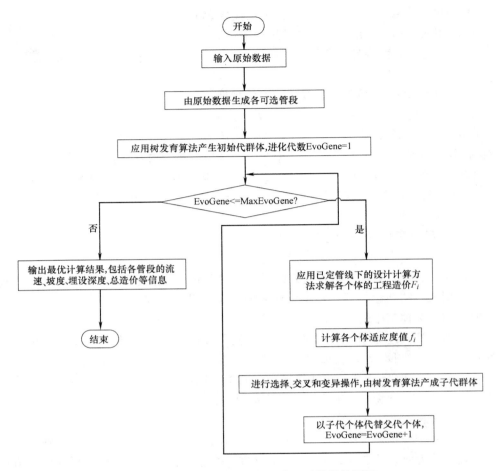

图 15.6　排水管道系统平面优化布置计算模块框图

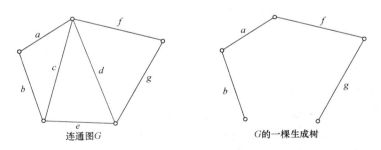

图 15.7　树的生成

　　假设在进化算法中被选择用于繁殖下一代的两个父代生成树为 $P1$ 和 $P2$（图 15.9），根据图 15.8，则这两个父代个体的全部遗传信息为边集

$$\mathrm{PosArcs}(P1)=[1,6,7,5]$$
$$\mathrm{NegArcs}(P1)=[4]$$
$$\mathrm{PosArcs}(P2)=[1,2,4,5,6]$$
$$\mathrm{NegArcs}(P2)=[\ ]$$

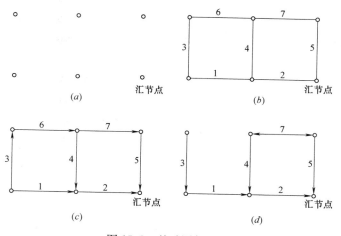

图 15.8　基础图与子图

(*a*) 节点集；(*b*) 无向基础图 *BG*；
(*c*) 无向基础图（任意正流向）的参考图 *A*；(*d*) 部分有向图 B

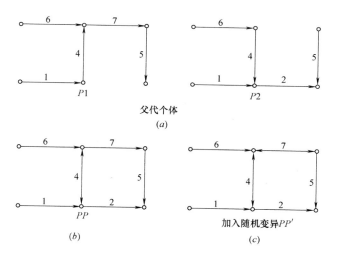

图 15.9　遗传信息共享

当两个父代个体交配时，其遗传信息将混合进一个通用池（common pool），它是两棵生成树叠加后形成的一个新的部分有向图 PP，PP 为 $P1$ 和 $P2$ 的并集，它是由 $P1$ 和 $P2$ 中所有的边组成的图，其中的每条边都保持了它在 $P1$ 和 $P2$ 中的方向。此时如果一条边在 $P1$ 和 $P2$ 中的方向相反，则该边在 PP 中方向不确定，见图 15.9（*b*）。

$$PP = P1 \bigcup P2 \Rightarrow \begin{cases} \text{PosArcs}(PP) = \text{PosArcs}(P1) \bigcup \text{PosArcs}(P2) \\ \qquad\qquad = [1,6,7,5] \bigcup [1,2,4,5,6] \\ \qquad\qquad = [1,2,4,5,6,7] \\ \text{NegArcs}(PP) = \text{NegArcs}(P1) \bigcup \text{NegArcs}(P2) \\ \qquad\qquad = [4] \bigcup [\,] = [4] \end{cases}$$

该阶段为引入随机变异提供了方便，随机变异是进化过程中一个重要的操作。变异的方法是通过随机加入一条或多条有向边到图 PP 中，形成图 PP'，这样就向通用池中加入了额外遗传信息。在图 15.9（c）中加入了一条有向边到编号为 7 的边上。

对图 PP' 应用图论中破圈法便可以生成子代个体。尽管从 PP' 中可以产生相当多的子代个体，为了保持群体规模的稳定性，通常采用从两个父代个体混合的通用池中，只生成两个子代个体。

在排水管道系统的优化布置中，进化策略中每个个体都代表了一种可行布置方案。每种可行布置方案可以采用已定管线下的优化设计计算方法进行计算。合理经济的排水管道系统将是一棵优化树，而且是一棵最小费用树。

15.4.3　算例分析

（1）已知条件

根据图 15.10 所示的街坊平面图，布置污水管道。① 人口密度 600 人/hm²；② 污水量标准为 140L/（人）；③ 工人的生活污水和淋浴污水设计流量分别为 8.24L/s 和 6.84L/s，生产污水设计流量为 26.4L/s，工厂排出口（图 15.10 中的接管点）地面标高为 43.5m，管底埋深不小于 2m，土壤冰冻深为 0.8m；④ 沿河岸堤坝顶标高 40m；⑤ 管道造价公式采用如下形式：

$$c = 12.1997 + 44.8812H + 1.5073H^2 + 7.6463DH$$
$$- 225.7476D + 606.0350D^2 - 85.6203D^3 \tag{15.17}$$

（2）前期准备工作

1）在街坊平面图上布置污水管道。从街坊平面图可知该区地势自西北向东南倾斜，坡度很小，无明显分水线，可划分为一个排水流域。

2）街坊编号并计算其面积。将各街坊编上号码，并按各街坊的平面范围计算它们的面积，列入表 15.7 中。用箭头标出各街坊污水排出的方向。

3）划分设计管段，计算比流量。根据设计管段的定义和划分方法，将各干管和主干管中有本段流量进入的点（一般定为街坊两端）、集中流量旁侧支管进入的点，作为设计管段的起讫点的检查井并编上号码。

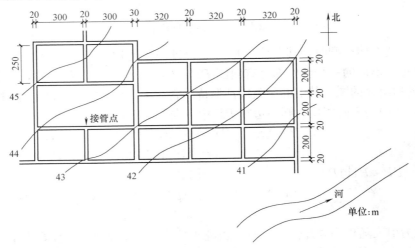

图 15.10　街坊平面图

街坊面积 表 15.7

街坊编号	1	2	3	4	5	6	7	8	9	10	11	12	13
街坊面积(hm²)	3.75	3.75	3.75	3.75	3.2	3.2	3.2	3.2	3.2	3.2	3.2	3.2	3.2
街坊编号	14	15	16	17	18	19	20	21	22	23	24	25	26
街坊面积(hm²)	3.2	3.2	3.2	3.0	3.0	3.0	3.0	3.2	3.2	3.2	3.2	3.2	3.2

本例中，居住区人口密度为 600 人/hm²，污水量标准为 140L/（人·d），则每 1hm² 街坊面积的生活污水平均流量（比流量）为

$$q_0 = \frac{600 \times 140}{86400} = 0.972 L/(s \cdot hm^2)$$

本例中有 1 个集中流量，在检查井 13 进入管道，相应的设计流量为：

$$8.24 + 6.84 + 26.4 = 41.48 L/s。$$

检查井编号及街坊编号见图 15.11。原始数据经整理后见表 15.8 和表 15.9。

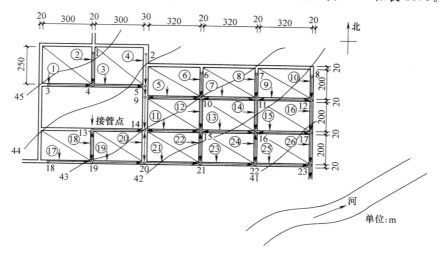

图 15.11　街坊平面可选管段连接

（3）计算结果分析

通过利用以上的优化方法，计算结果见表 15.9、表 15.10。其中已定管线下的优化设计计算采用遗传算法来求解。遗传算法在设计计算中直接利用标准管径，注重整个系统中各管段间的协调和总体目标，可实现全局寻优的效果。可以看出表 15.9、表 15.10 中的数据满足污水管道计算的约束条件。管网的平面布置示意如图 15.12 所示。

原始数据表 表 15.8

检查井编号	平面坐标		地面标高	街坊面积	街坊编号	集中流量	下游检查井编号
	$X(m)$	$Y(m)$	$Z(m)$	(10⁴m²)		(L/s)	
1	330	750	45.05	3.75	2	—	4
2	650	750	44.20	3.75	4	—	5
3	120	550	44.80	3.75	1	—	4
4	330	550	44.50	3.75	3	—	5

续表

检查井编号	平面坐标		地面标高	街坊面积	街坊编号	集中流量	下游检查井编号
	X(m)	Y(m)	Z(m)	(10⁴m²)		(L/s)	
5	650	550	43.90	—	—		9
6	1000	600	43.30	3.20	6		10
7	1340	600	42.80	3.20	8		11
8	1680	600	41.90	3.20	10		12
9	650	440	43.60	3.20	5		−10,14
10	1000	440	42.95	6.40	7+12		−11,15
11	1340	440	42.30	6.40	9+14		−12,16
12	1680	440	41.60	3.20	16		17
13	330	220	43.60	3.00	18	41.48	14,19
14	650	220	42.95	5.20	11+20		−15,−20
15	1000	220	42.30	6.40	13+22		−16,−21
16	1340	220	41.70	6.40	15+24		−17,−22
17	1680	220	40.95	3.20	26		23
18	120	0.0	43.40	3.00	17		19
19	330	0.0	42.95	3.00	19		20
20	650	0.0	42.40	3.20	21		21
21	1000	0.0	41.70	3.20	23		22
22	1340	0.0	41.10	3.20	25		23
23	1680	0.0	40.50	—	—		至污水厂

注：下游检查井编号前带有"—"，表示该段管段的方向不确定。

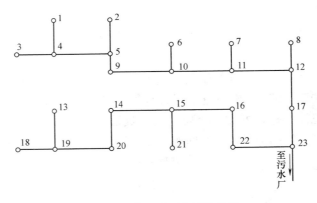

15.12　管网平面布置示意图

计算中采用的进化算法参数为：交叉概率为 0.60，变异概率为 0.10，群体中个体数为 5，进化代数为 30。进化过程曲线见图 15.13。

对于进化算法所计算的结果，并没有很好的方法证明它是最优的，因此最优结果必须通过多次试运行才能确定，图 15.14 是在 10 次运行中所得到的结果，其取值范围在

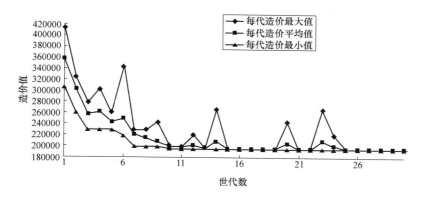

图 15.13 造价随世代数变化曲线

18973.77～19587.43 元之间，最大差距为 613.66 元。出现多组计算结果并不表明进化策略的缺陷，而正是这样，进化算法可以产生一组互相独立的趋近于最优解的方案。这从工程角度考虑，是非常有意义的，当在工程中出现意想不到的技术问题时，进化算法可以提供其他趋近于最优解可选方案。根据部分有向基础图生成树数目的算法，可以计算出总的平面布置方案为 8498 个。在本例中只采用了 5×30＝150 次估计就找到了趋近于最优解的结果。

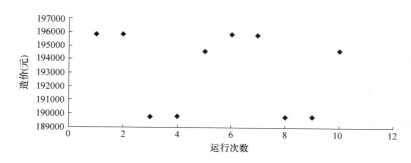

图 15.14 10 次试运行结果

15.4.4 多出水口排水管网问题

在许多大、中城镇，由于排水量的增长，往往逐步发展成为多出水口（包括污水总泵站、雨水调节池等也看作是出水口）的排水系统，当然多出水口管网仍旧是枝状管网。进化算法的优化原理为处理多出水口排水管网问题提供了方便。应用虚管段和虚节点的概念，其中虚节点为虚单出水口，虚管段将各出水口与虚节点相连。虚管段长度为零，只表示在平面布置时的一个环节，其工程造价也为零。这样多出水口管网的计算就转化成了单出水口管网的计算形式［图 15.15 (a)］，同样可以应用进化算法求解。图 15.15 (b) 是经进化算法进算求得的一种最优平面布置方案（理论上假定，目前还没进行实例计算）。进化算法可以自动解决每一出水口所连管道的服务范围。多出水口管网问题应用优化方法解决，可以使各出水口所包含的排水区域的划分更加合理。

表 15.9

算例中污水干管计算结果表（设计流量计算部分）

管段编号	居住区生活污水量 Q_1								集中流量		设计流量 (L/s)
	本段流量				转输流量 q_2 (L/s)	合计平均流量 (L/s)	总变化系数 K_z	生活污水设计流量 Q_1 (L/s)	本段 (L/s)	转输 (L/s)	
	街坊编号	街坊面积 (hm²)	比流量 q_0 (L/(s·hm²))	流量 q_1 (L/s)							
1	2	3	4	5	6	7	8	9	10	11	12
1–4	2	3.75	0.97	3.65	—	3.65	2.30	8.39	—	—	8.39
2–5	4	3.75	0.97	3.65	—	3.65	2.30	8.39	—	—	8.39
3–4	1	3.75	0.97	3.65	—	3.65	2.30	8.39	—	—	8.39
6–10	6	3.20	0.97	3.11	—	3.11	2.30	7.16	—	—	7.16
7–11	8	3.20	0.97	3.11	—	3.11	2.30	7.16	—	—	7.16
8–12	10	3.20	0.97	3.11	—	3.11	2.30	7.16	—	—	7.16
13–19	18	3.00	0.97	2.92	—	2.92	2.30	6.71	41.48	—	48.19
18–19	17	3.00	0.97	2.92	—	2.92	2.30	6.71	—	—	6.71
21–15	23	3.20	0.97	3.11	—	3.11	2.30	7.16	—	—	7.16
4–5	3	3.75	0.97	3.65	7.29	10.94	2.08	22.70	—	—	22.70
19–20	19	3.00	0.97	2.92	5.83	8.75	2.13	18.61	—	41.48	60.09
5–9	—	—	—	—	14.58	14.58	2.01	29.32	—	—	29.32
20–14	21	3.20	0.97	3.11	8.75	11.86	2.06	24.40	—	41.48	65.88
9–10	5	3.20	0.97	3.11	14.58	17.69	1.97	34.83	—	—	34.83
14–15	11	6.20	0.97	6.03	11.86	17.89	1.97	35.17	—	41.48	76.65
10–11	7	6.40	0.97	6.22	20.81	27.03	1.88	50.78	—	—	50.78
15–16	13	6.40	0.97	6.22	21.00	27.22	1.88	51.10	—	41.48	92.58
11–12	9	6.40	0.97	6.22	30.14	36.36	1.82	66.12	—	—	66.12
16–22	15	6.40	0.97	6.22	27.22	33.44	1.84	61.38	—	41.48	102.86
12–17	16	3.20	0.97	3.11	39.47	42.58	1.79	76.10	—	—	76.10
22–23	25	3.20	0.97	3.11	33.44	36.56	1.82	66.43	—	41.48	107.91
17–23	26	3.20	0.97	3.11	42.58	45.69	1.77	81.03	—	—	81.03

算例中污水干管计算结果表（水力计算部分）

表 15.10

管段编号	管道长度 L (m)	设计流量 Q (L/s)	管径 D (mm)	坡度 I (‰)	流速 v (m/s)	充满度 h/D	充满度 h (m)	降落量 I·L (m)	地面 上端	地面 下端	水面 上端	水面 下端	管内底 上端	管内底 下端	埋设深度 上端 (m)	埋设深度 下端 (m)
1	2	3	4	5	6	7	8	9	10	11	12	13	14	15	16	17
1-4	200.00	8.39	300	3.00	0.700	0.500	0.150	0.600	45.05	44.50	43.900	43.300	43.750	43.150	1.30	1.35
2-5	200.00	8.39	300	3.00	0.700	0.500	0.150	0.600	44.20	43.90	43.050	42.450	42.900	42.300	1.30	1.60
3-4	210.00	8.39	300	3.00	0.700	0.500	0.150	0.630	44.80	44.50	43.650	43.020	43.500	42.870	1.30	1.63
6-10	160.00	7.16	300	3.00	0.700	0.500	0.150	0.480	43.30	42.95	42.150	41.670	42.000	41.520	1.30	1.43
7-11	160.00	7.16	300	3.00	0.700	0.500	0.150	0.480	42.80	42.30	41.650	41.170	41.500	41.020	1.30	1.28
8-12	160.00	7.16	300	3.00	0.700	0.500	0.150	0.480	41.90	41.60	40.750	40.270	40.600	40.120	1.30	1.48
13-19	220.00	48.19	350	2.21	0.728	0.650	0.228	0.487	43.60	42.95	42.528	42.041	42.300	41.813	1.30	1.14
18-19	210.00	6.71	300	3.00	0.700	0.500	0.150	0.630	43.40	42.95	42.250	41.620	42.100	41.470	1.30	1.48
21-15	220.00	7.16	300	3.00	0.700	0.500	0.150	0.660	41.70	42.30	40.550	39.890	40.400	39.740	1.30	2.56
4-5	320.00	22.70	300	3.35	0.710	0.462	0.139	1.070	44.50	43.90	43.020	41.950	42.881	41.811	1.62	2.09
19-20	320.00	60.09	400	1.96	0.738	0.617	0.247	0.628	42.95	42.40	41.620	40.992	41.373	40.745	1.58	1.65
5-9	110.00	29.32	300	3.11	0.736	0.550	0.165	0.342	43.90	43.60	41.950	41.608	41.785	41.443	2.12	2.16
20-14	220.00	65.88	400	2.03	0.762	0.650	0.260	0.446	42.40	42.95	40.992	40.546	40.732	40.286	1.67	2.66
9-10	350.00	34.83	300	4.39	0.874	0.550	0.165	1.535	43.60	42.95	41.608	40.073	41.443	39.908	2.16	3.04
14-15	350.00	76.65	500	1.85	0.772	0.505	0.252	0.649	42.95	42.30	40.546	39.897	40.294	39.645	2.66	3.63
10-11	340.00	50.78	350	3.53	0.884	0.576	0.202	1.200	42.95	41.70	40.073	38.873	39.871	38.671	3.08	3.63
15-16	340.00	92.58	600	1.81	0.800	0.429	0.257	0.615	42.30	41.60	39.890	39.275	39.633	39.018	2.67	2.68
11-12	340.00	66.12	400	3.05	0.894	0.570	0.228	1.036	42.30	41.10	38.873	37.838	38.645	37.610	3.65	3.99
16-22	220.00	102.86	600	1.74	0.810	0.460	0.276	0.382	41.70	40.95	39.275	38.893	39.018	38.617	2.70	2.48
12-17	220.00	76.10	400	2.90	0.904	0.635	0.254	0.637	41.60	40.50	37.838	37.200	37.584	36.946	4.02	4.00
22-23	340.00	107.91	600	1.74	0.820	0.473	0.284	0.590	41.10	40.50	38.893	38.303	38.609	38.019	2.49	2.48
17-23	220.00	81.03	450	2.81	0.914	0.545	0.245	0.619	40.95	40.50	37.200	36.582	36.955	36.336	3.99	4.16

总造价：189739.77 元

15.4 进化算法在排水管渠系统平面布置优化中的应用

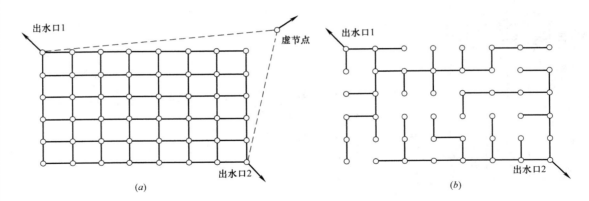

图 15.15　多出水口排水管网平面布置示例

（a）加入需节点和虚管段的可选管段连接图；（b）（假定）排水管道系统平面优化布置计算结果

第 16 章　排水管渠施工

排水管渠的埋设方法可分为开槽施工和非开槽施工等。开槽施工为沿排水管线开挖沟槽，在沟槽内敷设管道（渠）的施工方法（见图 16.1），适用于大范围管道尺寸及埋设深度，它是小中型排水管道施工常用的方法。非开槽施工是在管道沿线地面下开挖成形的洞内敷设或浇注管道（渠）的施工方法，有顶管法、盾构法、浅埋暗挖法、定向钻法、夯管法等。

图 16.1　开槽施工

16.1　排　水　管　渠

16.1.1　管渠断面形式

排水管渠的断面形式除必须满足静力学、水力学方面的要求外，还应经济和便于养护。在静力学方面，管道必须具有较大的稳定性，能承受各种荷载。在水力学方面，管道断面应具有最大的排水能力，在一定的流速下不产生沉积物。经济方面，管道单位长度造价应该是最低的。在养护方面，管道断面应便于冲洗和清通淤积。

最常用的管渠断面形式是圆形。半椭圆形、马蹄形、矩形、梯形和蛋形等也常见，如图 16.2 所示。

圆形断面具有较好的水力性能，在一定的坡度下，指定的断面面积具有较大的水力半径，因此流速大，流量也大。此外，圆形管便于预制，使用材料经济，对外压的抵抗力较强，若挖土的形式与管道相称时，能获得较高的稳定性，在运输和施工养护方面也较方便。因此是最常用的一种断面形式。

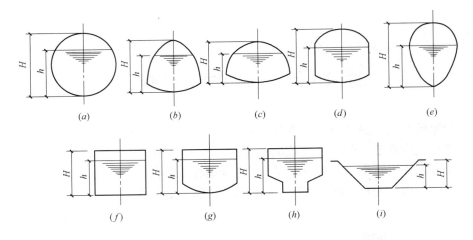

图 16.2　常用管渠断面

(a) 圆形；(b) 半椭圆形；(c) 马蹄形；(d) 拱顶矩形；(e) 蛋形；
(f) 矩形；(g) 弧形流槽的矩形；(h) 带低流槽的矩形；(i) 梯形

半椭圆形断面，在土压力和活荷载较大时，可以更好地分配管壁压力，因而可减小管壁厚度。在污水流量无大变化及管渠直径大于 2m 时，采用此种形式的断面较为合适。

马蹄形断面，其高度小于宽度。在地质条件较差或地形平坦，受受纳水体水位限制时，需要尽量减少管道埋深以降低造价，可采用此种形式的断面。又由于马蹄形断面的下部较大，对于排除流量无大变化的大流量污水，较为适宜。但马蹄形管的稳定性须依靠还土的坚实度，要求还土坚实稳定度大；若还土松软，两侧底部的管壁易产生裂缝。

蛋形断面，由于底部较小，理论上在小流量时可以维持较大的流速，因而可减少淤积，适用于污水流量变化较大的情况。但实际养护经验证明，这种断面的冲洗和清通工作比较困难。加以制作和施工较复杂，现已很少使用。

矩形断面可以就地浇制或砌筑，并按需要增加深度，以增大排水量。某些工业企业的污水管道、路面狭窄地区的排水管道、排洪沟道以及大型箱涵，通常采用这种断面形式。

不少地区在矩形断面基础上，将渠道底部用细石混凝土或水泥砂浆做成弧形流槽，以改善水力条件。也可在矩形渠道内做低流槽。这种组合的矩形断面是为合流制管道设计的，晴天时污水在小矩形槽内流动，以保持一定的充满度和流速，使之能够免除或减轻淤积程度。

梯形断面适用于明渠，它的边坡取决于土壤性质和铺砌材料。

管道的公称尺寸（DN）是指以 mm 表示的管道直径圆整（适当增加或降低）到作为参考的方便尺寸。在一些材料中（如陶土管和混凝土管）DN 指管道内径；另一些材料（如塑料管），它则指管道外径。这样，管道的真实直径可能与 DN 略有不同。例如内径为 305 mm 的混凝土管可表示为 "DN 300"。管道的精确直径可参考管道生产厂家的产品规格说明。在水力或结构特性的精确计算中，应使用管道的精确直径而非公称直径。

16.1.2　管渠材料要求

排水管渠必须具有足够的强度，以承受外部荷载和内部水压，外部荷载包括土壤的重量（静荷载）以及车辆运动所造成的动荷载。压力管及倒虹管一般要考虑内部水压。自流管道发生淤塞或雨水管渠的检查井内部充水时，也可能引起内部水压。此外，为了保证排水管道在运输和施工中不致破裂，也必须使管道具有足够的强度。

排水管渠应具有抵抗污水中杂质冲刷和磨损的性能，也应具有抗腐蚀的性能，以免在污水或地下水的侵蚀作用（酸、碱或其他）下很快被损坏。

排水管渠必须不透水，以防止污水渗出或地下水渗入。如果污水从管渠渗出至土壤层，将污染地下水或附近地表水体，或者破坏管道及附近房屋的基础。地下水渗入管渠，不但会降低管渠的排水能力，而且将增大污水泵站及处理构筑物的负荷。

排水管渠的内壁应整齐光滑，使水流阻力尽量小。

排水管渠应就地取材，并考虑到预制管件及快速施工的可能，以便尽量降低管渠的造价及运输和施工费用。

排水管渠材料应使用年限长、养护工作量小。

16.1.3　常用排水管渠

排水管渠可分为刚性管道和柔性管道，其中刚性管道主要依靠管体材料强度支撑外力的管道，在外荷载作用下其变形很小，管道的失效是由于管壁强度的控制。刚性管道包括钢筋混凝土、预（自）应力混凝土管道和预应力钢筒混凝土管道。柔性管道是在外荷载作用下变形显著的管道；竖向荷载大部分由管道两侧土体产生的弹性抗力所平衡，管道的失效通常由变形造成而不是管壁的破坏。柔性管道包括钢管、化学建材管和柔性接口的球墨铸铁管管道。

（1）混凝土排水管

混凝土管是管壁内不配置钢筋骨架的混凝土圆管。钢筋混凝土管是管壁内配置有单层或多层钢筋骨架的混凝土圆管。混凝土管和钢筋混凝土管适用于排除雨水、污水，可在专门的工厂预制，也可在现场浇制。混凝土管按外压荷载分为Ⅰ、Ⅱ两级；钢筋混凝土管分为Ⅰ、Ⅱ、Ⅲ级（表 16.1 和表 16.2）。管子按连接方式分为柔性接头管和刚性接头管。柔性接头管按接头形式分为承插口管、钢承口管、企口管、双插口管和钢承插口管（图16.3）；刚性接头管按接头形式分为平口管、承插口管和企口管。

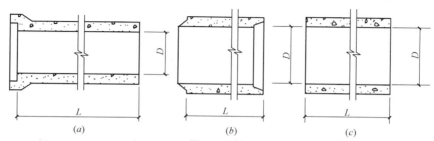

图 16.3　混凝土管和钢筋混凝土管
(a) 承插口管；(b) 企口管；(c) 平口管

混凝土管的管径一般小于 600mm，长度多为 1m，适用于管径较小的无压管。当管道埋深较大或敷设在土质条件不良地段，为抗外压，管径大于 400mm 时通常采用钢筋混凝土管，最小长度 2m。混凝土、钢筋混凝土管规格尺寸及外压荷载分别参见表 16.1、表 16.2。

混凝土管规格、外压荷检验指标（GB/T 11836—2009）　　　　表 16.1

公称内径 (mm)	最小有效长度 (mm)	Ⅰ 级管		Ⅱ 级管	
		最小壁厚(mm)	破坏荷载(kN/m)	最小壁厚(mm)	破坏荷载(kN/m)
100		19	12	25	19
150		19	8	25	14
200		22	8	27	12
250		25	9	33	15
300	1000	30	10	40	18
350		35	12	45	19
400		40	14	47	19
450		45	16	50	19
500		50	17	55	21
600		60	21	65	24

钢筋混凝土管规格及外压荷载检验指标（GB/T 11836—2009）　　　　表 16.2

公称内径 (mm)	最小有效长度 (mm)	Ⅰ 级管			Ⅱ 级管			Ⅲ 级管		
		最小厚度 (mm)	裂缝荷载 (kN/m)	破坏荷载 (kN/m)	最小厚度 (mm)	裂缝荷载 (kN/m)	破坏荷载 (kN/m)	最小厚度 (mm)	裂缝荷载 (kN/m)	破坏荷载 (kN/m)
200		30	12	18	30	15	23	30	19	29
300		30	15	23	30	19	29	30	27	41
400		40	17	26	40	27	41	40	35	53
500		50	21	32	50	32	48	50	44	68
600		55	25	38	60	40	60	60	53	80
700		60	28	42	70	47	71	70	62	93
800		70	33	50	80	54	81	80	71	107
900		75	37	56	90	61	92	90	80	120
1000		85	40	60	100	69	100	100	89	134
1100		95	44	66	110	74	110	110	98	147
1200		100	48	72	120	81	120	120	107	161
1350		115	55	83	135	90	135	135	122	183
1400	2000	117	57	86	140	93	140	140	126	189
1500		125	60	90	150	99	150	150	135	203
1600		135	64	96	160	106	159	160	144	216
1650		140	66	99	165	110	170	165	148	222
1800		150	72	110	180	120	180	180	162	243
2000		170	80	120	200	134	200	200	181	272
2200		185	84	130	220	145	220	220	199	299
2400		200	90	140	230	152	230	230	217	326
2600		220	104	156	235	172	260	235	235	353
2800		235	112	168	255	185	280	255	254	381
3000		250	120	180	275	198	300	275	273	410
3200		265	128	192	290	211	317	290	292	438
3500		290	140	210	320	231	347	320	321	482

混凝土一直是排水管道的理想材料。混凝土管和钢筋混凝土管便于就地取材，制造方便，可以成型为各种形状和尺寸；而且可根据抗压的不同要求，制成无压管、低压管、预应力管等，所以在排水管道系统中得到普遍应用。混凝土管和钢筋混凝土管除用作一般自

流排水管道外，钢筋混凝土管及预应力钢筋混凝土管亦可用作泵站的压力管及倒虹管。由于混凝土的抗拉强度很弱、混凝土的结合材料水泥呈碱性的且自重大，导致它们的主要缺点是抵抗酸侵蚀及抗渗性能较差、管节短、接头多、施工复杂。在抗震设防烈度大于 8 度的地区及饱和松砂、淤泥和淤泥土质、冲填土、杂填土的地区不宜敷设。

预应力钢筒混凝土管是指在带有钢筒的混凝土管芯外侧缠绕环向预应力钢丝并制作水泥砂浆保护层而制成的管子。它是一种具备高强度、高抗渗性和高密封性的复合型管材，其集合了薄钢板、中厚钢板、异型钢、普通钢筋、高强预应力钢丝、高强混凝土、高强砂浆和橡胶密封圈等原辅材料制造而成。该管道材料不仅综合了普通预应力混凝土输水管和钢管的优点，而且尤其适用于大口径、高工压和高覆土的工程环境。按结构分为内衬式预应力钢筒混凝土管（PCCPL）和埋置式钢筒混凝土管（PCCPE）；按管子的接头密封类型分为单胶圈预应力钢筒混凝土管和双胶圈预应力钢筒混凝土管（图 16.4）。管径规格范围从 $DN600\sim DN4800$，适用工作压力最高达 1.6MPa，适用最高覆土深度达 10m 以上。

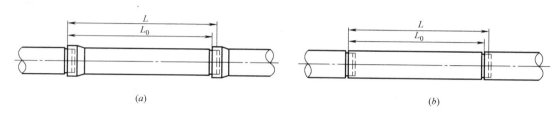

图 16.4　预应力钢筒混凝土管示意图
（a）PCCPL 管子外形；（b）PCCPE 管子外形

（2）陶土管

陶土管是由塑性黏土制成。为了防止在焙烧过程中产生裂缝，通常加入耐火黏土及石英砂（按一定比例），经过研细、制坯、烘干、焙烧等过程制成。根据需要可制成无釉、单面釉、双面釉的陶土管。若采用耐酸黏土和耐酸填充物，还可以制成特种耐酸陶土管。陶土管一般制成圆形断面，有承插式和平口式两种形式，如图 16.5 所示。

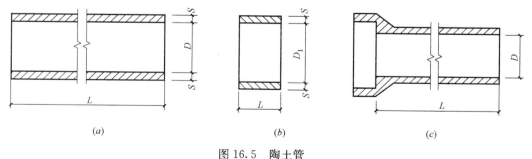

图 16.5　陶土管
（a）直管；（b）管箍；（c）承插管

普通陶土排水管（缸瓦管）最大公称直径可到 300mm，有效长度 800mm，适用于居民区室外排水管。耐酸陶瓷管最大公称直径国内可做到 800mm，一般在 400mm 以内；管节长度有 300mm、500mm、700mm、1000mm 几种；适用于排除酸性废水。

带釉的陶土管内外壁光滑，水流阻力小，不透水性好，耐磨损，抗腐蚀。但陶土管质易碎，不宜远运，不能受内压；抗弯拉强度低，不宜敷设在松土中或埋深较大的地方。此外，管节短，需要较多的接口，增加施工难度和费用。由于陶土管耐酸抗腐蚀性好，适用于排除酸性废水或用作管外有侵蚀性地下水的污水管道。

（3）金属管

常用的金属管有铸铁管及钢管。室外重力流排水管道一般很少采用金属管，只有当排水管道承受高内压、高外压或对渗漏要求特别高的地方，如排水泵站的进出水管、穿越铁路、河道的倒虹管或靠近给水管道和房屋基础时，才采用金属管。因为污水通常具有腐蚀性，管道需要利用水泥砂浆内衬和沥青外涂层。在抗震设防烈度大于 8 度或地下水位高、流砂严重的地区也采用金属管。

金属管质地坚固，抗压、抗震、抗渗性能好；内壁光滑，水流阻力小；管子每节长度大，接头少。但价格昂贵，钢管抵抗酸碱腐蚀及地下水浸蚀的能力差。因此，在采用钢管时必须涂刷耐腐蚀的涂料并注意绝缘。

（4）硬聚氯乙烯管（PVC-U）

埋地敷设的硬聚氯乙烯管，包括双壁波纹管、环形肋管、螺旋肋管等异型壁管和平壁管，管材公称直径范围一般从 100～1000mm，管长度分 4m、6m 和 8m 三种（也可由供需双方协商确定）（图 16.6）。硬聚氯乙烯管具有优良的化学稳定性，耐腐蚀，不受酸、碱、盐、油类等介质的侵蚀；物理机械性能亦好，不燃烧、无不良气味、质轻而坚，相对密度仅为钢的 1/5。PVC-U 管管壁光滑，容易切割。但 PVC-U 管强度低、易变形、耐久性差、耐温性差（适用温度为 −5～+45℃ 之间），因而适用性受到一定限制。一般 PVC-U 管不能在阳光下长时间直晒，否则其强度会受到影响，所以 PVC-U 管不宜用作铺设在地面以上裸露的管道。硬聚氯乙烯管道穿越铁路、高等级道路路堤及构筑物等障碍物时，应设置钢筋混凝土、钢、铸铁等材料制作的保护套管。套管内径应大于硬聚氯乙烯管外径 300mm。管材按连接形式分为弹性密封圈连接管材和胶粘剂粘结连接管材。

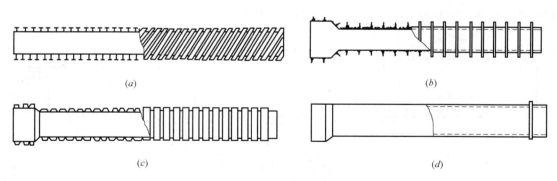

图 16.6　硬聚氯乙烯管材型式图
（a）双壁波纹管；（b）环形肋管；（c）螺旋肋管；（d）平壁管

（5）玻璃纤维增强塑料夹砂管

玻璃纤维增强塑料夹砂管（简称玻璃钢夹砂管或 RPM 管）是以玻璃纤维及其制品为增强材料，以不饱和聚酯树脂等为基体材料，以石英砂及碳酸钙等无机非金属颗粒材料为填料，采用定长缠绕工艺、离心浇铸工艺、连续缠绕工艺方法制成的管道。玻璃纤维增强塑料夹砂管的主要特点有：①管壁结构的可设计性，RPM 管的管壁不是一种单一的均质材料，而是由多种材料组成的多层复合结构，具有不爆裂、不泄漏、压不扁的特点。②水力性能好，管内壁光滑，且不会积垢。③耐腐蚀性能好，RPM 管由非金属材料组成，不会发生锈蚀，对于排水管道，可根据介质的情况选择合适的内衬树脂，以满足使用要求。④重量轻、运输和施工方便，RPM 管的重量一般仅为同口径混凝土管的 1/7～1/8。因而给运输和施工带来了极大的便利。RPM 管道运输时，可同时运输多根管材并套装；吊装时一般可用汽车吊，施工工地不需做高级便道，安装时一般也不需做刚性基础。

RPM 管的公称直径一般为 $DN100～DN4000$；工作压力 0.1～2.5mPa；环刚度等级为 $1250～10000N/m^2$，有效长度为 3m、4m、5m、6m、9m、10m、12m。如果需要特殊长度的管道，在订货时由供需双方商定。接头分为柔性接头和刚性接头两种类型，这两类接头中又可按能否承受端部荷载分为两种：一种能承受端部荷载，另一种不能承受端部荷载。

（6）其他管材

应用中的其他管道材料包括：中密度聚乙烯（MDPE）管、石棉水泥管等。许多现有排水管渠是由砖砌而成。在石料丰富的地区，常采用条石、方石或毛石砌筑渠道。

16.1.4 管道接口

排水管道的不透水性和耐久性，很大程度上取决于敷设管道时接口的质量。管道接口应具有足够的强度、不透水、能抵抗污水或地下水的侵蚀并有一定的弹性。根据接口的弹性，一般分为柔性、刚性和半柔半刚性共三种接口形式。

柔性接口能承受一定量的轴向线变位和相对角变位的管道接口。常用的柔性接口有沥青卷材及橡胶圈接口。沥青卷材接口用在无地下水、地形软硬不一、沿管道轴向沉陷不均匀的无压管道上。橡胶圈接口使用更加广泛，特别在地震多发区，对管道抗震性能的提高有显著作用（图 16.7）。柔性接口施工复杂，造价较高。

图 16.7　橡胶圈接口原理

刚性接口是不能承受一定量的轴向线变位和相对角变位的管道接口。刚性接口比柔性接口施工简单、造价较低，因此采用较广泛。常用的刚性接口有采用石棉水泥、膨胀水泥砂浆等填料的插入式接口；水泥砂浆抹带、现浇混凝土套环、钢丝网水泥砂浆抹带接口。刚性接口抗震性能差，用在地基比较良好，有带形基础的无压管道上。

半柔半刚性接口介于上述两种接口之间。使用条件与柔性接口类似。常用的是预制套环石棉水泥接口。

从结构形式上，管道接口可分为承插式接口、套管和法兰接口等。承插式接口是混凝土管、较大陶土管和大部分铸铁管的常用接口，以一条管道的插口插入另一管道的承口。刚性接口填料经常采用麻—石棉水泥、橡胶圈—石棉水泥、麻—铅、橡胶圈—膨胀水泥砂浆等，柔性接口包括楔性、角唇型、圆形橡胶圈接口。有时柔性接口外部采用螺栓压盖。套管式接口是一种管道配件，一般用于较小口径的陶土管和塑料管的连接上。螺栓连接法兰接口一般用于刚性连接，其优点是易于拆卸和安装，常用在泵站中。

　　管道接口应根据管道材质和地质条件确定，污水和合流污水管道应采用柔性接口。当管道穿过粉砂、细砂层并在最高地下水位以下，或在抗震设防烈度为 7 度及以上设防区时，必须采用柔性接口。当矩形钢筋混凝土箱涵敷设在软土地基或不均匀地层上时，宜采用钢带橡胶止水圈结合上下企口式接口形式。

16.1.5　排水管道基础

　　排水管道基础一般由地基、基础和管座三部分组成（图 16.8）。地基是指沟槽底的土壤部分。它承受管道和基础的重量、管内水重、管上土压力和地面上的荷载。基础是指管道与地基间经人工处理过的或专门建造的设施，其作用是将管道较为集中的荷载均匀分布，以减少对地基单位面积的压力，或由于土的特殊性质需要，使管道安全稳定地运行而采取的一种技术措施，如原土夯实、混凝土基础等。管座是管道下侧与基础之间的部分，设置管座的目的在于它可以使管子与基础连成一个整体，以减少对地基的压力和对管子的反力。管座包角的中心角愈大，基础所受的单位面积的压力和地基对管道作用的单位面积反力愈小。

　　为保证排水管道系统能安全正常运行，除管道工艺本身设计施工应正确外，管道的地基与基础要有足够的承受荷载能力和可靠的稳定性。否则排水管道可能产生不均匀沉陷，造成管道错口、断裂、渗漏等现象，导致对附近地下水的污染，甚至影响附近建筑物的基础。一般应根据管道本身情况及其外部荷载的情况、覆土的厚度、土壤的性质合理地选择管道基础。目前常用的管道基础有砂土基础、混凝土枕基和混凝土带形基础。

　　（1）砂土基础

　　砂土基础包括弧形素土基础及砂垫层基础，如图 16.9（a）、（b）所示。

　　弧形素土基础是在原土上挖一弧形管槽

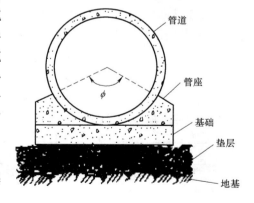

图 16.8　管道基础断面

（通常采用 90°弧形），管子落在弧形管槽里。这种基础适用于无地下水、原土能挖成弧形的干燥土壤；管道直径小于 600mm 的混凝土管，钢筋混凝土管、陶土管；管顶覆土厚度在 0.7～2.0m 之间的街坊污水管道，不在车行道下的次要管道及临时性管道。

　　原状地基为岩石或坚硬土层时，管道下方应设砂垫层，其厚度应符合表 16.3 的规定。

　　（2）混凝土枕基

　　混凝土枕基是指在管道接口处才设置的管道局部基础，如图 16.10 所示。

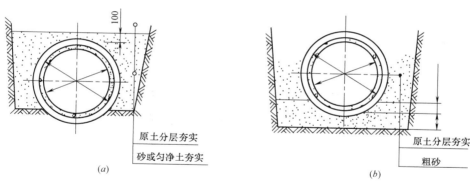

图 16.9 砂土基础

(a) 弧形素土基础；(b) 砂垫层基础

砂垫层厚度 表 16.3

管道种类/管外径	垫层厚度(mm)		
	$D_0 \leqslant 500$	$500 < D_0 \leqslant 1000$	$D_0 > 1000$
柔性管道	$\geqslant 100$	$\geqslant 150$	$\geqslant 200$
柔性接口的刚性管道	150～200		

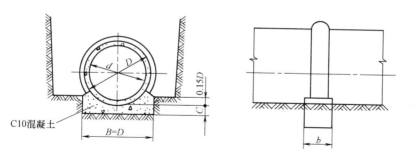

图 16.10 混凝土枕基

通常在管道接口下用 C10 混凝土做成枕状垫块。此种基础适用于干燥土壤中的雨水管道及不太重要的污水干管。常与素土基础或砂垫层基础同时使用。

（3）混凝土带形基础

混凝土带形基础是沿管道全长铺设的基础。按管座的形式不同分为 90°、135°、180° 三种管座基础，如图 16.11 所示。这种基础适用于各种潮湿土壤，以及地基软硬不均匀的排水管道，管径为 200～2000mm，无地下水时在槽底老土上直接浇混凝土基础。有地下水时常在槽底铺 10～15cm 厚的卵石或碎石垫层，然后才在上面浇混凝土基础，一般采用强度等级为 C10 的混凝土。当管顶覆土厚度在 0.7～2.5m 时采用 90°管座基础。管顶覆土厚度为 2.6～4m 时用 135°基础。覆土厚度在 4.1～6m 时采用 180°基础。在地震区，土质特别松软，不均匀沉陷严重地段，最好采用钢筋混凝土带形基础。

对地基松软或不均匀沉降地段，为增强管道强度，保证使用效果，北京、天津等地的施工经验是对管道基础或地基采取加固措施，接口采用柔性接口。

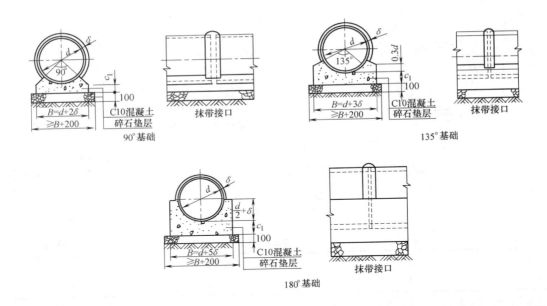

图 16.11　混凝土带形基础

16.2　荷载计算

　　管道结构上的作用，按其性质可分为永久作用和可变作用两类：①永久作用应包括结构自重、土压力（竖向和侧向）、预加应力、管道内的水重、地基的不均匀沉降；②可变作用应包括地面人群荷载、地面堆积荷载、地面车辆荷载、温度变化、压力管道内的静水压（运行工作压力或设计内水压力）、管道运行时可能出现的真空压力、地表水或地下水的作用。

　　管道强度选择设计过程需要：①确定土壤荷载；②确定动荷载；③选择基础；④确定基础因子；⑤采用安全性因子；⑥选择管道强度。

16.2.1　装配系数

　　排水管道现场安装后可承受的荷载强度与管道三点法外压试验（生产厂家在产品出厂检验或型式检验时采样进行的试验）时的承载强度之比，称为装配系数，用 E_z 表示。管道敷设质量越好，相同荷载作用下其应变也越小，相当于提高了管道的承载能力。实际应用中，考虑管道基础对承载能力的影响，一般的管道基础，如砂垫层基础，装配系数取1.5，其他型式基础的装配系数参见图 16.12。

16.2.2　管道荷载

　　单位长度管道上的总设计外部荷载（W_e）为其上的土荷载（W_c）、地面荷载（活荷

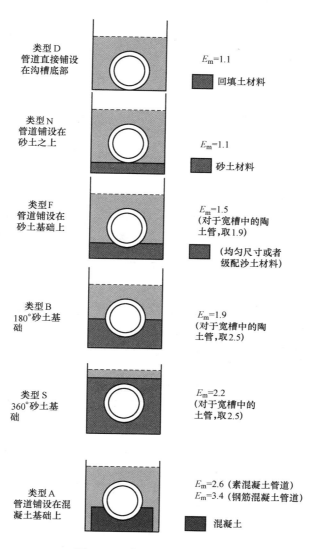

图 16.12　基础类型和基础因子

载和堆积荷载）（W_{csu}）和管道内液体造成的当量外部荷载（W_w）之和：

$$W_e = W_c + W_{csu} + W_w \tag{16.1}$$

（1）土荷载 W_c

1）狭槽的分析。对于狭槽，土荷载为沟槽内土体的重量减去土体与沟槽两侧的剪切力。根据 Marston 狭槽计算公式，单位长度土荷载 W_c 为：

$$W_c = C_d \gamma B_d{}^2 \tag{16.2}$$

$$C_d = \frac{1 - e^{-2K\mu' H/B_d}}{2K\mu'} \tag{16.3}$$

式中　W_c——沟槽管覆土荷载（N/m）；

　　　C_d——沟槽荷载系数；

　　　K——Rankine 系数，活动侧压力与竖向土压力的比值；

　　　　μ'——土与沟槽两侧之间的滑动摩擦系数；

　　　　γ——土的单位体积重量（一般取 19.6kN/m³）；

　　　　B_d——管道顶部沟槽的宽度（m）；

　　　　H——管顶以上覆土厚度（m）。

　　2）宽槽的分析。对于宽槽，认为管道上部土的沉降比管道两侧部分的沉降要小。这样土荷载被认为是管顶上部土体重量加上管道两侧土体的切应力。管道两侧土体的切应力认为在一定高度内是存在的，该高度称作"等沉降面"。

　　在 Martson 理论基础上，出现了 Spangler 理论，即单位长度土体荷载 W_c 为：

$$W_c = C_c \gamma B_c{}^2 \tag{16.4}$$

式中　B_c——管道的外部直径（m）。

　　宽槽中具有两种可能情况，一种情况是竖直剪切面一直延伸到覆土的顶部，称作"完全投影"。此时

$$C_c = \frac{e^{2K\mu H/Bc} - 1}{2K\mu} \tag{16.5}$$

式中　μ——土体内部摩擦系数。

　　另一种情况是覆土顶部高于等沉降面，称作"不完全投影"。这时 C_c 将由 H、B_c 确定，并作为"弯沉比 r_{sd}"和"投影比（projection　ratio）p"的结果。C_c 的表达式见表 16.4。其中弯沉比 r_{sd} 与沟槽基础的稳固性相关，见表 16.5。在牢固的基础之上，投影比 p 与管道外径成正比。

不完全投影的 C_c 值　　　　　　　　　　　　　　　表 16.4

$r_{sd}p$	C_c 的表达式	$r_{sd}p$	C_c 的表达式
0.3	$1.39H/B_s - 0.05$	0.7	$1.59H/B_s - 0.09$
0.5	$1.50H/B_s - 0.07$	1.0	$1.69H/B_s - 0.12$

弯沉比 r_{sd} 的值　　　　　　　　　　　　　　　表 16.5

基　　础	r_{sd}
坚硬基础(例如石块)	1.0
一般基础	0.5～0.8
易变形基础(例如软地基)	小于 0.5

　　其他 K、μ'、μ 和 γ 均是土体的特性。不同土体类型的 $K\mu'$ 和 $K\mu$ 值见表 16.6。对于狭槽，计算中 $K\mu'$ 值应取较低值。当土体类型未知时，$K\mu'$ 通常取 0.13，$K\mu$ 取 0.19。γ 为土壤单位重量，一般取 19.6kN/m³。

各种土体类型的 $K\mu'$ 和 $K\mu$ 值　　　　　　　　　　表 16.6

土壤	$K\mu'$ 或 $K\mu$	土壤	$K\mu'$ 或 $K\mu$
颗粒的，非凝聚性材料	0.1924	普通黏土的最大值	0.1300
砂砾的最大值	0.1650	饱和黏土的最大值	0.1100
饱和表层土的最大值	0.1500		

　　在设计中，并不知道宽槽的计算是采用完全投影公式，还是不完全投影公式，因此两种情况均要计算，并在式（16.4）中应用较低的 C_c 值。

　　类似地，在确定沟槽的土荷载 W_c 时，选择由式（16.2）和式（16.4）计算所得的较

低值。

（2）地面荷载

根据 Boussinesq 公式，地面荷载 W_{csu} 简化计算式为：

$$W_{csu} = P_s B_c \tag{16.6}$$

式中　P_s——地面上活荷载和堆积荷载的压强（N/m²）；

　　　B_c——管道外径（m）。

地面荷载压强 P_s 通常与覆土厚度和路面类型有关。以地面车辆荷载为例，传递到管道上的车辆荷载强度在很大程度上取决于路面类型。用于重车荷载的刚性路面，荷载分布在较宽的路面上，以至于传给管道的荷载强度可以忽略；薄的柔性路面通常按土路考虑；对于中等厚度的柔性路面，按土路计算，并适当乘以一个小于 1 的系数。在覆土厚度上，有资料表明，软土地区车辆重达 13t 时，土层以下 1.5~2m 处难以测得应力值；当土层深度大于 1m 时，应力小于 3kN/m²。

（3）液体荷载

管道中液体的重量并不是严格意义上的外部荷载，因此 W_w 是当量外部荷载。

$$W_w = C_w \rho g \pi D^2 / 4 \tag{16.7}$$

式中　ρ——液体密度，在排水管道中的污水按 1000kg/m³；

　　　D——管道内径（m）；

　　　C_w——液体荷载系数，与沟槽的基础类型有关，取值范围一般在 0.5~0.8 之间；简化起见，常采用保守值 0.75。通常当管道在 DN600 以下时，W_w 在全部管道荷载中所占比例并不显著。

（4）组合强度

由管道材料和其下的基础类型所形成的组合强度由管道强度乘以装配系数来确定，装配系数 E_z 体现了基础为管道提供的附加强度。这种组合强度必须足够承受具有安全因子的总荷载，即：

$$W_t E_z \geqslant W_e F_{se} \tag{16.8}$$

式中　W_t——管道的抗压强度，由管道生产厂家提供（N/m²）；

　　　E_z——装配系数；

　　　F_{se}——安全因子，对于陶土管和混凝土管道，一般取 1.25。

【例 16.1】 排水管道内径为 300mm，外径为 400mm。铺设于轻型道路下，沟槽宽 0.9m，覆土厚度为 2m。原土质为非饱和性黏土，填土为颗粒状、非凝聚性土。假设 $r_{sd}p$ 值为 0.7，单位土体重量 $\gamma = 19.6$kN/m³，液体密度 $\rho = 1000$kg/m³。假设管道的抗压强度可能为 36kN/m 或者 48kN/m。请对每一种管道抗压强度选择适当的基础。

解：首先假设沟槽为宽槽：

（1）完整投影情况：由式（16.5），$C_c = \dfrac{e^{2k\mu H/B_c} - 1}{2K\mu}$

填土为颗粒状、非凝聚性土，因此由表 16.6 查得，$K\mu = 0.19$，于是

$$C_c = \frac{e^{2 \times 0.18 \times 2/0.4} - 1}{2 \times 0.19} = 15.0$$

（2）不完全投影情况：由表（16.4），当 $r_{sd}p = 0.7$ 时，$C_c = 1.59 H/B_c - 0.09 = 7.86$

选择以上计算所得 C_c 中较小的值，$C_c = 7.86$，因此这是一种不完全投影情况。

由式（16.4）：$$W_c = C_c \gamma B_c^2 = 7.86 \times 19.6 \times 0.4^2 = 24.6 \text{kN/m}$$

其次假设沟槽为狭槽：

由式（16.3）：$$C_d = \frac{1 - e^{-2K\mu'H/B_d}}{2K\mu'}$$

其中 $K\mu'$ 值应取回填土的 $K\mu'$（0.19）和沟槽两侧原土的 $K\mu'$（非饱和黏土，根据表（16.6），为 0.13）中的较低值。

于是 $$C_d = \frac{1 - e^{-2 \times 0.13 \times 2/0.9}}{2 \times 0.13} = 1.69$$

由式（16.2）：$$W_c = C_d \gamma B_d^2 = 1.69 \times 19.6 \times 0.9^2 = 26.8 \text{kN/m}$$

选择宽槽和狭槽中的较小 W_c 值，即 $W_c = 24.6 \text{kN/m}$，为宽槽情况。

由式（16.6）：$$W_{csu} = P_s B_c$$

（轻型道路）对于 $H = 2\text{m}$，P_s 为 22kN/m

于是 $$W_{csu} = 22 \times 0.4 = 8.8 \text{kN/m}$$

由式（16.7）：
$$W_w = C_w \rho g \pi D^2 / 4 = 0.75 \times 1000 \times 9.81 \times \pi \times 0.3^2 / 4 = 0.5 \text{kN/m}$$

其中 C_w 应用了常值 0.75（正如前面所述，由于管径小于 600mm，W_w 并不显著）

由式（16.1）：$W_e = W_c + W_{csu} + W_w = 24.6 + 8.8 + 0.5 = 33.9 \text{kN/m}$

由式（16.8），$W_t E_z \geqslant W_e F_{se}$

当管道强度为 36kN/m 时，$36 \times F_m \geqslant 33.9 \times 1.25$

得到装配系数 E_z 应大于 1.18，类型 D 或者类型 N 基础是不充分的，但类型 F 是可以的。因此对于 36kN/m 的管道强度，应用类型 F 的基础。

当管道强度为 48kN/m 时，$48 \times E_z \geqslant 33.9 \times 1.25$

得到装配系数 E_z 应大于 0.88，类型 D 的基础是充分的。

因此对于 48kN/m 的管道强度，应用类型 D 的基础。

16.3 开 槽 施 工

排水管渠施工中，应用最多的施工方法是开槽敷设管道。它的一般工序包括：测量放线，开挖沟槽及支护，管槽排水，管道基础制作，管道敷设，管道接口，水压试验，管槽覆土等（图 16.13）。

16.3.1 沟槽开挖

沟槽开挖前，首先是测量放线，其任务是在沟槽沿线设置水准点和控制桩，标定检查井的中心位置。放线是指为土方的开挖放灰线。

在城市区域内，所有开挖施工都需要谨慎进行，以免损坏现有地下设施。有些区域的地下设施可能十分密集。现有地下设施的位置必须向主管部门征询，开挖施工时必须对其进行保护或搬迁。但是对于地下设施的精确位置判断总存在问题，甚至有些设施的位置是

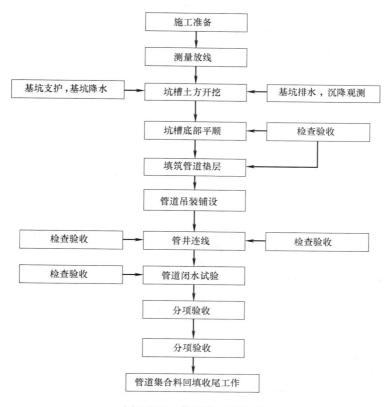

图 16.13　管道施工流程图

未知的，或者在规划过程中是被遗漏的。从地面探测地下设施位置的常用方法是非插入法，同时需准备采用试验孔—人工进行小范围开挖（以防止机械设备对地下设施的损坏）。

　　管沟通常用机械开挖，只有在条件受到限制，或者现有设施需要保护时，才采用人工开挖。沟槽的开挖、支护方式应根据工程地质条件、施工方法、周围环境等要求进行技术经济比较，确保施工安全和环境保护要求。

　　沟槽断面的形式有直槽、梯形槽和混合槽等。还有一种两条或多于两条管道埋设同一槽内的联合槽。

　　正确选定沟槽的开挖断面，可以为管道施工创造方便条件，保证工程质量和施工安全，减少开挖土方量。选定沟槽断面通常应考虑以下因素：土的种类、地下水情况、施工方法、施工环境、管道断面尺寸和埋深等。表 16.7 所示为上海地区直槽宽度经验系数。表 16.8 为梯形槽对应于不同土质采用的边坡。表 16.9 和表 16.10 为英国/欧洲标准 BS-EN1610 中规定的渠道最小宽度。通常沟槽宽度在开挖过程中不应超过结构强度设计中指定的最大值，否则需对结构强度重新计算。

　　沟槽底部的开挖宽度，应符合设计要求；设计无要求时，可按下式计算确定：

$$B = D_0 + 2(b_1 + b_2 + b_3) \tag{16.9}$$

式中　B——管道沟槽底部的开挖宽度（mm）；

　　　　D_0——管外径（mm）；

　　　　b_1——管道一侧的工作面宽度（mm），可按表 16.11 选取；

b_2——有支撑要求时，管道一侧的支撑厚度，可取 $150\sim200$mm；

b_3——现场浇筑混凝土或钢筋混凝土管渠一侧模板的厚度（mm）。

直槽宽度　　　　　　表 16.7

深度(m) ＼ 管径(mm)	300	450	600	800	1000	1200	1400	1600	1800	2000	2200	2400
＜2.00	1200	1400	1600	1800								
2.00～2.49	1200	1400	1600	1800	2100	2300						
2.50～2.99	1200	1400	1600	1900	2100	2300	2700	2900				
3.00～3.49	1400	1500	1700	1900	2100	2300	2700	2900	3200	3500	3700	3900
3.50～3.99	1400	1500	1700	1900	2100	2300	2700	2900	3200	3500	3700	3900
4.00～4.49			1700	1900	2100	2300	2700	2900	3200	3500	3700	3900
4.50～4.99				1900	2200	2400	2800	3000	3400	3700	3900	4100
5.00～5.49					2200	2400	2800	3000	3400	3700	3900	4100
5.50～5.99						2400	2800	3000	3400	3700	3900	4100
6.00～6.50						2400	2800	3000	3400	3700	3900	4100

注：表中深度为地面至沟槽底的距离，沟槽宽度指开挖后的槽底宽度。

梯形槽的边坡　　　　　　表 16.8

土的类别	边坡	
	槽深＜3m	槽深＞3m
砂土	1∶0.75	1∶1.00
砂质粉土	1∶0.50	1∶0.67
粉质黏土	1∶0.33	1∶0.50
黏土	1∶0.25	1∶0.33
干黄土	1∶0.20	1∶0.25

BS EN 1610 中与管径相关的最小沟槽宽度　　　　　　表 16.9

DN	最小沟槽宽度(OD—外径)(m)
＜225	OD+0.4
225～350	OD+0.5
350～700	OD+0.7
700～1200	OD+0.85
＞1200	OD+1.0

BS EN 1610 中与沟槽深度相关的最小沟槽宽度　　　　　　表 16.10

沟槽深度(m)	最小沟槽宽度(m)
＜1.0	无最小限值
1.0～1.75	0.8
1.75～4.0	0.9
＞4.0	1.0

管道一侧的工作面宽度　　　　　　表 16.11

管道的外径 D_0 (mm)	管道一侧的工作面宽度 b_1(mm)		
	混凝土类管道		金属类管道、化学建材管道
$D_0\leqslant500$	刚性接口	400	300
	柔性接口	300	
$500＜D_0\leqslant1000$	刚性接口	500	400
	柔性接口	400	

管道的外径 D_0 (mm)	管道一侧的工作面宽度 b_1 (mm)		
	混凝土类管道		金属类管道、化学建材管道
$1000 < D_0 \leqslant 1500$	刚性接口	600	500
	柔性接口	500	
$1500 < D_0 \leqslant 3000$	刚性接口	800~1000	700
	柔性接口	600	

注：1. 槽底需设排水沟时，b_1 应适当增加；
　　2. 管道有现场施工的外防水层时，b_1 宜取 800mm；
　　3. 采用机械回填管道侧面时，b_1 需满足机械作业的宽度要求。

地质条件良好、土质均匀、地下水位低于沟槽底面高程，且开挖深度在 5m 以内、沟槽不设支撑时，沟槽边坡最陡坡度应符合表 16.12 的规定。

深度在 5m 以内的沟槽边坡的最陡坡度　　　　表 16.12

土的类别	边坡坡度（高：宽）		
	坡顶无荷载	坡顶有静载	坡顶有动载
中密的砂土	1：1.00	1：1.25	1：1.50
中密的碎石类土（充填物为沙土）	1：0.75	1：1.00	1：1.25
硬塑的粉土	1：0.67	1：0.75	1：1.00
中密的碎石类土（充填物为黏性土）	1：0.50	1：0.67	1：0.75
硬塑的粉质黏土、黏土	1：0.33	1：0.50	1：0.67
老黄土	1：0.10	1：0.25	1：0.33
软土（经井点降水后）	1：1.25	—	—

在与管道连接的构筑物（如检查井）中，应提供至少 0.5m 的工作空间。在构筑物附近，可能同时敷设多条管道，当管径不超过 700mm 时，管道之间的工作空间应有 0.35m；管径大于 700mm 时，管道之间的工作空间应有 0.5m。

沟槽支护应根据沟槽的土质、地下水位、沟槽断面、荷载条件等因素进行设计；施工单位应按设计要求进行支护。直槽土壁常用木板或钢板组成的挡土结构支撑。当槽底低于地下水位时，直槽必须加撑。支撑有横撑、竖撑和板桩撑等。

横撑［图 16.14（a）］用于土质较好、地下水量较小的沟槽。随着沟槽的逐渐挖深而分层铺设。因此支设容易，但在拆除时首先拆除最下层的撑板和撑杠，因此施工不安全。

竖撑［图 16.14（b）］用于土质较差、地下水量较多或有流砂的情况下，竖撑的特点是撑板可以在开槽过程中先于挖土插入土中，在回填以后再拔出，因此支撑和拆撑都较安全。

板桩撑是将板桩垂直打入槽底下一定深度［图 16.14（c）］。目前常用钢板桩，为槽钢或工字钢组成，或用特制的钢板桩。桩板与桩板之间通常采用啮口连接，以提高板桩撑的整体性和水密性。一般在弱饱和土层中，经常采用板桩撑。

支撑应经常检查，发现支撑构件有弯曲、松动、移动或劈裂等迹象时，应及时处理；雨期及春季解冻时期应加强检查。

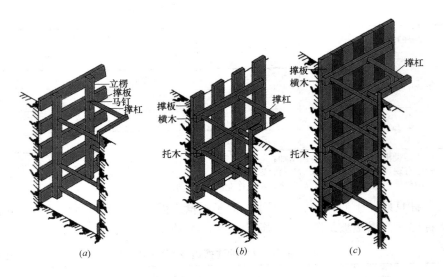

图 16.14　沟槽支撑

(a) 横撑（采用疏撑）；(b) 竖撑（采用疏撑）；(c) 密撑（钢板桩）

总的来说，支撑结构应满足：①牢固可靠，进行强度和稳定性计算和校核。支撑材料要求质地和尺寸合格。②在保证安全的前提下，节约用料，采用工具式钢支撑。③便于支设和拆除，并便于后续工序的操作。

排水沟槽的施工与地下水水位有密切关系。在沟槽的底部低于地下水水位的场合，施工排水往往成为重要的技术问题。常采用井点排水法降低地下水水位，特别在土质条件差、有流砂时。

对有地下水影响的土方施工，应根据工程规模、工程地质、水文地质、周围环境等要求，制定施工降排水方案。方案应包括以下主要内容：①降排水量计算；②降排水方法的选定；③排水系统的平面和竖向布置，观测系统的平面布置以及抽水机械的选型和数量；④降水井的构造，井点系统的组合与构造，排放管渠的构造、断面和坡度；⑤电渗排水所采用的设施及电极；⑥沿线地下和地上管线、周边构（建）筑物的保护和施工安全措施。

16.3.2　管道铺设

管道以批量运到施工现场，管节和管件装卸时应轻装轻放，运输时应垫稳、绑牢、不得相互撞击、接口及钢管的内外防腐层应采取保护措施。管节堆放宜选用平整、坚实的场地；堆放时必须垫稳，防止滚动。堆放层高可按照产品技术要求标准或生产厂家的要求，以减少底部管道的负荷。管道安装前，宜将管节、管件按施工方案的要求摆放，摆放的位置应便于起吊及运送。

如无其他规定时堆放层高应符合表 16.13 的规定，使用管节时必须自上而下依次搬运。管道堆放位置要与沟槽保持一定距离，以免影响沟槽的稳定性。

管道从地面下放到沟槽内的过程称作下管。下管方法根据管材种类、单节管重量和长度、现场情况、机械设备等选择，分机械下管和人工下管两类。机械下管是采用汽车式起重机、履带式起重机、下管机或其他机械进行下管。当缺乏机械或施工现场狭窄，机械不能到达沟边或不能沿沟槽开行时，可采用人工下管。下管时先把预制管节运到沟槽边上，然后从下游检查井中心桩处向上游方向将管节逐一放到沟槽内基础上，边放边排，管节承口应朝向施工前进的方向（图 16.15）。

管节堆放层数与层高 表 16.13

管材种类	管外径 D_0(mm)							
	100～150	200～250	300～400	400～500	500～600	600～700	800～1200	≥1400
自应力混凝土管	7 层	5 层	4 层	3 层	—	—	—	—
预应力混凝土管		—	—	—	4 层	3 层	2 层	1 层
钢管、球墨铸铁管	层高≤3m							
预应力钢筒混凝土管	—	—	—	—	—	3 层	2 层	1 层或立放
硬聚氯乙烯管、聚乙烯管	8 层	5 层	4 层	4 层	3 层	3 层	—	—
玻璃钢管	—	7 层	5 层	4 层	—	3 层	2 层	1 层

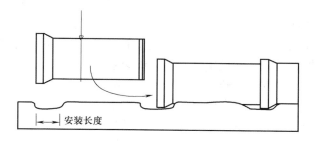

图 16.15 将管道承口放入沟槽底部

采用起重机下管时应符合下列规定：①正式作业前应试吊，吊离地面 10cm 左右时，检查重物捆扎情况和制动性能，确认安全后方可起吊。②下管时工作坑内严禁站人，当管节距导轨小于 50cm 时，操作人员方可近前工作；③严禁超负荷吊装。

管道接口就是用接口材料封住管节间的空隙，它是管道施工中的关键性工序，如果接口质量不好，造成渗水，日久路面可能沉陷，还会污染地下水。

检查管道接口的渗漏情况，通常采用闭水试验。闭水试验是在要检查的管段内充满水，并具有一定的水头，在规定时间内观测漏出水量多少。试验布置如图 16.16 所示。通

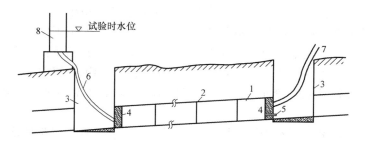

图 16.16 闭水试验示意
1—试验管段；2—接口；3—检查井；4—堵头；5—闸门；6、7—胶管；8—水筒

常在管段两端用水泥砂浆砌砖封堵。低端连接进水管，高端设排气孔。水槽设置高度应使槽内水位为试验规定的水头高度。管内充满水后，继续向槽内注水，使槽内水面至管顶距离达到规定水头位置。此时，开始记录 30min 内槽内水面降落数值，折合每公里管道 24h 的渗水量是否超过表 16.14 规定。如果小于规定数值，该管段的闭水试验即为合格。

钢筋混凝土无压管道严密性试验允许渗水量（GB 50268—2008）　　　　表 16.14

管道内径(mm)	允许渗水量(m³/(24h·km))	管道内径(mm)	允许渗水量(m³/(24h·km))
200	17.60	1200	43.30
300	21.62	1300	45.00
400	25.00	1400	46.70
500	27.95	1500	48.40
600	30.60	1600	50.00
700	33.00	1700	51.50
800	35.35	1800	53.00
900	37.50	1900	54.48
1000	39.52	2000	55.90
1100	41.45		

闭水试验的水头，若管道埋深在地下水位以上时，一般为管顶以上 2m；埋设在地下水位以下时，应比原地下水位高 0.5m。

经水压检验，施工质量符合要求，并经主管部门审查同意后沟槽即可回填。

及早填土可保护管道的正常位置，避免沟槽塌陷，而且尽早恢复地面交通。管道沟槽回填应符合下列规定：①沟槽内砖、石、木筷等杂物清除干净；②沟槽内不得有积水；③保持排水系统正常运行，不得带水回填。沟槽回填土的重量一部分由管道承受，如果提高管道两侧（胸腔）和管顶的回填土密实度，可以减少管顶垂直土压力。

支撑拆除与沟槽回填同时进行，边填边拆。支撑的拆除应与回填土的填筑高度配合进行，且应在拆除后及时回填。对于设置排水沟的沟槽，应从两座相邻排水井的分水线向两端延伸拆除。对于多层支撑沟槽，应待下层回填完成后再拆除其上层槽的支撑。拆除单层密排撑板支撑时，应先回填至下层横撑底面，再拆除下层横撑，待回填至半槽以上，再拆除上层横撑；一次拆除有危险时，宜采取替换拆撑法拆除支撑。铺设柔性管道的沟槽，支撑的拆除应按设计要求进行。

16.4　不开槽施工

管道穿越铁路、公路、河流、建筑物等障碍物，或在城市干道下铺管时，常常采用不开槽施工。与开槽施工比较，管道不开槽施工的土方开挖和回填工作量减少很多；不必拆除地面障碍物；不会影响地面交通；穿越河流时既不影响正常通航，也不需要修建围堰或进行水下作业；消除了冬期和雨期对开槽施工的影响；不会因管道埋设深度而增加开挖土方量；管道不必设置基础和管座等。由于管道不开挖施工技术的进步，施工费用也是较低的。

不开槽施工一般适用于非岩性土层。在岩石层、含水层施工或遇坚硬地下障碍物，都需要有相应的附加措施。因此，施工前应详细勘察施工地段的水文地质和地下障碍物等情况。

工作井是指用顶管、盾构、浅埋暗挖等不开槽施工法施工时，从地面竖直开挖至管道底部的辅助通道，也称工作坑、竖井等。

16.4.1 盾构法施工

盾构法是指采用盾构机在地层中掘进的同时，拼装预制管片或现浇混凝土构筑地下管道的不开槽施工方法。盾构是地下掘进和衬砌的施工设备，广泛应用于铁路隧道、地下铁道、地下隧道、水下隧道、水工隧洞、城市地下综合管廊、地下给水排水管沟的修建工程。

盾构主要由三部分组成，按掘进方向：前部为切削环，中部为支撑环，尾部为衬砌环（图 16.17）。切削环作为保护罩，在环内安装挖土设备；或者工人在切削环内挖土和出土。切削环还可对工作面起支撑作用。切削环前沿为挖土工作面。支撑环为基本的支撑结构，与切削环一起承受土压力。在支撑环内安装液压千斤顶。在衬砌环内衬砌衬块。当砌完一环砌块后，以已砌好的砌块作后背，由支撑环内的千斤顶顶进盾构本身，开始下一循环的挖土和衬砌（图 16.18）。

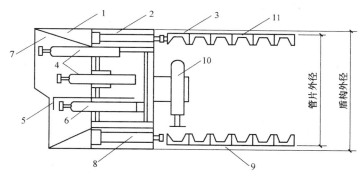

图 16.17　盾构构造简图

1—切削环；2—支撑环；3—盾尾部分；4—支撑千斤顶；6—活动平台；6—活动平台千斤顶；
7—切口；8—盾构推进千斤顶；9—盾尾空隙；10—砌块拼装器；11—砌块

16.4.1.1　衬砌

隧洞衬砌工作的目的是：砌块作为盾构千斤顶的后背，承受顶力；掘进施工过程中作为支撑；盾构施工结束后作为永久性承载结构。在必要情况下应提供衬砌的额外强度。通常衬砌在施工过程中的经验荷载要比施工完成后作为排水管道的荷载重要得多。

隧洞中的排水管道具有一次衬砌和二次衬砌。一次衬砌通常是螺栓连接的钢筋混凝土砌块，它用于支撑施工荷载和永久性荷载。二次衬砌采用现场浇灌混凝土，以提供光滑的水力条件。

（1）一次衬砌

通常采用钢筋混凝土或预应力钢筋混凝土砌块。为了提高砌块的整圆度和强度，在砌块间由螺栓连接。螺栓不仅将一环中相邻两砌块连接，而且也将相邻两环砌块连接。为了提高单块刚性，砌块最好是带肋的。每环砌块的肋数不应小于盾构的千斤顶数。为了在衬砌后用水泥砂浆灌入砌块外壁与土壁间留有的盾壳厚度的孔隙，一部分砌块应有灌注孔。

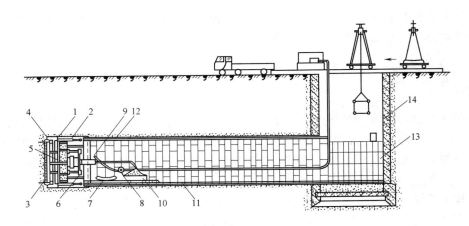

图 16.18　盾构施工概貌

1—盾构；2—盾构千斤顶；3—盾构正面网格；4—出土转盘；5—出土皮带运输机；6—砌块拼装机；
7—砌块；8—压浆泵；9—压浆孔；10—出土机；11—由砌块组成的隧道衬砌结构；
12—在盾尾空隙中的压浆；13—后盾砌块；14—竖井

填灌的材料有水泥砂浆、豆石混凝土等。灌浆作业应在盾尾土方未坍以前进行。灌入顺序自下而上，左右对称地进行，以防止砌块环周的孔隙宽度不均匀。

（2）二次衬砌

二次衬砌按隧洞使用要求而定，在一次衬砌质量完全合格的情况下进行。二次衬砌一般是在环形移动式模板后面浇灌豆石混凝土，或采用喷射混凝土。另一种方法是使用玻璃钢或纤维增强水泥预制的衬里，在一次衬砌与二次衬砌之间的环形空间填充水泥砂浆。

16.4.1.2　地基处理和地下水控制

盾构在含水层内掘进，如果不采用水力开挖，应在施工前降低地下水位或对地下水冻结加固。主要方法有井点降水、地基冻结和注射水泥砂浆（或化学剂）。隧洞面层的地下水可采用压缩空气来控制。

井点降水是在隧洞施工区域内将井点内的水用泵抽掉，以降低地下水位。在施工中，降低地面温度以冻结地下水。从地面通过管道向隧洞内输入循环冷却剂，包括普通盐水或液态氮。注射水泥砂浆或化学剂能够降低土壤的渗透性能，提高非黏性土壤或断裂地带的强度。注射从隧洞内或地表向专门的灌注孔内注射。通过隧洞内的压缩空气与地下水的静水压力之间的平衡，以控制地下水。通常压缩空气的压力小于一个大气压，这已产生相当大的压力。隧洞中有压力的部分用气塞密封。由于部分气体会溢出地面，必须进行连续供气。在压缩空气环境下的工作人员必须进行常规体检。

16.4.1.3　掘进

盾构在工作坑内开始顶进，这种工作坑称起点井。施工完毕，盾构从地下取出，也需开挖工作坑，称终点井。

盾构掘进的挖土方法取决于土的性质和地下水情况。手挖盾构适用于比较密实的土层。工人在切削环保护罩内挖土，工作面形成锅底形，一次挖深一般等于砌块的宽度。盾构顶进应在砌块衬砌后立刻进行。盾构顶进时，应保证工作面稳定，不被破坏。

工作坑是由机械或人工竖直挖掘，常用预应力混凝土砌块环支撑。对于隧洞式排水管道，工作竖井在施工完成后即成为检查井。

盾构施工中，应对沿线地面、主要建筑物和设施设置观测点，发现问题及时处理。

16.4.2 掘进顶管

顶管法指借助于顶推装置，将预制管节顶入土中的地下管道不开槽施工方法。

掘进顶管的工作过程如图 16.19 所示，首先选择工作坑位置，开挖工作坑。然后按照设计管线的位置和坡度，在工作坑底修筑基础，在基础上设置导轨，管子安放在导轨上顶进。顶进前，在管前端开挖坑道，然后用千斤顶将管子顶入。一节管顶完，再连接一节管子继续顶进。千斤顶支撑于后背，后背支撑于土后座墙或人工后座墙。

掘进顶管的管材有钢管、钢筋混凝土管、铸铁管等。为了便于管内操作和安放施工设备，管子直径一般不应小于 900mm。

16.4.3 微型顶管

它是管道直径小于 900mm 时的一种顶管类型。小口径遥控式顶管掘进机构是集机械、液压、激光、电控（含可编程控制器 PLC）、测量技术为一体，跨学科的先进设备。目前德国、日本等发达国家在此方面做了大量的工作，均已形成系列产品。

小口径遥控式泥水平衡顶管掘进机系统（图 16.20）主要由顶管掘进机、遥控操作系统、导轨、进水排泥系统、主顶系统、激光导向系统等组成。

顶管掘进机（图 16.21）主要由截割传动部、机内液压系统、机内电控装置、机内泥水系统、纠偏装置、机内仪表系统和机内摄像机等组成。

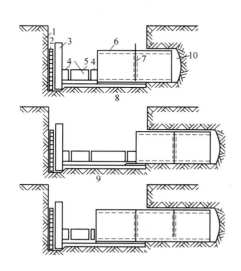

图 16.19　掘进顶管过程示意

1—后座墙；2—后背；3—立铁；4—横铁；
5—千斤顶；6—管子；7—内涨圈；8—基础；
9—导轨；10—掘进工作面

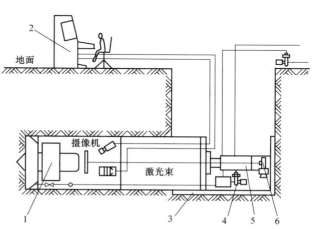

图 16.20　小口径泥水平衡顶管掘进机系统

1—顶管掘进机；2—遥控操作系统；3—导轨；
4—进水排泥系统；5—主顶系统；6—激光导向系统

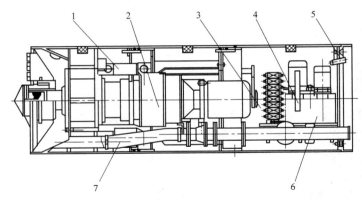

图 16.21　顶管掘进机

1—纠偏装置；2—截割传动部；3—机内液压系统；4—机内仪表系统；
5—机内摄像机；6—机内电控装置；7—机内泥水系统

　　小口径顶管掘进机运用泥水土压平衡工作原理，通过改变切泥口大小和顶进速度控制出土量，使泥水腔内的土压力值稳定并控制在设定的压力值范围内，从而保持到盘切削面土体的稳定。

　　顶管掘进机利用刀盘切削土体进入泥水腔内，通过地面供水泵送水及刀盘的搅拌作用，使之成为泥浆，再由位于工作井内的排泥泵送至地面泥浆处理装置，以此完成取土工作。掘进机和管节的推进是由位于工作井内的主顶液压缸来实现的。

　　由于受土体不均匀性，土体对掘进机及管节的正面阻力和侧面摩擦力的影响，在顶管施工过程中，机头轴线始终处于变化之中。其偏差量的大小直接影响到顶管施工的质量，所以，应控制在一定的范围之内。纠偏是通过固定在第一节和第二节壳体间的四个液压缸来实现的，这四个液压缸上、下、左、右均布。相邻的两个液压缸为一组，同时完成伸或缩的动作。纠偏的依据是看机内光靶上机器中心点偏离激光斑点的距离和方向，当需要纠偏时，只需操作相关的控制按钮即可。

16.4.4　螺旋钻掘进

　　土体采用螺旋钻去除（图 16.22），管道在掘进空间中推进。通常它是一种不太精确的方法，适用于短距离掘进。

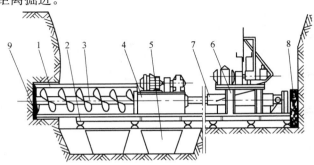

图 16.22　螺旋钻掘进示意图

1—管节；2—道轨机架；3—螺旋输送器；4—传送机构；5—土斗；
6—液压机构；7—千斤顶；8—后背；9—钻头

16.4.5 挤密土层顶管

挤密土层顶管是利用千斤顶、卷扬机等设备将管子直接顶进土层内，管周围土被挤密。在一般土层中，采用这种方法的最大管径和最小埋深见表 16.15。

挤密土层顶管的管径与埋深 表 16.15

管径(mm)	埋深不小于(m)
13~50	1
75~200	2
250~400	3

16.5 施工准备和施工验收

排水管道工程同其他土建工程施工一样，有施工准备、工程施工与竣工验收三个阶段。排水管道的工程施工分两部分，管道的埋设和检查井的砌筑。管道的埋设方法已于前面讲述，本节介绍施工前的准备和施工后的验收。

从事排水管道工程的施工单位应具备相应的施工资质，施工人员应具备相应的资格。排水管道工程施工和质量管理应具有相应的施工技术标准。

16.5.1 施工准备

施工准备非常重要，稍有不慎，将影响施工进度和安全生产。施工单位应按照合同文件、设计文件和有关规范、标准要求，根据建设单位提供的施工界域内地下管线、构（建）筑物资料、工程水文地质勘查资料等，组织有关施工技术管理人员深入沿线实地踏勘、调查，掌握现场实际情况，做好施工准备工作。施工准备工作包括工程交底，现场核查，施工方法选择，施工组织设计编制；施工人员、材料、工具设备场地的准备，与有关地下管线主管单位的联系，以及施工沿线交通和临时排水的安排等。许多工作涉及其他工作单位和市民，公关工作也很重要。

（1）工程交底

工程建设单位在工程正式开工前，要组织由设计单位、施工单位参加的技术交底会。设计单位在会上要做图纸交底，介绍工程设计意图、设计内容、施工要求，以及施工对周围环境将造成的影响和对事故预防的要求。施工单位要详细研究施工图纸和有关设计文件，不清楚的地方应向建设单位和设计单位提问，以求全面了解工程。建立施工期间双方人员相互联系的办法。发现施工图有疑问、差错时，应及时提出意见和建议；如需变更设计，应按照相应程序报批，经相关单位签证认定后实施。

（2）现场检查

调查现场地质状况，认真分析已掌握的现场工程水文地质资料，包括土壤类别和性质、土壤分层厚度和高程、地下水水位高程、地下含水层厚度、水压渗透系数及含水砂层与附近水体联系的有关资料，特别注意有无流砂。必要时，对施工地段的地质情况作进一步的勘探。

核查现场地下管线情况。对施工地段现有的自来水管道、排水管道、煤气管道、供热管道、通信电缆、电力电缆等的具体位置、大小和各种架空线的杆位、高度等核查清楚。核查分两方面进行，同有关单位联系，不能得到明确实情时，在工程现场打样洞核实，按设计制定迁移或保护措施，以避免事故。

要对施工地段的各种地下建筑物或构筑物进行核实，对有碍施工的建（构）筑物，联系有关单位予以处理。同时，对施工地段的房屋建筑、树木绿化等情况也要注意，必要时采取相应措施，为工程施工做准备。

访问交通管理单位，征询意见。

此外，对施工地段可利用的水源、电源、道路、堆场、临时设施搭建场地及施工通道等也要调查清楚，以便编制施工组织设计。

（3）编制施工组织设计

施工单位在开工前应编制施工组织设计，对危险性较大的分项、分部工程应分别编制专项施工方案。施工组织设计、专项施工方案必须按规定程序审批后执行，有变更时要办理变更审批。根据工程文件、现场检查和施工条件，编制施工组织设计，主要内容有：

1）施工说明。说明工程性质、范围、地点、工期，施工方法和进度；施工材料和机具设备；确保工程质量和安全施工的技术措施；劳动力安排，施工用地安排；雨期、冬期、汛期的施工措施，以及缩短工期、降低成本、文明施工等措施。

2）施工设计图。根据管道的技术设计图纸和需要，设计和绘制施工图纸，包括施工总平面图、施工分段图和施工工艺图。在施工总平面图上应标明工程分段、施工程序及流水作业运行方向；施工机械、材料、成品、土方堆放及临时设施、便道等分布情况，以及生活区设置，施工用水用地布置等。在施工分段图上应标明沟坑、起重机械、便道、交通隔离、施工排水、支护及支撑、地基加固等布置。施工工艺图包括各种必要的说明施工细节的图纸，如现场交通及运输路线的安排，根据施工作业需要的井点布置形式和周转程序，施工沉降影响的范围，地面构筑物和地下管线的拆迁范围和加固措施，绿化迁移范围等。

3）施工计划表。包括工程总进度计划表，材料、成品供应计划表，机具设备供应计划表，劳动力计划表，各种建筑物、障碍物、公用事业管线拆迁数量和要求配合的时间表。

4）施工预算。

16.5.2　竣工验收

排水管道施工，力求做到分段完、分段清。所余土方、材料等及时清除，机具设备及时归库，施工用水、用电设施及时拆除。若现有管道因施工需要而封堵的，需安全拆除，做到排水畅通。

工程完工后要进行竣工验收。竣工验收分初步验收和竣工终验两阶段。

初步验收由施工单位组织，邀请有关工程建设单位、工程设计单位、监理单位、质量管理部门和工程接管单位参加。在初步验收时，对整个工程逐项审查，明确整改意见，并提出初评质量等级意见。施工单位要根据初步验收时提出的整改意见，逐项进行整改。整改完成后即可进行终验。终验由工程建设单位组织，参加单位与初步验收时相同。终验结束后，由质量管理部门评定等级。

在进行竣工验收时，必须对工程竣工技术资料进行详细验收。竣工技术资料应包括：竣工技术资料编制说明及总目录，工程概况，施工合同、施工协议、施工许可证，工程开工、竣工报告，工程施工组织设计或施工大纲及其批复，工程预算，工程地质勘查报告，工程地质图，土层分层分析表、化验、试验分析报告，控制点（含永久性水准点、坐标位置）及施工测量定位的依据及其放样、复核记录，设计图纸交底及工程技术交底会议纪要、配合会议纪要，设计变更通知单、施工业务联系单、监理业务联系单、工程质量整改通知单、代用材料审批单、质量自检记录、分项工程质量检验单、分部单位工程质量评定单、隐蔽工程验收单、质量检查打分评审记录，原材料、半成品、成品、构件的质量保证书或出厂合格证明书，工程质量事故报告及调查、处理资料及照片资料，各类材料试验报告、质量检验报告，地基加固处理工艺的施工记录，结构工程施工、验收记录，结构工程、相邻建筑物沉陷位移定期观测资料、施工小结和新技术、新工艺、大型技术复杂工程技术总结，监理单位质量评审意见，全套竣工图，初步验收意见单，竣工终验报告及验收会议纪要，设备运转记录（单机和联动）、设备调整记录，工程决算等。竣工验收对竣工技术资料有严格的要求，在工程施工过程中必须注意积累和随时将有关资料整理成册，以满足工程竣工验收的需要。

第 17 章 沉 积 物

无论在汇水区域表面、检查井内还是在排水管道内，总存在有沉积物。工程技术人员很早就意识到雨水系统中存在的沉积物以及由沉积物带来的问题，因此在雨水口设置了沉泥井（也称截留井）；为限制沉积物在管道内发生沉淀，使沉积物能顺利输送到排水系统的最终出口，在排水管道设计时规定了污水（或雨水）的最小流速。

排水区域内沉积物的迁移是一个复杂的多阶段过程。例如道路上的沉积物，在地表径流的作用下冲到道路边沟，并随雨水沿边沟运动。由于重力作用，被雨水口收集，随后沉淀或输送到下游排水管道。沉积物在排水系统中的输入、输出和运动情况见图 17.1。

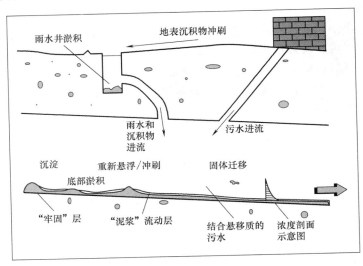

图 17.1 排水管道沉积物

沉积物在排水系统中的迁移速率取决于以下因素：

1）沉积物的物理、化学特性；
2）水流的流速、流态特性；
3）排水管网的布置形式。

例如，不同类型的沉积物在排水系统中的迁移方式不同。小尺寸或低密度颗粒一般在水流状态下为悬浮态，迁移过程中不会沉淀。具有低沉降速率的沉积物可能在流速较小时形成沉淀；当发生暴雨或流量变化较大，管道中流速较高时，它将会重新进入水体。而大尺寸或高密度的颗粒仅当具有高峰流量时才可能迁移，一般情况下它们在排水管道系统进入点附近形成永久性沉淀。

管渠内沉积物的淤积以相对密度较大的土砂沉降到管底和油脂类粘附在管壁为代表，出现位置有：①流速缓慢处，例如由上游较陡坡度向下游较缓坡度的过渡段，该处流速减小，水深增大，边界剪切应力较小。再如管道弯曲部位，由于流体离心力，水流弯向外侧，内弯部分称作剥离区或死水区，流速较低，出现滞水；结果密度小的物质在外弯部通过，密度大的物质在内弯部累积。②下凹处，这里出现流态变化，主要来自设施构造上的缺陷，排水中的物质被捕获。例如倒虹管的管底部位、管道变形部位。③由于沉积物具有沉降速度，长直管道中也会存在沉积物。

17.1 沉积物的来源

排水管道中的沉积物是雨水或污水中存在的适当条件下能够在排水管道及附属构筑物内淤积的可沉降颗粒物质。沉积物的基本分类包括：

（1）砂粒

（2）悬浮固体

1）污水中的悬浮固体；

2）雨水中的悬浮固体。

排水管道内沉积物的来源差异很大，大体上分为三类：日常生产生活产生的沉积物、地表冲刷沉积物以及排水管道本身产生的沉积物。直接连接不渗透面积贡献了分流制雨水管道中的高污染负荷；合流制管渠的最大固体和污染物负荷可能来自旱季生活污水的输入。各种类型沉积物的来源见表 17.1。

排水管道中沉积物的来源　　　　　　　　　　　　　　　　　　　　表 17.1

源　头	类　型
生产生活	1. 相对密度接近于 1 的大块粪便和有机物质； 2. 细小的粪便和其他有机颗粒； 3. 冲刷到排水管道中的纸张和杂物； 4. 厨房内产生的菜叶、果皮和土壤颗粒； 5. 工业和商业活动产生的其他物质
地表	1. 大气降落物（干燥的和湿润的）； 2. 屋顶材料侵蚀颗粒； 3. 道路表面的磨损或者路面重铺工程产生的砂粒； 4. 机动车上的颗粒（例如交通废物、破损轮胎等）； 5. 施工现场的材料（例如建筑集料、混凝土泥浆、金属片、暴露的土壤等）以及其他不当堆积材料； 6. 街道上的碎石和垃圾（例如纸张、塑料、玻璃等）； 7. 非铺砌地区雨水冲刷或者风力吹动的砂子和颗粒物； 8. 植被（例如杂草、树叶、木块等）
排水管道	1. 由于渗漏或者管道/检查井/雨水口的故障，渗进的颗粒物； 2. 管道及附属构筑物结构破损产生的颗粒物

17.2 沉积物的效应

沉积物淤积主要有三种效应（表 17.2）。第一种效应是出现堵塞。沉积物淤积形成的较大颗粒固体与其他物质一起，导致排水管道部分或全部堵塞。第二种效应是限制了排水管道输水能力，造成水力损失。这种效应也会带来合流制溢流（CSO）的过早出现。第三种效应是作为污染物储存器或发生器。有些污染物质仅仅把沉积物作为暂时载体，当出现洪流时释放，造成初期冲刷中的严重污染。淤积床上发生的生物化学反应会为污染物提供腐败条件，所释放的气体会严重腐蚀排水管材。

尤其当动植物油脂在管渠内急剧冷却时，将在管渠内壁附着、固结，或者在水表面形成薄膜。形成的油层，随着新的油脂流入，逐层加厚，使得管渠断面缩小，引起管渠过流能力减小，最终导致管渠堵塞。

由于去除大量沉积物需要一个周期长、成本高的过程，因此应在设计阶段充分考虑将来运行中过度沉积物淤积的可能性。

表 17.2

排水管道中沉积物淤积的效应

现　象	后　果
堵塞	1. 排水管道过载； 2. 地表积水
水力能力的损失	1. 排水管道过载； 2. 地表积水； 3. CSO 的过早运行
污染物储存	1. 在 CSO 运行中冲刷到受纳水体； 2. 污水处理厂的冲击负荷； 3. 具有气体和腐蚀性酸等副产物

17.2.1　水力效应

排水管道水流中存在的沉积物，具有三种不同程度的水力效应：悬浮沉积物对能量的消耗；水流过水断面的降低；以及由于管道底部结构的变化增加摩擦损失。

（1）悬浮状态

当管道中不发生淤积时，水流中或沿管底移动的沉积物将消耗水流的能量。对于粗糙管道，观察结果表明可使管道排水能力降低约 1%。

（2）几何形状

淤积床降低了管道过水断面积，因此增加了流速和水头损失。如果淤积厚度小于管道直径的 5%，则总面积损失较小（<2%），但当淤积厚度超过 10% 时，则影响效果显著。

（3）管底粗糙系数

通常最显著的影响是淤积床粗糙结构造成了总阻力的增加。当水流速度大于沉积物的起动流速后，淤积床表面的沉积物开始滑动或跃动，逐渐形成一种有规则的连续不断的沙波（或称沙浪）。随着流速的增加，沙波的尺寸也在增加。由于近底流线与床面平行，在沙波波峰发生分离，使沙波迎水面及背水面的压力不平衡，由此引起的合力，称作沙波形状阻力。一般管壁的粗糙系数 k_s（在 Colebrook-White 式中）为 $0.15 \sim 6mm$（取决于管材和黏性层），而沙波的有效粗糙系数 k_b 可以达到管径的 10% 或者更大。k_b 值可由下式估算：

$$k_b = 5.62 R^{0.61} d_{50}^{0.39} \tag{17.1}$$

式中　R——水力半径（m）；

　　　d_{50}——沉积物在筛选中，通过 50% 沉积物重量的筛孔孔径，它反映了沉积颗粒的平均尺寸（m）。

以上情况中，当沙波的沉积物淤积厚度为5％时，将会降低排水管道满流能力的10％～20％。但是，较高的流速又会降低沙波的尺寸，直到管底重新出现较小粗糙系数的平缓状态。因此，由淤积床造成水力能力的损失随水流条件的变化很大。尺寸形状和粗糙系数的近似综合效应见图17.2。

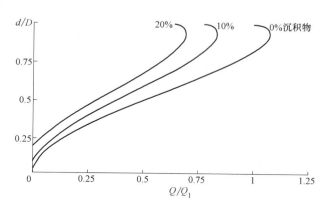

图17.2 淤积床对排水管道通水能力的影响

17.2.2 污染效应

沉积物除本身是一种污染物外，它也是放射性物质、农药和营养物质等污染物的载体。合流制排水管道中，污水中的固体很容易与地表进入的沉积物相混合。有机物易于粘附在无机沉积物上，并随无机沉积物淤积。沉积物形成的粗糙表面，进一步粘附有机物质。在这种条件下，可能形成厌氧环境，导致沉积物部分发生消化反应。形成的副产物脂肪酸将溶解在水中，增大污水的BOD/COD负荷。一些证据说明，沉积物的降解可使水体污染水平提高达400％。显然，沉积物淤积的存在，低流量情况下促进了固体和污染物质的滞留，并在这些物质被冲走以前增加了被降解的可能。

沉积物淤积通常是初期污物冲刷污染负荷的主要成因之一。现场调查说明，在CSO排放的污染负荷中，90％是由排水管道内沉积物腐败引起的。

17.3 沉积物的运动

沉积固体颗粒受力情况在水流中受力情况包括：①当水流经过由松散沉积物颗粒组成的淤积床时，床面颗粒将承受拖曳力和上举力。其中水流作用于固体颗粒顺水流方向的分离称为拖曳力（也称推移力）；当水流绕固体颗粒流动时，水流对颗粒垂直向上的作用力，称为上举力。②对于很细的颗粒，除了沉积物的重力外，抗拒水流作用的还有相邻颗粒之间的黏聚力。③当大量沉积物以推移的形式运动时，由于推移质之间存在粒间离散力，这一部离散力将最终以压力的形式作用在床面沉积物上，有助于床面沉积物的稳定。④在管渠边壁处渗入或渗出现象显著时，还要承受渗透压力的作用。

于是在这些力的作用下，沉积物的运动大体分为三类：挟带、迁移和沉淀。

17.3.1　挟带

当污水流过排水管道的淤积床时，如果淤积固体受到的水平拖曳力和上举力小于淤积固体的重力和分子粘附力，则颗粒保持稳定；如果超出淤积固体的重力和分子粘附力，则水流挟带发生，导致颗粒在水流/固体界面处运动。由于水流的紊动在速度上具有瞬时脉动性，并非所有给定尺寸的颗粒同时移动；一般用临界切应力（τ_0）或临界起动速度（v）表示固体颗粒开始运动时的条件。其中 τ_0 和 v 的关系为：

$$\tau_0 = \frac{\rho \lambda v^2}{8}$$

式中　ρ——液体密度（kg/m^3）；

　　　λ——Darcy-Weisbach 摩擦因子。

雨水管道中，尽管一些沉积物可能具有黏性，但主要是松散的无机颗粒。如果沉积物长时间不被干扰，它将持续淤积在管道底部。污水管道中由于动物油脂和生物黏液的存在，其中的沉积物通常具有类凝聚特性。合流制排水管道中，沉积物是雨水管道和污水管道中沉积物类型的混合。

沉积物的凝聚性增加了需要的切应力，因此水流需要更大的流速才能使淤积床表面的颗粒运动。实验观察到，合成凝聚性沉积物冲刷需要的管底切应力为 $2.5N/m^2$（对于表层物质）和 $6 \sim 7N/m^2$（对于颗粒状、内部密实的沉积物）。可是在大型排水管道的现场调查中看到，只要约 $1N/m^2$ 的切应力就可以启动冲刷。

17.3.2　迁移

一旦沉积物被挟带进水流，它就开始运动。按其运动状态，可分为推移质和悬移质两大类。在水流作用下，沿管底滚动、滑动或跳跃前进的沉积物，称为推移质。这类沉积物一般粒径较粗。另一类是悬浮于水中，随水流前进的沉积物，称为悬移质。这类沉积物一般粒径较细。两类沉积物的运动方式既有区别，又有联系。就同一沉积物组成而言，在较缓水流作用下，可能表现为推移质；在较强水流作用下，则可能表现为悬移质。

表 17.3 说明了迁移方式与紊动所导致的上举力之间的关系，它用剪切速度（U_*）与沉降速度（W_s）衡量。其中剪切速度为：

$$U_* = \sqrt{\frac{\tau_0}{\rho}} \tag{17.2}$$

沉积物的迁移模式

表 17.3

W_s/U_*	模　　式
<0.6	悬浮状态
$0.6 \sim 2$	跳跃
$2 \sim 6$	推移

【例 17.1】　根据对某城市汇水区域内沉积物的分析，沉积物主要由砂粒组成，其沉降速率为 750mm/h。试计算排水管道坡度为 0.15%、直径为 1.5m、流量为半满状态时，

沉积物的运动方式。

解：$R = \dfrac{D}{4} = 0.375\text{m}$

对于半满流，管壁切应力计算为：

$$\tau_0 = \rho g R S_0 = 1000 \times 9.81 \times 0.375 \times 0.0015 = 5.5 \text{N/m}^2$$

由式（17.2）计算切应力：

$$U_* = \sqrt{\dfrac{5.5}{1000}} = 0.074\text{m/s}$$

因此，

$$\dfrac{W_s}{U_*} = \dfrac{750/3600}{0.074} = 2.8 > 2 \text{为推移质运动。}$$

17.3.3 沉淀

如果水的流速或紊流程度降低时，处于悬浮状态的沉积物数量就会减少。累积在管底的物质可能继续以推移质运动。但当水流流速或紊流度低于某一限值时，沉积物将会形成淤积床，只有淤积床表面的物质发生运动。如果水流速度进一步降低，沉积物的运动将完全停止。

如果非满流排水管道受到推移质的作用，但是又不能限制它的沉降，将会形成淤积床。它会增加管底的阻力，造成水深增加、速度降低。

直观上，流速的降低会带来水流中沉积物迁移量的减少，造成进一步的淤积及可能的堵塞。但事实上，实验证明淤积床的存在给沉积物的推移质运动提供了条件。其原因是沉积物迁移的机制也与淤积床的宽度有关。其影响远大于管底粗糙系数造成速度降低的补偿。最后，沉积床增加的深度（和宽度）将与相关的运输能力平衡，防止进一步沉淀。这样，少量淤积原则上对沉积物的迁移是有利的。

17.4 沉积物的特征

17.4.1 淤积的沉积物

对于不同的排水管道类型（污水、雨水或合流污水）、地理位置、汇水区域特性、排水管道系统运行情况、历史和习惯，排水管道中沉积物淤积的特性也具有显著差异。英国 Crabtree（1989 年）建议根据不同的来源、特征和位置，把排水管道内的沉积物分为五类 A-E（见图 17.3）。对这些沉积物特性的描述见表 17.4。

（1）物理特性

类型 A 的沉积物是较大的颗粒物质，主要分布在排水管道底部。这些沉积物的容积密度达到 1800kg/m^3，有机物含量约占 7%，约有 6% 的颗粒粒径小于 $63\mu\text{m}$。较细小的物质（类型 C）中有机物约占 50%，容积密度约为 1200kg/m^3，约有 45% 的颗粒粒径小于

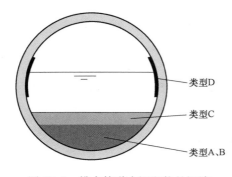

图 17.3 排水管道中沉积物的沉淀

63μm。类型 E 的沉积物是最细小的物质。通常沉积物的实际淤积取决于沉积物的可迁移性以及在特定位置的水流条件。

（2）化学特征

表 17.4 列出了沉积物的一般化学特性。实际上它们的变化范围很大（例如，系数变化为 23%～125%）。通常管壁黏膜的污染性最大，COD 水平约为 49.8gCOD/kg（湿的沉积物）。类型 D、E、C 和 A 的沉积物，其污染强度依次降低，其中类型 A 的平均 COD 水平为 16.9g/kg。但是，这并不能完全表明每一类沉积物的相对潜在污染程度。【例 17.2】将对此作出说明。

排水管道中各类沉积物的物理和化学特性　　　　　　　　表 17.4

描述	沉积物类型				
	A	B	C	D	E
描述	粗大的、松散的颗粒物质	同 A，但结合了油脂	细小的沉积物	有机生物薄膜	细小的沉积物
位置	管道内底	同 A	A 物质以上的静止澄清区	水位线处的管壁上	在 CSO 调蓄池中
饱和容积密度（kg/m³）	1720		1170	1210	1460
总固体（%）	73.4		27.0	25.8	48.0
COD(g/kg)*	16.9		20.5	49.8	23.0
BOD_5(g/kg)*	3.1		5.4	26.6	6.2
NH_4^+-N	0.1		0.1	0.1	0.1
有机质含量（%）	7.0		50.0	61.0	22.0
FOG（%）	0.9		5.0	42.0	1.5

* 每公斤湿沉积物絮块中所含克污染物。

【例 17.2】 一管径为 1500mm 的排水管道，淤积床（类型 A）的平均厚度为 300mm。其上是 20mm 厚的类型 C 层，污水水深为 350mm（BOD_5＝350mg/L）。沿排水管道水面线两侧的管壁上具有 50mm 宽×10mm 厚的生物膜淤积（类型 D）。计算管道上各种类型沉积物的污染负荷。

解： 由管道的几何特性可以计算出过水断面面积以及单位长度每一类型沉积物的体积。根据沉积物的容积密度和它的污染强度，计算出它们的单位污染负荷，见表 17.5。

各种沉积物的计算　　　　　　　　表 17.5

类型	深度(mm)	容积(m³/m)	容积密度（kg/m³）	BOD_5(g/kg)	单位长度 BOD_5(g/m)	负荷百分比（%）
A	0～300	0.252	1720	3.1	1344	79
C	300～320	0.024	1170	5.4	152	9
污水	320～670	0.488	1000	0.35	171	10
D	50×10×2	0.001	1210	26.6	32	2
总计					1699	100

从【例 17.2】的计算结果可以看出，尽管类型 D 的沉积物具有较高的强度负荷，但实际所占比例很小。类型 A 的沉积物由于容积特别大，明显具有很大的潜在污染负荷（此例中为 79%）。另外，沉积物的化学特性随其在管道中不同位置而异。也应注意到，在强降雨条件下，由于沉积物的淤积被侵蚀，总的污染负荷将被稀释。一般暴雨可能只侵蚀到类型 A 沉积物的一部分。在本例中也看到，污水本身仅仅代表了 10% 的污染负荷。

（3）淤积程度

类型 A 和 B 的沉积物总与排水管道的过水能力损失相关，类型 A 沉积物也是污染物的最主要来源。沉积物的特性在不同的地方也大不相同，大颗粒有机沉积物总在管网的上游部分观测到，多数砂粒物质（类型 A）在排水干管中可观测到。较大的截流干管中通常含有类型 C 与类型 A 的混合沉积物。管壁的黏液/生物膜（类型 D）很重要，因为它们具有常见、高度浓缩、易于侵蚀和影响水力粗糙度的特点。

17.4.2 可移动沉积物

（1）悬浮状态

在旱季和雨季水流中，悬移态主体颗粒尺寸约为 $40\mu m$，主要是污水中的固体。合流制排水管道水流中的多数悬移质（约 90%）为有机物，具有生化活性以及吸附污染物的能力。沉降速度通常小于 10mm/s。

（2）靠近管底

在旱季水流条件下，沉积物颗粒在管底能够形成高度浓缩的移动层或者"厚实的潜流"（图 17.4）。该区域的固体尺寸较大（>0.5mm），主要是有机颗粒（>90%），一般认为它受到悬浮流量的挟带。测到的固体浓度达 3500mg/L，相应的生化污染物也被浓缩。根据 1994 年 Ashley 等人的观测，总固体中约有 12% 的物质通常靠近管底运动。初期冲刷认为是靠近管底固体快速挟带作用的主要原因。

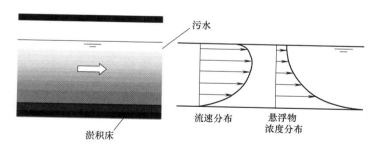

图 17.4　旱流条件下水流速度的分布和悬浮沉积物的分布

（3）颗粒性推移质

仅仅在坡度较陡（>2%）的排水管道中，颗粒固体粒径在（2~10mm）时，以推移质形式移动。在坡度较缓（<0.1%）部分，很少观测到颗粒物质的运动，此时假设它处于淤积状态。

（4）颗粒尺寸

排水管道中移动的沉积物，较小尺寸的颗粒将与较大部分的污染物相关（表 17.6）。

与不同颗粒尺寸相关的总污染负荷百分比（单位:%）　　　　表 17.6

污染物	颗粒尺寸（μm）		
	<50	50~250	>250
BOD	52	20	28
COD	68	4	28
TKN	16	58	26
碳氢化合物	69	4	27
铅	53	34	13

第18章 管渠内硫循环

排水管道日常运行管理中，气味和腐蚀是面临的两大问题。气味中尤其硫化氢气体，在一定浓度下会对工作人员或无意接触排水系统的人员造成伤害；腐蚀会恶化排水管渠的结构和性能，甚至引起运行事故。目前一般观点是硫的转化和循环在引起排水管渠的气味和腐蚀问题中起到重要作用，因此本章将讨论硫循环相关知识和硫化氢控制措施。

管渠在收集和输送排水过程中，形成了复杂的生物化学环境。图 18.1 为排水管渠中硫循环示意图，考虑硫的反应存在于水和大气中，因此过程可划分为液相和气相，它也表示了重力流排水管渠的一般形式，即液相过程发生在下部，气相过程出现在上部。

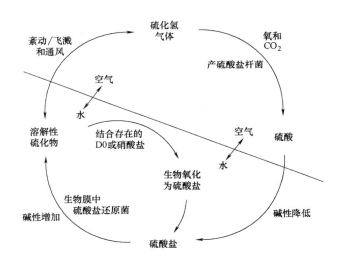

图 18.1 排水管渠硫循环示意图

硫循环可分为四个主要阶段：硫化物生成、硫化氢释放、硫化氢氧化和排水管壁处酸反应。各个阶段均通过物理化学或生物化学作用，完成特定的功能。

如果污水中包含了充分的溶解氧或硝酸盐，水中一些硫化物可重新氧化为硫酸盐，形成水体内部的小循环，该循环处于生物膜层的外部。

18.1 硫化物形成

污水中的硫一般为无机硫酸盐或有机硫化物。进入污水收集系统的原生活污水，通常不含硫化物。硫酸盐通常来源于市政给水中的矿物质或者地下水的渗透。有机硫化物存在于人类和动物的排泄物和洗涤剂中，在一些工业废水中的含量甚至更高，例如皮革、酿造和造纸工业产生的废水。污水中的生化反应可产生硫化物。排水管渠中，引起和加速硫化物生成的条件有：

1）高的 BOD_5 浓度；

2）含有大量具有硫化物或有机硫的工业废水；

3）硫酸盐浓度较高的污水；

4）pH 值较低的污水——pH 值越低，硫化氢分子存在的比例越大；

5）温度较高的污水会加速生物活动；厌氧菌在 10℃ 以下几乎失去作用，当温度升高到 10℃ 以上时，硫化氢的生成速度随温度升高而不断增加；

6）厌氧状态下，污水的长时间滞留；例如坡度较缓的排水管道、较长的提升干管、较大的泵站湿井；

7）较低流速的污水，它能降低复氧的速率，增大沉淀速率；

8）管底存在沉积物。

18.1.1　生物膜层

重力排水管道水位线以下或压力排水管道中，沿着管壁会形成生物膜。生物膜是水中微生物及其胞外聚合物与有机、无机粒子相互黏合的聚合物，它附着于管道内壁，形成一层黏稠状薄膜。为了在新排水管道中建立完整生产性的生物膜层，需要将近 2 周时间，且将覆盖整个水下管道内壁。一旦形成，生物膜层将变为排水管道的永久性结构组织。生物膜中包含的微生物种类繁多，有多种细菌、放线菌、真菌和少量原生动物，形成复杂的微生物群落。正常运行的排水系统中，生物膜往往是小型稳定的生态系统，生物膜中好氧、厌氧及兼性微生物共存。

图 18.2 说明了典型的排水管道生物膜层、硫化物的形成和硫化物气体的释放。为了理解硫化物的形成，通常将生物膜分为外侧的好氧层、中间硫化物生成厌氧层和内部惰性厌氧层。

（1）好氧层

好氧层通常很薄，它以溶解氧（O_2）的存在为特征。如果污水包含了充分的溶解氧，生物膜将由好氧层覆盖。生活在该层内的细菌，将溶解氧用于分解有机物，维持它们的生命活动。好氧分解的主要产物为二氧化碳和水。好氧层不能生成硫化氢，但好氧层可以生长消耗硫化氢的好氧细菌，它将快速将硫化物氧化为硫酸盐。

（2）硫化物生成厌氧层

由于氧气在好氧层内的消耗，硫化物生成厌氧层中生存的细菌，只能利用化合氧维持它们的生命活动，例如硝酸盐（NO_3^-）、亚硝酸盐（NO_2^-）、硫酸盐（SO_4^{2-}）、亚硫酸盐（SO_3^{2-}）和有机含硫化合物。当这些细菌利用硝酸盐和亚硝酸盐时，产物为无臭的氮气（N_2）；当利用硫酸盐、亚硫酸盐和有机含硫化合物时，产物为硫化物（S^{2-}）。与利用亚硫酸盐、硫酸盐和有机含硫化合物相比，细菌利用硝酸盐和亚硝酸盐可以获取更多的能量。因此，当污水中存在硝酸盐时，硝酸盐还原菌将具有更大的活性，它将占据该厌氧层，甚至还可以消耗由硫酸盐还原菌生成的硫化物。可是，生活污水中基本不含硝酸盐和亚硝酸盐，而硫酸盐几乎普遍存在于生活污水中，因此将在该厌氧层不断生成硫化物。硫酸盐和有机含硫化合物（以半胱氨酸为例）还原反应可表示为：

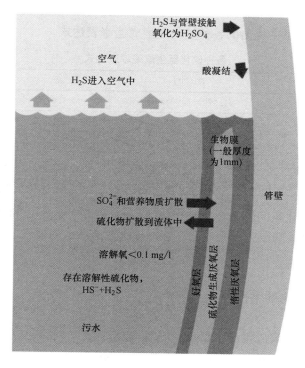

图 18.2 排水管道生物膜

$$SO_4^{2-} + 2C + 2H_2O \xrightarrow{\text{硫酸盐还原菌}} H_2S + 2HCO_3^- \tag{18.1}$$

$$CH_2(SH)CH(NH_2)COOH + H_2O \rightarrow CH_3COCOOH + NH_3 + H_2S \tag{18.2}$$

（3）惰性厌氧层

惰性厌氧层是不会直接产生硫化物的厌氧区。但是该层对于硫化物的生成具有重要影响。进入该层的 BOD_5 会厌氧发酵，分解为小分子有机物。这些小分子有机物易于被硫酸盐还原菌吸收，促进硫酸盐还原为硫化物。

（4）压力流管道

压力管道保持满管流状态，污水难以供氧，溶解氧通常在进入后 5～30min 内被消耗完，使管道内部很快处于厌氧状态。因压力管道内沉积物较少，可忽略它对硫化物生成的影响。管壁附着的生物膜和污水中所含的微生物，将硫酸盐作为供氧源，分解有机物。硫酸盐还原成硫化物，生成速率一般表达为

$$\frac{dC}{dt} = \left[Flux(20) \times \frac{4}{D} + R_s(20) \right] \times \theta^{T-20} \tag{18.3}$$

式中　C——污水中硫化物浓度（gS/m^3）；

　　　　t——时间（h）；

$Flux(20)$——20℃时单位生物膜面积硫化物生成速率（$g/(m^2 \cdot h)$）；

　　　　D——管道内径（m）；

$R_s(20)$——20℃时污水中硫化物生成速率（$gS/(m^3 \cdot h)$）；

　　　　θ——温度修正系数；

T——水温（℃）。

表 18.1 说明了文献中提出的各种硫化氢生成速率表达式。

各种硫化氢生成速率表达式　　　　　　　　　　　　　　　　表 18.1

$Flux(20)$	$R_s(20)$	θ	提出者
$1\times10^{-3}BOD$	$1.572\times10^{-3}BOD$	1.07	Pomeroy 等人
$0.228\times10^{-3}COD_{Cr}$	$0.365\times10^{-3}COD_{Cr}$	1.07	Boon 等人
$a(COD_s-50)^{0.5}$	—	1.07	Nielsen 等人
$0.5\times10^{-3}uBOD_5^{0.8}S_{SO4}^{0.4}$	—	1.139	Thistlethwayte 等人

式中 a——经验速率常数；u——流速（m/s）；S_{SO4}——硫酸盐浓度；COD_s——溶解性 $COD(gO_2/m^3)$

通常将污水中硫化氢问题的严重性根据 0.5mgS/L、3mgS/L 和 10mgS/L 划分为低、中和高问题。在具有长的压力干管或高温重力排水管道污水的情况下，常报道硫化物浓度要显著高于 10mgS/L。

18.1.2　污水中硫化物的平衡

当水中溶解氧和硝酸盐含量很低时，在硫化物生成厌氧层外，没有重新氧化硫化物时，硫化物将释放到污水流中。于是它将在四种不同硫化物之间迅速形成化学平衡：硫离子（S^{2-}）、硫氢根离子（HS^-）、（水合）硫化氢（$H_2S_{(aq)}$）和（气态）硫化氢（$H_2S_{(g)}$）。

$$H_2S_{(g)}\Leftrightarrow H_2S_{(aq)}\Leftrightarrow HS^-\Leftrightarrow S^{2-} \tag{18.4}$$

硫离子（S^{2-}）：硫离子带有两个负电荷，在溶液中是无色离子。因为它不会从水中释放到大气，它不会引起异臭问题。

硫氢根离子（HS^-）：硫氢根离子带有一个负电荷，这是因为硫离子的一个负电荷被带正电的氢离子平衡。硫氢根离子中的氢离子（H^+）来自水分子（H_2O），于是在溶液中留下了氢氧根离子（OH^-），使污水呈碱性。硫氢根离子仅存在于溶液中，它也不会引起异臭问题。

（水合）硫化氢（$H_2S_{(aq)}$）：它是存在于水中的硫化氢溶解气体。硫化氢分子的极性，使它中等溶解于水。溶解（水合）形式下，硫化氢不会引起异臭。可是它可以作为自由气体离开溶液的硫化物。硫化氢离开溶液的速率，将根据亨利定律，受到污水紊动程度和 pH 值控制。

（气态）硫化氢（$H_2S_{(g)}$）：硫化氢离开水体后，就成为可能带来异臭和腐蚀的气体状态。硫化氢为无色有臭鸡蛋气味的气体，人们感知的平均阈值为 0.002mg/L，但有些人在含量低于 0.0005mg/L 时就可以感知到。硫化氢也是一种剧毒气体。含量低至 10mg/L 时，可能引起恶心、头痛和眼部疼痛。高于 100mg/L 时，它可能引起严重的呼吸困难，失去气味识别能力（嗅觉神经麻痹），眼部灼痛。高于 300mg/L 时，在数分钟内引起死亡。硫化氢分子量为 34，相对密度为 1.19（空气为 1），容易积聚在低空。它也为易燃危险化学品，与空气混合能形成爆炸性混合物，遇明火、高热能引起燃烧爆炸。因此硫化氢气体是每年各种污水意外事故的主要危险源。硫化氢的毒谱见表 18.2。

硫化氢毒谱（侵入途径：吸入）				表 18.2
浓度（单位:mg/L）	反应	浓度（单位:mg/L）		反应
1000～2000(0.1%～0.2%)	短时间内死亡	50～100		气管刺激、结膜炎
600	一小时内死亡	0.41		嗅到难闻的气味
200～300	一小时内急性中毒	0.00041		人开始嗅到臭味
100～200	嗅觉麻痹			

根据平衡方程（18.4），一旦溶解性硫化氢释放到气相，将在排水管道大气环境内扩散，很少能达到返回液体的充分高浓度；于是转化反应向左移动，有更多的硫氢根离子转化为水合硫化氢，同样硫离子将转化为硫氢根离子。平衡转化反应迅速且对污水的 pH 敏感。

18.1.3　硫化物生成潜在趋势

近年有证据表明，污水收集系统的异臭和腐蚀问题在逐渐加剧，其原因如下。

（1）工业废水排放的法律法规增强。工业废水排放法律法规的增强，尤其关注铅、铜、汞、铬、锌等重金属的排放。而溶解性硫离子对金属具有很强的亲近性，便于形成不溶性硫化金属，即为一种潜在的除硫机制。同时重金属对生物膜中细菌也具有毒性作用，可抑制生物膜的生长，有助于减少硫化物的形成。而在禁止重金属排放后，将有利于生物膜的生长，便于产生更多的硫化物。图 18.3 说明了美国洛杉矶一座污水处理厂多年的进水金属浓度和硫化物浓度的变化。工业废水预处理导致污水中硫化物浓度的增加，加剧了异臭和腐蚀问题的严重性。

（2）节水实践。节水实践的意义在于节约利用宝贵的水资源，降低了用水量，从而减少了供水设施尺寸，减少了供水的药耗和能耗，取得了良好的社会、经济和环境效益。可是从污水排放而言，节水实践减少了污水量，使原有管道内的流速降低，延长了管道内的水力停留时间。于是为污水 BOD_5 的降解提供了更多时间，溶解氧消耗更多，污水中厌氧条件更强，更有助于硫酸盐向溶解性硫化物的转化。

图 18.3　金属与硫化物的关系

（3）污水处理设施的扩大化。随着城市的发展，污水厂规模的扩大，小型污水处理厂的关闭，这样便于发挥污水处理的规模效应。带来的影响是排水管网的距离变长，需要更多的中途提升泵站和压力管道，于是增加了管网内的停留时间和厌氧条件，便于硫化氢的生成。

【例 18.1】　压力干管中的硫化氢生成。压力干管生物膜中产生的硫化氢，具有恒定

的通量 $r_a = 0.10 gS/(m^2 \cdot h)$。水相中没有显著产生量出现。管道长度为 4000m，污水的容积流量为 $Q = 100 m^3/h$。管道进口处的 DO 浓度和硫化物浓度均为 0。

结合管道出口处污水相中硫化物浓度，比较污水迁移的两种不同情景。管道 1 直径 $D_1 = 0.3m$，管道 2 直径 $D_2 = 0.4m$。管道 1 将具有较短的停留时间。可是与管道 2 相比，它具有较高的生物膜面积/容积比值，因此具有较高的硫化物容积产量速率。

解：每一条管道中的停留时间如下：

$$管道1：t_1 = \frac{\frac{\pi}{4} \cdot D_1^2 \cdot L}{Q} = \frac{\frac{\pi}{4} \cdot 0.3^2 \cdot 4000}{100} = 2.83h$$

$$管道2：t_2 = \frac{\frac{\pi}{4} \cdot D_2^2 \cdot L}{Q} = \frac{\frac{\pi}{4} \cdot 0.4^2 \cdot 4000}{100} = 5.03h$$

两条管道中每一条的硫化氢形成容积速率乘以停留时间，得到出口处污水的硫化氢浓度：

$$管道1：c_1 = r_{a,1} \cdot \frac{\pi \cdot D_1}{\frac{\pi}{4} D_1^2} \cdot t_1 = r_{a,1} \cdot \frac{4}{D_1} \cdot t_1 = 0.10 \times \frac{4}{0.3} \times 2.83 = 3.8 gSm^3$$

$$管道2：c_2 = r_{a,2} \cdot \frac{4}{D_2} \cdot t_2 = 0.10 \times \frac{4}{0.4} \times 5.03 = 5.0 gSm^3$$

本例说明停留时间（流量条件）和管道直径（系统条件）影响了压力干管污水中的结果硫化物浓度，快速迁移速率带来较低的硫化物浓度。

18.2　硫化氢释放的影响因素

污水中硫化氢的释放与温度、大气压、液体紊动和 pH 值均有很大关系。硫化氢异臭和腐蚀的影响在紊动点表现显著。紊动、飞溅和跌水产生了水滴，大大增加了液体与气体接触的表面积，于是为 H_2S 气体从液相转化到气相提供了更大的空间，提高了转化速率。

两种重要的硫化物（HS^- 和 $H_2S_{(aq)}$）之间的定量关系，受到污水 pH 值控制，见图 18.4。该图说明，在 pH 值为 7.1 时，这两种硫化物之间的比例关系近似为 50/50。这意味着正常污水 pH 值下，一半硫化物以硫氢根离子存在，一半以水合硫化氢存在。因此正常生活污水中有一半硫化物具有离开液相的可能性。如果 pH 值较低，则将有更多的硫化氢可转化为气态形式。

从图 18.4 可以看出，硫氢根离子和水合硫化氢之间的关系曲线，在接近中性 pH 值处斜率很大，这意味着 pH 值的略微变化，会显著影响两种成分在水中所占的比例。低 pH 值有助于硫化氢气体的释放，而升高 pH 值，则可以抑制硫化氢

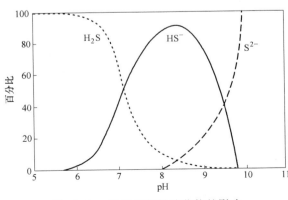

图 18.4　pH 对溶解性硫化物的影响

的释放。

根据以上讨论，采取以下措施将有助于减少污水收集系统中的硫化氢释放：

（1）通过细心设计和水力分析，最小化或减小检查井、集水井进口和排水管道内的水流紊动。

（2）适当处理跌水构筑物，减少水滴飞溅和气体逸出。

（3）周期性检查和清通排水管道中的垃圾，这些垃圾可能因为紊动，增加硫化氢的释放。

（4）提高污水 pH 值水平，降低硫化氢释放的潜在性。

18.3 硫酸生成

硫化氢气体不仅是污水收集系统内异臭问题的常见原因，它也是排水管道腐蚀的主要原因。自然界中存在一类好氧细菌（产硫酸杆菌），常生活在污水管道水面线以上的管道顶部、管壁以及排水构筑物水面线以上的壁面。这些细菌能够消耗硫化氢气体，通过氧化产生能源并生成硫酸。该过程发生的条件为，具有充分供应的硫化氢气体（$>2.0mg/L$）、较高相对湿度、存在二氧化碳和氧气的环境。多数污水收集系统具备这样的条件，或者一年内部分时间具备。暴露于严重硫化氢环境（空气中含量$>50mg/L$）的固体表面，pH 值可降至 0.5 以下，相当于为 7％的硫酸溶液。

对于将硫化氢氧化为硫酸的生物新陈代谢过程，可简化表示为：

$$H_2S_{(g)} + 2O_2 \xrightarrow{\text{产硫酸杆菌}} H_2SO_4 \qquad (18.5)$$

18.4 排水设施腐蚀

18.4.1 混凝土腐蚀

通水初期的新铺污水管道，管壁处的 pH 值大约在 12～13 之间，取决于混凝土中的水泥含量。pH 值较高是由水泥水化副产物氢氧化钙 [$Ca(OH)_2$] 造成的，它是一种强碱性结晶体，可能占到混凝土容积的 25％。pH 值为 12～13 的物质表面，将不允许任何细菌的生长，因为这样高的 pH 值会溶解细胞壁中的蛋白质。可是由于二氧化碳（CO_2）和硫化氢（H_2S）的影响，混凝土表面的 pH 值随着时间会下降。二氧化碳和硫化氢也称作"酸性"气体，当溶解到水中时，CO_2 会形成碳酸，H_2S 会形成硫代硫酸和连多硫酸，均能够与氢氧化钙发生化学反应，以降低 pH 值。最终混凝土表面的 pH 值可降低到维持细菌生长的水平（pH 为 9～9.5）。

降低通水初期新铺混凝土表面 pH 值需要的时间，为排水管道大气中二氧化碳和硫化氢浓度的函数。为了将混凝土表面 pH 值从 13 降到 9，有时需要数年的时间，可是一些严重情况下，可能在数月内完成。

目前已经知道具有超过 60 种不同的细菌，可以在排水管道或构筑物水面线以上的壁面生长。其中产硫酸杆菌属在存在氧气、二氧化碳时，可以将硫化氢气体氧化为硫酸。不同的细菌种类可生活在 pH 值 9 以下，其中一种氧化硫硫杆菌，可在 pH 近似为 0.5 下生存。

硫酸对混凝土组织的攻击，通常会生成硫酸钙，反应如下：

$$H_2SO_4 + CaSi \rightarrow CaSO_4 + Si + 2H^+ \tag{18.6}$$

$$H_2SO_4 + CaCO_3 \rightarrow CaSO_4 + H_2CO_3 \tag{18.7}$$

$$H_2SO_4 + Ca(OH)_2 \rightarrow CaSO_4 + 2H_2O \tag{18.8}$$

硫酸钙（$CaSO_4$）也称作石膏，其特点是耐水性差，尤其在潮湿环境中，不宜作为结构支撑。它在水面线以上的混凝土表面，表现为一种白色浆状物质，使混凝土表面变得松软。当受到高流量或间歇性冲刷后，该部分物质脱落，重新暴露出新的混凝土材料，引起混凝土的损失。

18.4.2　金属腐蚀

排水管渠内潮湿状态下多数金属腐蚀具有两种不同的路径。一种是由于暴露于硫酸下的硫酸腐蚀；另一种是硫化氢腐蚀。硫化氢的金属腐蚀机理比较复杂，包括化学腐蚀、电化学腐蚀、氢鼓泡、氢致开裂、硫化物应力腐蚀开裂、应力导向氢致开裂（氢脆）等。排水管渠系统内的金属腐蚀常出现在钢筋混凝土中混凝土损失后对钢筋的腐蚀、检查井内金属踏步腐蚀、检查井盖和盖座的腐蚀等。

18.4.3　管道腐蚀潜在性估算

1970 年，Pomeroy 提出了指标 Z 公式，为了表达重力流管道内形成硫化物的条件。"Z 公式"为：

$$Z = \frac{3(EBOD)}{S_0^{\frac{1}{2}} Q^{\frac{1}{3}}} \frac{\chi}{B} \tag{18.9}$$

式中　$EBOD$——有效 BOD_5（$= BOD_5 \times 1.07^{(T-20)}$）（mg/L）；

T——污水温度（℃）；

S_0——排水管道坡度（m/100m）；

Q——流量（L/s）；

χ——湿周（m）；

B——水流宽度（m）。

式（18.9）包含了代表生成硫化物的主要影响因素 $EBOD$，它考虑了污水水温和（间接的）硫酸盐含量的影响。Z 值和它的解释见表 18.3。

Z 公式在流量很大的情况下应用是不合适的，当流量超过 2000L/s，即使 Z 值很低，仍可能产生硫化氢。反之流量小于 3L/s，即使 Z 值很高硫化氢也产生得很少。

【例 18.2】　口径为 500mm 的混凝土管道（$n=0.012$），坡度为 0.1%。管道中污水为半满流。如果污水的 BOD_5 指标为 500mg/L，夏季温度为 30℃，计算产生硫化氢的可能性。

	硫化物生成可能性			表 18.3
Z 值	硫化物状况	Z 值	硫化物状况	
<5000	硫化物存在的浓度很小	7500<Z<10000	可能造成气味和腐蚀问题	
5000<Z<7500	可能具有低的浓度	10000<Z<15000	气味和显著的腐蚀问题经常发生	

解：水流的几何特性分别为：

过水断面面积：$A=\pi D^2/8=0.098\text{m}^2$

湿周：$\chi=\pi D/2=0.785\text{m}$

水流表面宽度：$B=D=0.5\text{m}$

流量 Q：

$$Q=\frac{A}{n}R^{\frac{2}{3}}I^{\frac{1}{2}}=\frac{0.098}{0.012}\left(\frac{0.098}{0.785}\right)^{\frac{2}{3}}0.001^{\frac{1}{2}}=64.6\text{L/s}$$

$$EBOD=\text{BOD}_5\times1.07^{(T-20)}=500\times1.07^{10}=984\text{mg/L}$$

由式（18.9）得：

$$Z=\frac{3(EBOD)}{S_0^{\frac{1}{2}}Q^{\frac{1}{3}}}\frac{\chi}{B}=\frac{3\times984}{0.1^{\frac{1}{2}}64.6^{\frac{1}{3}}}\frac{0.785}{0.5}=3653$$

该 Z 值说明管道内基本上不存在硫化物。

18.5 硫化氢控制技术

有许多技术可用于控制硫化氢的生成或扩散（表 18.4）。

	硫化氢控制技术	表 18.4
	目的	方法
抑制硫化物生成	防止污水呈厌氧状态	注入空气、氧气、硝酸盐或过氧化氢
	生成硫化物沉淀	注入氯化亚铁或硫酸铁
	抑制微生物活性	注入氯气、次氯酸钠、高锰酸钾
	去除生物膜	高速冲洗管道/清管器清通管道
抑制硫化氢释放	氧化硫化物	生物氧化＋气相中硫化氢处理(在管道出口处)
抑制硫酸生成	抑制微生物活性	使用耐菌性混凝土
混凝土防腐	提高混凝土的耐酸性	使用耐腐蚀涂层/使用耐腐蚀混凝土

（1）排水设计

最有效控制 H_2S 产生和扩散的方式，首先是合理的排水设计。在设计中保证达到自净流速；避免水流的过度紊动；加强接口、检查井等易受腐蚀位置的特殊防护。

正确选材和发展新型耐腐蚀材料。建议采用耐腐蚀的混凝土材料，或者利用环氧树脂涂层或 HDPE 内衬对管材进行防护。陶土管和塑料管道是两种耐酸性腐蚀的材料。

（2）通风

良好的通风有以下几个优点：

1）维护管道内的好氧条件，避免硫酸根离子的还原；

2）通风携带走一部分 H_2S；

3) 保持管道水面以上内壁干燥，减少内壁的凝结水。

（3）曝气

从文献来看，当 DO 浓度$>1mgO_2/L$ 时，重力流排水管道污水中不存在硫化物；DO 浓度在 $0.2\sim0.5mgO_2/L$ 时，基本上不存在硫化物问题。当向污水中注入空气或纯氧时，它们可以氧化溶解性 H_2S，抑制硫酸盐还原菌的活性。它常用于污水提升干管的防腐处理中。曝气点可以在提升干管的进口处，为了维持管道中的好氧条件；也可以在出水口，氧化已形成的硫化物。这些方法都需要较高的供气设备和运行费用。

（4）消毒

加入氯或次氯酸盐、过氧化氢、臭氧或高锰酸盐，能够氧化水中存在的任何硫化物，并暂时制止生物的活性，能进一步防止生成硫化物的可能。

（5）化学添加剂

加入二价铁盐，使污水中的硫化物形成难以溶解的硫化亚铁（Ⅱ）沉淀。这将生成额外的固体。

缺氧条件下，硝酸盐可转化为氮气，抑制硫酸盐的厌氧还原。但是投加硝酸盐的剂量计算很困难。过分加入硝酸盐，将给污水处理厂的运行造成问题。

另一种方法是向污水中加入石灰，提高污水的 pH 值，减少水合 $H_2S_{(aq)}$ 的溶解比例，这是小口径压力管道防腐的很好选择。

第 19 章　养护和管理

排水管渠系统除建设期外，施工完成后的养护管理同样重要。设计是按照理想状况或者预想状况进行的，而排水管渠运行阶段将面临与设计条件不同的各种问题。随着运行，排水管渠日益老化和服务范围不断变化，在结构、水力和水质方面会出现各种各样的问题。常见问题有过重的外荷载、地基不均匀沉降，或由于污水的侵蚀作用使管渠损坏、裂缝或腐蚀；污物淤塞管道；地下水渗入等。出现故障的排水管渠将威胁到附近建（构）筑物的安全，污染土质和地下水，影响污水厂的正常运行。因此排水管渠建成后，为保持其正常工作，必须进行日常养护和管理。

排水管渠系统的管理，不同城市有不同的管理模式。有的城市实行统一管理，即将排水管渠、泵站和污水处理厂统一交给一个机构管理；有的城市实行分散管理，即由一个机构负责排水管渠的管理，由另一个机构负责排水泵站和污水处理厂的管理；还有的城市实行分级管理，即连接支管由所在地区的一个机构管理，而排水总管则由另一个机构统一管理。采用何种管理模式，取决于工程规模和如何达到最高的管理效率，使排水管渠系统发挥最好的效益。

与新系统建设相比，系统养护和修复具有一定的难度，包括：在现有管路上工作；需解决与其他地下设施之间的大量冲突；考虑养护和修复的技术经济效益分析等。

养护管理可分为人员管理、安全管理和技术管理。人员管理以提高养护人员素质为目的，通过业务和专业培训提高养护队伍的工作能力。养护人员必须持证上岗，具有一定的专业知识和业务技能；安全管理要以"安全第一"为行动准则，确保人员安全作业、设施安全运行；技术管理要积累工作经验，运用先进技术，制定针对性的养护方法，总结自己的养护管理特征。

19.1　排水管渠系统综合管理过程

排水管渠系统综合管理注重四项基本活动（图 19.1）：

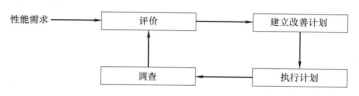

图 19.1　排水管渠系统综合管理过程

1）调查：收集、排序和处理数据，为了获得排水管渠系统性能和包含对象状况的信息。

2）评价：确定现有状况和需要状况之间的差异，并评价发现的任何异常。性能需求以目标、功能需求和性能准则形式定义。

　　3）定义措施：规划哪里和何时需要执行措施。

　　4）执行措施：执行计划。

　　功能需求和性能准则形成了评价政策、策略和运行管理的工具，用于测试管理活动的效果。排水管渠系统综合管理的性能需求可总结如下。

　　1）公共卫生。排水管渠系统良好持续的运行，能够在提供良好的公共卫生环境同时，排水管渠系统本身不应造成公害，或对用户和操作人员造成健康危害。

　　2）资产管理。排水管渠系统建设、更新和改造需要很高的费用，因此需要对这些固定资产进行有效维护。

　　3）水力性能维护。养护的基本任务是维护管渠系统的水力性能，最小化污水溢出管道的可能，并达到防洪目的。

　　4）污染最小化。合流制和雨水管道需要将雨污混合水或雨水排放到受纳水体。维护的作用是减少污染物成长的条件。

　　5）破坏最小化。排水管渠系统的管理养护部门应注意养护的效率，尽量避免运行养护中对排水管渠的破坏。

19.1.1　调查

　　调查是排水管渠系统综合管理的第一阶段，调查过程见图19.2。

　　（1）调查目的

　　为了执行排水管渠系统及其组成性能评价的调查，可能包括总体规划目标的调查和运行计划目标的调查。调查目的影响了执行调查的方式（例如采用的方法、详细程度和期望的精度）和结果评价的方式。

　　包含在调查中的排水管渠系统组件，应是为完成调查目的所必要的，例如包括：排水体制，污水管道、雨水管渠、合流管渠，重力输送管渠、泵站和压力输送管道，检查井，调蓄池，溢流井，监控设施，排放口等。

　　（2）性能信息回顾

　　应综合考虑以往记录和其他相关信息。如果现有系统中存在一些性能问题，则应说明。例子包括：积水事故的记录，管道堵塞事故，管道破裂事故，压力管道事故，工作人员的疾病、伤害或死亡伤害事故，受影响的公众疾病、伤害和死亡事故，电视调查和可视化检查数据，排水事故投诉状况等。这些数据有助于安排调查的优先性（将首先考虑最严重的问题）。

　　（3）确定调查范围

　　根据性能信息的回顾，可以确定调查是在整个服务范围还是在局部执行。

　　（4）审核现有信息

　　排水管渠系统所有可用相关信息，是后续编制改善计划的基础，现有信息包括：

　　1）资产状况：所有排水管渠的位置、尺寸、形状和材料类型，检查井的位置、深度和标高，附属构筑物例如溢流井、排放口、泵站的细节；

　　2）相关法律法规需求；

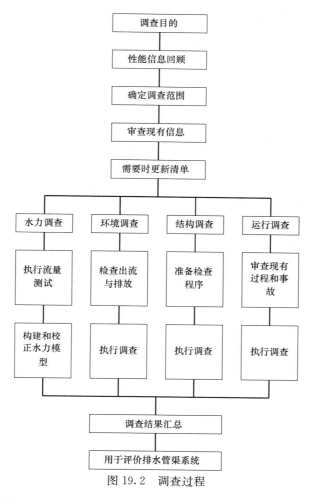

图 19.2　调查过程

3）原有运行、维护和安全措施；

4）污水、雨水和合流污水的水量和水质特性；

5）原有调查报告；

6）原有水力水质计算模型；

7）受纳水体的水质和用途；

8）地下水水位；

9）土壤下渗能力；

10）服务面积内的土地利用信息等。

（5）清单更新

如果现有信息存在不完善的地方，应进行标注并在随后调查中补充。

（6）水力调查

为保证充分的水力条件，需要进行测试和检查。调查包括降雨和流量测试，确定是否出现雨污混接和地下水的渗入/渗出。多数情况下需要水力模型的协助。同时以调查数据为基础，进行模型的校验和校准。

（7）环境调查

环境调查取决于排水的水质及其从系统排放的潜在性。应该确定工业废水的流入以及地表雨水污染的源头，也要确定排水管渠的渗出。当流经地下水保护区时应关注排水中是否存在特殊的危险污染物。应调查地表受纳水体的水质，便于评价排水对其影响的显著程度。其他调查包括噪声、异臭等。

（8）结构调查

结构调查包括排水管渠系统完整性调查，应考虑现有设施的使用年限和位置、管道基础地质状况。工作人员不便进入的部位，可采用电视检查；可进入的部位，直接由工作人员在管线内行走调查。必要情况下，调查之前应进行管道清洗，尽可能记录和评价真实管渠状况。

图 19.3　不良排水管道的 CCTV 图像

影响结构完整性的例子有：过大的裂缝，管道变形，接口移位、破损，存在树根、渗入水量、淤泥或其他障碍物，下陷，检查井缺陷，机械损坏或化学攻击等（图 19.3）。

（9）运行状况调查

应确定和归档现有运行过程、检查日志和维护计划，审查运行事故（例如堵塞、泵站故障、排水管道破裂等）的频率和位置。

19.1.2　评价

应根据性能需求评价系统的性能，如图 19.4 所示。

（1）水力性能评价

水力调查与水力模型校验和校准的结果，用于评价系统的水力性能。

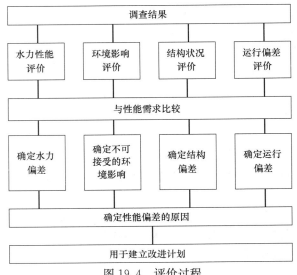

图 19.4　评价过程

（2）环境影响评价

结合排放到受纳水体的频率、历时和容积，评价排水管渠系统对地表水体、地下水和土壤的影响，确定有害出流的源头、是否出现浓度或排放总量的超标等。

（3）结构条件评价

（4）运行性能评价

（5）与性能需要的比较

汇总水力、环境、结构和运行性能评估结果，将它们与期望的系统及组件的性能需求比较。通常的做法是采用性能指标方式，性能指标应明确定义，是可纠正的且便于使用。

（6）确定不可接受的影响

记录不能够满足性能需求的水力、环境、结构或运行性能。

（7）确定引起性能缺陷的原因

根据记录的水力、环境、结构或运行性能记录，查找引起不良性能的原因，便于编制适当的解决方案。

19.1.3　建立计划

为了达到性能需求，建立计划的过程见图 19.5。

19.1.3.1　形成解决方案

（1）水力解决方案

水力选项包括：①通过清淤、冲洗，最大化利用现有管渠水力能力。②将地表径流雨水排至渗透区域、采用透水路面、减少外来水量的渗入和进流，进行排水的源头控制，减少排水管渠系统的水力输入。③充分利用系统内的蓄水设施，缓解高峰流量。④替换为较大口径管道，或建造额外管线，增加排水管渠系统的过流能力。

（2）环境解决方案

环境选项包括：①通过沉淀池和砂水分离器、植被、工业废水量控制等，减少排水管渠系统的污染输入。②通过增加处理能力，雨水径流的处理，溢流井的固体停留性能，进行实时控制，降低排放受纳水体的污染物负荷。③通过修理、修复和替换措施，减少排水管渠渗出量。

图 19.5　建立计划的过程

（3）结构解决方案

结构选项包括：①通过合适的内衬和涂层，保护排水管渠的结构。②通过修理、修复和替换，维护正常的结构性能。

（4）运行解决方案

运行解决方案包括：①排水管渠的计划性检查、冲洗和疏通。②水泵和泵站的日常性维护。

19.1.3.2　评估解决方案

根据基本性能需求，评估解决方案，以便选择出最佳解决方案。评估考虑的基本性能需求如下：

1）建设和运行中的安全性——应在系统建设和随后运行中最小化健康和安全风险；

2）社会影响——应考虑交通影响，灰尘、噪声等环境因素对居民和公众的影响；

3）可持续利用资源——考虑系统建设和运行中能量和其他有限资源的使用；

4）工程分期建设可能性；

5）考虑与其他基础设施工程的关系；

6）经济评价和全寿命成本分析。

19.1.3.3　准备行动计划

准备行动计划可分为四种类型：

（1）服务于新的开发区

计划中应说明新开发区的污水和雨水是否可以通过现有排水系统的扩建容纳，还是需要新建独立的排水系统。

（2）修复计划

为了满足水力、环境、结构和运行性能，升级改造现有排水管渠系统。

（3）运行计划

包括例行巡检计划、运行过程和紧急计划。

（4）养护计划

综合养护可分为被动性养护和主动性养护。被动性养护指被动地处理管渠系统中已出现的故障问题，也称作"反应性养护"。在某种程度上这种方法总是需要的，因为每个城市排水系统都会随时出现紧急情况。被动性养护不会降低系统出现故障的数量，因此还需要采取主动性养护。主动性养护（也称作预防性养护）注重故障的预防，目的是减少故障出现的频率和风险。主动性养护的中心任务是进行广泛的调查和对现有数据的分析，确定需要养护的位置，然后采取预防措施。

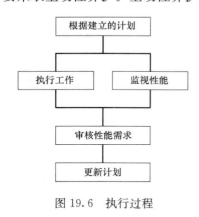

图 19.6　执行过程

19.1.4　计划执行

计划执行可分为采取工程措施、改善监视性能和审核性能需要三个方面（图 19.6）。工程方面包括扩建、改建和修复排水管渠系统。监视性能用于查看解决方案、更新计划的有效性，包括记录和水力模型的正确性。应周期性审查性能需求，便于更新计划，使之符合当前的管理需求。

19.2　健康和安全

排水管渠的养护必须注意安全，一定要按照国家有关的安全操作规程进行。

所有工作人员应定期进行安全培训教育。培训的目的是使其能够掌握排水管渠维护安全操作技能，提高作业中安全意识和自我保护能力。为确保作业安全，作业前未进行安全教育培训的人员不可以上岗作业。

维护作业前，应对作业人员进行安全交底，告知作业内容、安全注意事项及应采取的安全措施，并应履行签认手续。作业人员应对作业设备、工具进行安全检查，当发现有安全问题时应立即更换，严禁使用不合格的设备、工具。

维护作业区域应采用设置安全警示标志等防护措施；夜间作业时，应在作业区域周边明显处设置警示灯；作业完毕，应及时清除障碍物。维护作业现场严禁吸烟，未经许可严禁动用明火。

进行路面作业前，维护作业人员应穿戴配有反光标志的安全警示服并正确佩戴和使用劳动防护用品；未按规定穿戴安全警示服及佩戴和使用劳动防护用品的人员，不得上岗作业。

执行开挖作业时，应防止两侧槽壁的坍塌，做好流砂、地下水的防护工作。应避免对开挖区域附近其他地下设施或建筑物的破坏。应考虑机械安全运行的空间需求。

当维护作业人员进入排水管道内部检查、维护作业时，必须同时符合下列各项要求：管径不得小于 0.8m；管内流速不得大于 0.5m/s；水深不得大于 0.5m；充满度不得大于 50%。

井下作业前，维护作业单位必须检测管道内有害气体。例如下井前必须先将安全灯放入井内，如有有害气体，由于缺氧，灯将熄灭。如有爆炸性气体，灯在熄灭前会发出闪光。当发现管渠中存在有害气体时，必须采取有效措施排除，例如将相邻两检查井的井盖打开一段时间，或者用抽风机吸出气体。排气后要进行复查。

井下作业时，必须进行连续气体检测，应使用隔离式防毒面具，不应使用过滤式防毒面具和半隔离式防毒面具以及氧气呼吸设备，且井上监护人员不得少于两人。进入管道内作业时，井室内应设置专人呼应和监护，监护人员严禁擅离职守。地面小组必须掌握常规的天气预报情况，并保证不会有水或杂物进入检查井。

维护作业单位必须制定中毒、窒息等事故应急救援预案，并应按相关规定定期演练。作业人员发现异常时，监护人员应立即用作业人员自身佩戴的安全带、安全绳将其迅速救出。发生中毒、窒息事故，监护人员应立即启动应急救援预案。当需下井抢救时，抢救人员必须在做好个人安全防护并有专人监护下进行下井抢救，必须佩戴好便携式空气呼吸机、悬挂双背带式安全带，并系好安全绳，严禁盲目施救。中毒、窒息者被救出后应及时送往医院抢救；在等待救援时，监护人员应立即施救或采取现场急救措施。

在存储有毒、可燃或具有刺激性的材料和化学品时，应按照规定放置，并设置醒目标志。如果出现意外情况，须尽快采取补救措施。

排水管渠维护作业属于高危劳动作业，按照国家有关卫生标准，必须定期对作业人员进行职业健康体检，目的是及时发现和保障作业人员的身体健康情况，有效地进行职业病防治。对于接触污水的工作人员，需要根据国家和当地法规，接种相关疫苗，例如抗脊髓灰质炎、破伤风疫苗等。

19.3 检 查

检查的目的是为了收集排水管渠系统各种对象的状况数据。管网检查可细化为日常巡检、管网普查和技术调查。

19.3.1 日常巡查

管线日常巡查目的是了解井盖情况、设施运行状况、管线周边是否有对管线影响和破坏的行为。巡查内容常包括污水冒溢、晴天雨水口积水、井盖和雨水箅缺损、管道塌陷、违章占压、违章排放、私自接管以及影响管道排水的工程施工等情况（表 19.1）。

管渠及附属构筑物的检查要求 表 19.1

设施种类	检查方法	检查内容	检查周期（间隔时间/次）
雨水口与检查井	地面检查	违章占压、违章接管、井盖井座、雨水箅、梯蹬、井壁结垢、井底积泥、井深结构等	3 月
管道	地面检查	违章占压、地面塌陷、水位水流、淤积情况等	3 月
	进管检查	变形、腐蚀、渗漏、接口、树根、结垢等	4 月
渠道	地面检查	违章占压、违章接管、边坡稳定、渠边种植、水位水流、淤积、盖板缺损、墙体结构等	6 月
倒虹管	地面检查	标志牌、两端水位差、检查井、闸门等	6 月
	潜水检查	淤积、腐蚀、接口渗漏、河床冲刷、管顶覆土等	8 月
排放口	地面检查	违章占压、标志牌、挡土墙、淤积情况、底坡冲刷	6 月
	潜水检查	淤塞、腐蚀、接口、河床冲刷、软体动物生长情况	4 月
防潮门	地面检查	闸门井淤积、机构腐蚀、缺损、启闭灵活性、密封性	3 月
	潜水检查		1 年

19.3.2 管网普查

普查是通过专门组织，对一定时期一定地域内所有调查对象——进行调查，以获得比较准确、全面的资料，为制定政策、编制长远规划，以及深入分析一些社会现象提供必要的依据和参考。普查的特点是涉及面广、时间性强，需动用大量的人力、物力和财力，组织工作比较繁重复杂。

排水管网普查主要采用物探、测量等方法，查明一定地理范围内排水管线及其附属设施的情况，建立排水管网信息管理系统，为未来城市建设及科学管理提供全方位服务。内容包括排水管线探查、排水管线测量、建立排水管线数据库、编制排水管线图、工程监理和验收等部分，是涉及物探、测绘、计算机、地理信息等多专业的综合性系统工程。

19.3.2.1 排水管线探查

排水管线探查内容包括管线点实地标注和调查，相关记录、草图绘制要求等。

（1）管线点实地标注：经探查精确定位后，在设定管线点处用红油漆标记表示，无法用油漆作标记的地方用是桩或木桩做标记，并在附近明显的地方标注点号，无法做以上标记的，采用栓点的方法并画好相应的示意图，保证外业质检、测量及验收工作的准确性。

（2）管线点调查：对绝大部分排水管线的检查井都采取直接开井调查，通过专用检查井调查器具进行测量。每个检查井按照调查顺序编号，在实地和作业图上予以标注，并区分雨水井或污水井的性质。同时查清管线的走向、规格、材质、连接关系并绘制草图，调查检查井的淤积情况并做好记录。对少部分被路面或草坪覆盖的检查井，采用示踪法和地质雷达进行探查。

（3）对探测记录的要求：外业手薄采用统一的记录表格，每一项都进行详细记录，并做到如实填写，保证其内容齐全、正确，格式规范。

（4）对外业草图绘制的要求：外业草图是根据实地排水井的编号、流向、埋深、材质、管径以及连接方式，按照相应的图例画出的示意图。复杂地段画出放大示意图，并做好图幅之间的连接，组与组之间做到及时沟通，使得相连接的管线信息完全统一。以保证外业草图能够如实反映排水管线的信息。

19.3.2.2 污染源、排污口的调查

污染源、排污口的调查内容包括：

（1）调查普查区域沿河出水口，并且确定排污口，测定其排污量。

（2）对测区内所有排污口和污染源进行编号，查清排污口数量、位置、测定其排污量或调查其排污户数。

（3）从排污口查起追踪到污染源头，查明其数量、位置、名称、污水来源，测定排污量或查清排污户数。

（4）从排污口查起追踪到污染源头处，查至测区范围内机关单位、工厂、院校、庭院内的楼前排水井。

（5）所有的污染源点在图上均需表示，并标注排污量和排污户数。

19.3.2.3 内业数据处理

将外业采集的数据录入处理系统中，建立数据库文件，统计排水管道及附属构筑物属性数据，采用数字化机助成图，并结合地形图进行编绘，最后进行成果输出。其中雨水管道、污水管道、雨污合流成果表内容包括：图幅号、点号、管线特征点、管线附属物、连接点号、平面坐标、地面标高、管内底标高、管径或断面尺寸、埋深、管道淤积、管道质量、所在位置、备注等。排污口成果表内容包括：点号、材质、管径或断面尺寸、埋深、平面坐标、地面标高、管内底标高、所在图幅、管道淤积、所在河道、污水量、排污户数、备注等。污染源成果表内容包括：序号、点号、材质、管径或断面尺寸、埋深、平面坐标、地面标高、管内底标高、所在图幅、污染源位置、污染源名称、污染源类型、污水量、户数、备注等。

19.3.2.4 质量控制

从管线的调查、坐标体系的建立到图形成果的汇总，都需进行质量检核，并填写质量检核表。对调查成果的检查包括节点编号的正确性和完整性；地形修测的成果检核包括修测内容的完整性和精度的可靠性；对设施点定位的检核包括各等级控制网的精度和设施点定位的准确性和完整性；普查成果计算机数据库录入的检核包括各种数据和电子卡片录入的一致性和规范性等。

因此为保证质量，需要从以下三方面入手：①作业前对项目作业成员进行培训与考核，做到标准化、规范化。②对所使用探测仪器、测绘仪器进行系统检验，并做到经常性的维护与保养，确保性能稳定。③建立由外业作业小组、互检、项目和公司抽查的三级质

量监控体系，检查内容包括外业调查、探查外业基础资料、探测成果、测量成果、计算机成果及最终成果。

19.3.3 技术调查

技术调查是利用先进的科学技术和设备对排水设施进行调查，准确定位管道病态位置，评估管道健康级别，准确制定养护计划，提高养护效率，并节约养护经费（表19.2）。排水管道和检查井定位的基本方法已经应用多年，仍在不断改善，并在引进新的方法。特别由于远程监视设备的引入，使排水管道的检查发生了显著变化。现在对于以前不能检查到的位置，可以用较经济的方式详细调查。

管道检查方法及适用范围 表 19.2

检查方法	中小型管道 （管径≤1000mm）	大型以上管道 （管径＞1000mm）	倒虹管	检查井
人员进入管内检查	—	√	—	√
反光镜检查	√	√	—	√
电视检查	√	√	√	—
声呐检查	√	√	√	—
潜水检查	—	√	√	—
水力坡降检查	√	√	√	—

注："√"表示适用

（1）定位调查

检查井的定位通常简单直接，尽管在怀疑检查井盖被掩埋时，需要应用金属探测器。应用标准的土地测量技术就可以确定每一检查井的位置和高程（盖子、管顶和管底）。现在可以应用GPS（全球定位卫星）技术提高这种方法的速度，它可使地理空间数据在几秒钟内就被记录。

确定排水管道线路的技术有简单的，也有复杂的。在检查井内的流向有时只要利用眼睛观测就已充分；如果不行，则再辅以染料示踪技术。电子示踪现在也很普遍。其中探针释放无线电信号，沿排水管道发出，在地表利用手提接收器追踪它的进展状况。利用该项技术，可以追踪15m深的排水管道，其精度达到±10%。但是，其他掩埋的金属物品会造成信号干扰。此外，地下探测雷达（ground probing radar）也是一种新型的排水管道定位技术。

（2）电视检测系统

电视检测是采用远程采集图像、通过有线传输方式，对管道内状况进行显示和记录的检测方法（图19.7）。它是目前国内外普遍采用的管道检查方法，具有图像清晰、操作安全、资料便于计算机管理等优点，避免和减少了人员进入雨污水管道内检查的频率和发生中毒、窒息的潜在危险。电视检查目前分为车载式、便携式和干式三种。

使用电视检测可以迅速完成排水管道系统的内部检查，并对管道破坏性很小，避免长时间的停止运行和不必要的开挖。它的检查速度相当快，通常速率为400～800m/d。该方法常用于直径为100～1500mm的管道。检测前需清洗管道，通常采用高压清洗车去除脏物。由于需要更强的光源，它在大型管道中的效率较差，摄像机的图像难以达到很高的分辨率。但是，随着摄像技术的发展，将会逐步增强CCTV对大型管道的适应性。

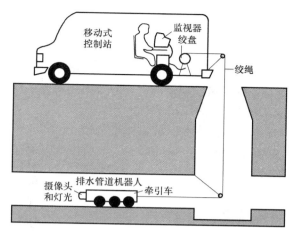

图 19.7　电视检测系统

（3）声呐检测

声呐是一种利用声音进行探测的工具，声呐检测是利用管道成像声呐检测仪对管道内部结构进行检测的技术。该技术无需排干排水管道并可以对管道内部结构成像，提供管道内部结构准确的量化数据，从而检测和鉴定管道的破损和堵塞情况。

声呐系统包括发射探头、连接电缆和带显示器声呐处理器。探头可安装在爬行器、牵引车或漂浮筏上，使其在管道内移动，连续采集信号。每一个发射/接收周期采样 250 点，每一个 360°旋转需执行 400 个周期。由声学信号获得的数据能够显示在彩色显示器上，并进行记录。声呐检测时管道内的水深应大于 300mm，当探头无法行进或被埋入泥沙时，应停止检测。声呐检测可与电视检测同步进行，管道结构状况检测应以电视检测为主，水下管道功能状况检测应以声呐检测为主，以全面地对排水管道内部作出准确的检测。

（4）染色和烟雾试验

该试验是通过颜色或烟雾在管渠中的行踪，显示管渠走向的一种检测方法，常用于查找雨污水管渠混接情况。如在污水管中投入红色染色剂，然后在水位较低的雨水管中也发现了红色，说明这两种管渠存在混接。进行烟雾试验时如果地面冒烟，则反映出该管渠有破损。做染色试验只需准备合适的染色剂，烟雾试验除了要准备烟雾发生器之外，还要准备用于送气的鼓风机。

（5）水力坡降试验

水力坡降试验是通过实际水面坡降的测量和分析，检查管渠运行状况的一种方法，也称抽水试验。试验前需先通过查阅或实测的方法获得每口井的地面高程；水面高程则在现场根据水面到地面深度得出，各测点每次应在同一时间读数。外业试验结束后绘制的成果图应该有地面坡降线、管底坡降线以及数条不同时间的水面坡降线。正常情况下管渠的水面坡将和管底坡降基本一致，如在某一管段出现突然太高，说明该处水头损失异常，可能存在瓶颈、逆坡、堵塞等现象。

（6）人工检查

只有在其他方式不能进行检查的特殊情况下，才进行人工检查。检查时从一个检查井进入排水管道，由另一个检查井出来。收集的信息包括砖石的灰浆损失、裂缝、排水管道的形状、接口、淤泥、碎石等。常规使用纸张记录这些信息，目前也使用具有合适软件的手提数据记录器或手提计算机。这种方法的速度较慢，约 200～400m/d；它的特点是费用高、危险性大，但是获得的信息质量最高。

（7）潜水检查

潜水作业一般包括潜水检查和潜水清淘作业。对管道内的潜水作业，因作业面比较狭窄，管内情况比较复杂，一旦作业出现问题，潜水员很难及时撤离，存在一定安全隐患，所以作业单位尽量不安排潜水员进入管道内作业。同时，凡从事潜水作业的单位和潜水员必须具备特种作业资质。采用潜水检查的管道，其管径不得小于 1200mm，流速不得大于 0.5m/s。潜水员发现情况后，应及时用对讲机向地面报告，并有地面记录员当场记录。

（8）热红外图像技术

热红外图像技术不需要外部光源，它将红外摄像机用于收集和聚焦发散的黑体辐射，把它转换成为肉眼可见的形式。该项技术应用有限，它需要注意污水和地下水具有不同温度的条件。

19.3.4　数据存储与管理

排水管道调查生成的大量数据需要系统细致地处理。在管道和检查井定位方面的软件包能以标准化方式编码，用于协助数据管理，其中数据存储于易于访问的数据库中。这些信息然后用于综合评价系统的结构状况。多数软件包将生成与模拟模型格式相兼容的数据文件。最近，数据库升级为地理信息系统（GIS），它允许处理和图形化显示空间数据信息。各种设施的信息被放置在不同的"层"。排水管道记录数据库现在也与计算机辅助绘图（CAD）软件包相连接，加快了绘制工程图的速度。

19.4　排水管道清通技术

排水管道清通的目标可概括为：

1）为恢复排水管道的能力和限制污染物的累积而去除沉积物；

2）处理堵塞或恶臭；

3）便于排水管道检查；

4）协助排水管道的维修和改进。

管道疏通宜采用推杆疏通、转杆疏通、射水疏通、水力疏通或人工铲挖等方法，各种疏通方法的适用范围宜符合表 19.3 的要求。

管道疏通方法及适用范围　　　　　　　表 19.3

疏通方法	小型管（管径＜600mm）	中型管（管径 600～1000mm）	大型管（管径＞1000～1300mm）	特大型管（管径＞1500mm）	倒虹管	压力管	盖板沟
推杆疏通	√	—	—	—	—	—	—
转杆疏通	√	—	—	—	—	—	—
射水疏通	√	√	—	—	√	—	√
绞车疏通	√	√	√	—	—	—	√
水力疏通	√	√	√	√	√	√	√
人工铲挖	—	—	√	√	—	—	—

注：表中"√"表示适用。

（1）推杆疏通

推杆疏通是用人力将竹片、钢条等工具推入管道内清除堵塞的疏通方法，按推杆的不同，可分为竹片疏通、钢条疏通和沟棍疏通。它是目前较为普通的排水管道人工疏通作业的方法，具有设备简单、成本低、能耗省、操作方便、适用范围广的优点。竹片（钢条）疏通适用于疏通直径较小（≤300mm）、埋深较浅（≤2.0m）、检查井距离较短（≤20m）的排水管道。这种方法把3cm左右宽、富有弹性的竹片（钢条），用镀锌钢丝绑扎连接成长条，然后从一端检查井口将竹片（钢条）插入到管道内，再将竹片从另一检查井口取出。这样，管道内的沉积污泥随竹片（钢条）进入检查井，再从井内掏出，达到管道疏通的目的。

（2）转杆疏通

采用人工或电动机驱动装在软轴转杆头部的钻头，清除管渠内的积泥。

采用旋转疏通杆的方式清除管道堵塞的疏通方法，又称为软轴疏通或弹簧疏通。目前，已有用软轴通沟机代替竹片疏通的。软轴前端安装有钻头或螺旋状割刀，能有力地铲除沉积于管内的污泥。软轴通沟机见图19.8。

（3）绞车疏通

绞车疏通是我国许多城市的主要疏通方法，适用于较大口径管道的疏通，其主要工具有摇车、清通工具、钢丝绳和葫芦架等（图19.9）。

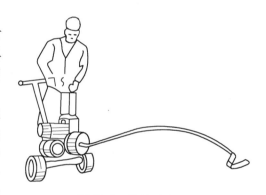

绞车疏通的操作步骤是，先将浮球系好麻绳，投入上游检查井，使其随管道内水流流至下游检查井，然后捞起浮球，麻绳即已通过管道。如果浮球流不到下游检查井，则可用竹片把麻绳带过管道，接着，在上游检查井处，把钢丝绳的一端与麻绳连接，另一端与清通工具

图 19.8　软轴通沟机

连接，清通工具又与已绕在上游摇车上的钢丝绳相连接。在下游检查井处，拉动麻绳，钢丝绳即通过管道，清通工具也进入管道，再把钢丝绳绕在下游摇车上，架好葫芦架，即可开动摇车进行疏通，从而将污泥推拉至检查境内，然后再进行清掏。

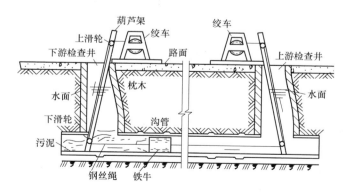

图 19.9　绞车疏通示意图

　　机械清通工具的种类繁多，按其作用分为耙松淤泥的骨骼形松土器；有清除树根及破布等沉淀物的弹簧刀和锚式清通工具和用于刮泥的清通工具，如胶皮刷、铁畚箕、钢丝刷、铁牛等。清通工具的大小应与管道管径相适应，以免造成排水管道结构的破坏。当淤泥数量较多时，可先用小号清通工具，待淤泥清除到一定程度后再用与管径相适应的清通工具。清通大管道时，由于检查井口尺寸的限制，清通工具可分成数块，在检查井内拼合后再使用。

　　（4）水力冲洗车

　　水力冲洗车由半拖挂式的大型水罐、机动卷管器、消防水泵、高压胶管、射水喷头和冲洗工具箱等部分组成（图 19.10）。它的操作过程系由汽车引擎供给动力，驱动消防泵，将从水管抽出的水加压到 $11\sim12\text{kg/cm}^2$（日本加压到 $50\sim80\text{kg/cm}^2$）；高压水沿高压胶管流到放置在待清通管道管口的流线型喷头，喷头尾部设有 $2\sim6$ 个射水喷嘴（有些喷头头部开有一小喷射孔，以备冲洗堵塞严重的管道时使用），水流从喷嘴强力喷出，推动喷嘴向反方向运动，同时带动胶管在排水管道内前进；强力喷出的水柱也冲动管道内的沉积物，使之成为泥浆并随水流流至下游检查井。当喷头到达下游检查井时，减小水的喷射压力，由卷管器自动将胶管抽回，抽回胶管时仍继续从喷嘴喷射出低压水，以便将残留在管内的污物全部冲刷到下游检查井，然后由吸泥车吸出。对于表面锈蚀严重的金属排水管道，可采用在喷射高压水中加入硅砂的喷射枪冲洗，枪口与被冲物的有效距离为 $0.3\sim0.5\text{m}$，据日本的经验，这样洗净效果更佳。高压水力冲洗车操作技术要求高，作业程序较复杂，必须由专人操作和管理。

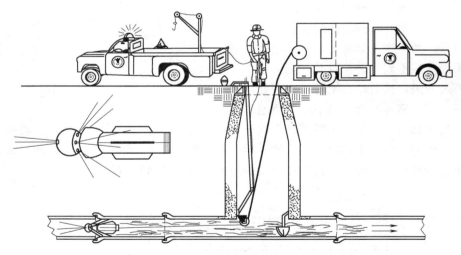

图 19.10　水力冲洗车操作示意图

　　（5）管道内污水的自冲

　　利用管道内蓄积的污水疏通管道的方法，适用于任何管径、任何形状的排水管道，只要上游管道内蓄水丰富，且下游管道排水通畅。它特别适用于倒虹管和江心排放管的疏通。管道内污水自冲的方法，一种是让管道下游的泵站暂停开泵，使管道内的污水蓄高到一定水位，然后多台泵一齐启动，形成管道内较大的水流，使管道中的淤积与污水一起流出，然后从管道下游的一个落底较深的检查井中将污泥掏出运走；另一种方法是在管道下游的适当地方安装闸门，关闸蓄水，待管道内蓄积的水达到一定高度时，打开闸门，水流在管道内形成较大流速，使管道内的积泥与污水一起流入下游落底较深的检查井中，将污泥掏出运走。使用的闸门，有安装永久闸门的，也有安装临时管塞的。常用的临时管塞有充气管塞、机械管塞、橡皮管塞等。

（6）人工清淤

对于大口径管道（＞900mm），必要情况下可采用人工清淤，即工作人员进入排水管道，铲除沉积物放入送料车，然后运送到地面。该方法必须严格保护工作人员的健康和安全，它主要用于异常情况。

（7）切割

如果排水管道包含了强烈粘附在排水管道结构中的物质，它们不能够利用常规高压清洗技术去除时，可采用切割技术。例如生长的植物根部；也可能与管道结合在一起的障碍物，例如突出的连接管道和密封材料（图19.11）。

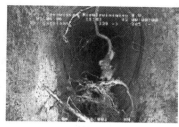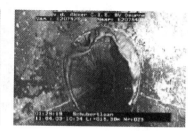

图 19.11　排水管道中的障碍物

常用的两种切割技术为：①具有切割牙齿或者链条的旋转轮技术，在排水管道内移动。高压清洗车控制和供应切割机电力，利用最小水压为 15000kPa，耗水量为 300L/min。②切割机器人。机器人适合于去除局部障碍物，或者在排水管道重新加衬后对进口钻孔。

19.5　排水管渠的修复

系统检查管渠的淤塞及损坏情况，有计划安排管渠的修理，是养护工作的重要内容之一。排水管渠的主要损害体现在管节接口的渗漏、管壁腐蚀、裂缝、管渠下沉等。当发现这些损害后应及时修复，否则会影响系统的正常运行，造成地下水污染，甚至引起地面塌陷，影响道路交通和附近的其他地下管线和地面建筑物。

随着时间的推移，改善现有城市排水系统的工作将比新建排水系统更加重要，排水管道的修复已经成为排水工程的主要内容之一。例如，当前的城市排水管道包括市中心区的较老部分和城市发展延伸的较新部分。目前较老系统在结构和水力负荷上，可能已远远超过管道施工时所预期的。

排水管道的修复可采用修补、改造和更新的方式。其中修补只是针对管道局部结构的修复；改造是结合排水管道的原有结构，在沿排水管道长度上的修复；更新是直接利用新建管道来替换原有管道。排水管道在它的使用寿面阶段需要修复时，首先是进行维护（包括修补），其次是改造，最后才采取更新措施。

在结构修补和改造方法上工作人员可以进入的排水管道，与工作人员难以进入的排水管道之间具有明显的差异。

19.5.1 可进入的排水管道

（1）修补

修补是在基本完好的排水管道上纠正缺陷和降低管道的渗水量，内容包括检查井、雨水口顶盖等的修理与替换；检查井内踏步的替换，砖块脱落后的修理；局部管渠段损坏后的修补等。

对于工作人员可进入的砖砌排水管道，对灰浆更新的方法是勾缝。通常手工勾缝完后再使用镘子抹平，这是一种劳动密集型的、耗时的工作，但其效果良好。在较长的排水管道中，更适合应用压力输送灰浆的设备（即"压力勾缝"）。压力勾缝中镘子的作用主要是把多余的灰浆刮掉。

工作人员可进入的砖砌排水管道的其他修补方式包括用新砖替换老砖、管道内壁粉刷高强度灰浆等。

（2）改造

通常的改造方法是在排水管道内壁上增加一层新的衬里。衬里可以现场施工，或者是安装预制衬里。增加的衬里会对排水管道的过水断面带来一定损失。

对老的砖砌排水管道增加衬里的方法是使用新的砌块。为了使结构稳固，使新衬里牢牢地粘附在老的砌块上，两者之间必须填充水泥砂浆。水泥砂浆填入后，它也对原来排水管道存在的孔洞进行了填充。

如果砌块充分完好，管道可以采用手工粉刷水泥砂浆作衬里（其中可掺入强化纤维）。另一种方法是使用钢丝网水泥。这两种方法会形成较薄的衬里，尽量降低对排水管道过水断面的损失。

现场喷射衬里是将混凝土喷射到老的排水管道内壁上。它首先在管道内壁上设置增强的网格，这些网格包含进喷射的衬里内。现场衬里也使用泵抽混凝土来制作。增强的和特殊设计的钢制框架被及时放置，然后高质混凝土被泵抽到框架空间内。

分段衬里是安装在排水管道内的预制一节一节衬里。常用的材料为玻璃纤维增强水泥、玻璃纤维增强塑料、预制喷浆（喷射混凝土）以及聚酯树脂混凝土（包含骨料的一种有效塑料，与混凝土类似）。在预制衬里和老的管壁间隙，填入水泥砂浆。预制的分段衬里适用于各种断面形状的排水管道。这种技术的成功取决于对许多接口的准确定位。

19.5.2 难以进入的排水管道

排水管道修复中最具有创新的进展是在工作人员难以进入管道中的应用。其中的一些方法涉及尖端的遥控技术。

（1）修补

修补方法中涉及一个密封口，其中包含有合适的树脂材料。在树脂注射系统中，膨胀垫用于隔离管道缺口，并强制树脂注入管道缺口上。化学注浆使用类似的密封设备，填充地下相关的孔洞（图 19.12）。这种密封器定位需要摄像探头的帮助。密封器安置于渗漏接口的两侧，使用气压或水压来监测接口是否渗漏。如果在测试中压力下降，就开始注入化学剂。

（2）改造

1）管道穿入法。管道穿入是较普遍采用的方法，这种方法是将连续的聚乙烯（PE）管或聚丙烯（PP）管穿入旧的（清理过的）排水管道内。一种方式是在地面上将塑料管焊接加长（一般为5m）。这种管道具有一定的柔韧性，通过一个特别开挖

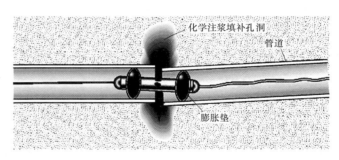

图 19.12　化学注浆

的导向沟槽，利用绞车将塑料管穿过排水管道［图 19.13（a）］。在用作衬里的塑料管头部安装一个鼻锥体，使之与绞车的缆绳相连。另一种方式是将塑料管放在扩大的沟槽中焊接［图 19.13（b）］。第一种方式需要在地面上留出组装焊接管道的空间，第二种方式是沟槽开挖量较大。第三种方式是用短管穿入。短管主要是 HDPE 管或聚丙烯管，管节与管节之间采用螺纹连接。它在普通检查井中即可完成［图 19.13（c）］，适用于支管不多的排水管及开挖成本非常高的地区，不用地面挖掘即能连接衬管。

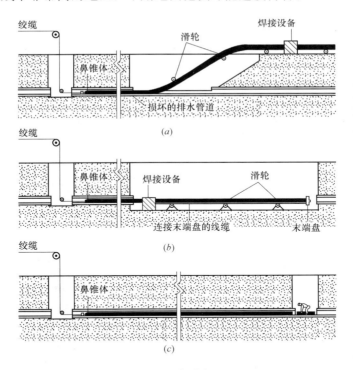

图 19.13　管道穿入法

（a）地面上焊接；（b）沟槽内焊接；（c）短管螺纹连接

以上三种方式在新的衬里和旧的管道之间的空隙均应填充水泥砂浆，它们均会减小排水管道的过水断面。如果现有管道包含较大的缺口时，例如扭曲的断面或偏移的接口，新的衬里对管道横截面的影响更为显著。

2）管道破碎法。管道破碎法的装备是用绞车拉动气动或水动锤，使旧管道破碎并扩

大，然后就地穿入一根新管（图 19.14）。此法适合于破碎或扩大的混凝土管、铸铁管、石棉管、PVC 管和陶土管。最常用的新管是聚乙烯管。在一定的地质条件下，能够增大管道尺寸，从而增加过水能力。

图 19.14　管道破碎操作示意图

3）就地固化衬里法。就地固化衬里法的主要设备是：一辆带吊车的大卡车、一辆加热锅炉挂车、一辆运输车、一只大水箱（图 19.15）。其操作步骤是：在起点检查井处搭

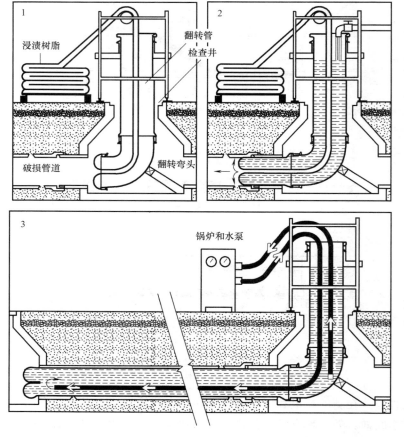

图 19.15　"就地固化衬里"技术示意图
1—开始卸入翻转管；2—管内注水；3—加热水温

脚手架，将聚酯纤维软管管口翻转后固定于导管管口上，导管放入检查井，固定在管道口，通过导管将水灌入软管的翻转部分，在水的重力作用下，软管向旧管内不断翻转、滑入、前进，软管全部放完后，加65℃热水1h，然后加80℃热水2h，在注入冷水固化4h，最后在水下电视帮助下，用专用工具，割开导管与固化管的连接，修补管渠的工作全部完成。就地固化衬里法不会改变结构强度，降低管径也不显著。

第 20 章　模 拟 模 型

20.1　模型目标和分类

排水管渠系统的水文和水力模型包括排水管道中雨水或污水的流量、坡度和充满度等特性。有些排水管道模型中也包含了水质特性，即污染物的进入、迁移等。开发城市排水工程模型的目的，是为了表示排水系统及其对各种条件的响应，以便找到相关问题的解决方法，通常的问题形式为"如果……怎么办?"。某种意义上来讲，人们自始至终一直在进行着排水系统的模拟，在数学计算的帮助下，建造可以成功运行的系统。例如，推理公式法就是一个简单的模型，它把降雨转化为径流，用于表达不同暴雨强度产生径流量的效果。有关排水设计和分析的计算机程序最早出现于 20 世纪 70 年代，但是只有在计算机的计算能力提高后，复杂的模型才成为排水工程技术人员的标准工具。

20.1.1　模型目标

模型项目目标从排水系统建设运行阶段来说，主要分为三类：规划设计模型、已建排水系统模型、在线预警预报模型。

（1）规划设计方案评估

排水系统规划设计模型是在系统建设实施前，根据排水系统规划、设计资料建立模型，设置相应参数，模拟规划设计方案并评估方案特征，分析方案合理性，提出方案的优化策略。

（2）已建系统运行评估

已建排水系统模型根据排水系统现状建立模型，根据实际情况设置参数，模拟现状问题并评估系统特征，分析系统瓶颈，解决实际遇到的问题。例如模拟评估并预报集水区内积水点位置、水深，积水扩散和消退的范围与过程；模拟评估并预报集水区内合流制系统的溢流量和溢流频率；模拟特定位置（如排放口、泵站、管道等）的流量和水力状况。

（3）在线预报预警

在线预警预报模型是在已建排水系统离线模型的基础上，以雷达预报的降雨数据、系统应急输送、排放等系统预报预警数据，设置相应的排水系统边界流量、水位等，进行系统水力状况的预报预警计算。

20.1.2　模型类型

根据研究范围及需要模型数据及结果精度，模型可分为宏观模型、区域模型和精细模型。

（1）宏观模型

宏观模型可应用于大范围区域排水系统研究，为了评估整个排水系统的整体性能和效率，评价拟建重大新建工程对主干管的影响，或用于对排水管网重大改造方案的初步评估；模拟特定位置（如重要管道、排放口、泵站等）的流量和水力状况；模拟干管或截流管的水力状况，为接入的排水系统详细模型提供边界条件等。

（2）区域模型

区域模型是针对特定排水区域进行总体评估，排水区域可以具有完全独立的排水系统或者作为较大排水流域的一部分，为了确认排水系统内的水力问题，包括评估积水区域、满流管段、限流位置，逆流段以及排水附属构筑物特征；初步评估管网改造计划，确定排水区域改造的必要性；评估未来规划发展的影响。

区域模型可应用于二维地表漫溢模型，根据实际情况，如地形、积水点等，划定二维模型范围，适当细化二维模型范围内的基础数据详细情况。

（3）精细模型

精细模型应用到特定区域而不是整个排水区域，它尽量保持原始数据的原貌，对排水系统数据不作简化，可直接应用于二维地表漫溢模型。精细模型一般用作详细研究、设计方案评估和方案详细设计。

20.2　流量模型中的物理过程

基于物理条件的排水管道确定性流量模型必须把输入（雨水和污水流量）转化为需要的信息：系统内部和出水口的流量和水深。转化是利用数学表示发生的物理过程。因此模型必须具有相关的综合性：为了产生精确的结果，不希望它漏掉任何重要过程。为了利用数学表示物理过程，就需要深入的知识。因此，排水管道流量模型是建立在有关径流、管道流研究信息基础之上的。

一般意义上，对于基于物理特征的特定模拟软件包，三个重要因素影响了模拟精度和实用价值，它们是：模型的广泛代表性、可靠完整的知识系统以及合理简化性。

通常流量模型涉及的物理过程包括降雨过程、降雨到径流的转化过程、地表漫流过程、排水管道内的水流过程等（图 20.1）。

（1）降雨

模型用于寻找汇水区域和排水管道系统对特定降雨模式的响应。直接的例子是简单固定暴雨强度的降雨，或者更加实际的是，强度随时间变化的降雨。为了模拟 CSO 或者存储设

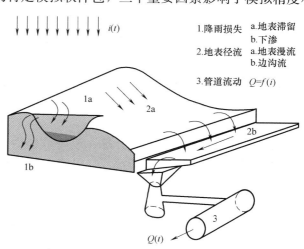

图 20.1　城市排水系统流量过程

施的操作，应用时间序列降雨来研究雨季和旱季的一般顺序性。在模型验证阶段，实际雨量计记录用作为模型的降雨输入，将软件的模拟流量与系统中实测流量进行比较。

（2）降雨径流

降雨转化为"径流"，目的是寻找进入排水管道系统的方式，这一个高度复杂的过程。雨水难以进入排水管道具有许多原因。例如，可能下渗到地下（即使在"不渗透"表面，也可以通过裂缝进入），形成水洼，随后蒸发，或者被树叶吸收。水降落于屋顶或道路上，与降落到没有排水的花园有显著区别；例如，在道路两边具有植草地带，一部分水从草地流到道路，进入排水管道，一部分从道路流到草地上并渗透。

（3）地表汇流

这里考虑的不是进入排水管道的雨水量，而是进入排水管道之前所流经的时间。由于物理过程复杂性，其中地面的不规则性会影响水流。

（4）排水管渠系统中的水流

合流制系统中，雨水在管道中与污水混合。在流量模型包中污水流量变化的实际模拟是很重要的子程序。

软件包试图用"管段"和"节点"等描述排水管道系统的主要实体。管段通常指管道，模型必须表示主要水力特性间的关系：直径、坡度、粗糙度、流量和深度。节点通常指检查井，在这里可能产生附加水头损失和水位的变化。除了这些基本的组成部件外，软件包也必须能够模拟状态，以及更加专业的辅助结构（例如水箱和CSO）。

模拟的结果输出通常是模拟选择点处（排水管道系统和排放口）的流量和深度随时间的变化。通常关注排水管道系统处理模拟流量的能力，以及出现管道过载或地面泛流的程度。

20.3　非恒定流的模拟

排水管道中的流量通常时刻都在变化。尤其暴雨阶段，流量变化更加剧烈。这样非恒定流（随时间变化的流量）的表示方式将是排水管道流量软件包考虑的一个重要部分。

与恒定流相比，非满管状态的非恒定流，水深和流量之间的关系十分复杂。此外暴雨波通过排水管道系统时，会造成衰减（它将拓展，高峰值会降低）和迁移（沿管道移动）。如果不考虑这种效应，流量（或水深）与时间的关系将难以预测。

20.3.1　圣—维南方程组

（1）连续性方程

在排水管道中，任取一微分段 dx。在流段内，设瞬时 t 时刻水面线为 a—a，经过 dt 以后，末瞬时 $t+dt$ 时水面为 b—b（见图 20.2）。设 t_1 时刻上游断面流量为 Q，过水断面为 A；下游断面为 $Q+\dfrac{\partial Q}{\partial x}dx$ 和 $A+\dfrac{\partial A}{\partial x}dx$。则 t_2 时刻上游断面为 $Q+\dfrac{\partial Q}{\partial t}dt,A+\dfrac{\partial A}{\partial t}dt$；

下游断面为 $Q+\dfrac{\partial Q}{\partial x}dx+\dfrac{\partial}{\partial t}\left(Q+\dfrac{\partial Q}{\partial x}dx\right)dt,A+\dfrac{\partial A}{\partial x}dx+\dfrac{\partial}{\partial t}\left(A+\dfrac{\partial A}{\partial x}dx\right)dt$。

液体视为不可压缩、无空隙。根据质量守恒定律，在 dx 时段内，经入流断面流入和

经出流断面流出的水量应等于水体体积的增量。则

$$\frac{1}{2}\left(Q+Q+\frac{\partial Q}{\partial t}dt\right)dt-\frac{1}{2}\left[\left(Q+\frac{\partial Q}{\partial x}dx\right)+Q+\frac{\partial Q}{\partial x}dx+\frac{\partial}{\partial t}\left(Q+\frac{\partial Q}{\partial x}dx\right)dt\right]dt$$
$$=\frac{1}{2}\left[\left(A+\frac{\partial A}{\partial t}dt\right)+A+\frac{\partial A}{\partial x}dx+\frac{\partial}{\partial t}\left(A+\frac{\partial A}{\partial x}dx\right)dt\right]dx-\frac{1}{2}\left(A+A+\frac{\partial A}{\partial x}\right)dx \tag{20.1}$$

即

$$-\frac{\partial Q}{\partial x}dxdt-\frac{1}{2}\frac{\partial^2 Q}{\partial x\partial t}dxdt^2=\frac{\partial A}{\partial t}dtdx+\frac{1}{2}\frac{\partial^2 A}{\partial x\partial t}dtdx^2 \tag{20.2}$$

同除以 $dxdt$，并忽略高阶微量后，有

$$\frac{\partial A}{\partial t}+\frac{\partial Q}{\partial x}=0 \tag{20.3}$$

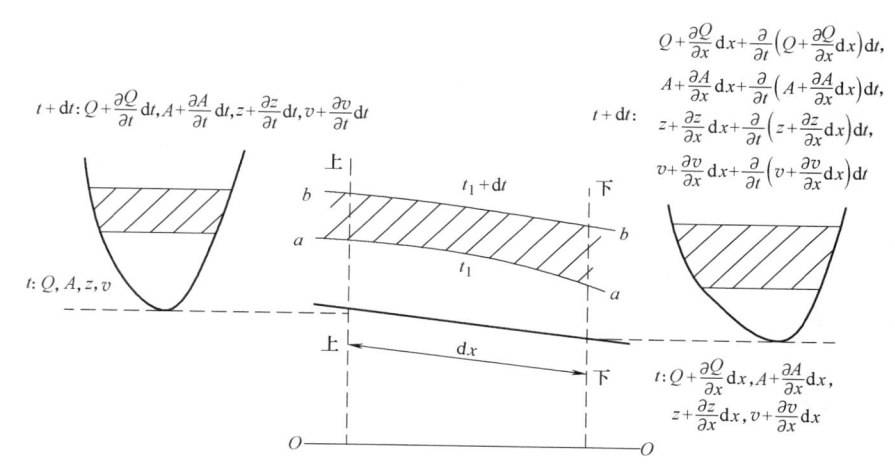

图 20.2　连续性方程和能量方程计算简图

（2）能量方程

排水管渠内水流为非恒定流时仍然遵循能量守恒原理，在排水管道非恒定流的渐变段中，任取一微分流段 dx，设入流断面初瞬时水位为 z，断面平均流速为 v，相应时刻出流断面水位 $z+\frac{\partial z}{\partial x}dx$，断面平均流速 $v+\frac{\partial v}{\partial x}dx$；末瞬时入流断面水位 $z+\frac{\partial z}{\partial t}dt$，断面平均流速 $v+\frac{\partial v}{\partial t}dt$，出流断面水位 $z+\frac{\partial z}{\partial x}dx+\frac{\partial}{\partial t}\left(z+\frac{\partial z}{\partial x}dx\right)dt$，出流断面平均流速 $v+\frac{\partial v}{\partial x}dx+\frac{\partial}{\partial t}\left(v+\frac{\partial v}{\partial x}dx\right)dt$。上下游断面能量差转化为两部分：其一为摩擦阻力做功 $dh_f=S_f dx$；另一部分由水流加速度力做功 $\frac{Fdx}{mg}=\frac{m\frac{\partial v}{\partial t}dx}{mg}=\frac{1}{g}\frac{\partial v}{\partial t}dx$。则对微分段建立能量方程式：

$$\frac{1}{2}\left(z+z+\frac{\partial z}{\partial t}dt\right)+\frac{p_a}{\gamma}+\frac{1}{2}\left[\frac{\alpha v^2}{2g}+\frac{\alpha v^2}{2g}+\frac{\partial}{\partial t}\left(\frac{\alpha v^2}{2g}\right)dt\right]$$
$$=\frac{1}{2}\left[z+\frac{\partial z}{\partial x}dx+z+\frac{\partial z}{\partial x}dx+\frac{\partial}{\partial t}\left(z+\frac{\partial z}{\partial x}dx\right)dt\right]+\frac{p_a}{\gamma}+\frac{1}{2}\left\{\frac{\alpha v^2}{2g}\right.$$
$$\left.+\frac{\partial}{\partial x}\left(\frac{\alpha v^2}{2g}\right)dx+\frac{\alpha v^2}{2g}+\frac{\partial}{\partial x}\left(\frac{\alpha v^2}{2g}\right)dx+\frac{\partial}{\partial t}\left[\frac{\alpha v^2}{2g}+\frac{\partial}{\partial x}\left(\frac{\alpha v^2}{2g}\right)dx\right]dt\right\}+dh_f+dh_a$$

整理上式得

$$\frac{\partial z}{\partial x}\mathrm{d}x+\frac{1}{2}\frac{\partial^2 z}{\partial x \partial t}\mathrm{d}x\mathrm{d}t+\frac{\partial}{\partial x}\left(\frac{\alpha v^2}{2g}\right)\mathrm{d}x+\frac{1}{2}\frac{\partial^2}{\partial x \partial t}\left(\frac{\alpha v^2}{2g}\right)\mathrm{d}x\mathrm{d}t+S_\mathrm{f}\mathrm{d}x+\frac{1}{g}\frac{\partial v}{\partial t}\mathrm{d}x=0 \quad (20.4)$$

略去二阶微量，同除以 $\mathrm{d}x$，有

$$\frac{\partial z}{\partial x}+\frac{\partial}{\partial x}\left(\frac{\alpha v^2}{2g}\right)+\frac{1}{g}\frac{\partial v}{\partial t}+S_\mathrm{f}=0 \quad (20.5)$$

以 $v=Q/A$ 代入上式有

$$\frac{\partial z}{\partial x}+\frac{\alpha}{g}\frac{Q}{A}\frac{\partial}{\partial x}\left(\frac{Q}{A}\right)+\frac{1}{g}\frac{\partial}{\partial t}\left(\frac{Q}{A}\right)+S_\mathrm{f}=0 \quad (20.6)$$

由于 $z=z_0+h$，所以 $\dfrac{\partial z}{\partial x}=\dfrac{\partial z_0}{\partial x}+\dfrac{\partial h}{\partial x}$，考虑到 $\dfrac{\partial z_0}{\partial x}=-S_0$ 为管道底坡，则

$$\frac{\partial h}{\partial x}+\frac{\alpha}{g}\frac{Q}{A}\frac{\partial}{\partial x}\left(\frac{Q}{A}\right)+\frac{1}{g}\frac{\partial}{\partial t}\left(\frac{Q}{A}\right)+S_\mathrm{f}-S_0=0 \quad (20.7)$$

（3）圣维南方程组（SaintVenant equations）

联立连续方程和能量方程即为著名的圣维南方程组：

$$\frac{\partial A}{\partial t}+\frac{\partial Q}{\partial x}=0 \quad (20.8)$$

$$\frac{1}{gA}\frac{\partial Q}{\partial t}+\frac{Q}{gA}\frac{\partial}{\partial x}\left(\frac{Q}{A}\right)+\frac{\partial h}{\partial x}-(S_0-S_\mathrm{f})=0 \quad (20.9)$$

式中　A——过水断面面积（m^2）；

　　　Q——流量（m^3/s）；

　　　t——时间（s）；

　　　x——沿水流方向管道的长度（m）；

　　　g——重力加速度，（$9.8\mathrm{m/s}^2$）；

　　　h——水深（m）；

　　　S_0——管道底坡；

　　　S_f——阻力坡降。

当联立偏微分方程式（20.8）和式（20.9）求解时，其解为圣维南方程组全解，也称为动力波（dynamic wave）解。

当式（20.9）忽略 $\dfrac{1}{gA}\dfrac{\partial Q}{\partial t}$ 项后与式（20.8）联立

$$\frac{\partial A}{\partial t}+\frac{\partial Q}{\partial x}=0 \quad (20.10)$$

$$\frac{Q}{gA}\frac{\partial}{\partial x}\left(\frac{Q}{A}\right)+\frac{\partial h}{\partial x}-(S_0-S_\mathrm{f})=0 \quad (20.11)$$

其解称为准恒定动力波（quasi—steady dynamic wave）解。

当再忽略 $\dfrac{Q}{gA}\dfrac{\partial}{\partial x}\left(\dfrac{Q}{A}\right)$ 项时，与式（20.10）联立

$$\frac{\partial A}{\partial t}+\frac{\partial Q}{\partial x}=0 \quad (20.12)$$

$$\frac{\partial h}{\partial x}-(S_0-S_\mathrm{f})=0 \quad (20.13)$$

其解称为扩散波（diffusion wave）解。

当取

$$\frac{\partial A}{\partial t} + \frac{\partial Q}{\partial x} = 0 \qquad (20.14)$$

$$S_0 - S_f = 0 \qquad (20.15)$$

联立求解时，称为运动波（kinematical wave）解。

圣维南方程组的应用条件包括：

1）压力分布遵循水静压分布；

2）排水管道底坡较小，竖向测试水深基本上与常规水深相同；

3）渠道过水断面的速度分布是均匀的；

4）渠道为棱柱形的；

5）利用恒定流方程组计算的摩擦损失，对于非恒定流同样适用；

6）忽略层流情况。

（4）阻力坡度 S_f

非恒定流的阻力坡度 S_f 的求解方法目前还没有理论研究结果，一般均采用恒定均匀流阻力坡度公式近似计算。目前国际上通用的公式有：

曼宁公式（Manning's formula）

$$S_f = n^2 v^2 R^{-\frac{4}{3}} = n^2 Q^2 A^{-2} R^{-\frac{4}{3}} \qquad (20.16)$$

式中　　n——曼宁粗糙系数，对于混凝土管道，取 $n = 0.013$；

　　　　R——水力半径。

达西—魏兹巴赫公式（Darcy—Weisbach formula）

$$S_f = \frac{\lambda}{8gR} v^2 = \frac{\lambda}{8gR} \frac{Q^2}{A^2} \qquad (20.17)$$

式中　　λ——魏兹巴赫阻力系数。

20.3.2　水力初始条件和边界条件

（1）初始条件

一般雨水管道只有在降雨时管道内才有水流动，无论是设计还是模拟，在 $t = 0$ 时，各管段的入口和出口流量均为零。即

$$Q_{t=0} = 0 \qquad (20.18)$$

$$v_{t=0} = 0 \qquad (20.19)$$

$$h_{t=0} = 0 \qquad (20.20)$$

在进行数值计算时，如果选用向前差分格式，则应假设一个初始量，这个初始量必须大于零，但可以很小。对于合流制管道，可选一已知污水旱流流量作为初始条件。

（2）边界条件

一段排水管道有两个边界条件，在管段上游端称为入流条件，也叫第一边界条件；在管段下游端的称为出流条件，也叫第二边界条件。在急流条件下，水流受上游边界条件限制而与下游边界条件无关；在缓流条件下，水流同时受上下游边界条件的影响。一般情况

下，排水管网中水流均为缓流状态，因此应同时考虑上下游边界条件的影响。

上游边界条件首先要考虑入流过程线

$$Q_{x=0}=Q(t) \tag{20.21}$$

雨水管网最上游的边界条件为雨水口流量过程线，以及各段的入流条件应考虑上段的出流过程线与该段雨水口流量过程线的叠加，其次应考虑水位和判定流态。污水管道可根据实测或设计入流过程线计算。根据水位、流态和水力条件，雨水管道可有四种入流状态（表 20.1），而污水则只有 1 和 2 两种状态。

管道入流条件　　　　　　　　　　　　　　　　表 20.1

状态	水力条件	对水流的影响
1	非淹没入流，缓流	同时受上下游条件影响
2	非淹没入流，急流	只受上游边界条件影响
3	淹没入流，有气核	与流态有关
4	淹没入流，有水核	同时受上下游条件影响

雨水管道的出流条件主要与下游水位有关，也分为四种情况，见表 20.2，污水管道只有 2 和 4 两种情况。

管道出流条件　　　　　　　　　　　　　　　　表 20.2

状态	水力条件	对水流的影响
1	非淹没出流，自由降落	出口为临界水深，出口控制
2	非淹没出流，连续	急流时受上游控制，缓流时受下游控制
3	非淹没出流，水跃	受上游控制
4	淹没出流	经常受下游控制，也能同时受上下游影响

（3）连接条件

排水管网由设计管段组成，每一设计管段由两个检查井之间坡度不变、管径不变、无侧向入流的管道组成。每两个设计管段之间都有检查井或连接暗井连接，因此，管网内除了最上游的检查井以外，均是管网的连接点。在连接点的连接条件与水力计算方法、计算过程有很大关系。

就水力学方面而言，一个连接点可施加三个主要影响：首先，它可以提供一个蓄水空间；其次，它消耗所连接管道入流的动能；最后，它对所连接的上游管道施加回水影响。

就数学方面而言，连接点水力条件通常用连续方程表示，有时以能量方程为辅助条件。

根据连接点蓄水量和流量的相对大小及是否为压力流，连接点可以分为节点型和水库型两类。

1）节点型连接点。当连接点的蓄水能力可以忽略不计，并且流入、流出管段均为重力流时，该连接点为节点型，可以把它抽象为单一的汇流点，其连续性方程为

$$\sum_{i=1}^{n}Q_i+Q_j=0 \tag{20.22}$$

能量方程为

$$h_i+z_i=h_0+z_0 \tag{20.23}$$

式中　Q_i——第 j 个连接点处第 i 个连接管段的流量，流入为正，流出为负，对应时刻相加；

　　　n——连接管段个数；

　　　Q_j——第 j 个连接点直接流入、流出的流量，流入为正、流出为负；

h_i，z_i——第 i 个连接管段的水深和内底相对标高；

h_0，z_0——第 j 个连接管段的水深和内底相对标高。

2）水库型连接点。连节点与流量相比有相当大的蓄水能力或管道处于压力流状态，均为水库型连接点，水库型连接点的蓄水能力和蓄水影响不能忽略，其连续方程为

$$\sum_{i=1}^{n} Q_i + Q_j = \frac{\mathrm{d}s}{\mathrm{d}t} \tag{20.24}$$

式中　s——连接点蓄水量。

水库型连接点应考虑连接点的能量损失，如入口和出口损失等，其损失量的大小可根据具体条件和水力学基础理论求定。

20.3.3　求解方程及设计模型

排水管道非恒定流偏微分方程组属一阶拟线性双曲偏微分方程组，由于数学上的困难，目前尚无普通的积分解，实践中多采用近似计算方法，如特征线法、显式差分格式法和隐式差分格式法等。

（1）特征线法

根据连续性方程，可以写成以下形式：

$$B \frac{\partial h}{\partial t} + Bv \frac{\partial h}{\partial x} + A \frac{\partial v}{\partial x} = 0 \tag{20.25}$$

式中　B——水面宽度（m）；

　　　h——水深（m）；

　　　v——过水断面平均流速（m/s）。

根据方程式（20.11），有

$$\frac{\partial v}{\partial t} + v \frac{\partial v}{\partial x} + g \frac{\partial h}{\partial x} = g(S_0 - S_f) \tag{20.26}$$

把式（20.25）式乘以 ϕ 后与式（20.26）相加，则

$$\frac{\partial v}{\partial t} + v \frac{\partial v}{\partial x} + g \frac{\partial h}{\partial x} + \phi\left(B \frac{\partial h}{\partial t} + Bv \frac{\partial h}{\partial x} + A \frac{\partial v}{\partial x}\right) = g(S_0 - S_f)$$

或

$$\frac{\partial v}{\partial t} + (v + \phi A) \frac{\partial v}{\partial x} + \phi B\left[\frac{\partial h}{\partial t} + \left(v + \frac{g}{\phi B}\right) \frac{\partial h}{\partial x}\right] = g(S_0 - S_f) \tag{20.27}$$

如果

$$\frac{\partial v}{\partial t} + (v + \phi A) \frac{\partial v}{\partial x} = \frac{\partial v}{\partial t} + \frac{\partial v}{\partial x} \frac{\mathrm{d}x}{\mathrm{d}t} = \frac{\mathrm{d}v}{\mathrm{d}t}$$

$$\frac{\partial h}{\partial t} + \left(v + \frac{g}{\phi B}\right) \frac{\partial h}{\partial x} = \frac{\partial h}{\partial t} + \frac{\partial h}{\partial x} \frac{\mathrm{d}x}{\mathrm{d}t} = \frac{\mathrm{d}h}{\mathrm{d}x} \tag{20.28}$$

解得

$$\frac{\mathrm{d}x}{\mathrm{d}t}=v+\phi A=v+\frac{g}{\phi B} \tag{20.29}$$

$$\phi=\pm\sqrt{\frac{g}{AB}} \tag{20.30}$$

从而求出特征线方程

$$\mathrm{d}v+\left(g\frac{B}{A}\right)^{1/2}\mathrm{d}h+g(S_f-S_0)\mathrm{d}t=0$$

$$\mathrm{d}x=\left[\left(v+g\frac{A}{B}\right)^{1/2}\right]\mathrm{d}t \tag{20.31}$$

和

$$\mathrm{d}v-\left(g\frac{B}{A}\right)^{1/2}\mathrm{d}h+g(S_f-S_0)\mathrm{d}t=0$$

$$\mathrm{d}x=\left[\left(v-g\frac{A}{B}\right)^{1/2}\right]\mathrm{d}t \tag{20.32}$$

式（20.31）称为向前特征线，或顺特征线；式（20.32）称为向后特征线，或逆特征线。通过特征线方程，把一对偏微分方程变为两对常微分方程，给求解带来很大的方便，但是，对于排水管网还是不能求得解析解，只能用数值计算方法求解。

（2）显式差分格式法

这种方法就是用偏差商代替导数，把偏微分方程组化为差分方程组，在自变量域 $x\sim t$ 平面上做差分网格，求网格上各节点近似数值解。

1）扩散法。以 Y 代表水深或流速，Y_m^n 的上角标表示时间、下角标表示断面位置，Y 对时间的偏差商表示为

$$\frac{\Delta Y}{\Delta t}=\frac{Y_m^{n+1}-\left[\alpha Y_m^n+\frac{1-\alpha}{2}(Y_m^{n+1}+Y_{m-1}^n)\right]}{\Delta t} \tag{20.33}$$

对距离的偏差商表示为中心偏差商

$$\frac{\Delta Y}{\Delta x}=\frac{(Y_{m+1}^n-Y_{m-1}^n)}{2\Delta x} \tag{20.34}$$

阻力项采用 n 时刻 $m+1$ 和 $m-1$ 两断面的平均值，用曼宁公式时，有

$$S_f=\frac{\overline{v}^2}{\overline{C}^2\overline{R}}=\overline{n}^2\overline{v}^2\overline{R}^{-4/3} \tag{20.35}$$

以上三式代入式（20.26）和式（20.27），根据初始条件和边界条件，可求出内节点的近似数值解。

扩散法差分方程稳定的一般条件为

$$\left|\lambda^\pm\right|\frac{\Delta t}{\Delta x}\leqslant 1 \tag{20.36}$$

其中 $\lambda^\pm=v\pm\sqrt{gA/B}$。

α 的取值根据经验确定，有人建议取 $\alpha=0.1$。

2）蛙步法。对时间和距离都用中心偏差商

$$\frac{\Delta Y}{\Delta t}=\frac{(Y_m^{n+1}-Y_m^{n-1})}{2\Delta x} \tag{20.37}$$

$$\frac{\Delta Y}{\Delta x}=\frac{(Y_{m+1}^{n}-Y_{m-1}^{n})}{2\Delta x} \tag{20.38}$$

阻力项离散化为

$$S_f=(n^2 v R^{-4/3})_m^n\big[\alpha v_m^{n+1}+(1-\alpha)v_m^{n-1}\big] \tag{20.39}$$

其中 $0<\alpha<1$。

以上三式代入式（20.26）和式（20.27），可根据 n、$n-1$ 时刻的已知值求 $n+1$ 时刻的未知值。

（3）隐式差分格式法

采用隐式差分格式，其差分网格的距离步长可以不是等距离的；对于排水管网可取设计管段的长度，即 $\Delta x=L$。时间步长一般取等间距的，可根据精度要求确定。

$$\frac{\Delta Y}{\Delta x}=\theta\frac{(Y_m^{n+1}-Y_m^{n-1})}{L}+(1-\theta)\frac{(Y_m^{n+1}-Y_m^n)}{L} \tag{20.40}$$

$$\frac{\Delta Y}{\Delta t}=\frac{(Y_{m+1}^{n+1}-Y_{m+1}^{n+1}+Y_m^{n+1}-Y_m^n)}{2\Delta t} \tag{20.41}$$

其中 θ 为权系数，当 $1/2\leqslant\theta\leqslant1$ 时格式是稳定的。

把上两式代入式（20.26）和式（20.27），对于有 M 个设计管段的一条雨水管道，可以建立 $2(M-1)$ 个差分方程，再加上下游边界条件，共有 $2M$ 个差分方程，未知量个数也是 $2M$ 个，联立后可用求解非线性方程组的方法求解。

20.3.4 过载

在排水管道中时常出现过载的情况，即以有压流取代具有自由表面的明渠流。此时过水断面面积恒等于圆管的断面面积 A_0，有

$$Q=A_0 v \tag{20.42}$$

在压力条件下，对式（20.5）积分，得

$$z_1-K_1\frac{v^2}{2g}=z_2+K_2\frac{v^2}{2g}+L\left(S_f+\frac{1}{g}\frac{\partial v}{\partial t}\right) \tag{20.43}$$

式中　z_1，z_2——分别为上下游检查井处的水位标高（m）；

　　K_1，K_2——分别为入口和出口损失系数。

20.4　水质模拟过程

排水管道水质模型主要是模拟排水管道系统特定位置处污染物浓度随时间的变化，进而用以改善系统的性能，优化排水管道中污染物的滞留情况。

通常模型对各种水质参数进行独立模拟，这些水质参数包括悬浮固体、需氧量（BOD 或 COD）、氨等。

合流制排水管道中的污染物有两个来源：污水和汇水面积内的地表特性。影响排水管道水质的主要因素如下。

（1）污水进流

旱流条件下流量和污染物在时间上发生着周期性变化，其变化与人们的日常生活方式

相关，在周末和平时工作日之间具有显著差异。

（2）汇水面积的地表状况

旱季阶段，道路、屋顶等处积累了各种污染物，在随后而来的降雨中，它们被冲刷进排水系统。通常进入排水系统污染物的量取决于污染物在汇水面积地表累积量、暴雨强度以及地表径流情况。

（3）雨水口

如同在汇水面积的地表，旱季雨水口也会累积一些污染物质。在雨量较小时，有些物质被冲刷进雨水口；在暴雨期间，一些累积的固体被冲刷。

（4）系统内的输送

污染物进入排水管道后，如果不产生淤积，则被流动的污水带走。

（5）管道和水池内的淤积

当排水管道内的流量很小时，尤其在夜间，有些固体将发生沉降，形成淤积物。当流量较大时，它们被冲刷，释放悬浮固体和溶解性污染物到水中。通常污水中污染物的浓度取决于系统、汇水面积、旱季和雨季流量特征、降雨事件以前的干旱期等。

污染物进入水流后，污染物的迁移与污水的水力条件相关。因此基于物理的水质模型，总是要依赖于排水管道系统的流量水力模型。水质模型的精确性通常受到水力模型的影响。

20.5 污染物迁移的模拟

20.5.1 移流扩散

污水在管道中运动时，污染物将会随流体质点一起迁移和扩散，通常流体中污染物的移流扩散方程为

$$\frac{\partial c}{\partial t} + v\,\frac{\partial c}{\partial x} = 0 \tag{20.44}$$

或

$$\frac{\partial c}{\partial t} + v\,\frac{\partial c}{\partial x} = \frac{\partial}{\partial x}\Big(D\,\frac{\partial c}{\partial x}\Big) \tag{20.45}$$

式中 x——距离（m）；

　　　t——时间（s）；

　　　c——污染物浓度（kg/m^3）；

　　　v——平均流速（m/s）；

　　　D——扩散系数。

其中式（20.44）仅表示了移动，即污染物以平均流速运动；式（20.45）具有扩散项，考虑了污染物相对于平均流速的扩散。这两种机理见图20.3。

图20.3（a）说明，管道中的污染带（在水平和竖直方向均匀分布）以平均流速移动，而不具有扩散，即仅仅为移流。而图20.3（b）说明管道中同样的污染带，在以平均

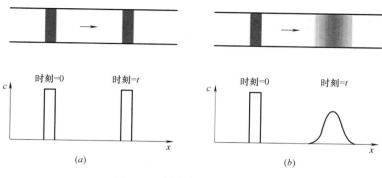

图 20.3 污染物的迁移过程
(a) 移流过程；(b) 移流扩散过程

流速移动的同时，还进行了扩散，即为移流扩散方式运动。

几乎所有排水管道水流在运动中移流占有优势。这样，并非所有排水管道水质模型包含了扩散过程。

20.5.2 完全混合池

与式（20.44）和式（20.45）不同，另一种方法是把整个管道看作一个概念上的水池，其中污染物与水流完全混合，其控制方程为：

$$\frac{\mathrm{d}(Sc)}{\mathrm{d}t} = Q_\mathrm{I}c_\mathrm{I} - Q_\mathrm{Q}c_\mathrm{Q} \qquad (20.46)$$

式中 c，c_I，c_Q——分别为管道内部浓度、进流浓度和出流浓度（kg/m³）；

Q_I，Q_Q——分别为管道的进流量和出流量（m³/s）；

S——管道长度中液体体积（m³）。

该方程把计算管段看作一个整体，其浓度从进口处到出口处具有渐变特性。由于它不包含距离项和速度项，因此难以明显地模拟在平均速度下污染物的迁移情况。该方法用于SWMM软件包中。

20.5.3 沉积物的迁移

无论水流状态如何，溶解的污染物始终发生移流和扩散运动，尽管它们可能由于化学过程而发生了变化。而悬浮的污染物将受到水流条件的影响：流速较小时，它们可能聚集于管道底部，或者形成淤积床；流速较高时它们重新悬浮。密度较大的固体可能很难悬浮起来，尽管可以发生推移。

所有排水管道水质模型至少应表达与固体相关的污染物运动，根据系统中如下情况确定：

1）机理：挟带、输运和沉积；
2）淤积床；
3）固体附着。

（1）机理

模拟污染物挟带、输运和淤积的较直接方式是利用沉积物的输运方程，它能预测水流挟带沉积物的能力 c_v。这样，在每一时间段内，对于进来的污染物浓度 c：

1）$c < c_v$：所有进来的污染物被输运，如果具有沉积物淤积，则将使侵蚀达到携带能力 c_v；

2）$c > c_v$：仅有 c_v/c 部分进来的污染物被输运，剩下的将发生沉降。

多数方法考虑了一种类型的固体。

（2）沉积床

适当的水力条件下，污染物将不以悬浮状态运动，而在管道底部淤积。多数模型考虑了淤积床。较为符合实际的表达方式与流量模型相联系，包含过水断面的损失和水力粗糙系数的增加。

（3）固体附着

被模拟的污染物有两种形式，即溶解状态的或固体附着态的。为了便于简化，一般指定了潜在因子（potency factor）f 被指定，以表示固体附着污染物（c_s）与固体浓度的相关关系：$c_s = fc$。

（4）不以平均流速运动的污染物

通常假设污染物以平均流速运动，但对于推移质，或者对于粗颗粒固体，以及对于靠近管道底部的固体，这是不现实的。现有排水管道水质软件包中很少包含这类特殊情况。

20.6　污染物转化的模拟

重力流排水管道中，主要的转化过程发生在大气、污水、管壁生物膜、淤积床之间，以及它们的内部（图 20.4）。压力流排水管道中，将不存在大气相和生物膜沿管道截面圆周上的分布。

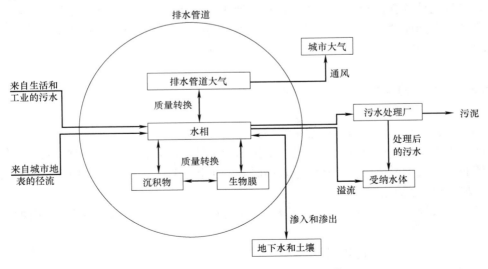

图 20.4　排水管道过程及其接受环境

与有机物生物降解相关的过程尤为重要，它们由管壁生物膜或污水中呈悬浮态的微生物所引起。在小口径管道中，生物膜的影响较为显著，在大口径管道中，悬浮生物体的影响较为显著。生物降解是一种好氧过程，需要有充足的溶解氧（DO）。这样在模拟中，BOD 或 COD 参数表示有机物质，DO 表示污水的毒性状态。厌氧过程通常未被详细地模拟。

所有排水管道水质模型应对系统中污染物的转化进行模拟。其模拟程度自简单到复杂的顺序包括：

1）持恒污染物；
2）简单的衰减表达式；
3）河流模拟方法；
4）WTP 模拟方法。

20.6.1 持恒污染物

持恒污染物是指那些不受任何化学或生化转化过程影响的污染物。污染物浓度只是由于移流扩散过程而变化。

有些排水管道水质模型省略了污染物的降解或生化作用。其理由是并非所有污染物是持恒的，认为这些作用是无关紧要的。对于短时间停留的系统，这种假设是合理的。

20.6.2 简单的衰减表达式

第二种简化方法是模拟单一污染物的变化，它使用了简单的反应模型。通常的例子是一阶衰减模型，其中

$$\frac{\mathrm{d}c}{\mathrm{d}t} = -kc \tag{20.47}$$

式中　c——污染物浓度（g/m²）；

　　　k——速率常数（h⁻¹）。

污染物浓度 X 随时间和温度的变化，有：

$$k_T = k_{20}\theta^{T-20} \tag{20.48}$$

式中　k_T——在 T℃时的速率常数（h⁻¹）；

　　　k_{20}——在 20℃时的速率常数（h⁻¹）；

　　　θ——Arrhenius 温度系数。

该方法忽略了各种污染物质之间的相互影响（例如 DO 和 BOD 之间的相关关系）。在模型 SWMM 使用了这种方法。

20.6.3 河流模拟方法

模拟排水管道中污染物转化的一种明显方法是利用河流水质模型。河流模型十分复杂，但是能够寻找到表示排水管道的类似过程：移流、扩散、沉降、曝气和转化等。

（1）氧平衡

水流中的 DO 是大气向水体供氧与污水和生物膜上微生物的耗氧之间平衡的结果。淤积床中发生的过程也需要一定的氧量。氧平衡的表达式如下：

$$\frac{\mathrm{d}c_0}{\mathrm{d}t}=k_{\mathrm{LA}}(c_{0,\mathrm{s}}-c_0)-(r_{\mathrm{w}}+r_{\mathrm{b}}+r_{\mathrm{s}}) \tag{20.49}$$

式中　$c_{0,\mathrm{s}}$——饱和溶解氧浓度（$\mathrm{g/m^3}$）；

　　　c_0——实际溶解氧浓度（$\mathrm{g/m^3}$）；

　　　K_{LA}——容积复氧系数（$\mathrm{h^{-1}}$）；

　　　r_{w}——水体的耗氧速率（$\mathrm{g/(m^3 \cdot h)}$）；

　　　r_{b}——生物膜的耗氧速率（$\mathrm{g/(m^3 \cdot h)}$）；

　　　r_{s}——沉积物的耗氧速率（$\mathrm{g/(m^3 \cdot h)}$）。

（2）复氧

复氧是大气中氧气向水中扩散的一种自然过程。大气中的氧气溶解到液体中，直到饱和水平，它主要与温度相关。检查井处的回水或者水泵提升引起的湍流，会增加水体的复氧速率。1973 年 Pomeroy 和 Parkhurst 推导出了排水管道复氧经验公式：

$$K_{\mathrm{LA}}=0.96\left(1+0.17\left(\frac{v^2}{gd_{\mathrm{m}}}\right)\right)\gamma\,(S_{\mathrm{f}}v)^{3/8}\frac{1}{d_{\mathrm{m}}} \tag{20.50}$$

式中　v——平均速度（$\mathrm{m/s}$）；

　　　d_{m}——平均水深（m）；

　　　γ——温度校正因子（20℃时为 1.00）；

　　　S_{f}——水力坡度。

（3）水体耗氧量

污水的耗氧量（也称作氧吸收率）随时间和温度而变化，但是（提供的好氧条件）独立于氧的浓度。一般值为 1～4mg/（L・h）。

（4）生物膜耗氧量

生物膜的耗氧是一种复杂的现象，它受到基底和可利用氧等因素的影响。1973 年 Pomeroy 和 Parkhurst 提出的经验式为：

$$r_{\mathrm{b}}=5.3(S_{\mathrm{f}}v)^{\frac{1}{2}}\frac{c_0}{R} \tag{20.51}$$

式中　R——水力半径（m）。

（5）沉积物耗氧量

淤积床的厌氧过程将产生耗氧副产物，即沉积物耗氧量（SOD）。

尽管河流和排水管道中的许多过程是相同的，但是利用河流模拟方法最重要的一点是，这两者在细节和目标上通常有很大差异。这意味着河流模型需要利用适当数据校准。

20.6.4　WTP 模拟方法

表示排水系统中污染物转化的最新方法是利用污水处理厂（WTP）模拟方法。1986

年 Henze 等人根据 Monod 动力学对 WTP 模拟作了详细解释。该方法的一个重要区别是利用的 COD 部分，而不是在河流模拟中常用的 BOD。此外，控制方程（类似于河流模拟情况）是用矩阵符号进行表示。

该方法的一个潜在优点是：对于在系统各部分之间使用一致的模型参数证明是可行的。这为综合模拟提供了方便。

20.7　雨水管理模型

20.7.1　软件特征

雨水管理模型（SWMM）软件是美国环境保护局国家风险管理研究实验室供水与水资源分部开发研制的软件包，最初开发于 1971 年，目的是研究单一事件或者长期（连续）模拟下城市区域径流的水量和水质。该软件可在美国 EPA 网站上免费下载，网址为 http://www2.epa.gov/water-research/storm-water-management-model-swmm；由同济大学环境科学与工程学院汉化后，定名为 SWMMH，也可从网络上免费下载，网址为 http://sese.tongji.edu.cn/Jingpinkecheng/geipaishui/swmmh.htm。

SWMMH 利用物理对象模拟排水系统。这些对象包括：

1）雨量计（作为一个或者多个子汇水面积的降水数据源）；

2）子汇水面积（从雨量计接受降水，并产生可进入排水系统节点或另一子汇水面积的径流）；

3）汇接点（管渠相互连接的交汇点，忽略它的蓄水容积，表示了检查井和交汇井）；

4）蓄水设施（提供蓄水的池塘、湖泊、围堰等）；

5）管渠（从一个节点向另一节点输水的管渠）；

6）水泵（提高水的能量的装置）；

7）调节器（包括堰、孔口或者出水口，用于引导和调节输送系统中的流量）。

除了这些物理对象，也包含表示配水系统的下列信息对象：

1）时间模式（用于模拟每日排水量的变化模式）；

2）曲线（用于表示水泵水头—流量曲线和水池水位—容积曲线的数据）；

3）运行控制（根据水池水位、汇接点压力和时间状态改变管渠状态的规则）；

4）水文分析选项（下渗公式类型、蒸发类型选项）

5）水力分析选项（水头损失公式、水量演算方法的选项）；

6）水质选项（水质分析类型、反应机制的选择）；

7）时间参数（模拟时段、水质和水力分析时间步长、形成输出结果报表的时间间隔）。

从出现以来，SWMM 已用于全世界数千项排水管道和雨水研究中，典型应用包括：①控制洪水的排水系统组件设计和尺寸确定；②控制洪水和保护水质的滞留设施及其组件尺寸的确定；③自然渠道系统泛洪区的地图绘制；④最小化合流制排水管道溢流的设计控制策略；⑤评价进流量和渗入对污水管道溢流的影响；⑥污物负荷分配研究中的非点源污染物负荷；⑦评价 BMP 降低预计污染物负荷的有效性，等。

　　SWMMH 包含了两个模块：执行水文、水力和水质模拟的管网计算器，用于前后端处理的图形用户界面。常规运行模式下，用户直接与图形界面交互。计算器也能够单独运行，从文本文件接收输入数据，输出包括文本输出结果（报告文件）和非结构的二进制输出文件。计算器还具有第三方开发者可以按照定制方式应用的函数库（DLL）。

20. 7. 2　图形用户界面

　　SWMMH 的图形用户界面利用 Inprise 公司的 Delphi 语言（面向对象 Pascal 语言）编制，用于构造待模拟管网的布局、编辑管网组件的属性、设置模拟选项、调用计算器模块，并以不同形式将计算结果显示给用户。

　　图 20.5 说明了编辑汇水区域时可能显示的用户界面。研究面积地图提供了排水系统的示意图，给用户一个可视化的感觉，从中可以观测到组件的位置及其连接方式。根据特定属性数值（例如地表径流量或者管段流量），可以用不同的颜色表示子汇水面积、节点和管段。地图上部的工具条允许利用鼠标点击方式，可视化添加组件。也可以选择、移动、缩放、编辑或删除地图上已有对象。

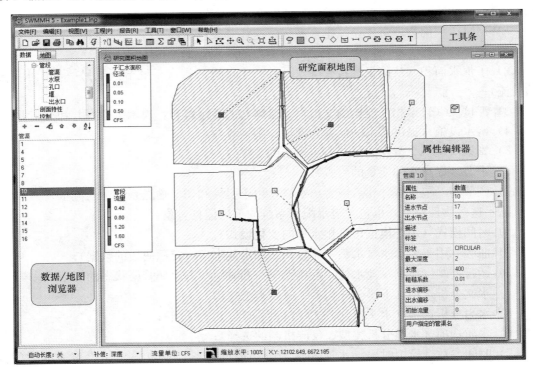

图 20.5　SWMMH 用户界面

　　浏览器窗口是 SWMMH 的中心控制面板。它用于：①选择特定的管网对象；②增加、删除或者编辑对象，包括非可视对象（例如时间模式、运行规则和模拟选项）；③通过地图上的彩色显示，选择要查看的变量；④选择地图上显示的延时模拟时段。

图 20.5 中左下角较小的窗口是属性编辑器，用于改变当前管网地图和浏览窗口中选择的组件项属性。更加专业化的编辑器可编辑管网非可视化数据对象，例如时间模式、曲线和运行规则。

视觉上研究面积地图、浏览器和属性编辑器是相互联系的，其中一种表达方式作出的选择和变化，总能体现到其他表达方式上。例如，如果用户点击地图上特定的管渠，管渠将在浏览器和属性编辑器中成为当前的选择对象。如果用户改变了属性编辑器中管渠的最大水深以及浏览器中当前选择变量的最大水深，管渠将会在地图上进行重新绘制。SWM-MH 用户界面利用它面向对象内部数据库，保存描述研究面积的所有数据。当用户执行程序分析时，程序将这些数据写进文本文件，然后传送到计算器内处理。计算器进行计算并将其结果写成非格式化的二进制文件。用户界面然后访问该文件，将选择的结果反馈给用户。

图 20.6 说明了在一系列模拟计算完成后，能够产生的几类 SWMMH 用户界面输出例子。左上角的窗口显示了管网地图查询深度大于 0.5 ft（英尺）的所有节点结果。右上角窗口列表显示了子汇水面积径流量的汇总表。左下角窗口表示了管网中两个不同节点处水深的时间序列图。最后，右下角窗口显示了从节点 9 到节点 18 的管道路径在第 4 小时的水位剖面线图。

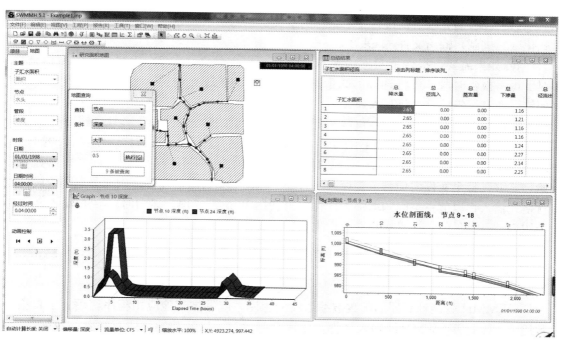

图 20.6　SWMMH 输出界面示例

20.7.3　计算器模块

SWMMH 计算程序使用美国国家标准研究所的标准 C 语言编制，完成了输入处理、雨量分析、径流/演算求解和报告生成，具有独立的代码模块。计算器的数据流图见图

20.7。该图描述的步骤总结如下：

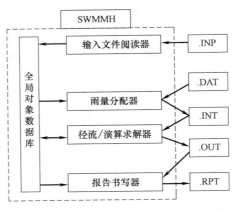

图 20.7　SWMMH 计算器的数据流程图

1）输入文件阅读器模块接受被模拟排水系统的描述，来自外部输入文件（.INP）。文件的内容被分析、解释和保存在共享内存区域。

2）如果需要，雨量分析器模块执行降雨状况分析，将降雨文件（.DAT）转换为内部雨量数据，并存储在中间文件（.INT）内。

3）径流/演算求解器进行排水系统的水文、水力和水质分析，将分析结果写入到非格式化（二进制）输出文件（.OUT）。

4）如果需要，报告书写器模块从二进制输出文件（.OUT）读回计算的模拟结果，对于每一报告时段，可将选择的数值写入格式化报告文件（.RPT）。运行过程产生的任何错误或者警告信息也将写入该文件。

当调用 Windows 用户界面时，由于界面本身用于产生输出报告，计算机浏览以上步骤4）。利用问题描述语言（PDL）编写送给计算器的输入文件（这样一个文件的摘录见图 20.8）。每一类输入数据利用分隔符隔开，关键词为中括号内的文字。注释行以分号开始，能够在整个文件内任意位置设置。管网中相同类型对象的属性，例如节点和管段，以行格式输入，以节省空间和增强可读性。当利用 Windows 用户界面时，PDL 输入文件对于用户是不可见的，尽管用户能够产生这样的文件。

20.7.4　程序员工具箱

SWMMH 管网计算器的函数被编译成例程库，能够被其他应用程序调用。工具箱函数用于：①打开 SWMMH 输入文件，读取它的内容，以及初始化所有必要的数据结构；②修改所选管网对象的值，例如节点进流量、管渠直径以及粗糙度系数；③利用修正的参数重复执行水文、水力和水质模拟；④反馈模拟结果值；⑤生成模拟结果报表。

工具箱允许管网模拟人员在自己定制的应用程序内，使用水文、水力和水质分析例程而不需要担心程序能力的细节。工具箱已证明对建立特殊的应用程序是有用的（例如优化模型或者参数估计模型），它也能与 CAD、GIS 以及数据库包的管网模拟环境集成使用。

```
[TITLE]
Example SWMM Project

[OPTIONS]
FLOW_UNITS        CFS
INFILTRATION      GREEN_AMPT
FLOW_ROUTING      KINWAVE
START_DATE        8/6/2002
START_TIME        10:00
END_TIME          18:00
WET_STEP          00:15:00
DRY_STEP          01:00:00
ROUTING_STEP      00:05:00


[RAINGAGES]
;;Name      Format      Interval   SCF   DataSource   SourceName
;;===========================================================================
GAGE1       INTENSITY   0:15       1.0   TIMESERIES   SERIES1

[EVAPORATION]
CONSTANT  0.02

[SUBCATCHMENTS]
;;Name   Raingage  Outlet   Area   %Imperv    Width    Slope
;;===========================================================================
AREA1    GAGE1     NODE1    2      80.0       800.0    1.0
AREA2    GAGE1     NODE2    2      75.0       50.0     1.0

[SUBAREAS]
;;Subcatch   N_Imp   N_Perv   S_Imp   S_Perv   %ZER   RouteTo
;;===========================================================================
AREA1        0.2     0.02     0.02    0.1      20.0   OUTLET
AREA2        0.2     0.02     0.02    0.1      20.0   OUTLET

[INFILTRATION]
;;Subcatch   Suction   Conduct   InitDef
;;===========================================================================
AREA1        4.0       1.0       0.34
AREA2        4.0       1.0       0.34

[JUNCTIONS]
;;Name    Elev
;;============
NODE1     10.0
NODE2     10.0
NODE3     5.0
NODE4     5.0
NODE6     1.0
NODE7     2.0

[DIVIDERS]
;;Name   Elev   Link   Type     Parameters
;;===========================================
NODE5    3.0    C6     CUTOFF 1.0
```

图 20.8　部分 SWMMH 输入数据文件

第 21 章　地理信息系统

地理信息系统（Geography Information System，GIS）是集计算机图形和数据库于一体，储存和处理空间信息的技术，它将地理位置和相关属性有机结合起来，能够根据实际需要准确真实、图文并茂地输出信息给用户，用以满足城市、企业管理、居民生活对空间信息的要求，并借助其独特的空间分析功能和可视化表达，进行各种辅助决策。GIS 的这些特点使之成为与传统方法迥然不同的解决问题的先进手段。

城市排水管网具有隐蔽（埋设在地下）、复杂（种类多，纵横交错、密如蛛网）、动态（城市建设不断扩大、新管线不断增加、旧管线不断更换或废弃）、信息量大等特点。排水管网信息系统的建设是实现排水管网客观评价、科学规划、养护、调度、运行以及高效的资产管理等现代化管理的必然要求。

21.1　地理信息系统基础

思考 GIS 的一种简单方式是，将它想象成一组重叠在一起的透明体（图层），以便图层中任何一点都会出现在其他图层的相同位置处，见图 21.1。实际 GIS 图形用户界面（GUI）中可由模拟人员改变各图层的显示次序。

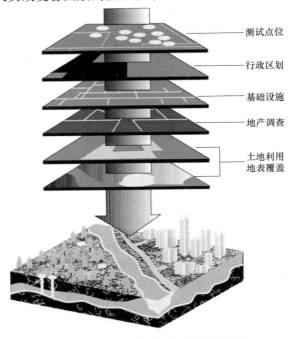

图 21.1　地理信息系统概念布局图

　　GIS 内要素（地图中的对象）不是简单的点、线和多边形，它们具有相关的属性（关于要素的信息）。污水收集系统中，例如管道、检查井和水泵，均是具有属性的要素。

　　通过选择需要显示的图层，图层显示次序和符号化（符号的尺寸、形状和颜色），模拟人员可以控制结果地图的外观。图 21.2 说明了包含了街道、地块、建筑和排水管线的居住区 GIS 地图。

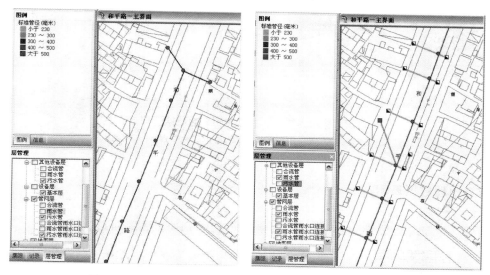

图 21.2　说明了街道、地块、建筑物和排水管线的 GIS 地图

　　为了制作地图，GIS 可用于分析如下问题：位置（利用邻接关系或叠加分析）、状况、时间和空间模式（趋势）、如果—那么情景分析。

21.1.1　数据管理

　　排水系统用户服务、工作管理、检查和许可、水质测试、设施地图映射、水力模拟和档案管理，是否具有共同特征，答案就是地理信息。即所有这些活动均需要结合地理位置的信息，例如地块编号、地址或设施编号。

　　目前数据管理具有两种方式：集中式或分布式数据管理。大型机提供了集中式数据管理，PC 机提供了分布式数据管理。大型机环境中，所有应用程序和数据存储在中央服务器内。为了开发和维护，它的硬件和软件都很昂贵。与大型机相比，PC 机环境内为特殊目的的应用程序和数据库较廉价；数据和应用程序可驻留在不同网络化的 PC 机中。分布式管理较经济，但可能会出现数据孤岛。

　　集中式和分散式也分别称作数据为核心和应用为核心的数据管理方法（图 21.3）。应用为核心的方法，对于每一应用程序单独维护数据。例如模型数据在一个数据库中存储和维护，而 GIS 数据存储在独立的、不良连接的数据库中。以数据为核心的方法中，采用数据管理集线器，应用程序例如 GIS 和模型，通过呼叫获取和传回数据。这种管理系统中，空间数据可能在集中式数据库中维护。

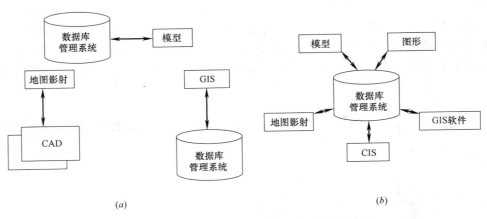

图 21.3　应用为核心和数据为核心的数据管理方法

(*a*) 以应用为核心；(*b*) 以数据为核心

21.1.2　地理数据表示

具有三种方式处理多数地理数据：栅格、向量和 TIN（图 21.4）。

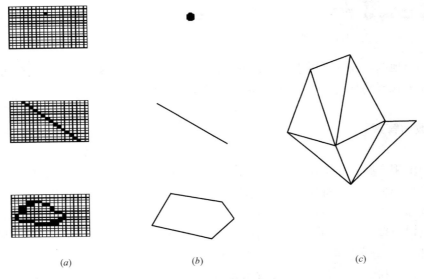

图 21.4　地理数据表示

(*a*) 栅格；(*b*) 向量；(*c*) TIN

（1）栅格——它将数据存储为离散的网格，每一属性的单一数值与每一网格相关联。每一网格具有属性数值和位置坐标。因为数据存储在矩阵中，每一网格需要的坐标没有明确存储。

（2）向量——将离散要素存储为点、线或多边形。每一要素具有属性数值和一组 x-y 坐标相对应。

（3）三角不规则网络（TIN）——将空间划分为一组连续（没有重叠的）三角面。三角面来自不规则空间取样点、中断线和多边形要素，每一取样点具有坐标（x，y）和属性相对应。其他位置处的坐标利用 TIN 内插方法确定。TIN 认为是向量模型的一种特殊情况。

用于水力模拟的多数数据为向量数据。例如汇接点为点数据，管渠为直线数据，子汇水面积为多边形数据。模拟人员也可利用栅格和 TIN 数据，例如对于任务提供了背景图像或提取地面标高数据。

21.2　建立企业 GIS

GIS 通常在四种水平下执行：①项目—支持单个项目目标；②部门—支持部门的需求；③企业—部门之间的数据共享；④机构之间—与外部机构沟通和共享数据。

考虑到项目上构建 GIS 的目的比较单一，通常是在部门或企业层面构建 GIS。企业 GIS 的一个例子见图 21.5。

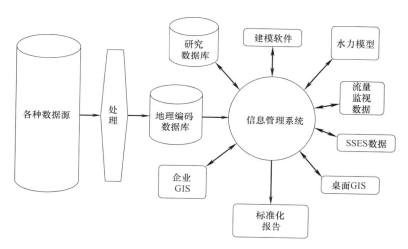

图 21.5　企业 GIS 示意图

20.2.1　考虑的关键点

企业 GIS 将在多个部门之间集成地理数据并服务于整个企业，作为企业信息的集成平台，利用地图或应用程序访问其他信息系统。建立企业 GIS 中，应考虑的关键因素有：

1）回顾现有硬件和软件，创建 GIS 并不意味着要放弃原有的系统。这些系统例如客户信息系统（CIS）、维护管理系统（MMS）和监视控制和数据获取系统（SCADA）。

2）GIS 开发，应能够支持水力模型对高水平数据质量、精度和细节的需求。

3）GIS 开发需要企业各部门的配合。与技术相比，GIS 开发在"人员需求"方面更具有挑战性。

4）企业 GIS 开发需要一位强有力的领导支持，便于在各部门之间的及时沟通。

5）GIS 项目的最大工作内容，通常体现在数据开发中，需要将纸质地图转换为电子地图；数据库组织应考虑所有制图、资产数据库和水力模型需求。

20.2.2　需求评估

需求评估是创建任何信息系统的实质性内容，通常需要详细调查并与所有潜在 GIS 用户沟通完成。需求评估可分为三个部分。

1）用户需求评估——考虑系统使用用户，应用角色，GIS 完成功能，用户熟练程度，用户的位置，用户的使用频率等。

2）数据源评估——确定存在哪些数据源，包括存储格式（电子形式还是纸张形式）、地理范围、空间坐标 (x, y, z) 和属性精度，更新频率和最后更新日期。

3）系统设计评估——确定现有服务器、工作站和计算机网络的类型、位置和特性，包括操作系统平台、当前应用程序及其使用水平。

通过需求评估，将 GIS 与以下效益和优势相集成：提高运行和管理效率，提高生产效率，较好地共享数据，快速访问高质量的及时信息，支持当前和将来的需求等。

21.2.3　设计

GIS 开发过程的第二阶段为设计，可能包括以下任务：应用程序设计、数据库设计、数据开发计划、系统设计和执行计划与进度安排。

（1）应用程序设计

评价了各部门的责任和工作流程后，将 GIS 与企业相关应用程序连接的可能性变得明显。这些任务形成了 GIS 应用的基础。

GIS 应具有针对如下系统的接口：水文和水力模拟模型、用户服务和维护管理系统、用户信息系统、实验室信息系统、SCADA 系统、文档管理系统等。

利用和集成这些系统接口，希望 GIS 可应用于：设施地图映射（GIS 数据维护）、服务征询跟踪/工作管理、资产管理、工作人员分配/车辆路线、现场数据收集/检查、排水量预测/人口统计数据、呼叫/报警响应、新建管线连接、用户投诉管理等。

（2）数据库设计

为排水企业开发的 GIS 数据库，应描述图层和单个要素的属性。包括数据库的建立和维护功能、数据更新功能和数据库运行管理功能，并设定用户分级管理的权限。

（3）数据开发计划

城市排水管网信息系统管理的数据可分为管网要素、环境要素和人类活动要素。

城市排水管网系统是收集、输送城市生活污水、工业废水和降水的一系列工程设施的总称，包括地下管道、暗渠、明渠、检查井、雨水口、排水口、雨污水泵站和各种监测仪表等要素。

环境因素包括地貌、土壤类型、土壤使用性质、附近水体和地下水状况、气候，以及道路、地表和地下建筑物等。它们与管网进行着物质和能量交换，既是污水和雨水的来源，又是排水管网排水的受纳水体，是管网设计和规划工作的重要依据。

人类有意识的管理活动，以及生活中的各种日常行为都会对管网造成影响。根据对管网的影响效果，可将人类活动分为四种类型：新建和改造管网、现有管网日常维护、偶然因素、间接影响。

数据开发中，首先排水企业 GIS 必须将土地利用基础图层作为空间参考，它可以从测绘部门获得。其次是将纸张图纸、CAD 图纸转换为 GIS 数据。必要情况下，需要利用全球定位系统（GPS）设备，现场收集检查井、泵站等的位置数据。

21.2.4 试验研究

GIS 设计完成后，下一阶段通常是执行试验研究，包括的活动如下：
1）遵从数据开发计划，创建试验数据库。
2）遵从应用程序设计，形成高优先性应用程序的原型。
3）为关键人员提供核心软件培训。
4）在与终端用户和管理人员的几次试验审查会议中，测试应用程序和数据。
5）形成最终的数据库设计、数据开发计划和系统设计文档。

21.2.5 生产

生产阶段的任务包括：
1）完成整个服务范围内数据转换过程中使用的质量保证/质量控制（QA/QC）软件和技术。
2）根据数据开发计划，执行整个服务范围内的数据转换。
3）购置必要的硬件和软件。
4）完成应用程序开发。
5）编制终端用户使用说明和系统维护文档。
6）开始用户培训和高优先性应用的展示（例如设施地图映射）。

21.2.6 展示

GIS 开发最后阶段是展示，任务包括：
1）安装运行硬件和软件。
2）为用户提供 GIS 软件应用课程培训和系统维护培训。
3）执行满足可接受性准则的测试。
4）展示最终系统。

21.3 基于 GIS 的模型构建

构建排水管道模型并随时维护，可能是水力模拟项目中最耗时、昂贵和易于出错的步骤之一。在 GIS 与模型广泛集成之前，构建排水管道模型是一个专业性活动。工程技术人员创建模型输入文件，通过收集、组合和数字化数据，它们来自各种硬拷贝的源头文档，例如排水管渠系统平面图、竣工图、地形图和管网普查数据。如果 CAD 数据可用，可以结合水力模拟软件的应用目的，提取模拟需要的要素。过程是通过手工完成的，其间需要对细节的工程判断。一旦建立，校验和运行了模型，就可以生成需要的输出结果。

当水力模型与 GIS 集成时，可以获得以下效益：①节约模型构建时间；②集成不同土地利用、人口统计和监视数据，将 GIS 分析工具用于更精确预测将来系统负荷；③基于地图的质量控制，可视化模型输入；④结合丰富的 GIS 图层，基于地图显示和分析模型输出；⑤跟踪和检查模型的变化。

模型/GIS 集成进展经历了三个阶段：①交互—数据通过中间文件交换，可能为 ASCII 文本文件或者电子表格；数据写入到中间文件，如果必要，针对模型重新格式化；然后读入到模型；模型和 GIS 单独运行。②接口—构建模型与 GIS 的协同连接。数据在连接的一侧被复制，模型和 GIS 独立运行；常用的方法是利用专门的地理数据文件（包含了地理特征的位置、形状和属性信息的数据文件），可用于在模型和 GIS 之间传输数据。③集成—使用数据的单一库；模型可以从 GIS 运行，或者相反。

第 22 章 测 控 技 术

22.1 城市排水监测

22.1.1 监测目的

城市排水系统由收集、输送和处理城市污（雨）水的管渠和构筑物组成，目的在于降低雨（污）水对城市环境带来的危害，保障人民健康和正常的生产生活。为了加强排水系统的管理，要求能及时、准确掌握排水系统的运行情况，必须采取先进的远程数据采集、监测手段，尽可能减轻渍水灾害，减少污（雨）水对环境的污染，并降低泵站运行能耗。

污水排放的监测具有以下目的：

1）法规需求：提取水样，确定是否满足国家或地方行业主管部门设定的需求；

2）监视：跟踪实时过程的进展，提供测量的水量、时间、流速、水质等实时数据，迅速了解系统运行状况；

3）评价：通过工艺（过程）的测试，存储系统特性数据，分析城市排水系统性能；

4）设计：根据测试的负荷数据确定系统需要改善和提高的基础条件；

5）修复：检查工艺（过程）或者系统部件的状态，确定是否需要修复和更新，建立有效的系统资产管理程序；

6）警报：提供报警系统，避免意外事故；

7）控制：根据在线监测结果，对系统进行实时控制；

8）研究：获得城市排水系统内在深入的知识。

在城市排水系统的管理范围内，可以通过以下三种方式获得观测和测试数据：

1）日常巡检：可用于评价水系统的物理状况。例如，管道的常规性巡检可以检查管道的损坏、非法接入、漏水、恶意破坏、管道堵塞以及其他威胁。

2）离散样本的实验室分析：这是获得排水系统物理、化学和生物特性的传统方式。

3）连续在线监测：它将作为前两种方法的补充，仅仅一部分监测参数可以现场连续测试。随着信息技术的发展，该方法在城市水系统监视上的应用越来越广泛。

22.1.2 连续在线监测

城市污水排放在线监测系统是一套以在线自动分析仪器为核心，运用现代传感器、自动测量、自动控制、计算机应用等技术以及相关的专用分析软件和通信网络，组成的综合性在线自动监测体系。一套完整的污水自动监测系统，能连续、及时、准确地监测目标的水量、水质及其变化状况，有效地起到监控监督作用。

　　连续在线检测系统包含有各种获取数据的装置，图 22.1 说明了必要的测试链。其中与物理、化学或者生物化学过程相接触的装置感应器，感应器产生的模拟信号或数字信号，在信号处理器内处理（例如线性化、转换为数字格式）。转换器将信号传送至显示器和/或数据记录器，分别可视化和/或储存，以便进一步应用。例如信号可以进入大型城市排水系统的数据监控和获取（SCADA）系统，便于组织输入数据和执行系统的控制任务。

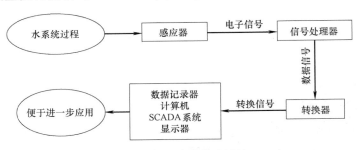

图 22.1　连续在线监测链

22.2　在线监测系统的组成

　　在线监测系统包含在中央主机和大量远程站点之间（远程终端单元或者 RTU）以及中央主机和运行终端之间的数据转换。图 22.2 是一个典型的在线监测系统布置。

　　在线监测系统包括：

　　1）现场数据接口设备，常常称作远程站点、远程终端设备（RTU）或可编程逻辑控制器（PLC），它连接了现场感应装置、局部控制开关箱、阀门激发器等。

　　2）现场数据接口设备与在线监测中央主机之间传输数据的通信系统。系统可能是无线电、电话、电缆、卫星等，或者是它们的组合。

　　3）中央主机服务器或者服务器群（有时称作在线监测中心，总站、总终端设备，或者 MTU）。

　　4）标准客户软件集成〔有时称作人机界面（HMI 或 MMI）软件〕系统，作为在线监测中央主机和运行终端的应用程序。它支持通信系统、监视和控制远程定位现场数据接口装置。

22.2.1　现场数据接口设备

　　远程分站可实现的功能包括：泵站内运行设备的模拟量数据、数字量数据、状态数据、脉冲信号计数的采集；远程分站的实时数据及顺序事件向主站点上报，所有上报数据均带有时间标记，数据上报的形式有逢变则报和按主站查询上报；接受监控主站下达的命令，对相应的设备进行调节和控制。支持容错和冗余备份以及事件追忆处理；远程站具有本地 PLC 逻辑控制的功能，提供设备运行的联动、连锁控制和泵站的闭环运行控制。运行模式的切换由就地控制实施。分站能接受主站的遥控命令，并在巡检相应设备处于正常

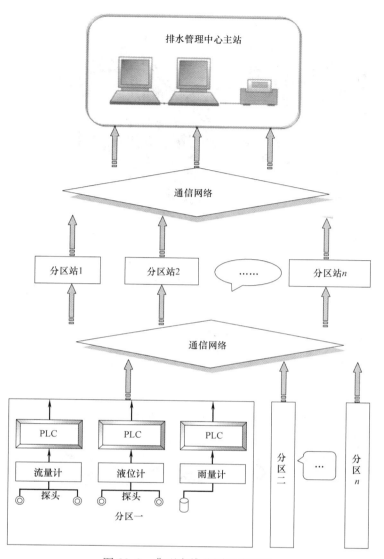

图 22.2　典型在线监测系统网络

状态时，执行所下达的命令进行相应的控制操作。控制设备主要包括有：阀门的控制、格栅除污机的控制、输送机与压榨机的控制、水泵的控制等。

远程终端装置（RTU，也称作遥感勘测装置）提供了这种接口。RTU 基本上将现场设备采集来的电子信号转换为通信信道上传输的语言（称作通信协议）。现场 RTU 为一个可以放置在开关箱内的盒子，具有电子信号电缆、运行现场设备和一个连接到通信渠道接口连接电缆（例如一个无线电装置，参见图 22.3）。

现场数据接口装置的自动化指令（例如水泵控制逻辑）常常存储在当地，受到在线监测中央主机和现场数据接口装置之间通信联系带宽的限制。这样的指令传统上被当地电子设备拥有，称作可编程逻辑控制器（LPC）。PLC 直接连接到现场数据接口装置，以逻辑过程形式，包含了可编程智能，将在特定现场条件事件中执行。

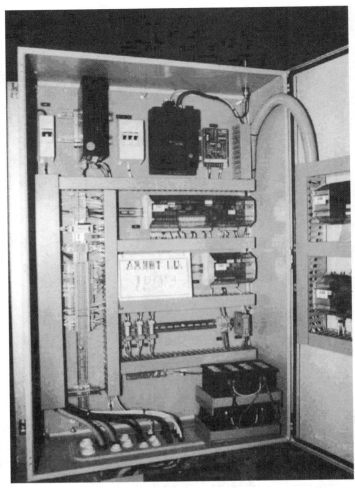

图 22.3　具有 RTU（图中）、无线电（图上）和现场线缆终端（图左）的 RTU 箱

22.2.2　现场数据通信系统

　　现场数据通信系统是为了实现在中央主机服务器和现场 RTU 之间传输数据而提供的工具。它为建立城市排水监测系统提供必要的技术和网络支持。由于功能安全性能和城市管网分布特点的要求，城市排水监测网络可采用星型结构或树型结构，利用共用电话交换网（PSTN）、数字数据网（DDN）、窄带综合业务数字网（N－ISDN）等电信网络建网，如果对网络性能要求高，也可组建 ATM 网。无线传输方式也可以作为备用选择。

　　常用的通信介质或传输介质（媒体）包括：

　　1）无线电；

　　2）公共电话交换网（PSTN）；

　　3）移动电话；

　　4）微波、激光、红外线；

5）有线电视网络；

6）专业卫星信道；

7）专业电缆：同轴电缆、双绞线、光纤等；

8）包含了 WAN 的计算机通信系统。

对于关键的场地，为了保证通信的高可靠性，联合使用这些不同的媒介是很普遍的。优先的通信媒介选择取决于以下因素：

1）现场设备场地到监控中心的距离；

2）通信媒介需要的可靠性（基本由远程场地的运行重要性来确定）；

3）可利用的通信方式；

4）通信方式的成本；

5）可用的电源（电力公司、电池、太阳能或其他）。

通信系统常常分为两个明显不同的部分：广域网（WAN）和局域网（LAN）。两部分之间的接口常常通过一些多路复用技术实现。

22.2.3　中央主站

中央主站又称为调度控制中心，主要负责采集数据的收集及控制执行命令的发出、负责整个网络的管理工作。调度控制中心分析所收集的运行数据，并结合气象、水文、季节、时间等因素，根据一定的数学模型，生成调度策略、控制命令和全局性的运行参数，向各分站下载，由各分站就地控制系统执行。

主机系统负责对数据的收集、处理、存储，可通过特定程序对数据信息进行相应管理和对终端设备进行控制。它在整个监测网络系统中起核心管理控制作用。主机系统可按照预先设置的程序，自动实时显示数据，历史数据存储，动态画面显示等，并进行一些采集站所不能进行的处理，实现数据的采集、设备的控制、报警和数据的存储等基本功能。其主要功能有：

1）从采集站收集信息，建立、管理和保存数据库。

2）管理整个计算机控制系统的工作状态；

3）在显示器上实时显示整个系统的过程状态，并进行装置图表和流程图的显示；

4）越限报警：检测量超标时，系统自动报警显示，并通过报警打印机打印输出，形成记录文件；自动状态下的控制设备发出故障信号或失去控制时，系统自动报警显示，并通过报警打印机输出，形成记录文件；报警数据自动存储以备事后分析；

5）实现对现场设备的遥控；

6）进行日常工作和历史数据的制表、记录，报表的打印；

7）利用在线数据进行数据分析，绘制趋势变化曲线；利用实测数据可以进行模型校核，为辅助管理，提供决策参考。

主机系统可以是一台计算机，也可以由几台计算机构成。它提供了人工机器操作员接口到在线监测系统。计算机收发 RTU 站点的信息，以操作人员可以工作的方式，将它提供给操作人员。操作显示终端通过计算机网络连接到中央主机，以便浏览屏幕和传输相应的数据给操作人员。最近的在线监测系统能够提供高分辨率的计算机图像，显示一个图形用户界面或者现场的模拟屏幕。图22.4说明了由多数系统提供的屏幕显示类型，一些显示例子包括：

1）系统概览页，显示整个排水系统，常常总结了可能运行异常的在线监测站点；

2）单个RTU站点模拟屏幕，提供了该站点控制设备的界面；

3）警报总结页面，显示需要由操作人员答复的警报；或者在操作人员未答复情况下，警报系统可以激发并返回到常规状态；

4）趋势屏幕，显示特定变量随时间变化的行为。

可是，随着个人计算机的普遍使用，计算机网络在办公室变得平常，因此，在线监测系统现在可连接到办公应用程序上，包括GIS系统、水力模拟软件、绘图管理系统、工作调度系统以及信息数据库。

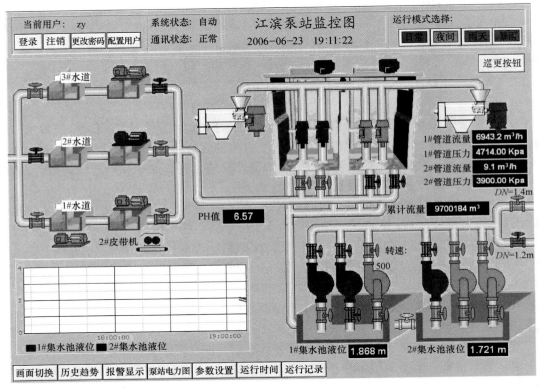

图22.4 一般在线监测系统提供的屏幕显示方式

22.2.4 分区工作站通信系统

分区工作站主要负责数据的采集及控制的执行，它接受人工指令，既是数据采集终端的管理调度者，又是系统的数据源。具有安全管理、权限管理、数据管理、远程管理、网络维护等功能。分区工作站完成对数据采集和设备控制，向调度控制中心传送所采集的数据及运行状况，接受主站的遥控命令；当巡检相应设备处于正常状态时，则执行所下达的命令，进行相应的控制操作。

在中央主机和操作人员终端之间的通信系统是一个局域网。在线监测 LAN 确保较小地理区域内的多个用户能够交流文件和信息，以共享资源。逐渐推广使用的办公 LAN 和广域网（WAN）作为办公室之间计算机网络的结果，具有将在线监测 LAN 集成到日常办公计算机网络上的可能。

这种布置的最大优点是，不需要为在线监测操作人员终端独立投资计算机网络。此外，很容易将在线监测数据与现有办公应用程序相集成，例如电子表格、工作管理系统、历史数据库、GIS 系统以及排水模拟系统。可是在将在线监测操作人员终端 LAN 与办公 LAN 集成之前，需考虑以下缺点：

1）包含的网络常常在办公时段被支持，而在线监测 LAN 通常需要每日 24 小时、每周 7 日运行；

2）与在线监测相关的通信可能提出一个网络安全，由于其中一些连接可能通过了办公网络日常安全预警的旁路，可能会破坏计算机网络；

3）在办公时段，与包含网络相关的数据交通可能严重影响在线监测运行人员的网络性能；

4）在紧急运行过程阶段产生的在线监测网络交通可能严重影响总网络性能；

5）在线监测系统与办公 LAN 的连接提供了电脑黑客和恐怖分子对系统运行的干扰方式。

22.2.5　软件系统

在线监测系统一个重要特性是系统内应用的计算机软件。最明显的软件部分是操作人员界面或者 MMI/HMI（人机界面）包。当开发、维护和扩展一个在线监测系统时，取决于在线监测应用程序的尺寸和特性，软件是一个显著开支项。在线监测系统中应用的软件产品包括：

1）中央主机操作系统：用于控制中央主机硬件的软件。软件基于 UNIX 或者其他流行的操作系统。

2）运行人员终端操作系统：软件用于控制中央主机硬件。该软件常常取决于中央主机和操作人员终端的网络。

3）中央主机应用程序：软件处理在 RTU 和中央主机之间接送数据。软件也提供了图形用户界面、现场模拟屏幕、警报页面、趋势页面以及控制功能。

4）运行终端应用程序：确保用户访问中央主机应用程序中可用信息的应用程序。它常常是中央主机软件的一部分。

5）通信协议驱动器：在中央主机和 RTU 中常见的基础软件，控制数据在通信连线终端之间的翻译和解释。

6）通信网络管理软件：控制通信网络和进行故障监视的软件。

7）RTU 自动化软件：允许工作人员来配置和维护驻留在 RTU（或者 PLC）内的应用程序的软件。多数包含了局部自动化应用程序，以及任何可以在 RTU 内执行的数据处理任务。

22.2.6 现场数据的处理

数据主要有两种类型：模拟数据和数字数据。模拟数据（Analog Data）是由传感器采集到的连续变化的值，例如温度、压力，以及目前在电话、无线电和电视广播中的声音和图像。数字数据（Digital Data）则是模拟数据经量化后得到的离散值，例如在计算机中用二进制代码表示的字符、图形、音频和视频数据。

操作人员终端的基本接口是图形用户界面（GUI），以图形方式显示污水处理厂或者设备。在静态背景上，生动的数据显示为图形形状（前景）。随着数据在现场的变化，前景被更新。例如，一个值可以显示为开或关，取决于现场的最近数字值。最近的模拟值显示在屏幕上，作为数字值或者作为一些物理表示，例如水池填充颜色的量表示了水位。在相应的现场设备之上的警报，在屏幕上可能表示为一个红色闪烁图标。系统可能具有许多这样的显示，操作人员可以根据需要进行选择。

现场数据如果存在警报，将以检测报警状态显示。在现场监测到的任何异常条件都存储在中央主机。操作人员能够通过一个听得见的警报被通知，或者通过在运行终端计算机上的可视化信号。然后运行人员通过在线监测系统，能够调查报警的原因。每一警报的历史记录和确认警报的操作人员名能够归档保留，便于进一步调查或者审核。

在现场变量随时间变化时，在线监测系统可提供一个趋势性的系统，其中特定变量的变化行为可以在图形用户界面屏幕上绘出。

22.3 误 差 分 析

22.3.1 定义

一个过程 x_t 的测试值 z_t 能够表示为

$$z_t = x_t + \varepsilon_t$$

式中 ε_t——测试误差，可分为随机、系统和过失误差。

随机误差是在相同条件下，多次测量同一物理量时，绝对值和符号以不可预料方式变化的误差。随机误差彼此独立，能够通过概率分布描述。最常见的是正态分布，即 $\varepsilon_t = N[0, \sigma_\varepsilon]$，式中 σ_ε 为随机测量误差的标准偏差。

系统误差是在相同条件下多次测量，误差的绝对值和符号保持恒定，测试结果永远朝一个方向偏移的误差。最简单形式的系统误差是测试值 z_t 对真实值 x_t 的一个常量偏差 ε。结合随机误差，这可以表示为 $\varepsilon_t = N[\varepsilon, \sigma_\varepsilon]$，如果总误差服从正态分布。系统误差具有更为复杂的形式，例如趋势（例如压力水位感应器的浮动），摆动或者后续误差，它们并不是相互独立的（自相关的）。

过失误差是由于粗心，出现标度看错、记录写错、计算算错而引起的误差。过失误差是特殊的事件，大型单个误差干扰了测试（"局外性质"）。有时很容易辨别的，因为测试值事实上是不可能的（例如流量测试值竟然达到 10 s 以前的或者 10 s 之后的 10 倍）。如果过程具有较大变化的特性，例如降雨，检查过失误差可能是很困难的。

除了与感应器相关的测试误差之外，还有许多其他可能的测试误差来源。它们包括：
1）非代表性测试现场（例如在暴露于风力之下的现场测试降雨）；
2）不适当的感应器（例如在发泡污水中的超声波水位感应器）；
3）在测试链中造成的误差（例如在模拟转换线中的电磁噪声）；
4）设备的缺陷（例如扭曲的流速螺旋桨）；
5）处理误差（例如在样本和实验室分析之间太长的滞后时间）；
6）分析误差（例如流量测试堰的错误形状参数）。

良好的测试设备应具有小的随机误差，不存在系统误差（它们可以在校验中考虑），且可以过滤掉过失误差。如果感应器被校验，测试链被检查，在一些实际应用中就可以忽略测试误差（但仍旧存在）。

22.3.2　不确定性的传递

假设一个变量 z_{tot} 为几个包含有测试误差的测试变量之和，即：

$$z_{tot}=a_1z_1+a_2z_2$$

如果 z_1 和 z_2 为具有测试不确定性 σ_{z1}^2 和 σ_{z2}^2 的随机变量，可以根据误差传递法则推导出变量 z_{tot} 的方差：

$$\sigma_{tot}^2=a_1^2\sigma_{z1}^2+a_2^2\sigma_{z2}^2+2a_1a_2\rho\sigma_{z1}\sigma_{z2}$$

式中 ρ 为误差的交叉相关因子。如果误差相互独立，则总误差的变化为

$$\sigma_{tot}^2=a_1^2\sigma_{z1}^2+a_2^2\sigma_{z2}^2$$

这样，对于线性模型，不确定性的传递能够通过解析方式推导。同样地，对于两个测试变量（两个变量必须相互独立）的乘积的导出变量

$$z_{tot}=z_1z_2$$

其方差为

$$\sigma_{tot}^2=\underline{z}_1^2\sigma_{z2}^2+\underline{z}_2^2\sigma_{z1}^2+\sigma_{z1}^2\sigma_{z2}^2$$

式中 $\underline{z}$ 为对应变量的平均值。

22.3.3　取样理论

在城市排水系统中与过程测试相关的典型问题是根据离散测试量（样本）重新构建连续的过程。显然，重构质量取决于取样频率，过程变化越大，需要的取样频率越高。

Nyquist—Shannon 法则：为了从离散样本重新构建连续的过程，采样频率 f_s 至少必须是过程 f_p 频率的两倍：

$$f_s\geq2f_p$$

显然，许多城市排水过程并不是有规律的波动。因此没有典型的过程频率，不能以此

来确定适当的采样频率。

22.4 城市排水过程的测试

22.4.1 监测仪表

仪表是采集排水管网运行参数的主要仪器。为了便于计算机系统连接和维护管理，宜采用智能化测量仪表；为适应污水管网系统的水质和现场环境，将清洗维护工作量降至最低，宜选用非接触式、无阻塞隔膜式、自清洗式的传感器，并带有温度补偿功能。城市排水系统在线监测常用的传感器包括：

1）雨量计，包括计重式、翻斗式和数点式；气象雷达也可用于测试降雨情况。

2）水位计，例如浮子式、气泡式、压力感应式和声学水位计。水位计用于监视蓄水状态，以及将管渠内水位转换为流量。

3）流量计，例如水位流量转换器、超声波流量计和电磁流量计。

4）水质测试仪，例如测试有机污染（TOC、易降解 COD）、营养物质（总氨和硝酸氮、总磷）、生物量（浊度或者呼吸作用）、毒性（通过呼吸运动计量法）等。

（1）设置原则

由于资金、技术、设备方面的限制，排水实时监测点位的设置应符合以下原则：

1）按照城市排水规划要求设置。

2）监测点位设置在排水干管上。由于在线水质监测仪表对取水量有一定要求且必须连续采样，另外干管上取样的水质数据具有代表性，能反映较大区域的水质情况。

3）污水处理厂和泵站的进、出水口，便于反映污水处理厂和泵站的运转情况。

4）排水集中、排水量大的区域和企业。在排水量大的排污企业出水口设置监测点，对于排水污染点源进行不间断检测，控制污染物排放总量，便于实施源头管理。

5）安装方便，便于维护。由于在线水质监测仪器取样管要从排水干管上开孔埋管，仪表必须有电源和排水设施，同时仪表要求定期校正维护，检测数据网络对监测点的环境也有一定要求。

（2）维护保养管理

为了确保各个监测装置监测数据的准确可靠，对监测装置的使用、维护与保养、检测等具体环节都应该加强管理。

1）建立完整的监测装置台账

对于一个排水管理机构而言，在其管理服务范围内，建立全机构统一的监测装置台账，将不同类别的监测装置，如流量、水位、雨量计，按照不同的分布片区建立在多个电子管理项目中。对编制周期检定计划、掌握装置分布和使用情况起着重要作用。

2）需要定期检查

按照标准、国家规定或自己不具备校验能力的，必须由有资质的检测机构执行检定的装置，严格按照检定周期，委托专人检查；对于可以自行校准的装置，按照标准的方法和程序，内部工作人员严格检查。定期检查可以有效避免监测数据错误，避免耗费人力物力对错误数据发生原因的探究等资源浪费。如果有超出精度范围，或者已经坏掉的仪器，要予以修正或更换；如果发现监测装置失效，则立即停用，根据装置失效程度决定相应处置办法。

　　3）对监测装置要维护保养

监测装置和其他装置一样需要经常进行维护和保养，才能保证在正常状态下工作，延长其使用寿命。宜采取专人负责，作好装置的维护保养情况记录。这个记录可以增添到监测装置的电子台账中，便于统一管理，了解装置的情况。

22.4.2　降雨测试

降雨的测量是通过测试小面积（一般 200cm²）的降雨。如果雨量计不能够被加热，则测试仅对非冰冻状态有效。如果雨量计是可调温度的，它们将在一年中均可使用。结合温度的测量，区分降雨和降雪。

一种完全不同的测试降雨方式是通过气象雷达。其中电磁脉冲从雷达发射器发出，部分通过雨滴发射，很短时间内由雷达天线接收。利用特定的脉冲速率，无线电收发机的倾斜以及精确的时间测量，能够扫描雷达周围大气的每一"立体"，获得雷达反射率 R。通过非线性关系，然后反射率转换成降雨强度 i，它应根据点降雨测试进行校验。除了作为雨量计，雷达可以测试在整个地区的连续降雨形式。

22.4.3　水位测试

在城市给水排水系统中最常测试的是水位。它可以转变为蓄水量，在重力管道中常常用于推导流量，由于流量是很难测量的。

根据超声波回波原理，可利用超声波在水中从底部测量 $[h_2]$，或在空气中从顶部测量 $[h_3]$（图 22.5）。这两种方法都是利用空气和水的声波界面（即水面）对超声波的反射，探头向液面发射短促的超声波，声波遇液面反射产生回声，探头接收回声，再根据发收之间的时间差，计算出探头至液面的距离，测量声波运动时间确定水位高度。这样测得的水位高度与相关的测量时间点相对应。这种测量方法，确保了测量的精确性和稳定性。从底部测量更能避免水面测量死区的出现，不仅可以测量非满流管道中的水位，水面上有泡沫或其他物质时也不会影响测量结果的准确性。

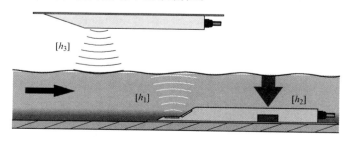

图 22.5　水位感应示意图

水压感应器具有一个压控装置，它随着受到的水压大小按比例偏移。偏移通过感应器内部进行电子测量，可直接给出水位读数（图 22.5 中的 h_2）。

空气压力感应器输送定常的空气流量到靠近容器底部的水。需要克服水压的压力在空气管道开口处直接读取水位。

在流速不显著的水体中，浮子用于测试水位。它们与一个计数器标杆相连，这样在测试轮旋转时，能够将转动距离转化为水位。

22.4.4 流量测试

需要测试的另一个重要变量是管道中的流量。压力流管道的测试比较容易，也比较精确，而重力流测试较困难，尤其对于大型管渠，以及当存在回水影响时。

（1）直接测试流量

可以利用满流管道（即处于压力流状态）中的电磁感应流量计直接测试流量。管道周围的磁体产生磁力场。由于水是电的导体，当通过磁力场运动时，它感应一定的电压。运动得越快，感应电压越高。这样，测试的电压就是通过（满）管道流量的函数。

另一种流量直接测试技术是利用示踪剂，它是在测试阶段不会改变化学或者生物特性的药剂。已知量的药剂被注入水流，通过充分的湍流，测量示踪剂流向下游的时间和浓度，然后求出流量作为它们的函数。示踪剂测试较精确，但费用也高。

（2）利用水位测试推导流量

明渠中测试流量的最简单方式是把测试水位转化为流量，利用 h/Q 关系，例如通过曼宁流量公式。可是，这种原理仅仅能够在常规流量下应用，即恒定流和均匀流条件。如果不能够保证这些条件，会产生较大的误差，尤其当回水影响相当大时。

通过利用水槽、孔口或者堰，可以防止回水影响。这样，对于渐变流，h/Q 关系式可用于推导流量。

（3）根据流速和水位测试推求流量

计算管道重力流的传统方法是通过在对明渠断面的一点或者多点进行流速测试，在断面上进行求和运算。尽管液体比重计螺旋桨易于受漂浮物的影响，仍常用在排水管道中。

测试流速的另一种方法是超声波。对于具有悬浮物质的水，可采用多普勒原理。超声波通过水体发送，与水流方向的角度小于 $90°$。偏移性反射波被接收。由于流速的影响，声波频率转化为一个较低的幅度。频率转换是对声波发射点流速的直接测试。

如果在明渠中利用超声波的流量测试，必须通过一个水位测试补充。如果渠道较陡，也可能建议测试流速，而不仅仅是水位。

22.4.5 污染物测试

仅仅一部分水质参数能够在现场被连续测试。较简单的探头可用于温度、pH 值和电导率测试。溶解氧浓度、浊度和 UV 吸收需要更复杂的探头。对于化学需氧量（COD）、总有机碳（TOC）、氨、硝酸盐和总磷，为了自动分析，通过一个"微型实验室"，水必须被泵送。这些技术很复杂，需要经常性维护（图 22.6）。

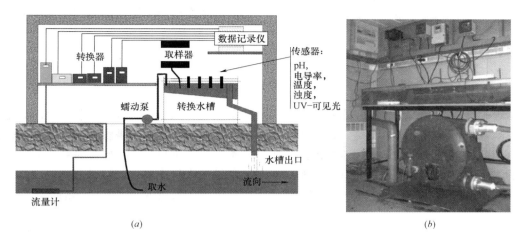

图 22.6 污染物水质分析"微型实验室"
(a) 布局示意图；(b) 实体图片

22.4.6 其他监测事项

（1）明确研究和运行目标

由于测试采用的必要方式对于监视处理厂的运行、检查故障，或者检查管道的漏水是不相同的，通常目标可表示为监视程序需要回答的问题。例如：应测试的变量有哪些，测试所需要怎样的精确度，试验需要持续的时间，变量测试的频率等。

（2）多学科测试的一致性

因为需要从不同部门（城市水文、湖泊、生态、城市水系统的运行、地质等部门）收集所需要的数据，测试数据具有不一致性，而且难以比较，这包括：①时空尺度的不同，而且有时是不兼容的；②描述方式的不同，例如排水管道中常常测试的是 BOD_5，处理厂测试的是 COD，而地表水测试的是 TOC。

（3）测试数据的质量

测试数据的质量取决于系统传感器的校验和不确定性评价。例如，由于很少进行校验，排水管道系统的流量测试的精确度常常在 $\pm 50 \sim \pm 100\%$ 的范围；有时传感器的位置不合适也可能影响到测试数据的准确性。因此在测试数据质量上需要注意以下几点：① 系统评价测试数据的不确定性；② 检查和验证数据；③ 改善传感器的质量和可靠性。

（4）可靠性

例如传感器、激发器、遥测和数据处理设备等，任何电子或者机械设备都易于出现故障，尤其当应用于恶劣的排水管道环境，因此应细心选择设备。设备故障的考虑是不可避免的。为了确保系统的可靠性，必须精心设计测试，包括运行和维护指南，关键传感器和激发器冗余的提供，多路径、多渠道通信，数据校正和牢靠模拟的应用，以及适当的优化软件。

（5）系统集成

系统集成是在线监测系统技术成功的关键。一个在线监测系统包含了许多仪器、设备、程序等，需要以通用的语言通信。为了控制而不是仅仅为了监视的目的，数据需要同步和快速更新。

22.5 实时控制

为了有效管理，要求对排水系统进行实时控制。它将系统中的各种调节、控制设施及管道的富裕容量进行综合调度，以达到减少溢流次数、水量，减少溢流的污染负荷，减少管道超载和地面淹水，均衡污水厂的进厂水量、水质等多重目标。为此，对系统内各控制点的降雨、流量、水位等信息和堰、闸阀、水泵等设备进行遥测、遥控，并与中心计算机连接，通过预定的程序以最佳方案进行调度。目前许多大城市的排水系统，都在不同程度上进行实时控制。

22.5.1 设备

RTC 系统中的主要硬件有：
1) 监视运行过程的传感器；
2) 控制过程的调整器；
3) 激发调整器的控制器；
4) 由传感器向控制器传输测试数据和由控制器向调整器传输信号的数据传输系统。
这四部分硬件综合在一起形成的控制回路，也就是 RTC 系统。

（1）传感器

应用在 RTC 系统中传感器的基本需求，应使它们适合于连续记录，可获得实时（在线）数据，以及可能远程数据传输（监视）。用在城市水系统中的大量传感器是水位、速度、温度、电导率、浊度、pH 值、溶解氧等。

（2）调整器

调整器是操纵排水系统过程的装置。它们可用于水力作用（例如水泵、堰、闸门和阀门）或者它们用作修正水质（例如鼓风机、加药泵等）。一些水力激发器设计中不需要外部供电（可自身调整）。例如漂浮运行闸门或者涡流闸门。这些激发器较简单，但缺点是它们的工况点不能够轻易变动。暴露于水或者潮湿空气中的所有部件应抗腐蚀。敏感元件应放置在合适的环境，如除湿后的电子器件，遥感设备等。传感器和激发器应可靠近、可维护、可进行校准和可替换。关键功能应从控制中心远程监视，可使用远程故障检测。

（3）控制器

每一种调整器都需要一个控制器。它接收输入信号并负责控制调整器。控制器大体上分为两类：连续式和离散式。离散式控制最常用方法是两点式控制，它只有两种状态：开和关。两点式控制器的一个例子见图 22.7，泵站中的水泵在低水位时关闭，在高水位时开启。

两点式控制缺点是启闭频繁。为了克服这个问题出现了三点式控制器，一般用于自动闸阀和可移动堰板的调整。最常使用的连续变化调整设施是 PID（比例—积分—微分）控制器。PID 的简化形式 P、PI 和 PD 也在使用。

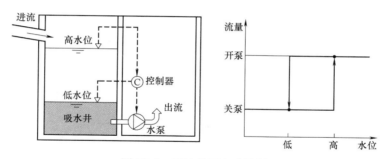

图 22.7 泵站的两点式控制

（4）数据传输系统

RTC 系统需要一些通过有线（例如电话线）或无线形式的数据传输（遥测）系统。数字传输正在取代模拟传输。

22.5.2 控制

（1）分类

RTC 系统大体分为局部系统和全局系统。在局部控制中，调整器在现场直接测量（例如通过浮球），并不受控制中心的遥控，尽管运行数据是控制中心所需要的。一个例子是使用超声波水位检测仪来检测自动阀门的水位。在全局系统中，调整器通过中心计算机并行操作，以获取整个系统同一时刻的运行测试数据。例如，对管道上游和下游连接的两个水箱同时测试，可避免上游水箱排水时，下游水箱溢流。

（2）控制回路

控制回路是 RTC 系统的基础。在控制回路中，控制变量的测试值与设定值相比较，根据比较结果计算变量的调整情况（图 22.8）。控制回路分为两类：反馈式和前馈式。

1）反馈式控制：控制指令根据测试值与设定值的偏差激发。如果没有偏差，则反馈控制器不被激发。

2）前馈式控制：利用运行控制模型来预测偏差的将来瞬时值，提前激发控制。因此它的精度取决于模型的有效性。

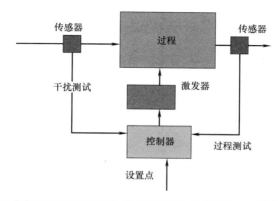

图 22.8 控制回路中的过程和数据流（过程测试为反馈控制，干扰测试为前馈系统）

（3）控制策略

控制器通过控制调整器达到被调过程变量（例如流量、水位）与设定值的偏差最小，这样"控制策略"可定义为 RTC 系统中所有调整器设定点的时间序列，或者为控制规则集。策略可以定义为被设定或固定规则的离线式，或者连续更新规则的在线式，这取决于系统状态的快速计算机预报情况。显然，最简单的策略是设定值维持为常数值，但是时变设计值可能表现出更好的性能，使系统对不规律瞬时暴雨进行响应。

在任何控制策略的处理过程中，信息收集和翻译都是重要部分。历史数据很有价值，但预报信息在使系统准备承受预期负荷上更有价值。这样，可能的信息来源有：

1）上游排水管道的流量、水位和水质测试；

2）降雨测试值和降雨/径流模型的模拟结果；

3）降水预报。

在使用这些数据时，必须注意测试数据值将含有一定的误差。

控制策略会具有不同的形式，一种是包含操作人员的经验；另一种方法是利用试错（诱导式）法，首先通过指定一个初始控制策略（例如缺省的、固定设定值策略），然后进行多次模拟，初始策略通常能被改善。

一般策略有：

1）上游优先蓄水：污水/雨水首先在管网的上游管段内贮存，以降低下游洪水影响；

2）下游优先蓄水：污水/雨水首先在管网的下游管段内贮存，以降低上游 CSO 影响；

3）蓄水平衡：整个汇水区域内各种蓄水设施被均匀进水。

尽管有经验的操作人员能够取得近似优化结果，但是获得经验的过程是很长的。获得的经验能够被储存，便于采用基于计算机的专家系统。

另一种办法，决策矩阵或者控制方案（control scenario）能被公式化。决策矩阵是系统进流和状态变量所有可能组合的控制行为表。控制方案与其类似，因为它们包含了以"如果……那么……否则"规则表示的指令集。为了进一步改善系统的性能，较简单的规则可以被修正。

策略开发中更严格的方法依赖于数学优化技术。在这些方法中，运行目标转化为受到条件约束的最小化"目标函数"。例如，简单的 RTC 优化过程是最小化在从时间 t_i 到 t_f 之间所有 CSO 排放量 V_i 的和：

$$\sum_{i=t_i}^{t_f} V_i \rightarrow \min$$

22.5.3 优缺点

RTC 的主要优点为：

1）通过利用系统的全部蓄水能力降低洪流的风险；

2）通过滞留系统内更多的污水降低污染溢流；

3）最小化系统的蓄水和流量输送能力，降低基建投资；

4）优化水泵提升和维护费用，降低运行费用；

5）通过平衡进流负荷以及使污水厂的运行接近其设计能力，增强 WTP 的运行性能。

为了取得这些效益，排水管网、WTP 和受纳水体需要总体考虑，而不是作为单个实体操作。

RTC 的典型效益是能够显著降低最敏感位置 CSO 的溢流量，减少溢流操作的频率（约为 50%），减少年均 CSO 容积（10%～20%）。次要效益是降低能耗（水泵提升量减少）、改善污水的处理、控制排水管道沉积物，以及较好地监视、辨识和记录系统信息。RTC 的缺点较少，更广泛使用 RTC 的阻力主要在于缺乏运行经验。

第 23 章　基础设施不完善地区的排水方式

近些年，随着城市污水排放量增加，当环境基础设施建设落后于城市化发展速度时，城市生活污水将成为水污染的重要来源。例如原因有：城市污水处理厂建设进展缓慢或者城市污水收集管网建设滞后。因此有必要探讨基础设施不完善地区的排水方式，这些地区主要是指有些城市的老城区、城市郊区和小城镇地区。以下从污水系统和雨水系统两方面阐述。

23.1　污水系统

23.1.1　老式马桶

老式马桶是没有卫生设施的居民家庭中常用卫生容器。每日家庭产生粪便尿液被其收集，由用户提到户外的厕所倒掉。这种方式在一些排水设施不够完善的老城区还少量存在。

23.1.2　茅房

茅房是小城镇和农村解决卫生废物的简单建筑物，它具有一个粪坑和带排便孔的盖板，粪便由排便孔排至坑内。坑内处于厌氧状态，会产生 CO_2 和 CH_4 等气体［图 23.1 (a)］。粪便逐渐分解，固体部分（粪渣）沉积于坑底，水分、尿液通过坑壁和坑底渗入地下。当粪渣的高度距坑顶有 0.5m 时，粪坑就需要清理。粪坑的直径约为 1m（或者 1m 见方），深度在 1~3m。

23.1.3　通风改良坑式厕所

该厕所是联合国开发计划署在我国新疆、甘肃、内蒙古地区成功推广的 VIP 厕所一种改进类型。其原理是粪便在自然条件下，长期酵解后成为腐殖质，病原微生物、寄生虫卵逐渐被杀灭。该厕所通风、防蝇、防臭效果好，技术简单，造价低廉，便后不需水冲洗，能较好地满足卫生的要求，适用于我国西北部少雨干旱地区。

通风改良坑式厕所主要有厕坑、蹲台板、通风管和地上部分组成［图 23.1 (b)］。

(1) 厕坑

根据厕坑的数量，通风改良坑式厕所又可分为单坑式、双坑式和多坑式。贮粪坑壁可用砖或石块、土坯等全砌；如地下是较深的黏土层不会塌陷，也可不用砖石等砌壁。厕坑底部也可用三合土夯实，厚度为 100mm，在地下水位较高的地区，为防渗漏，可在三合土层上面再铺砌砖，并抹 20mm 厚的水泥砂浆。

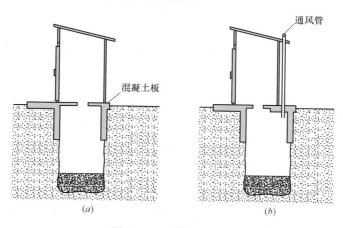

图 23.1　两种厕所类型
（a）普通茅房；（b）通风改良式厕所

选择单坑式时，必须留出取粪口，同时需要在厕坑旁附设一个消化坑，用于粪便的发酵处理。粪坑可以设计成不清除粪便的。粪坑装满后，用土覆盖填平粪坑，另选地址重建新厕。因使用地区干旱少雨，地下水位低，一般不会污染地下水源。但习惯使用粪便作为肥料的农村，不易接受。

通风改良双坑式厕所，是由两个结构相同又互相独立的厕坑组成。先使用其中的一个，当该厕坑粪便基本装满后用土覆盖将其封死，再启用另一个厕坑；第二个厕坑粪便基本装满时，将第一个坑内的粪便全部清除重新启用；同时封闭第二个厕坑，这样交替使用。在清除积粪时，坑中的粪便自封存之日起已至少经过半年至一年的发酵消化，完全达到无害化的要求，成为腐殖质，可安全地用作肥料。

通风改良多坑式厕所，系根据需要建造数个"双坑系统"，使之并联在一起，也可以将数个"单坑系统"并联。但是各个系统都要有独立的通风管，否则，会造成通气不均匀，影响除臭效果。

粪便积蓄率和厕坑的温度、湿度有关，在某地区是一个常数。根据研究的结果，我国西北地区（以乌鲁木齐地区为例）为 $0.04 \sim 0.06 \mathrm{m}^3 /$（人・a）。为了安全，厕坑设计的跨度和横截面不要太大，最大跨度一般以 1m 左右为宜，不应超过 1.5m。

（2）蹲台板

可用混凝土预制板，上有前后两个孔洞，前孔放蹲（坐）便器，粪便由此进入厕坑；后孔供安装通风管用；或蹲台板仅留一个孔，供安装便器；也可直接由此孔排入粪便，另配一个外形和孔口相似的带柄的盖，便后盖严。在厕室外厕坑后上部连接通风管。

（3）通风管

通风管是厕所设计中的关键部分。当风吹过通风管的顶部时，在管内产生上升气流，厕坑内的空气经通风管下口不断补充循环，使厕所和厕坑内的臭气经通风管排出，新鲜空气不断进入厕所内。

通风管可用直径 $150 \sim 200 \mathrm{mm}$ 的塑料管材，也可用砖砌，或土坯、柳条建造，但必须保证足够的通风管内径。在其上部设计防蝇罩（即用尼龙窗纱裁成适当尺寸，固定于通风管口），防止蝇类从通风管上口进入厕坑；同时，通风管口上部的光线引诱厕坑内的蝇类飞入通风管，使其无法逃出，最终跌落坑内死亡。

（4）地上厕室

地上部分主要为使用者提供隐蔽场所。可就地取材，但必须符合有顶、有围墙、不漏雨、挡风避雨的原则。

23.1.4　化粪池系统

在某些地区，尤其是在一些小城镇，排水系统不够完善，对在排入附近水体或市政雨水道之前的粪便污水作简单处理用。

从形状分，化粪池可分为圆形和矩形两类。圆形的格数为两格，矩形的有两格和三格两种（有效容积为 20m³ 的化粪池，有两格式和三格式）。第一格供污泥沉淀与发酵熟化用，第二格和第三格供剩余污泥继续沉淀和污水澄清用（图 23.2）。

从材料分，化粪池可分为砖砌和钢筋混凝土两类。

根据池身外周地下水情况，化粪池可分为有地下水和无地下水两类。前者需在池壁外加抹面层，且对地板和砌体也有特殊要求。

有些地区缩编标准图，从池顶有否汽车通过情况分，化粪池可分为过车和不过车两类，前者对井盖（和盖板）的配筋有特殊要求。

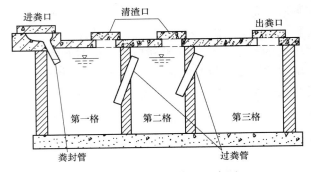

图 23.2　三格式化粪池示意图

23.1.5　粪便污水预处理站

当大部分粪便通过化粪池消解后，上清液经市政污水管网排至污水处理厂，剩余的浓缩粪便由环卫部门清掏。近年来，由于农村对粪便的需求量逐渐减少，大部分贮粪池报废或萎缩，粪便失去最终处置的出路。为解决这一问题，需要建造粪便污水预处理站，将粪便污水由环卫部门集中收集后，经预处理排入污水管道，作为粪便管道化过渡时期的措施。

典型预处理站粪便处理工艺流程见图 23.3。装载粪便的抽粪车经地衡称重后，进入卸粪间，将粪便直接卸入卸粪槽中。粪便污水先后经过粗格栅、细格筛去除粗大杂质，粪便污水中的砂质由细格筛后的除砂器去除。分离出的栅渣和砂落入接渣桶，由侧装式垃圾车外运。粪液去除杂质后流入车间下的贮粪池，由潜污泵提升，经流量计计量后排放进污水管的检查井。

根据预处理厂的工作状况，需对主体装卸车间内部卸粪槽、粗格栅和细格筛、栅渣吊运处几个臭气散发点设置集气罩，避免臭气扩散来控制工作间内的臭气强度，同时也需要对贮粪池内臭气收集处理。一种生物活性炭臭气处理工艺流程见图23.4。

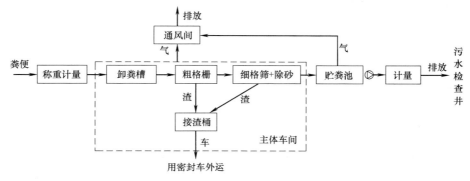

图 23.3　粪便预处理工艺流程图

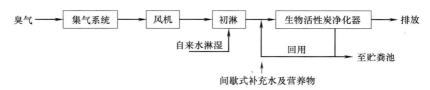

图 23.4　臭气净化工艺流程图

23.2　雨水系统

基础设施不完善地区的排水一般采用明渠排水。与地下铺设的管道系统相比，明渠排水具有如下优点：

1）结构简单，埋设较浅，建设费用较低；

2）易于监视和清理其中的堵塞物和沉泥。

最简单的铺设方式，是在道路两边铺砌，一般断面形式为矩形，顶上设有盖板。其排水出路通常为自然河流或池塘。

参 考 文 献

[1] Butler D，Davies J W. Urban Drainage [M]. Second Edition. London，UK：E & FN Spon，2004.

[2] 孙慧修. 排水工程（上册）[M]. 第 4 版. 北京：中国建筑工业出版社，2000.

[3] 周玉文，赵洪宾. 排水管网理论与计算 [M]. 北京：中国建筑工业出版社，2000.

[4] 上海市政工程设计研究总院（集团）有限公司等. GB 50014—2006（2014 年版）室外排水设计规范 [S]. 北京：中国计划出版社，2014.

[5] 高廷耀，顾国维，周琪. 水污染控制工程（上册）[M]. 第 3 版. 北京：高等教育出版社，2007.

[6] （美）辛格. 水文系统：降雨径流模拟 [M]. 赵玉民等译. 郑州：黄河水利出版社，1999.

[7] 闻得荪，魏亚东，李兆年等. 工程流体力学（下册）[M]. 北京：高等教育出版社，1991.

[8] 杨钦，严煦世. 给水工程（下册）[M]. 第 2 版. 北京：中国建筑工业出版社，1987.

[9] 陕西省城市规划设计研究院等. GB 50318—2000 城市排水工程规划规范 [S]. 北京：中国建筑工业出版社，2001.

[10] 北京市政工程设计研究总院. 给水排水设计手册（第 5 册 城镇排水）[M]. 第二版. 北京：中国建筑工业出版社，2004.

[11] 王文远，王超. 国外城市排水系统发展与启示 [J]. 中国给水排水，1998，14（2）：45-47.

[12] 马学尼，黄廷林. 水文学 [M]. 第 3 版. 北京：中国建筑工业出版社，1998.

[13] （美）辛格. 水文系统：流域模拟 [M]. 赵卫民等译. 郑州：黄河水利出版社，2000.

[14] Marsalek J，Barnwell T O，Geiger W F，et al. Urban drainage systems：design and operation [J]. Water Science and Technology，1993，27：31-70.

[15] 姚雨霖，任周宇，陈忠正等. 城市给水排水 [M]. 第 2 版. 北京：中国建筑工业出版社，1986.

[16] 李树平. 进化算法在排水管道系统优化设计中的应用研究 [D]. 上海：同济大学环境科学与工程学院，2000.

[17] 阮仁良. 上海市水环境研究 [M]. 北京：科学出版社，2000.

[18] Henry J G，Heinke G W. Environmental science and engineering [M]. New Jersey，USA：Prentice-Hall，1989.

[19] 水利部文件. 关于加强城市水利工作的若干意见（水资源 [2006] 510 号）.

[20] Butler D，Parkinson J. Towards sustainable urban drainage [J]. Water science and technology，1997，35（9）：53-63.

[21] 羊寿生，张辰. 城市污水处理厂设计中热点问题剖析 [J]. 给水排水，1999，25（9）：1-3.

[22] 彭冀，李宝伟. 深圳特区雨污合流问题的成因及对策探讨 [J]. 给水排水，25（10），1999：30-32.

[23] 洪嘉年. 对城市排水工程中排水制度的思考 [J]. 给水排水，1999，25（12）：1-3.

[24] 张自杰. 排水工程（下册）[M]. 第 4 版. 北京：中国建筑工业出版社，1999.

[25] 俞英明. 水分析化学 [M]. 西安冶金建筑学院，1991.

[26] （日）须藤隆一，水环境净化及废水处理微生物学 [M]. 俞辉群，全浩编译. 北京：中国建筑工业出版社，1988.

[27] 环境技术网. 环境样品预处理技术：水质的采样 [EB/OL]. [2007-12-24]. http：//www.cnjlc.com/h2o/2/20070705587.html.

[28] 国家环境保护总局. GB 7489—87 水质 溶解氧的测定：碘量法 [S].

[29] 中华人民共和国水利部. GB 50265—2010 泵站设计规范 [S]. 北京：中国计划出版社，2011.

[30] 李贵宝，周怀东. 我国水环境标准化的发展 [J]. 水利技术监督，2003，(4)：1-3.

[31] 朱石清. 上海市 2020 年规划污水量预测 [C]. 1999 年（第四届）海峡两岸都市公共工程学术暨实务研讨会论文集. 上海市土木工程学会，1999.

[32] 卢崇飞，高惠璇，叶文虎. 环境数理统计学应用及程序 [M]. 北京：高等教育出版社，1998.

[33] 李树平，刘遂庆，黄廷林. 用麦夸尔特法推求暴雨强度公式参数 [J]. 给水排水，1999，25 (2)：26-29.

[34] 陈国良，王煦法，庄镇泉等. 遗传算法及其应用 [M]. 北京：人民邮电出版社，1996.

[35] 李树平，梁大鹏. 应用遗传算法推求暴雨强度公式参数 [J]. 华东给水排水，2001，(4)：4-8.

[36] 魏文秋. 水文遥感 [M]. 北京：水利电力出版社，1995.

[37] 秦祥士，焦佩金. 评说九州风云—漫谈电视天气预报 [M]. 北京：气象出版社，2000.

[38] 陆忠汉，陆长荣，王婉馨. 实用气象手册 [M]. 上海：上海辞书出版社，1984.

[39] 岑国平. 城市设计暴雨雨型研究 [J]. 水科学进展，1998，9 (1)：41-46.

[40] 中华人民共和国水利部. SL 21—2006 降水量观测规范 [S]. 北京：中国水利水电出版社，2006

[41] Manley R E. Bell's formula - a reappraisal [C]. VIIIe journéeshydrologiques - Orstom - September，1992：121-131.

[42] 王增长. 建筑给水排水工程 [M]. 北京：中国建筑工业出版社，2005.

[43] 和宏明. 投资项目可行性研究与经济评价手册 [M]. 北京：地震出版社，2000.

[44] 严煦世，刘遂庆. 给水排水管网系统 [M]. 第 3 版. 北京：中国建筑工业出版社，2014.

[45] 周光垌，严宗毅，许世雄等. 流体力学（上册）[M]. 第 2 版. 北京：高等教育出版社，2000.

[46] 周光垌，严宗毅，许世雄等. 流体力学（下册）[M]. 第 2 版. 北京：高等教育出版社，2000.

[47] 闻得荪，魏亚东，李兆年等. 工程流体力学（上册）[M]. 北京：高等教育出版社，1990.

[48] 刘成，韦鹤平，何耘. 鸭嘴阀在排海工程中的应用分析 [J]. 给水排水，1999，25 (7)：19-21.

[49] 大连爱特流体控制有限公司. AW06 橡胶阀门系统 [EB/OL]. [2008-07-19]. http：//www. artvalves. com/solution/detail/6/.

[50] 姜乃昌，陈锦章. 水泵及水泵站 [M]. 第 2 版. 北京：中国建筑工业出版社，1986.

[51] Brown S A, Stein S M, Warner J C. Urban drainage design manual, Hydraulic engineering circular No. 22, FHWA-SA-96-078, Federal Highway Administration, U. S. Department of Transportation, Washington, DC, 1996.

[52] McCuen R H, Johnson P A, Ragan R M. Hydrology, Hydraulic design series No. 2, FHWA-SA-96-067, Federal Highway Administration, U. S. Department of Transportation, Washington, DC, 1996.

[53] Federal Highway Administration. Design charts for open-channel flow, Hydraulic design series No. 3, U. S. Department of Transportation, Washington, DC, 1977.

[54] American Association of State Highway and Transportation Officials. Model drainage manual, chapter 13：Storm drainage system. Washington, DC, 1991.

[55] Nicklow J W. Design of storm water inlets [M] // Mays L W. Stormwater collection systems-handbook. New York, USA：McGraw Hill, 2001：5. 1-5. 42.

[56] Urban Drainage and Flood Control District, Urban storm drainage criteria manual [EB/OL], Volumes 1, 2, and 3, 2006. [2008-06-11]. www. udfcd. org/downloads/down _ critmanual. htm.

[57] 安智敏，岑国平，吴彰春. 雨水口泄水量的试验研究 [J]. 中国给水排水，1995，11 (1)：21-24.

[58] 张庆军. 城市道路雨水进水口的形式及布设 [J]. 城市道桥与防洪. 2003，(6)：33-34.

[59] 刘成，何耘，韦鹤平. 城市排水管道泥沙问题浅析 [J]. 给水排水，25 (12)，1999：8-11.

[60] 彭永臻，崔福义. 给水排水工程计算机程序设计 [M]. 北京：中国建筑工业出版社，1994.

[61] 张景国，李树平. 遗传算法用于排水管道系统优化设计 [J]. 中国给水排水，1997，13（3）：28-30.

[62] 李树平，刘遂庆. 城市排水管道系统设计计算的进展 [J]. 给水排水，1999，25（10）：9-12.

[63] Walters G A. A review of pipe network optimization techniques [M] // Coulbeck B, Evans E. Pipeline system（eds.）. Proceedings of the conference on pipeline systems，Manchester，March 1992：3-13.

[64] Walters G A，and Smith D K. Evolutionary design algorithm for optimal layout of tree networks [J]. Engineering optimization，1995，24：261-281.

[65] 蔡自兴，徐光佑. 人工智能及其应用 [M]. 第 2 版. 北京：清华大学出版社，1996.

[66] 邓聚龙. 灰色系统基本方法 [M]. 武汉：华中理工大学出版社，1987.

[67] 余常昭. 环境流体力学导论 [M]. 北京：清华大学出版社，1992.

[68] 何维华. 供水管网的管材评述 [M]. // 给水委员会. 中国给水五十年回顾. 北京：中国建筑工业出版社，1999：491-507.

[69] 金管德. 管材选择的技术经济比较与动态分析 [M] // 给水委员会. 中国给水五十年回顾. 北京：中国建筑工业出版社，1999：439-546.

[70] 薛元德，沈碧霞，周仕刚. 玻璃钢夹砂管及其在管线工程中的应用 [M] // 给水委员会. 中国给水五十年回顾. 北京：中国建筑工业出版社，1999：522-524.

[71] 陈根林，石艺华，石小红. 小口径遥控式泥水平衡顶管掘进机 [J]. 工程机械，32（11），2001：4-7.

[72] 冯乃谦. 实用混凝土大全 [M]. 北京：科学出版社，2001.

[73] 郑达谦. 给水排水工程施工 [M]. 第 3 版. 北京：中国建筑工业出版社，1998.

[74] 上海市浦东教育发展研究院. 水污染 [EB/OL]. [2008-07-31]. http：//jyb. pudong-edu. sh. cn/ kexue/UploadFiles_kexue/200604/ 20060404224603427. ppt.

[75] 韩会玲，程伍群，张庆宏等. 小城镇给排水 [M]. 北京：科学出版社，2001.

[76] 中国疾病预防控制中心农村改水技术指导中心. 卫生厕所介绍系列之二-三格化粪池厕所 [EB/OL]. [2008-07-31]. http：//www. crwstc. org/keji/wc02. htm.

[77] 于秀娟. 环境管理 [M]. 哈尔滨：哈尔滨工业大学出版社，2002.

[78] Rittma A. Lecture Notes EGEN 612 applied hydrology [EB/OL]. [2008-09-26]. http：//www. egmu. net/ civil/areega/EGEN612/EGEN612_Lecture%20Note/EGEN612_Lecture81. ppt.

[79] Guo J C Y. Design of grate inlets with a clogging factor. Advances in environmental research，2000，4（3）：181-186.

[80] 苏州混凝土水泥制品研究院等. GB/T 11836—2009 混凝土和钢筋混凝土排水管 [S]. 北京：中国标准出版社，2009.

[81] 北京市政建设集团有限责任公司. GB 50268—2008 给水排水管道工程施工及验收规范 [S]. 北京：中国建筑工业出版社，2008.

[82] Chocat B. （ed.）. Encyclopédie de l' hydrologie urbanine et de l' assainissement. [M]. Paris，France：Lavosier TEC&DOC，1997.

[83] Marsalek J.，Jiménez-Cisneros B E.，Malmquist，P-A，et al.. Urban water cycle processes and interactions [M]. IHP-VI | Technical Documents in Hydrology | No. 78，UNESCO，Paris，2006.

[84] 茂庭竹生. 上下水道工学（改订）[M]. 东京：コロナ社，2007.

[85] （美）梅特卡夫和埃迪公司. 废水工程：处理及回用 [M]. 秦裕珩等译. 北京：化学工业出版

社，2004.

[86] 北京市市政工程管理处等. CJ 343—2010 污水排入城镇下水道水质标准 [S]. 北京：中国标准出版社，2011

[87] 北京市环境保护科学研究院. GB 18466—2005 医疗机构水污染物排放标准 [S]. 北京：中国环境科学出版社，2005.

[88] Mitchell V G，Mein R G，McMahon T A. Modelling urban water cycle [J]. Environmental modelling & Software，2001，16 (7)：615-629.

[89] 赵剑强. 城市地表径流污染与控制 [M]. 北京：中国环境科学出版社，2002.

[90] Lynggard-Jewsen A. Trends in monitoring of waste water systems [J]. Talanta，1999，50 (4)：707-716.

[91] Parker E L，and Krenkel P A. . Physical and engineering aspects of thermal pollution [M]. Cleveland，Ohio，USA：CRC Press，1970.

[92] 陈玲，赵建夫. 环境监测 [M]. 北京：化学工业出版社，2008.

[93] 周宇澄. 排水工程 [M]. 上海：上海科学技术出版社，1998.

[94] 朱文，符圣卫，吴天霁. 海口市城市水务排水实时监控与信息系统研究 [J]. 能源与环境，2006，(14)：38-40.

[95] 北京市环境保护科学研究院. GB 15562. 1—1995 环境保护图形标志 排放口 (源) [S]. 北京：中国标准出版社，1997.

[96] 田中修司. 下水道管渠学 [M]. 东京：环境新闻社，2001.

[97] Davis M L. Water and wastewater engineering [M]. New York，USA：McGraw-Hill Companies，Inc. ，2010.

[98] (社) 日本下水道协会：下水道マンホール安全对策の手引き (案). 1999.

[99] American Concrete Pipe Assiciation. Concrete pipe design manual. 2011.

[100] P. I. P. E. S. Design manual for concrete pipe outfall sewers. 2008.

[101] BS EN 752：2008. Drain and sewer systems outside buildings [S]. 2008.

[102] American Iron and Steel Institute (AISI). Modern Sewer Design [M]. Third edition. Washington，DC：American Iron and Steel Institute，1999.

[103] Hager W H. Wastewater hydraulics：theory and practice [M]. Second edition. Berlin，Germany：Springer，2010.

[104] Hvitved T，Vollertsen J，Nielsen AH. . Sewer processes：microbial and chemical process engineering of sewer networks [M]. Second edition. Boca Raton，FL，USA：CRC Press，2013.

[105] 中华人民共和国环境保护部. 2014 年中国环境状况公报.

[106] 张彦晶. 上海城市排水管网数字信息化管理 [J]. 上海水务，2006，22 (3)：30-32.

[107] 邹安平. 城市污水系统分散与集中处理规划探讨 [J]. 中国给水排水，2006，22 (14)：1-4.

[108] Enfinger K L，Stevens P L. Sewer sociology - the days of our (sewer) lives. Proceedings of the water environment federation，WEFTEC2006，Dallas，TX，USA，October 21-25，2006.

[109] 阮大康. 合肥市排水系统雨天出流污染特性研究 [D]. 上海：同济大学环境科学与工程学院，2011.

[110] 李树平. 城市水系统 [M]. 上海：同济大学出版社，2015.

[111] Stall J B，Terstriep M L. Storm sewer design - an evaluation of the RRL method. Environmental Protection Agency report number EPA-R2-72-068，October 1972.

[112] Rossman L A. *Storm Water Management Model User's Manual Version* 5. 0. EPA/600/R-05/040，U. S. Environmental Protection Agency，National Risk Management Research Laboratory，

Cincinnati，OH，USA．2008．

[113]　［美］Rossman．雨水管理模型 SWMMH（5.0 版）用户手册［M］．李树平译．上海：同济大学环境科学与工程学院，2009．

[114]　Russell D L．Practical Wastewater Treatment［M］．Hoboken，New Jersey，USA：John Wiley & Sons，Inc.，2006．

[115]　李勇，吴潇潇．城市管线过河方案设计探讨［J］．交通标准化，2010，（6）：173-176．

[116]　中华人民共和国行业标准．城市道路工程设计规范（CJJ 37—2012）［S］．北京：中国建筑工业出版社，2012．

[117]　潘艳艳，陈建刚，张书函，等．城市径流面源污染及其控制措施［J］．北京水务，2008，（1）：22-23．

[118]　住房和城乡建设部．海绵城市建设技术指南-低影响开发雨水系统构建（试行）．2014．

[119]　车武，李俊奇．城市雨水利用技术与管理［M］．北京：中国建筑工业出版社，2006．

[120]　上海市工程建设规范．DGJ 08-22—2003 城市排水泵站设计规程［S］．

[121]　Haestad Methods，Durrans S R．Stormwater conveyancemodeling and design［M］．Waterbury，CT，USA：Haestad Press，2003．

[122]　苏州混凝土水泥制品研究院等．GB/T 19685—2005 预应力钢筒混凝土管［S］．北京：中国标准出版社，2005．

[123]　河北宝硕管材有限公司等．GB/T 20221—2006 无压埋地排污、排水用硬聚氯乙烯（PVC-U）管材［S］．北京：中国标准出版社，2006．

[124]　公元塑业集团等．QB/T 1916—2004 硬聚氯乙烯（PVC-U）双壁波纹管材［S］．北京：中国轻工业出版社，2005．

[125]　中国轻工业总会塑料加工应用研究所．GB/T 18477—2001 埋地排水用硬聚氯乙烯（PVC-U）双壁波纹管材［S］．北京：中国标准出版社，2002．

[126]　天津市市政工程研究院．CECS 122：2001 埋地硬聚氯乙烯排水管道工程技术规程［S］．

[127]　同济大学复合材料力学与结构研究所等．GB/T 21238—2007 玻璃纤维增强塑料夹砂管［S］．北京：中国标准出版社，2008．

[128]　何强，胡澄，徐志恒等．山地城市合流污水特细砂来源［J］．环境工程学报，2013，7（10）：3874-3880．

[129]　Schlütter F．Numerical modeling of sediment transport in combined sewer systems［D］．Hydraulic & Coastal engineering Group，Aalborg University，Denmak，1999

[130]　马骏．城市排水管网地理信息系统功能设计［D］．上海：同济大学环境科学与工程学院，2006．

[131]　钱宁，万兆惠．泥沙运动力学［M］．北京：科学出版社，2003．

[132]　邱文心，张宏立．城市供水管网普查技术方法初探［J］．给水排水，2002，28（8）：1-3．

[133]　解智强，王贵武，陈厚元，周立．昆明市排水管线普查及信息系统建设过程中的若干技术特点［J］．城市勘测，2009，（4）：32-35．

[134]　胡晓东，王瑞臣．寿光市排水规划地形图测绘和排水管线普查项目方案设计［J］．山东国土资源，2008，24（7-8）：77-80．

[135]　杨博．城市排水设施科学化养护管理［J］．北京水务，2007，（6）：26-28．

[136]　朱民强，王如春．排水管网维护中的高新技术应用［J］．城市道桥与防洪，2007，（5）：51-56．

[137]　上海市排水管理处等．CJJ 68—2007/J659—2007 城镇排水管渠与泵站维护技术规程［S］．北京：中国建筑工业出版社，2007．

[138]　广州市市政集团有限公司等．CJJ 181—2012 城镇排水管道检测与评估技术规程［S］．北京：中国建筑工业出版社，2012．

［139］ 天津市市政公路管理局等. CJJ 6—2009 城镇排水管道维护安全技术规程［S］. 北京：中国建筑工业出版社，2009.

［140］ 深圳市标准化指导性技术文件. 排水管网维护管理质量标准（SZDB/Z25-2009）［S］.

［141］ EPA（U. S. Environmental Protection Agency）. The clean water and drinking-water infrastructure gap analysis. Office of Water（4606M）. EPA-816-R-02-020 September，2002.

［142］ 上海市城市排水有限公司排水设计研究分公司. 上海市城市排水有限公司排水系统建模导则（第一版）. 2012.

［143］ Stephensen D. Water services management［M］. London，UK：IWA Publishing，2005.

［144］ ASCE（American Society of Civil Engineering）. Failure to act：the economic impact of current investment trends in water & wastewater treatment infrastructure，2011.